# SolidWorks 机械设计简明实用基础教程(第2版)

主　编　刘鸿莉　宋丕伟
副主编　董英萃　韩德宝
主　审　吕海霆

北京理工大学出版社
BEIJING INSTITUTE OF TECHNOLOGY PRESS

## 内容简介

本书从简明、实用的角度出发，介绍了 SolidWorks 软件的基础知识。全书以实例为知识点的载体进行相关操作的讲解，方便读者在操作的过程中学习；以由浅入深的方式安排知识点，使读者能够以最快的速度掌握 SolidWorks 软件的使用方法。

全书共分为 7 章，主要依据软件应用的顺序安排内容。第 1 章简要介绍了 SolidWorks 软件的基础知识、界面、工作环境的设置等；第 2 章介绍了二维草图绘制的相关内容，为后续进行三维实体建模打下基础；第 3 章详细介绍了零件实体建模的相关内容，通过实例讲解相关知识点，使读者快速掌握实体建模的方法，并以实例为载体讲解了三维建模过程中的一些技巧，快速提升读者软件应用能力；第 4 章简单讲解了曲面造型相关内容，并以生活中常见曲面的造型为例，以便读者尽快上手简单的曲面造型；第 5 章讲解了配合关系、干涉检查和爆炸视图等装配体知识；第 6 章讲解了二维工程图的基本知识，对图纸格式、各种常见视图的生成、尺寸和注解的添加等内容进行了介绍；第 7 章讲解了动画运动与仿真，通过实例向读者介绍了简单运动视频的制作方法。在每章的最后，配有一定量的课后练习题，旨在使读者巩固本章的知识。

本书是本科生 SolidWorks 软件三维建模相关课程的配套教材，也可以作为大、中专以及各类 SolidWorks 软件培训班的学习材料，还可作为工程技术人员自学 SolidWorks 软件的参考用书。



**图书在版编目(CIP)数据**

SolidWorks 机械设计简明实用基础教程 / 刘鸿莉，
宋丕伟主编. --2 版. --北京：北京理工大学出版社，
2022. 1

ISBN 978-7-5763-0903-4

Ⅰ. ①S… Ⅱ. ①刘… ②宋… Ⅲ. ①机械设计-计算
机辅助设计-应用软件-教材 Ⅳ. ①TH122

中国版本图书馆 CIP 数据核字(2022)第 015485 号

出版发行 / 北京理工大学出版社有限责任公司
社　　址 / 北京市海淀区中关村南大街 5 号
邮　　编 / 100081
电　　话 / (010)68914775(总编室)
(010)82562903(教材售后服务热线)
(010)68944723(其他图书服务热线)
网　　址 / http：//www. bitpress. com. cn
经　　销 / 全国各地新华书店
印　　刷 / 涿州市新华印刷有限公司
开　　本 / 787 毫米×1092 毫米　1/16
印　　张 / 15. 75
字　　数 / 370 千字
版　　次 / 2022 年 1 月第 2 版　2022 年 1 月第 1 次印刷
定　　价 / 66. 00 元

责任编辑 / 江　立
文案编辑 / 李　硕
责任校对 / 刘亚男
责任印制 / 李志强

# 前 言

SolidWorks 软件是世界上第一个基于 Windows 开发的机械设计软件，是一个以设计功能为主的 CAD/CAE/CAM 软件。SolidWorks 软件是基于特征、参数化的实体造型系统，具有强大的实体建模功能，同时提供了二次开发的环境和开放的数据结构，界面操作完全使用 Windows 风格，易学易用。目前，SolidWorks 软件已成为三维机械设计领域中的主流软件，同时也成为国内外高等院校机械相关专业首选的教学用软件。越来越多的学生和工程技术人员使用 SolidWorks 进行三维设计。

本书从简明、实用的角度出发，讲解了 SolidWorks 的常用功能。书中的很多实例来源于工程实际以及生活，具有一定的代表性和技巧性。本书的每章后都附有大量的课后练习题，配套资源中附有答案及实例的动画演示，可以帮助读者更加形象直观地学习本书内容，也为教师课堂授课提供方便。

本书由刘鸿莉、宋丕伟任主编，董英萃、韩德宝任副主编，吕海霆任主审。本书编写分工如下：吕海霆、郭瑞编写第 1 章，刘鸿莉编写第 2 章、第 7 章，宋丕伟编写第 3 章、第 4 章，董英萃编写第 5 章，韩德宝、朱洪军编写第 6 章。

由于时间仓促，作者水平有限，不足之处在所难免，敬请读者批评指正。

编　者

扫描识别此二维码
下载本书例题文件

# 目 录

# 第1章 从零起步

本章介绍 Solidworks 软件的操作界面、常用工具命令、基本操作、基准的建立及相关术语等基础知识，掌握这些基础知识是学习本书后续内容的必要前提。

## 1.1 SolidWorks 简介

SolidWorks 软件是美国 SolidWorks 公司开发的三维 CAD/CAE/CAM 产品，是一个在 Windows 环境下运行的数字化造型设计软件，交互界面友好，在国际上得到了广泛的应用。SolidWorks 软件将产品设计置于虚拟三维空间环境中进行，可以实现机械零件设计、装配体设计、电子产品设计、钣金设计、模具设计等。除了进行产品设计外，SolidWorks 软件还集成了强大的辅助功能，可以对设计的产品进行三维浏览、装配干涉模拟、碰撞和运动分析、受力分析等。SolidWorks 软件不只是一个简单的三维建模工具，而是一套高度集成的 CAD/CAE/CAM 一体化软件，是一个产品级的设计和制造系统，为工程师提供了一个功能强大的模拟工作平台。

### 1.1.1 SolidWorks 主要特点

SolidWorks 软件的特点主要体现在以下几个方面。

（1）SolidWorks 是基于三维造型的设计软件，它的基本设计思路是：零件造型→虚拟装配→二维图纸。

（2）SolidWorks 采用的是参数化尺寸驱动建模技术。当改变零件造型的尺寸时，相应的模型、装配体、工程图的形状和尺寸也会随之变化，非常有利于新产品在设计阶段的反复修改，如图 1-1 所示。

（3）SolidWorks 的 3 个基本模块彼此联动。SolidWorks 具有 3 个基本模块，即零件、装配体及工程图模块，改动任意一个模块，其他的两个模块会自动跟着改变。

（4）SolidWorks 利用设计树技术，详细地记录零件、装配体和工程图环境下的每一个操作步骤，使修改更加便利。

（5）SolidWorks 为用户提供了功能完整的 API 开发工具接口，通过该接口，可以将目前市场几乎所有的机械 CAD 软件集成到 SolidWorks 的设计环境中来。SolidWorks 支持的数据标准有：IGES、STEP、SAT、STL、DWG、DXF、VDAFS、VRML、Parasolid 等。

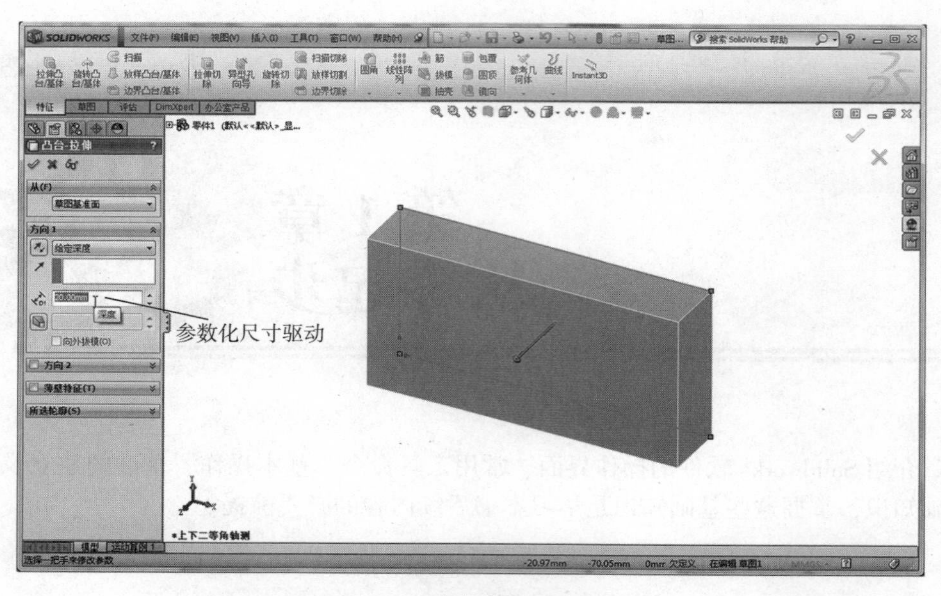


图 1-1　参数化尺寸驱动

## 1.1.2　Solidworks 操作界面

安装 SolidWorks 后，在 Windows 的操作环境下，选择“开始”→“程序”→“SolidWorks”命令，或者在桌面双击 SolidWorks 的快捷方式图标，就可以启动 SolidWorks，也可以直接双击打开已经保存的 SolidWorks 文件，启动 SolidWorks。图 1-2 所示为 SolidWorks 启动后的操作界面。

图 1-2　SolidWorks 操作界面

选择菜单栏“文件”→“新建”命令，或单击快捷工具栏中按钮，出现“新建 SolidWorks 文件”对话框，如图 1-3 所示。

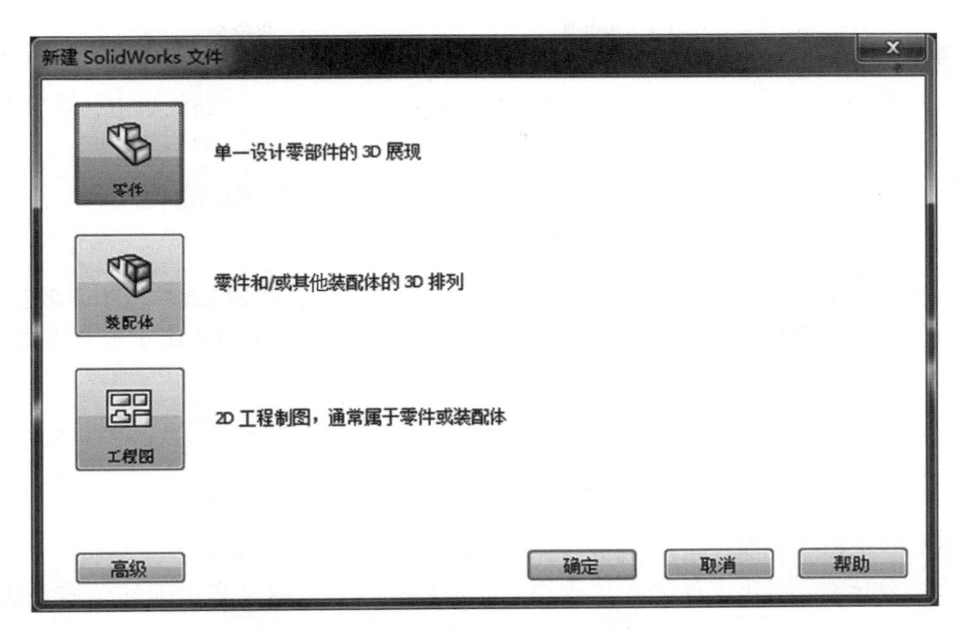


图 1-3　“新建 SolidWorks 文件”对话框

这里提供了 3 类文件模板：零件、装配体和工程图，设计者可以根据自己的需要选择一种类型进行操作。例如，选择零件，单击“确定”按钮，出现如图 1-4 所示的新建 SolidWorks 零件界面，也称用户界面。

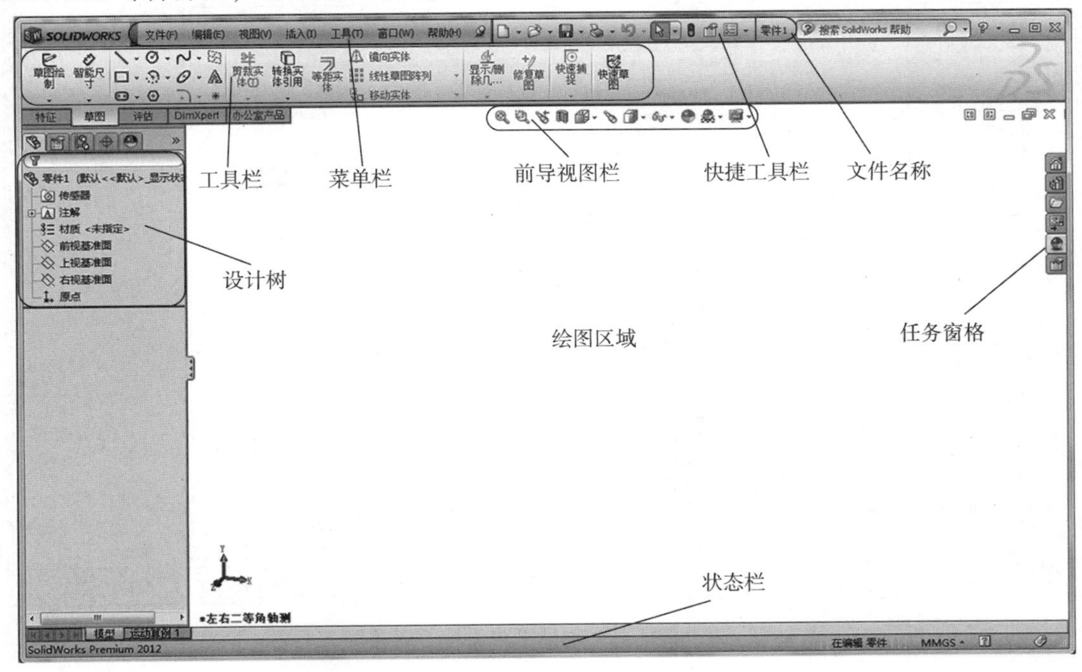


图 1-4　新建 SolidWorks 零件界面

SolidWorks 用户界面包括菜单栏、工具栏、命令管理器、设计树、状态栏、属性管理器、任务窗格等内容，分别介绍如下。

1. 菜单栏

在 SolidWorks 用户界面左上角软件图标 SolidWorks 右侧的三角按钮处单击，弹出菜单栏，如图 1-5 所示。菜单栏中几乎包括了 SolidWorks 的所有命令。

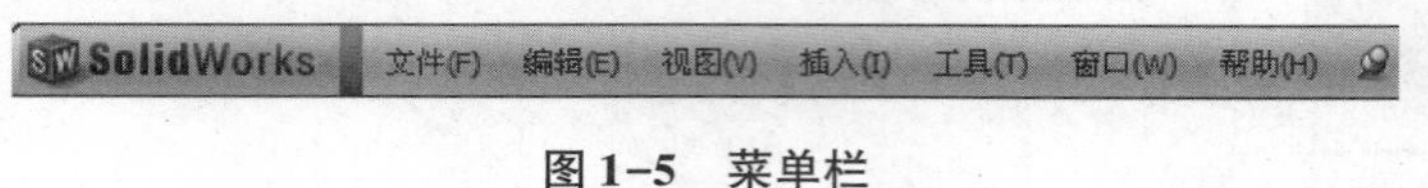


图 1-5 菜单栏

菜单栏的菜单命令，可根据活动的文档类型和工作流程来调用，菜单栏中许多命令也可通过命令管理器、工具栏、快捷菜单和任务窗格等进行调用。无须使用菜单栏来选择命令时，可单击三角按钮将其隐藏。

2. 工具栏

SolidWorks 用户界面有很多可以按需要显示或隐藏的内置工具栏。选择菜单栏中的“视图”→“工具栏”命令，或者在菜单栏右击“视图”，将显示“工具栏”菜单项，如图 1-6 所示。例如，选择“工具”→“自定义”命令，在打开的“自定义”对话框中勾选“表格”前面的复选框，会出现浮动的“表格”工具栏，且可以将其自由拖动至需要的位置。读者可以根据自己的实际需求或习惯，设置工具栏。

图 1-6 在“自定义”对话框中设置“表格”工具栏

在使用工具栏或是工具栏中的命令时，当光标移动到工具栏中的按钮附近，软件界面会显示该按钮的名称及相应的功能，如图 1-7 所示，显示一段时间后，该内容提示会自动消失。

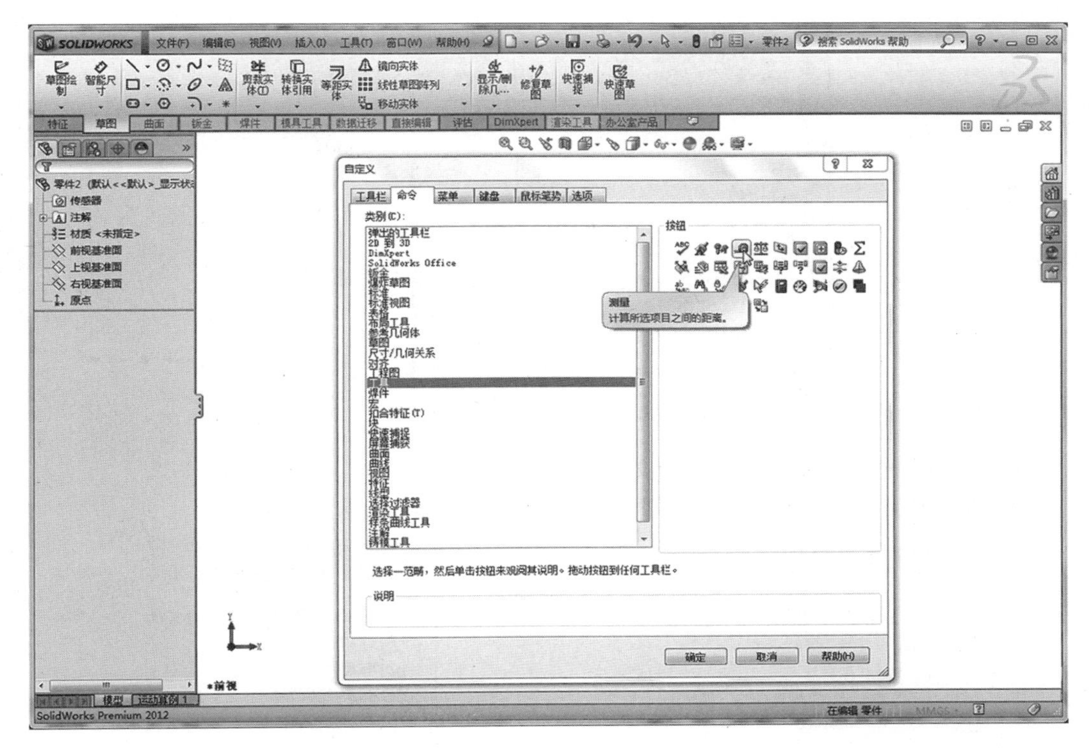


图 1-7　消息提示

3. 命令管理器

命令管理器是一个上下文相关工具栏，它可以根据用户要使用的工具栏进行动态更新。默认情况下，它根据文档嵌入相应的工具栏中，如导入的文件是实体模型时，“特征”工具栏中将显示用于创建特征的所有命令，如图 1-8 所示。

图 1-8　“特征”工具栏

若用户需要使用其他命令选项卡中的命令，可单击位于命令管理器下面的标签，它将更新以显示该工具栏。

4. 设计树

设计树（特征管理器）位于 SolidWorks 用户界面左侧，是 SolidWorks 用户界面中的常用部分，它提供激活零件、装配体或工程图的大纲视图，用户通过设计树可以查看模型或装配体的构造情况，以及检查工程图中的各个图纸和视图。设计树控制面板上其他 3 个标签分别为属性管理器、配置管理器和尺寸管理器，如图 1-9 所示。设计树（特征管理器）如图 1-10 所示。

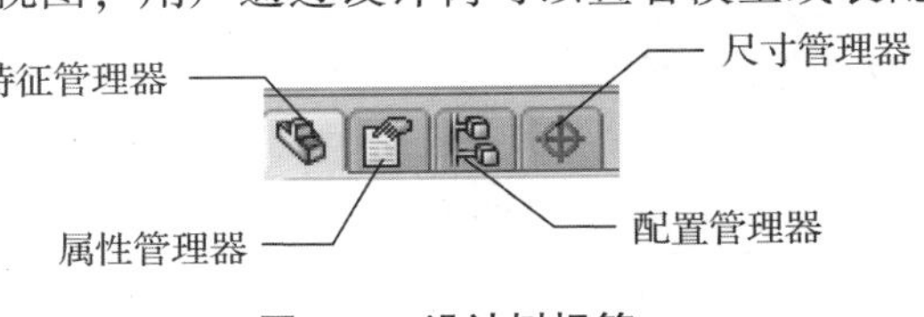


图 1-9　设计树标签

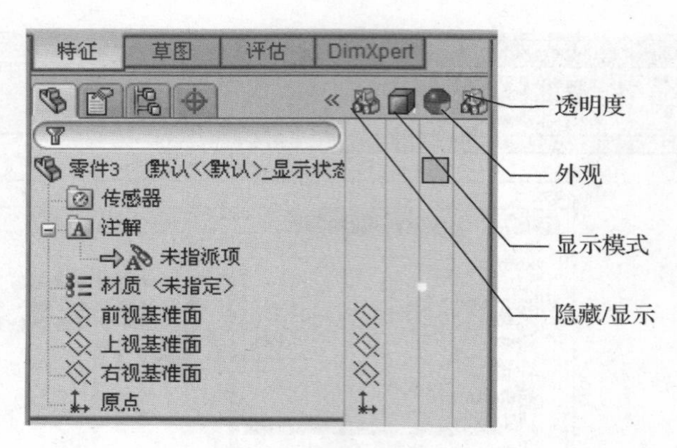


图 1-10　设计树（特征管理器）

设计树（特征管理器）提供下列文件夹和工具。

（1）使用退回控制棒可以将模型退回到早期状态，如图 1-11 所示。

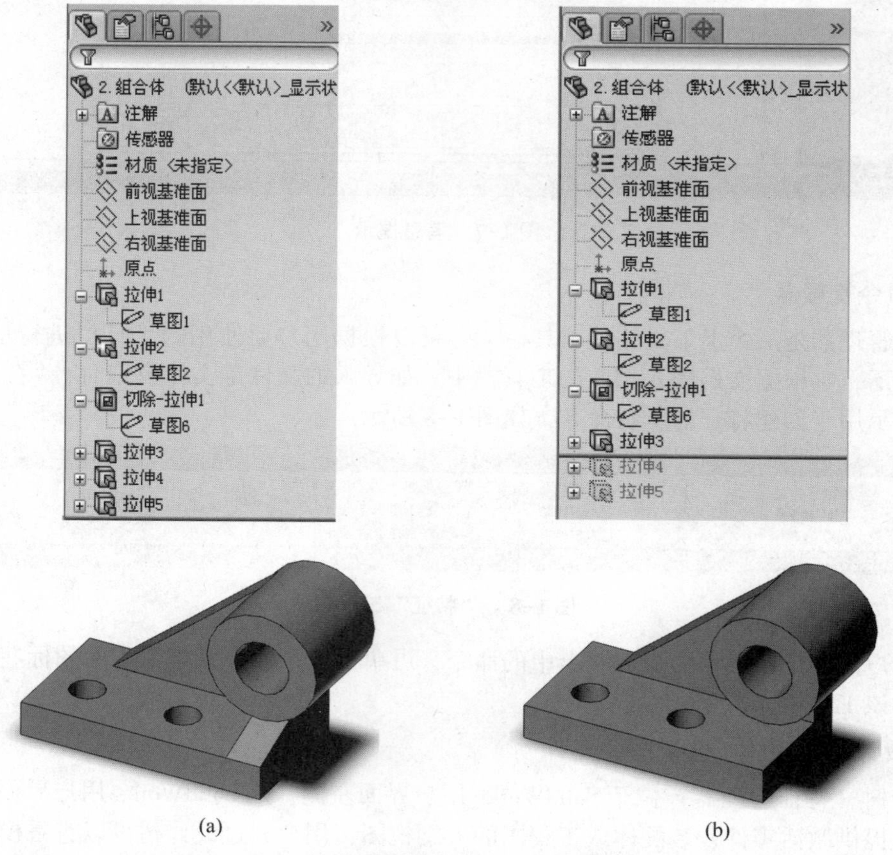


图 1-11　使用退回控制棒将模型退回到早期状态

（a）设计完成的模型；（b）早期设计状态

（2）可选择“注解”文件夹的右键菜单命令来控制尺寸和注解的显示，如图 1-12 所示。

（3）通过右击“材质”图标，在弹出的快捷菜单中选择所需命令来添加或修改应用到零件的材质，如图 1-13 所示。

（4）观阅文档在“实体”文件夹所包含的所有实体。

（5）观阅文档在“曲面实体”文件夹中所包含的所有曲面实体。

（6）观阅基准面、基准轴，以及插入的零件的草图。

（7）添加用户的自定义文件夹，并将特征拖动到文件夹以减小设计树的长度，如图 1-14 所示。

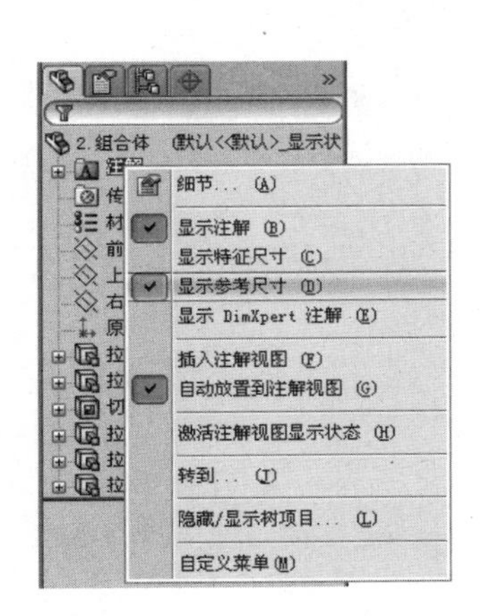

图 1-12　“注解”文件夹

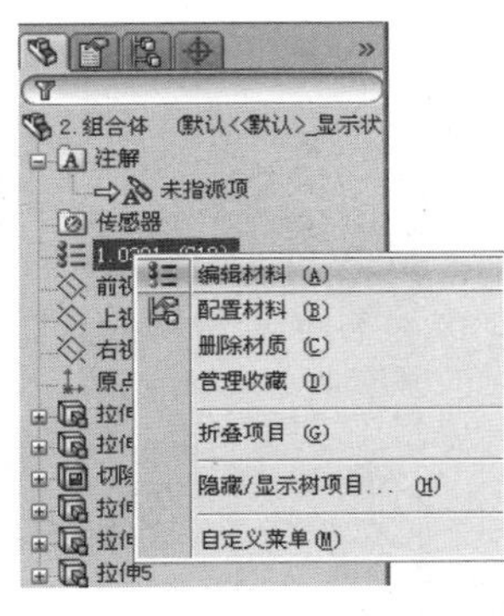

图 1-13　“材质”文件夹

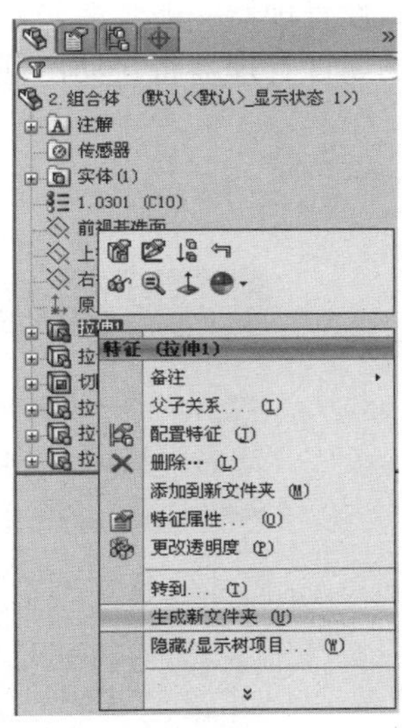

图 1-14　添加新文件夹

（8）在绘图区域中从弹出的设计树（特征管理器）查看模型并进行操作，而左侧窗口中显示属性管理器，如图 1-15 所示。

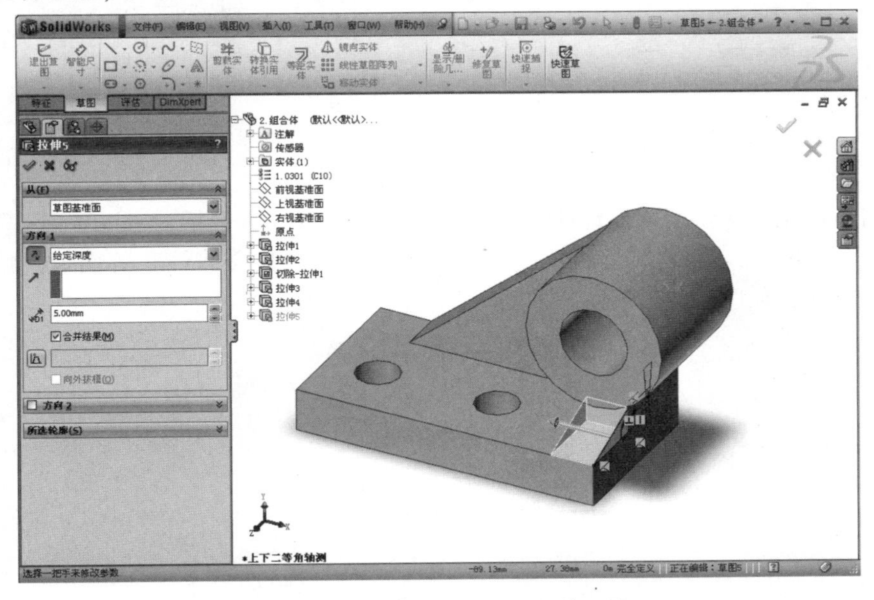

图 1-15　弹出式设计树（特征管理器）

5. 状态栏

状态栏位于 SolidWorks 用户界面底端的水平区域（见图 1-4），是设计人员与计算机进行信息交互的主要窗口之一，很多信息都在这里显示，包括操作提示、各种警告信息、出错信息等。

6. 属性管理器

属性管理器一般会在初始化时使用，如编辑草图时，选择草图特征进行编辑，所选草图特征的属性管理器将自动出现，如图 1-16 所示。

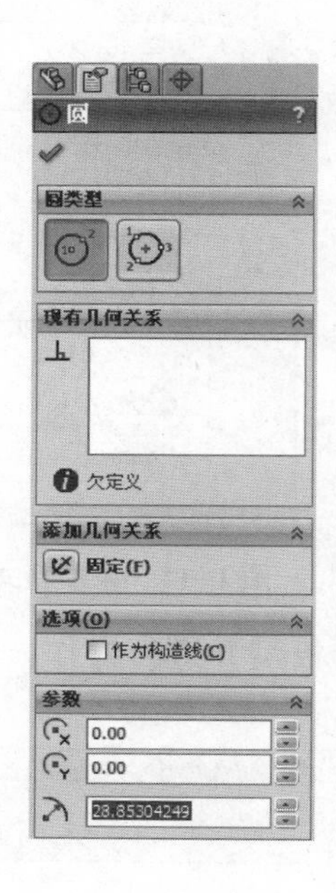


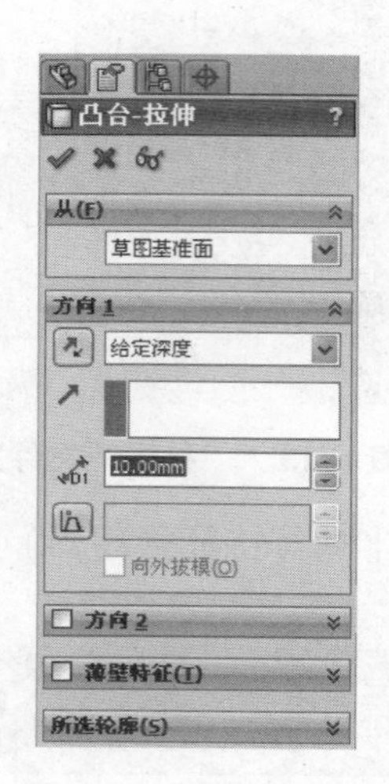

图 1-16　属性管理器

7. 任务窗格

任务窗格向用户提供当前设计状态下的多重任务工具，它包括“SolidWorks 资源”“设计库”“文件探索器”“查看调色板”“外观/布景”和“自定义属性”等面板，默认出现在用户界面的右侧，如图 1-17 所示。

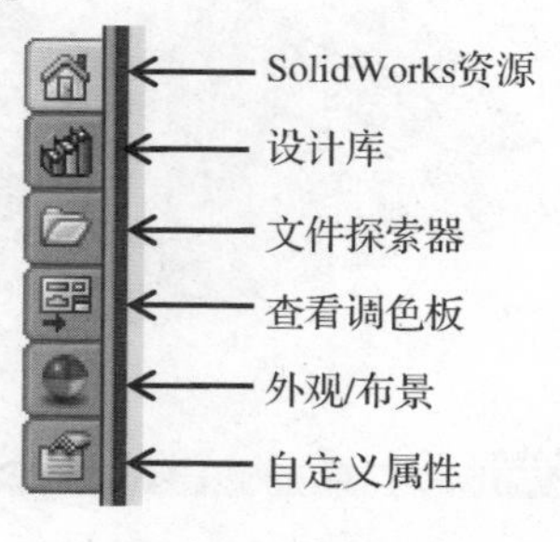


图 1-17　任务窗格

1）“SolidWorks资源”面板

“SolidWorks资源”面板如图1-18所示，用户可以通过“开始”任务新建零件模型，并可参考指导教程来完成零件模型的设计。同理，在每个任务中用户皆可参考相关的指导教程来完成各项设计任务。

2）“设计库”面板

任务窗格中的“设计库”面板的中心位置提供了可重复使用的元素（如零件、装配体及草图）。它不识别不可重复使用的单元，如SolidWorks工程图、文本文件或其他非SolidWorks文件，如图1-19所示。

图1-18　“SolidWorks资源”面板

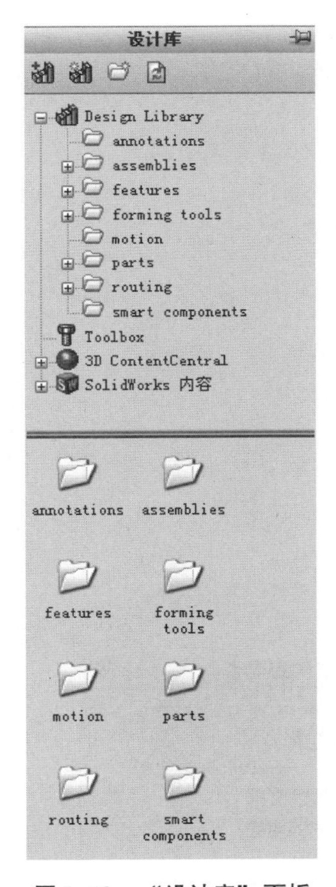


图1-19　“设计库”面板

用户从设计库中调用标准件至图形区以后，还可以根据实际的设计需求对标准件进行编辑。

3）“文件探索器”面板

在“文件探索器”面板中可以从Windows系统硬盘打开SolidWorks的文件。文件可以通过外部环境的应用软件打开，也可以从SolidWorks中打开。“文件探索器”面板如图1-20所示。

4）“查看调色板”面板

通过“查看调色板”面板可以快速插入一个或多个预定义的视图到工程图中。它包含所选模型的标准视图、注解视图、剖视图和平板类型（钣金零件）图像。用户可将视图拖到工程图纸中以生成工程视图。“查看调色板”面板如图 1-21 所示。

5）“外观/布景”面板

“外观/布景”面板用于设置模型的外观颜色、材质纹理及界面背景，如图 1-22 所示。通过该面板，可以将外观拖动到属性管理器的特征上，或直接拖动到绘图区域的模型中，以此渲染零件、面、单个特征等元素。

6）“自定义属性”面板

使用任务窗格中的“自定义属性”面板可以查看并将自定义及配置特定的属性输入 SolidWorks 文件中。

图 1-20 “文件探索器”面板

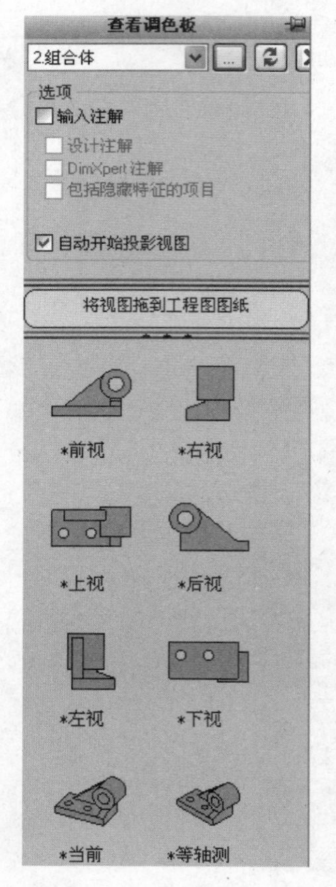


图 1-21 “查看调色板”面板

图 1-22 “外观/布景”面板

## 1.2 常用工具命令

SolidWorks 的命令很多，工具栏中不能显示所有的命令。设计人员可以通过调用工具栏中的命令按钮来满足日常工作的需要。操作方法如下。

1）自定义工具栏

在工具栏区域右击，弹出关于工具栏的快捷菜单。这些菜单的左边都有复选框，勾选相应复选框，系统将显示对应的工具栏；取消勾选复选框，对应的工具栏将被隐藏。

单击快捷菜单底部的“自定义”命令，或者单击菜单栏“工具”→“自定义”，系统弹出“自定义”对话框，该对话框包括“工具栏”“快捷方式栏”“命令”“菜单”“键盘”“鼠标笔势”和“选项”7个选项卡。

2）添加和删除工具栏的工具图标

可以通过“自定义”对话框的“命令”选项卡设定工具栏中的按钮构成。例如，在“特征”工具栏中添加“移动/复制”命令按钮的操作如下：在“命令”选项卡的“类别”选择框中选择“特征”，在“按钮”选项组中显示出特征的全部按钮，选中“移动/复制”按钮，将其拖到绘图区域的“特征”工具栏中即可，如图1-23所示。

图1-23　添加和删除工具栏中的按钮

若要删除工具栏中的按钮，则在“自定义”对话框中，将工具栏中的命令按钮拖到对应类别的“按钮”选项组中即可。

SolidWorks常用的工具栏有“标准”工具栏、“特征”工具栏、“草图”工具栏、“装配体”工具栏、“尺寸/几何关系”工具栏、“工程图”工具栏、“视图”工具栏、“插件”工具栏，当光标放在工具栏上面时，会出现说明，与Windows系统的工具栏使用方法一致，简要说明如下。

## 1.2.1 “标准”工具栏

“标准”工具栏如图 1-24 所示，这是一个简化后的工具栏，本节仅对常用部分进行说明。

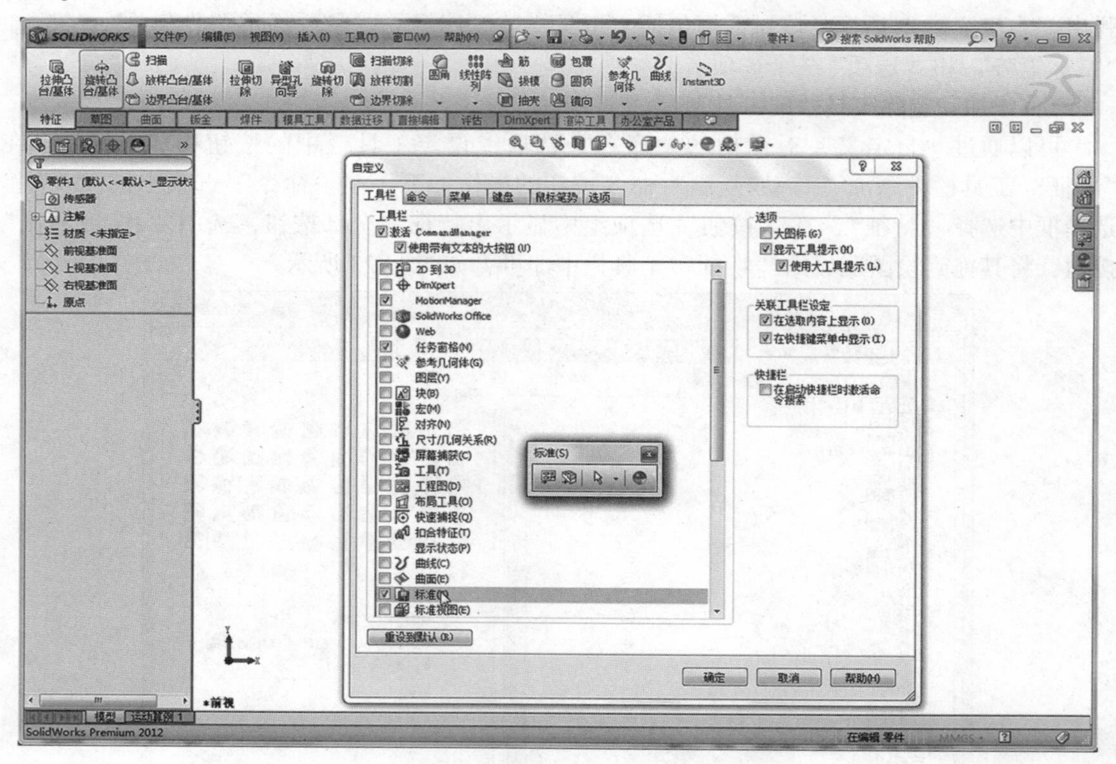

图 1-24 “标准”工具栏

从零件/装配体制作工程图：生成当前零件或装配体的新工程图。

从零件/装配体制作装配体：生成当前零件或装配体的新装配体。

选择按钮：用来选择草图实体、边线、顶点、零部件等。

编辑外观：在模型中编辑实体的外观。

## 1.2.2 “特征”工具栏

“特征”工具栏提供生成模型特征的工具，如图 1-25 所示，包括创建多实体零件的功能，可在同一零件文件中包括单独的拉伸、旋转、放样或扫描等特征。

拉伸凸台/基体：以一个或两个方向拉伸一草图或绘制的草图轮廓来生成一实体。

拉伸切除：以一个或两个方向拉伸所绘制的轮廓来切除一实体模型。

圆角：沿实体或曲面特征中的一条或多条边线来生成圆形内部面或外部面。

筋：给实体添加薄壁支撑。

抽壳：从实体移除材料来生成一个薄壁特征。

拔模：使用中性面或分型线按指定的角度削尖模型面。

图 1-25　“特征”工具栏

异型孔向导：用预先定义的剖面插入孔。

线性阵列：以一个或两个线性方向阵列特征、面及实体。

参考几何体：参考几何体指令。

曲线：曲线指令。

Instant3D：启用拖动控标、尺寸及草图来动态修改特征。

## 1.2.3　“草图”工具栏

“草图”工具栏几乎包含了与草图绘制有关的所有功能，里面的工具按钮很多，如图 1-26 所示，本节只介绍一部分比较常用的功能。

草图绘制：绘制新草图，或者编辑现有草图。

智能尺寸：为一个或多个实体生成尺寸。

直线：绘制直线。

矩形：绘制矩形。

直槽口：绘制直槽口。

圆：绘制圆，选择圆心，然后拖动鼠标来设定其半径。

圆心/起点/终点画弧：绘制中心点圆弧，设定中心点，拖动鼠标来放置圆弧的起点，然后设定其程度和方向。

样条曲线：绘制样条曲线，单击来添加形成曲线的样条曲线点。

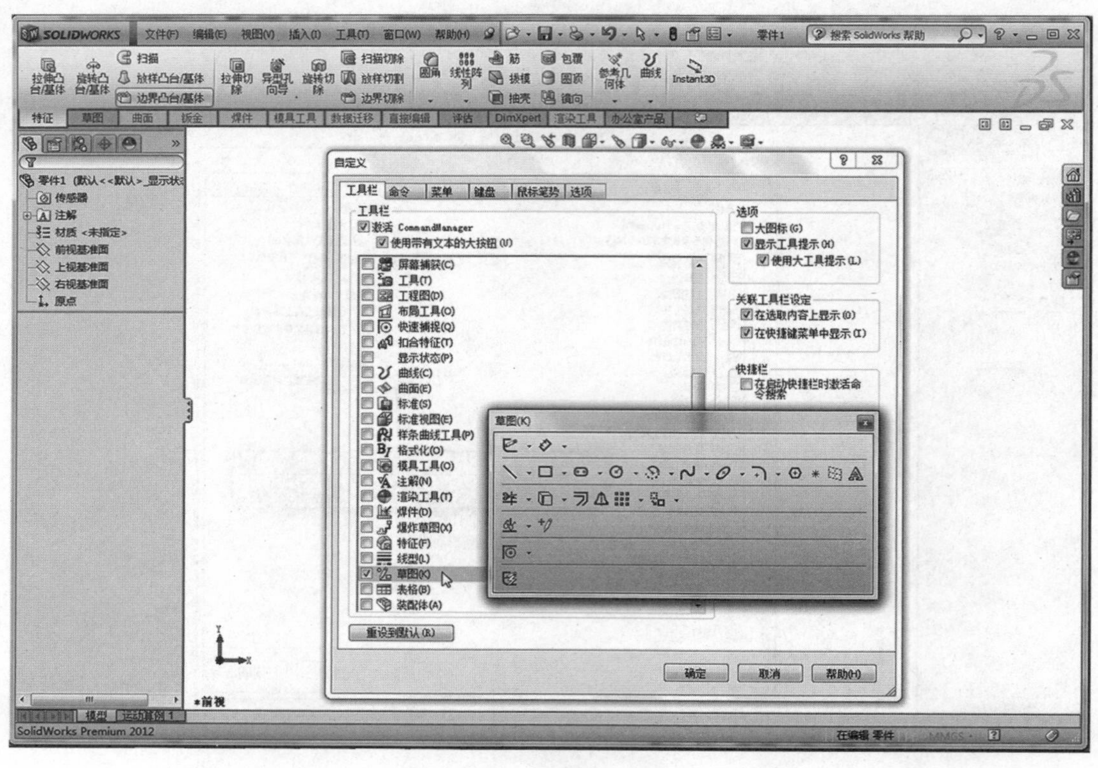


图 1-26 “草图”工具栏

椭圆：绘制完整椭圆，选择椭圆中心，然后拖动鼠标来设定长轴和短轴。

绘制圆角：在交叉点切圆两个草图实体之角，从而生成切线弧。

多边形：绘制多边形，在绘制多边形后可以更改边数。

点：绘制点。

基准面：可插入基准面到3D草图。

文字：绘制文字。可在面、边线及草图实体上绘制文字。

剪裁实体：剪裁或延伸草图实体，使之与另一实体重合或删除草图实体。

转换实体引用：将模型上所选的边线或草图实体转换为草图实体。

等距实体：通过以一指定距离等距面、边线、曲线或草图实体来添加草图实体。

镜向实体：沿中心线镜向所选的实体。

线性草图阵列：添加草图实体的线性阵列。

移动实体：移动草图实体和注解。

显示/删除几何关系：显示和删除几何关系。

修复草图：修复所选草图。

快速捕捉：快速捕捉过滤器。

快速草图：允许2D草图基准面动态更改。

## 1.2.4　“装配体”工具栏

“装配体”工具栏用于控制零部件的管理、移动及其配合，插入智能扣件，如图 1-27 所示。

图 1-27　“装配体”工具栏

插入零部件：添加一现有零件或子装配体到装配体。

配合：定位两个零部件使之相互配合。

线性零部件阵列：以一个或两个线性方向阵列零部件。

智能扣件：使用 SolidWorks Toolbox 标准硬件库将扣件添加到装配体。

移动零部件：在由其配合所定义的自由度内移动零部件。

显示隐藏的零部件。

装配体特征：生成各种特征的装配体。

参考几何体：参考几何体指令。

新建运动算例：新建运动算例指令。

材料明细表：添加材料明细表。

爆炸视图：将零部件分离成爆炸视图。

爆炸直线草图：添加或编辑显示爆炸的零部件之间几何关系的 3D 草图。

干涉检查：检查零部件之间的任何干涉。

间隙验证：验证零部件间的间隙。

孔对齐：检查装配体孔对齐。

装配体直观：按自定义属性直观装配体部件。

AssemblyXpert：显示当前装配体的统计数据并检查其状况。

Instand3D：启动拖动控标、尺寸、草图来动态修改特征。

## 1.2.5 “尺寸/几何关系”工具栏

“尺寸/几何关系”工具栏用于标注各种控制尺寸以及添加各个对象之间的相对几何关系，如图1-28所示，这里简要说明各按钮的作用。

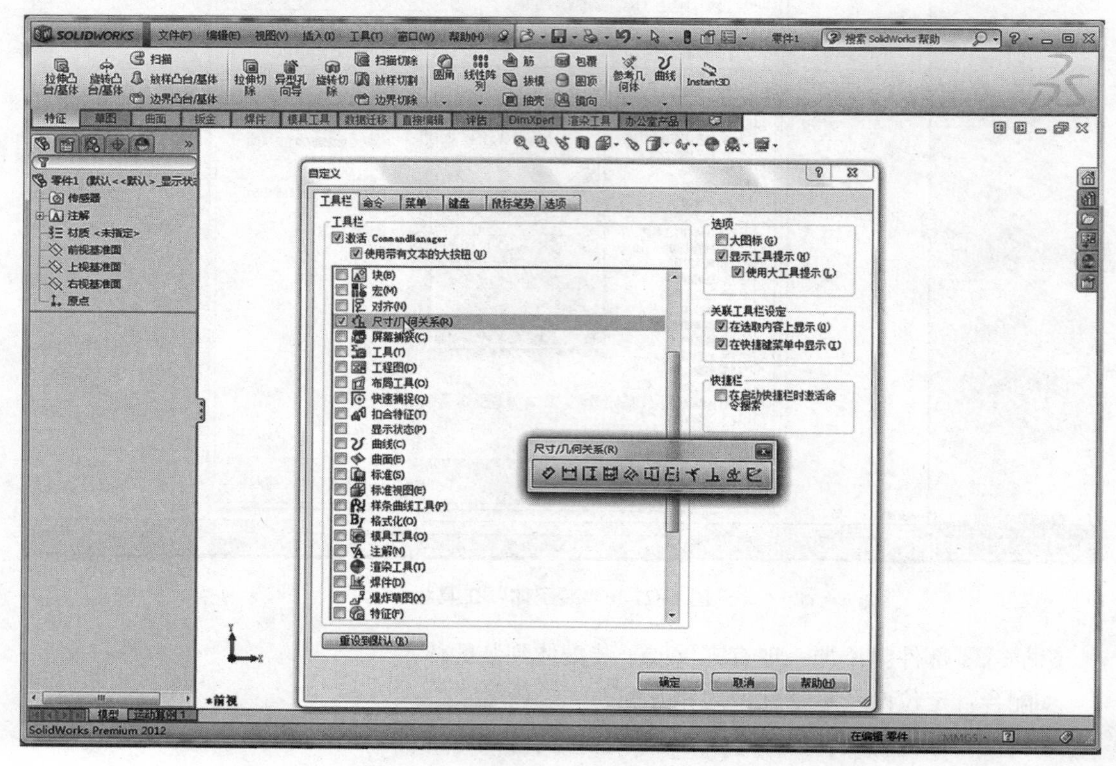


图1-28 “尺寸/几何”关系工具栏

智能尺寸：为一个或多个实体生成尺寸。

水平尺寸：在所选实体之间生成水平尺寸。

垂直尺寸：在所选实体之间生成垂直尺寸。

基准尺寸：在所选实体之间生成参考尺寸。

尺寸链：从工程图或草图的横纵轴生成一组尺寸。

水平尺寸链：从第一个所选实体水平测量而在工程图或草图中生成的水平尺寸链。

垂直尺寸链：从第一个所选实体水平测量而在工程图或草图中生成的垂直尺寸链。

倒角尺寸：在工程图中生成倒角的尺寸。

添加几何关系：控制带约束（如同轴心或竖直）的实体的大小或位置。

显示/删除几何关系：显示或删除几何关系。

完全定义草图：完全定义草图。

## 1.2.6 “工程图”工具栏

“工程图”工具栏主要用于生成工程视图，如图 1-29 所示。一般来说，工程图包含几个由模型建立的视图，也可以由现有的视图建立视图。例如，剖面视图就是由现有的工程视图所生成的，而这个过程是由“工程图”工具栏实现的。

图 1-29 “工程图”工具栏

模型视图：根据现有零件或装配体添加正交或命名视图。

投影视图：从一个已经存在的视图展开新视图而添加一投影视图。

辅助视图：从一线性实体（边线、草图实体等）通过展开一新视图而添加一视图。

剖面视图：以剖面线切割父视图来添加一剖面视图。

局部视图：添加一局部视图来显示一视图某部分，通常放大比例。

标准三视图：添加 3 个标准、正交视图。视图的方向可以为第一角或第三角。

断开的剖视图：将一断开的剖视图添加到一显露模型内部细节的视图。

断裂视图：给所选视图添加折断线。

剪裁视图：剪裁现有视图以只显示视图的一部分。

交替位置视图：添加一显示模型配置置于模型另一配置之上的视图。

## 1.2.7 “视图”工具栏

“视图”工具栏中工具较多，如图1-30所示。

图1-30 “视图”工具栏

整屏显示全图，缩放模型以符合窗口的大小。

局部放大图形，将选定的部分放大到屏幕区域。

确定视图的方向，显示一对话框来选择标准或用户定义的视图。

3D工程图视图：以3D动态操纵模型视图以进行选择。

剖面视图，使用一个或多个横断面基准面生成零件或装配体的剖切视图。

视图定向：更改当前视图方向或视口数。

显示样式：为活动视图更改显示样式。

隐藏/显示项目：在图形区域更改项目的显示状态。

编辑外观：在模型中编辑实体的外观。

应用布景：循环使用或应用特定的布景。

视图设定：切换各种视图设定，如RealView、阴影、环境封闭及透视图。

## 1.2.8 “插件”工具栏

在SolidWorks中单击“工具”会有“插件”工具栏，如图1-31所示。

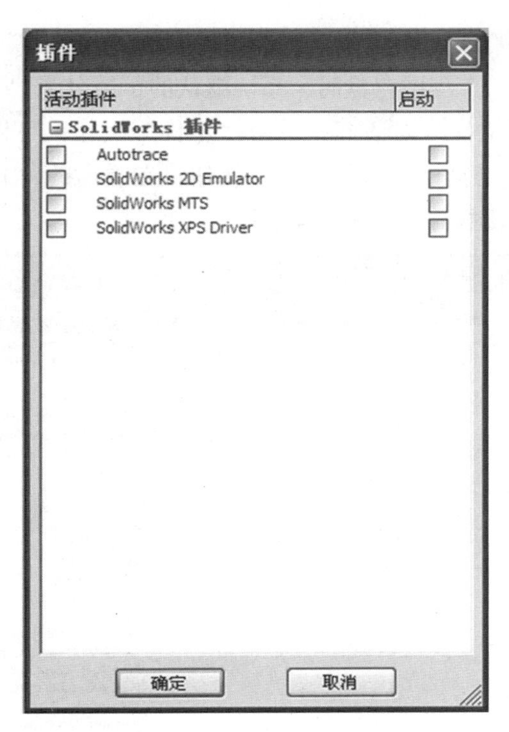


图1-31 “插件”工具栏

（1）Autotrace插件：提供类似PhotoShop中魔术棒的功能，帮助用户捕捉图片的边界，从而转换成曲线加以再利用。

（2）SolidWorks 2D Emulator插件：模拟2D CAD软件命令行。此命令在emulator（模拟程序）中可使用，与SolidWorks草图绘制工具类似，包括：2D CAD绘制实体（点、线、圆弧等）、其他绘制工具（圆角、倒角、尺寸等）、视图工具（平移、视图、缩放）、实体属性（颜色等）、信息（清单等）、特征生成（拉伸、旋转）、系统工具（对齐、绘制等）等。

（3）SolidWorks MTS插件：将SolidWorks零件或装配体文件输出到Viewpoint（.mts）文件。设计人员可在互联网上使用Viewpoint查阅器查看Viewpoint文件。Viewpoint文件包含模型压缩的几何体。Viewpoint（MTS）转换程序也生成.mtx文件，此文件为XML格式，是模型的动画和属性文件。输出的文件只包含图形信息，所以不能编辑这些文件。

（4）SolidWorks XPS Driver插件：可以在SolidWorks中生成XPS（XML纸张规格）文件，并在SolidWorks eDrawings浏览器或XPS浏览器中打开该文件。

## 1.3 SolidWorks的基本操作

### 1.3.1 文件操作

1. 打开文件

本书介绍SolidWorks软件的3个功能模块：零件、装配体和工程图。针对不同的模块，文件类型也不相同。零件存盘时，系统默认的扩展名为“. sldprt”；装配体存盘时，系统默认的扩展名为“. sldasm”；工程图存盘时，系统默认的扩展名为“. slddrw”。

在“新建 SolidWorks 文件”对话框中单击“零件”按钮，可以打开一张空白的零件图文件，或者单击“标准”工具栏中的“打开”按钮，在弹出的“打开”对话框中选择已经存在的文件并对其进行编辑操作，如图 1-32 所示。

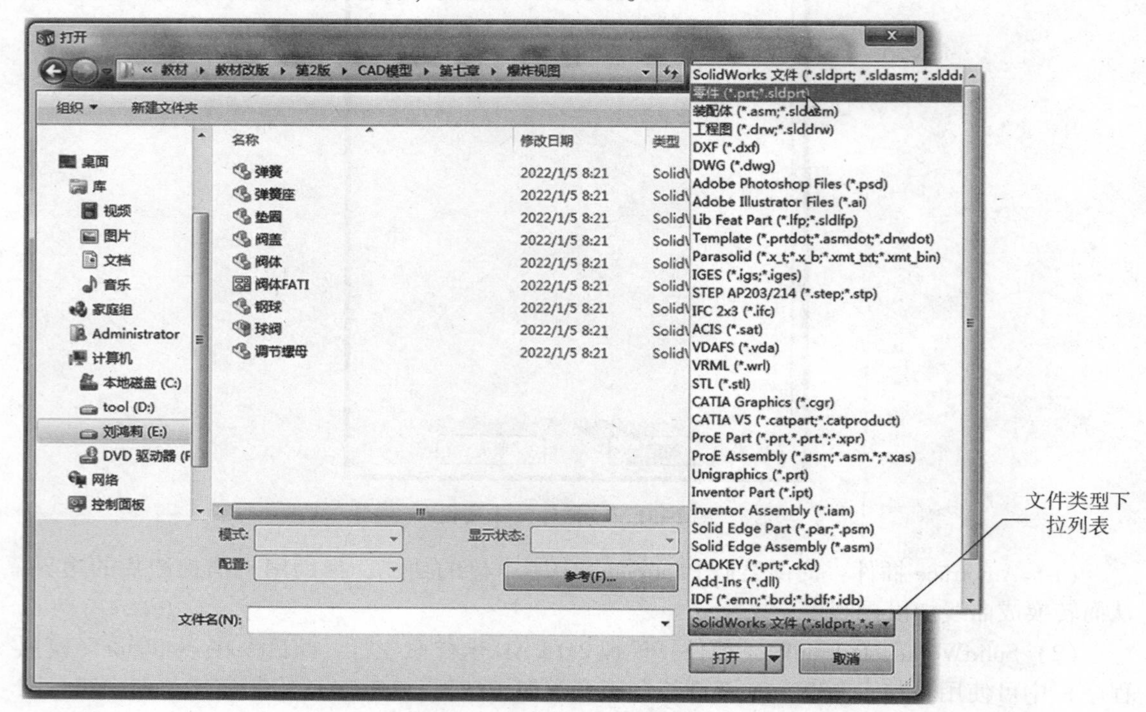


图 1-32 “打开”对话框

在“打开”对话框里，系统会默认前一次读取的文件路径，如果想要打开不同格式的文件，可在“文件类型”下拉列表中选取适当的文件类型。

2. 保存文件

单击“标准”工具栏中的“保存”按钮，或者选择菜单栏“文件”→“保存”命令，在弹出的“保存”对话框中输入要保存的文件名，以及设置文件保存的路径，便可以将当前文件保存。也可以选择“另存为”选项，弹出如图 1-33 所示的“另存为”对话框。这时，用户就可以选择自己保存文件的类型进行保存。如果想把文件换成其他类型，只需将“另存为”对话框中的“保存类型”设置为需要的类型，并设置保存的文件路径后，单击“保存”按钮即可。

单击“保存”按钮，系统会将目前最新的文件存入指定的文件中，单击“取消”按钮，系统会返回到 SolidWorks 绘图区域，可以继续编辑几何图形。

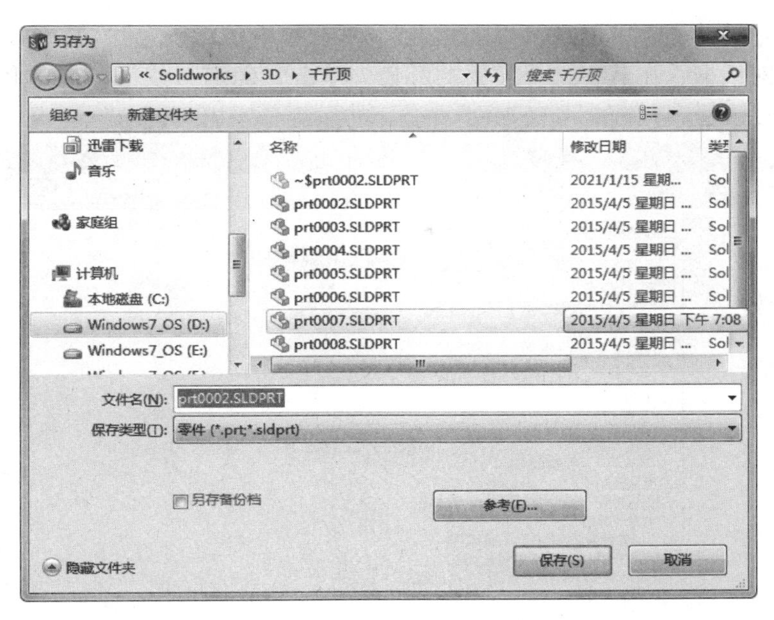


图 1-33　“另存为”对话框

## 1.3.2　鼠标操作

鼠标的左键、右键和中键在 SolidWorks 中有着不同的意义。

左键：在属性管理器窗口中可以选取几何形状图的对象、选项和其他对象。

右键：针对光标所指的位置会出现不同的快捷菜单。菜单的内容会随着光标所在对象的不同而改变，其中包括了常用命令的快捷方式。

中键：只能在图形区使用，一般用于旋转、平移和缩放。在零件图和装配体的环境中，按住鼠标中键不放，移动鼠标就可以实现旋转；先按住〈Ctrl〉键，然后按住鼠标中键不放，移动鼠标就可以实现平移。在工程图的环境中，按住鼠标的中键，就可以实现平移；先按住〈Shift〉键，然后按住鼠标中键移动鼠标就可以实现缩放，如果是带滚轮的鼠标，直接转动滚轮就可以实现缩放。

## 1.3.3　操作环境设置

设置适合自己的操作环境，才能使设计更加便捷。SolidWorks 同其他软件一样，不仅可以根据用户的需要显示或者隐藏工具栏，添加或者删除工具栏中的命令按钮，也可以根据需要设置零件、装配体和工程图的工作界面。

### 1. 背景设置

在 SolidWorks 中，可以更改操作界面的背景及颜色，以设置个性化的用户界面。设置背景的操作步骤如下。

1）执行命令

执行菜单栏“工具”→“选项”命令，弹出“系统选项”对话框。

2）设置颜色

在“系统选项”对话框中的“系统选项”列表框中选择“颜色”选项，如图 1-34 所示。在“颜色方案设置”中选择“视区背景”，然后单击“编辑”按钮，弹出如图1-35所示的“颜色”对话框，在其中选择需要的颜色，单击“确定”按钮。重复上述过程，可以设置其他选项的颜色。

图1-34　“系统选项”对话框

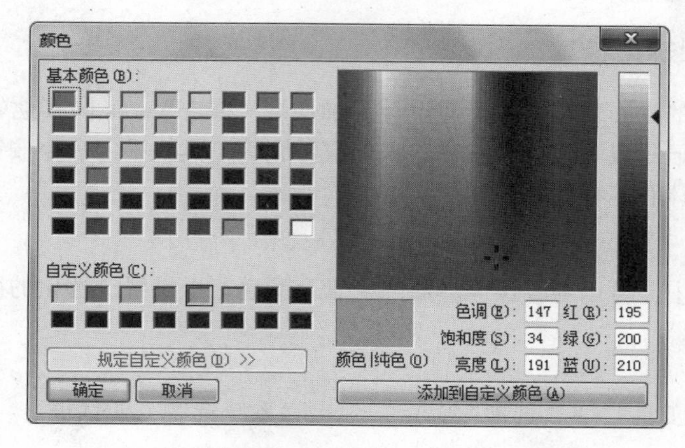


图1-35　“颜色”对话框

3）确认背景颜色设置

单击“确定”按钮，系统背景颜色设置成功。

在图 1-34 所示的“系统选项”对话框中，有 4 个不同的复选框，分别对应不同的背景效果，读者可以自行设置，在此不再赘述。图 1-36 为一个设置好背景颜色的软件界面。

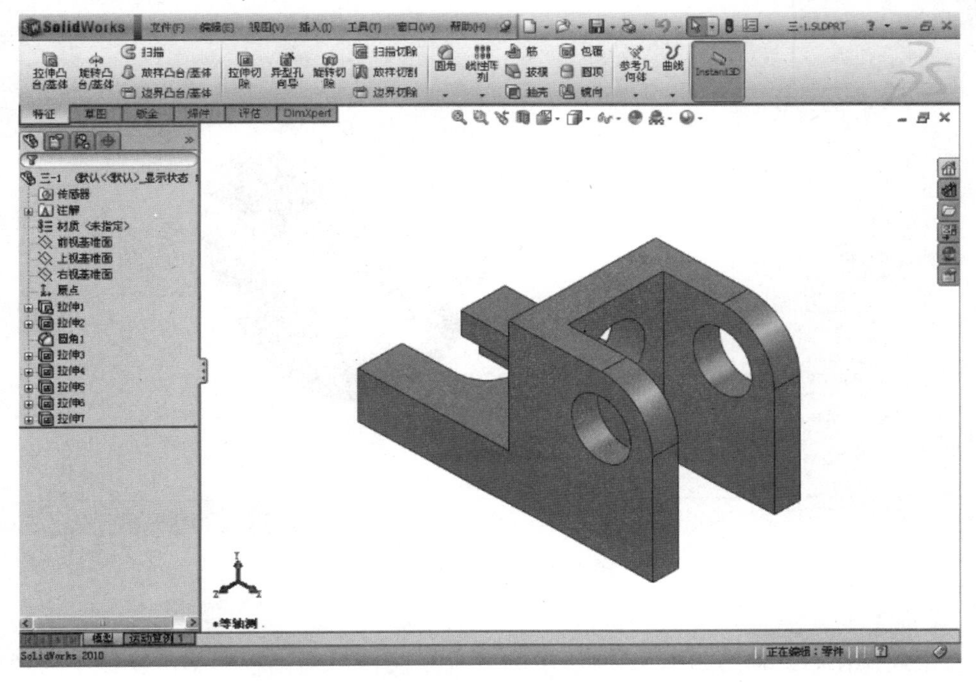


图 1-36　设置背景后的效果图

2. 实体颜色设置

系统默认的绘图模型实体的颜色为灰色。在零部件和装配体模型中，为了使图形有层次感和真实感，通常通过改变实体的颜色来实现。图 1-37（a）为系统默认颜色的零件模型，图 1-37（b）为修改颜色后的零件模型。

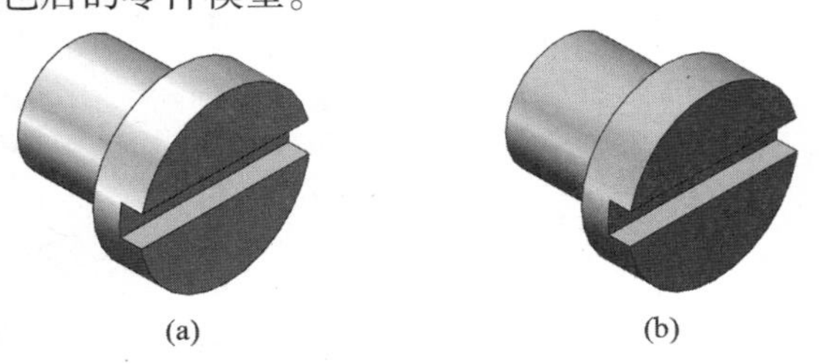

图 1-37　设置实体颜色图示

（a）系统默认的颜色；（b）修改颜色后

下面以图 1-37 所示的例子说明设置实体颜色的步骤。

1）执行命令

在属性管理器中选择要改变颜色的特征，此时绘图区域中相应的特征会改变颜色，表示已选中的面，然后右击，在出现的快捷菜单中单击“外观”选项，如图 1-38 所示。

图 1-38　系统快捷菜单

2）设置实体颜色

进行上述操作后，弹出如图 1-39 所示的“外观属性”对话框，单击特征中的“Body”按钮，弹出如图 1-40 所示的“颜色”对话框，在“颜色”对话框中选择需要的颜色。

图 1-39　“外观属性”对话框

图 1-40　“颜色”对话框

3）确认设置

单击“确定”按钮，完成实体颜色的设置。

另外，在零件模型和装配体模型中，除了可以对特征的颜色进行设置外，还可以对面进行设置。面一般在绘图区域中进行选择，然后右击，在弹出的快捷菜单中进行设置，步骤与设置特征颜色类似。

在装配体模型中还可以对整个零件的颜色进行设置，一般在属性管理器中选择需要设置的零件进行设置，步骤也与设置特征颜色的步骤类似。

3. 单位设置

在三维实体建模前，需要设置好系统的单位，系统默认的单位为“MMGS（毫米、克、秒）”，可以使用自定义方式设置其他类型的单位系统及场地单位等。

下面以修改长度单位的小数位数为例，说明设置单位的操作步骤。

1）执行命令

执行菜单栏“工具”→“选项”命令。

2）设置单位

在弹出的“文档属性”对话框上单击“文档属性”选项卡，选择“单位”选项，如图1-41所示。选择“单位系统”中的“自定义”，在“长度单位”中设置“小数位数”为0，最后单击“确定”按钮。设置单位前后的图形如图1-42所示。

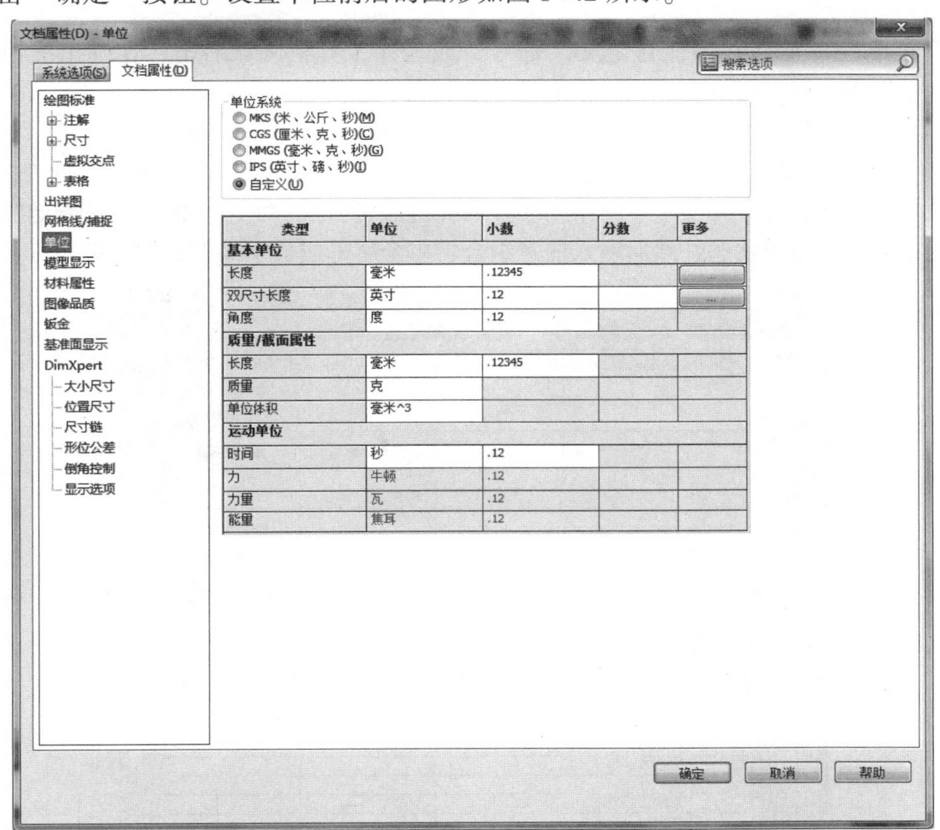


图1-41 “文档属性”对话框

3）确认设置

单击“确定”按钮，完成单位的设置。

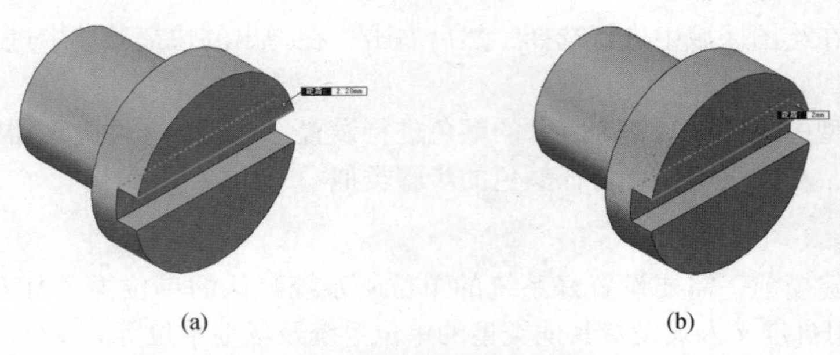

图 1-42　设置单位前后的图形

（a）设置单位前的图形；（b）设置单位后的图形

4. 快捷键设置

除了使用菜单栏和工具栏中命令按钮执行命令外，SolidWorks 软件还允许用户通过自定义快捷键方式来执行命令。当用户熟练掌握了 SolidWorks 软件中的各种命令之后，可以使用快捷键执行常用命令，从而在一定程度上提高建模速度。

1）执行命令

执行菜单栏“工具”→“自定义”命令，或者在工具栏区域右击，在弹出的快捷菜单中选择“自定义”选项，弹出“自定义”对话框。

2）设置快捷键

选择“自定义”对话框中的“键盘”选项卡，如图 1-43 所示。在“类别”列表框中选择所需的菜单类，然后在“命令”列表框中选择要设置快捷键的命令。单击“快捷键”栏下的空白单元格使其呈编辑状态，然后输入任意组合、单个字母或数字等作为快捷键即可。

自定义

工具栏 | 快捷方式栏 | 命令 | 菜单 | 键盘 | 鼠标笔势 | 选项

类别(A)：所有命令

显示(H)：所有命令

搜索(S)：

打印列表(P)..　复制列表(C)　重设到默认(D)　移除快捷键(R)

| 类别 | 命令 | 快捷键 | 搜索快捷键 |
| --- | --- | --- | --- |
| 文件(F) | 新建(N).. | Ctrl+N | |
| 文件(F) | 打开(O).. | Ctrl+O | |
| 文件(F) | 关闭(C).. | Ctrl+W | |
| 文件(F) | 从零件制作工程图(E).. | | |
| 文件(F) | 从零件制作装配体(K).. | | |
| 文件(F) | 保存(S).. | Ctrl+S | |
| 文件(F) | 另存为(A).. | | |
| 文件(F) | 保存所有(L).. | | |
| 文件(F) | 页面设置(G).. | | |
| 文件(F) | 打印预览(V).. | | |
| 文件(F) | 打印(P).. | Ctrl+P | |
| 文件(F) | Print3D.. | | |
| 文件(F) | 出版到 3DVIA.com.. | | |
| 文件(F) | 出版到 eDrawings(B).. | | |
| 文件(F) | 打包(K).. | | |
| 文件(F) | 发送(D).. | | |
| 文件(F) | 重装(R).. | | |
| 文件(F) | 查找相关文件(F).. | | |
| 文件(F) | 属性(I).. | | |

说明

确定　取消　帮助(H)

图 1-43　设置“键盘”选项卡

3）确认设置

设置完成后单击“确定”按钮即可。

## 1.4　SolidWorks 相关术语

以下术语常出现在 SolidWorks 软件和文档中。

### 1. 文件窗口

如图 1-44 所示，SolidWorks 文件窗口有两个窗格。左侧窗格包含特征管理器，列出零件、装配体或工程图的结构；右侧窗格为绘图区域，用于生成和操纵零件、装配体或工程图。

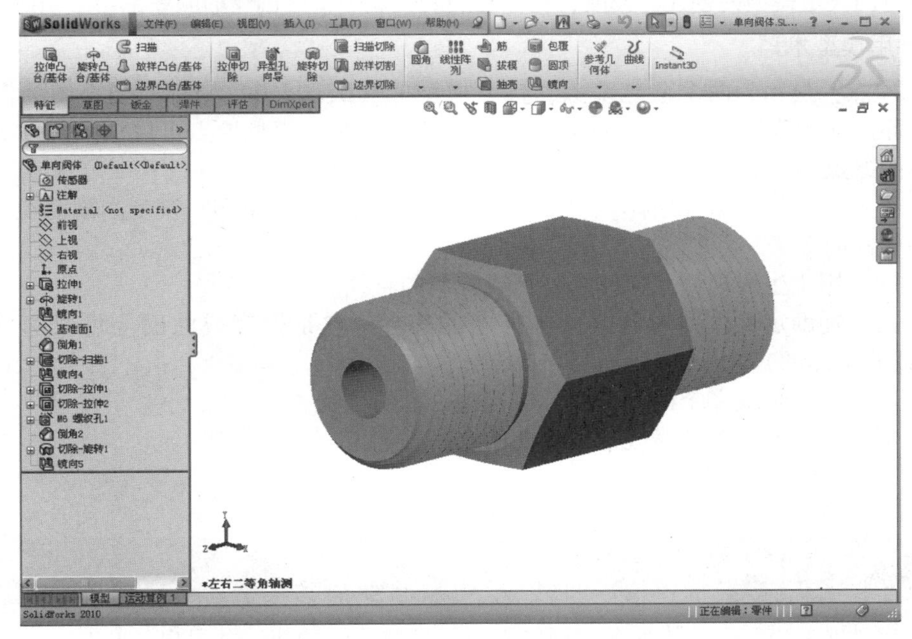

图 1-44　文件窗口

### 2. 控标

控标允许鼠标在不退出绘图区域的情形下，动态地拖动和设置某些参数，如图 1-45 所示。

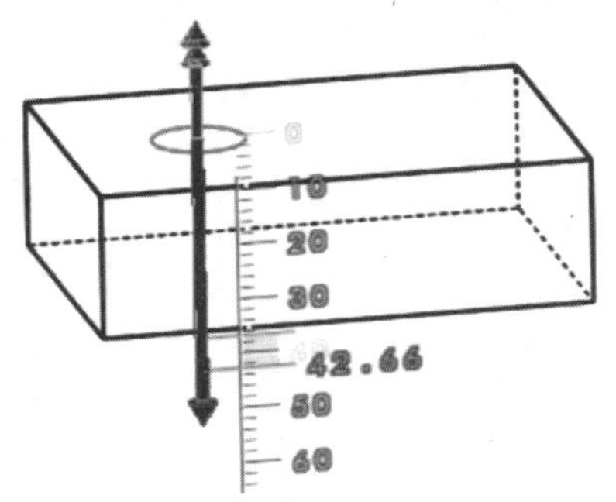


图 1-45　控标

3. 特征

用户在建模过程中创建的所有切除、凸台、基准面、草图等都可以称为特征。

（1）草图特征：通过对二维草图进行拉伸、旋转、扫描或放样等草图特征操作，可以将其转换为实体。

（2）应用特征：直接创建在实体模型上的特征，如圆角和倒角特征。

4. 草图

在 SolidWorks 中，把二维外形轮廓叫作草图。草图创建于模型中的基准面或平面。草图可以独立存在，但是一般作为凸台或切除等特征的基础。

5. 设计意图

设计意图决定模型的创建与修改，特征之间的关联和特征创建的顺序都会影响设计意图。

6. 常用模型术语

（1）原点：显示为两个蓝色箭头，代表模型的（0，0，0）坐标。当草图为激活状态时，草图原点显示为红色，代表草图的（0，0，0）坐标。模型原点可以添加尺寸和几何关系，但草图原点则不能添加。

（2）平面：平的构造几何体。可以使用基准面来添加 2D 草图、模型的剖面视图和拔模特征中的中性面等。

（3）轴：用于生成模型几何体、特征或阵列的直线。

（4）面：辅助定义模型形状或曲面形状的边界。它是模型或曲面上可以选择的区域（平面的或非平面的）。

（5）边线：两个或多个面相交并且连接在一起的位置。

（6）顶点：两条、多条线或边线相交的点。

## 1.5 课堂实训

（1）启动 SolidWorks，熟悉系统操作界面及各部分的功能，并退出 SolidWorks。

（2）练习文件的新建、打开、存盘和关闭。

（3）在工具栏中添加“抛物线”图标按钮，删除“等距实体”图标按钮。

（4）修改单位设置，设置小数位数为 0。

（5）改变视图方向。打开配套资源中第 1 章中的“1. 视图定向 . sldprt”文件，用视图定向将其右视图改为前视图。效果如图 1-46 所示。

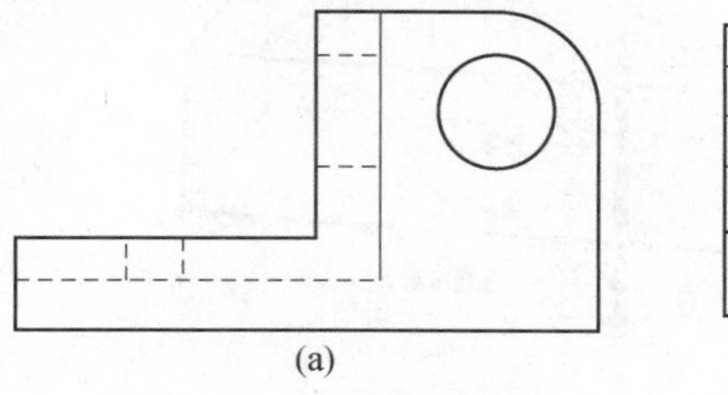

(a)

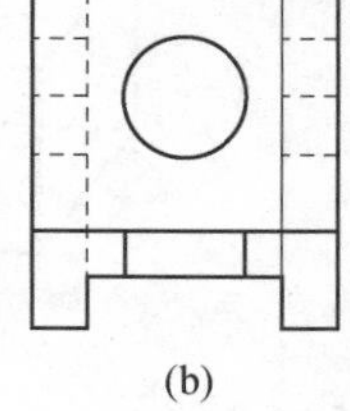

(b)

**图 1-46　改变视图方向**

（a）改变方向前的右视图；（b）改变方向后的左视图

（6）打开配套资源中第 1 章中的“2. 组合体 . sldprt”，分割画面，如图 1-47 所示。

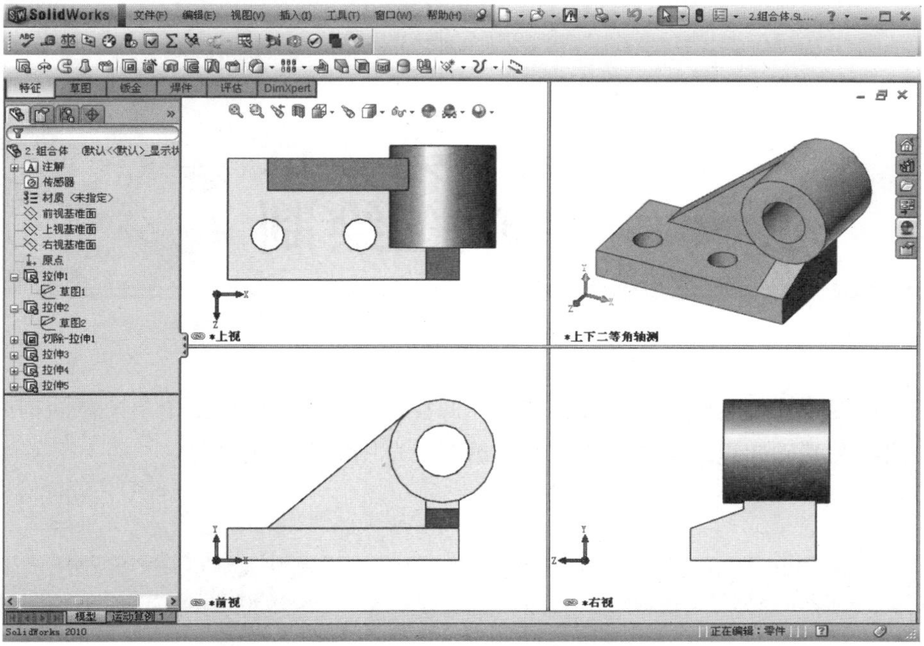

图 1-47　分割画面

（7）改变视区背景颜色：将默认颜色改为白色背景。

（8）打开配套资源中第 1 章中的“3 传动轴 . sldprt”文件，分别单击“视图”工具栏、“标准视图”工具栏、“视图定向”工具栏、“切换选择过滤器”工具栏，体会每个按钮的含义。

## 1.6　课后练习

（1）SolidWorks 的功能和特点主要包括哪几个方面？

（2）SolidWorks 用户界面中包括哪些内容？

（3）SolidWorks 的参考几何体包括哪几种？

（4）系统选项设置的作用是什么？

# 第2章 草图绘制

草图是创建特征的基础，大部分实体及曲面特征都是由一个或多个草图截面构成的。本章重点介绍草图基础知识、草图绘制、草图编辑及草图的几何关系等。

## 2.1 草图基础知识

草图是一个平面轮廓，用于定义特征的截面形状、尺寸和位置。通常，SolidWorks 的模型创建都是从绘制二维草图开始的，然后生成基体特征，并在模型上添加更多的特征。所以，熟练地使用草图绘制工具从而实现草图绘制非常重要。

此外，SolidWorks 也可以生成三维草图。三维草图存在于三维空间，不与特定草图基准面相关。本章所指的草图均为二维草图。

### 2.1.1 创建草图

SolidWorks 提供了 3 种创建草图的方法：在基准面新建草图、在零件的面上绘制草图和从已有的草图派生新的草图。

1）在基准面新建草图

打开或新建零件，选择基准面，然后单击进入草图窗口，如图 2-1 所示。

2）在零件的面上绘制草图

在基准面上新建草图一般在新设计开始时使用，在设计过程中，还要经常在已创建的零件上生成新的特征。选择要新建特征的面，然后单击进入草图窗口，如图 2-2 所示。

3）从已有的草图派生新的草图

SolidWorks 可以从同一零件的现有草图中派生出新的草图，这两个草图将保持相同的特性。如果对原始草图做出更改，则这些更改将被反映到新派生的草图中。在派生的草图中不能添加或删除几何体，其形状总是与父草图相同，不过可以使用尺寸或几何关系对派生草图进行定位。具体操作如下：

在属性管理器中选择要派生的草图，如图 2-3 所示，选择需要派生的草图，按住

〈Ctrl〉键并单击将要放置草图的面，选择菜单栏“插入”→“派生草图”命令，草图出现在所选的基准面上。

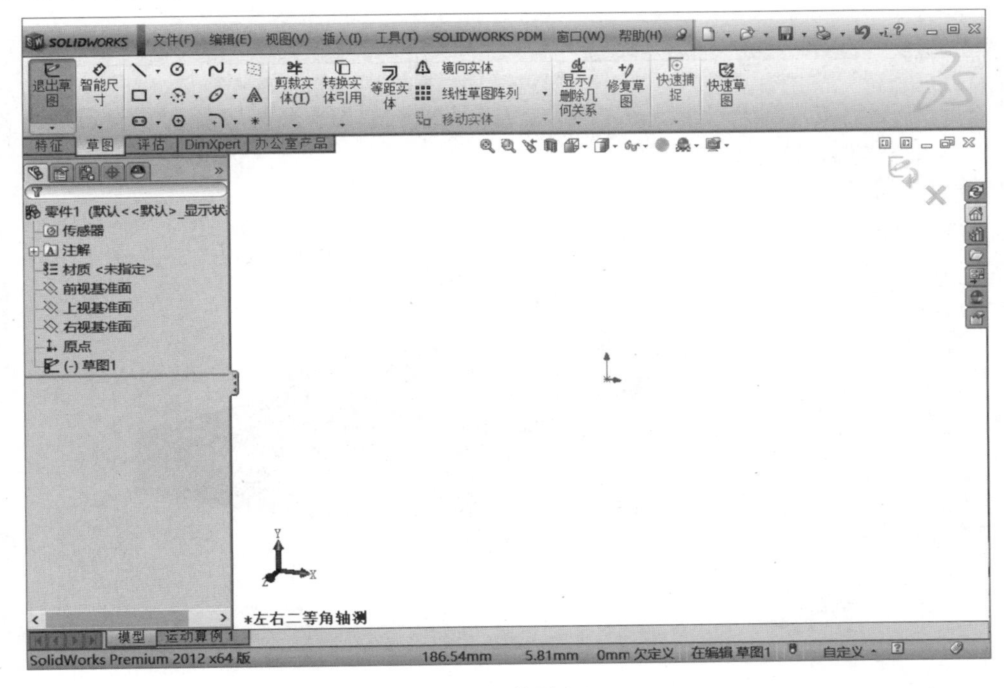


图 2-1　草图窗口

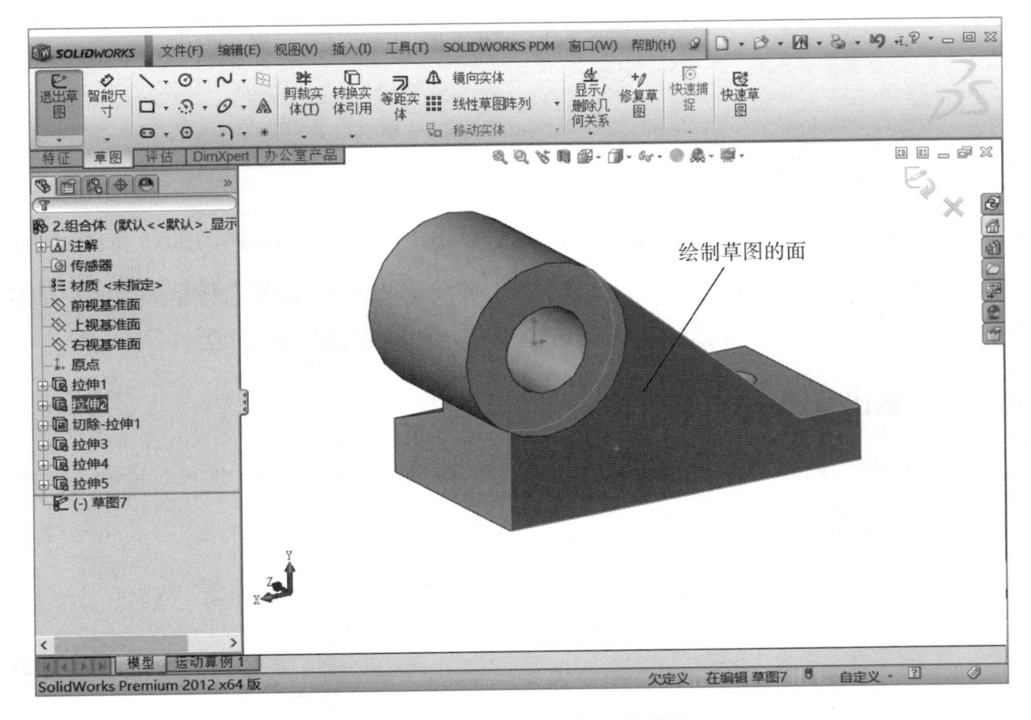


图 2-2　在零件的面上绘制草图

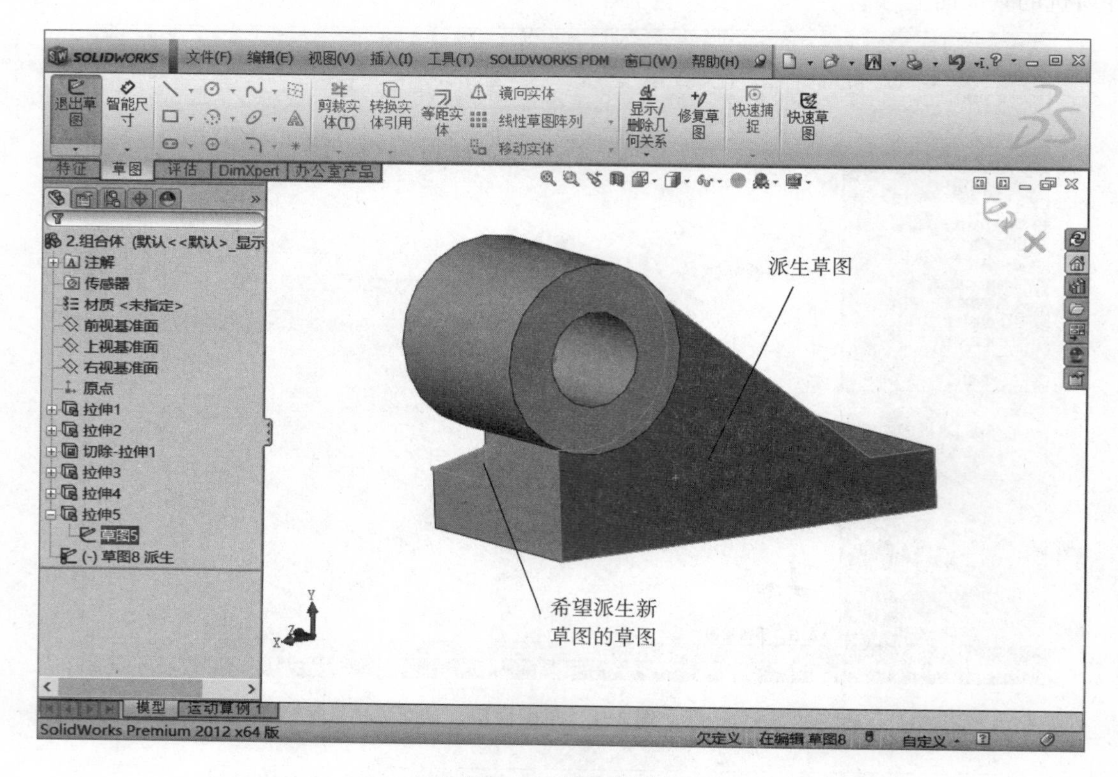


图 2-3　派生草图

## 2. 1. 2　编辑草图

进入草图窗口后，选择基准面或者某一面，单击“草图”工具栏中的“草图绘制”按钮或者选择菜单栏“插入”→“草图绘制”命令，也可以右击“特征管理器”中的现有草图或者零件的图标，在弹出的快捷菜单中选择“编辑草图”命令。

## 2. 1. 3　退出草图

完成草图绘制后检查草图，然后单击“草图”工具栏中的“退出草图”按钮或者草图绘制窗口的“退出草图”按钮，退出草图绘制状态，如图 2-4 所示。

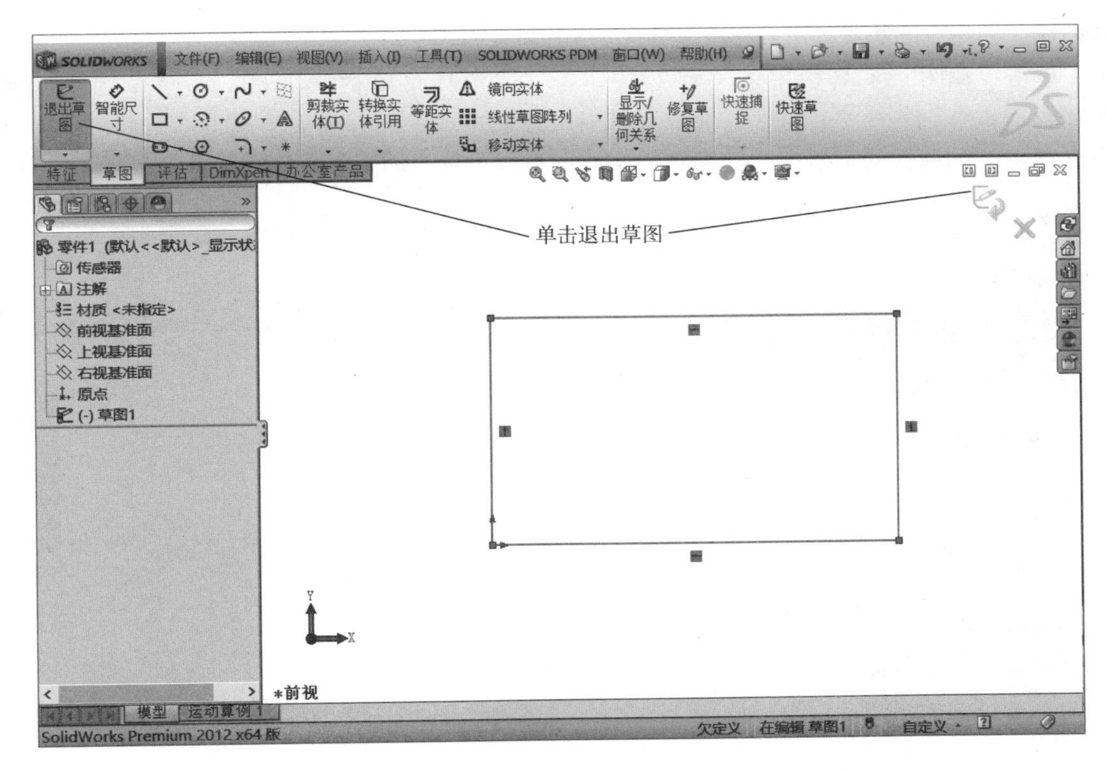


图 2-4　退出草图

## 2.2　草图绘制

草图绘制在 SolidWorks 三维零件的模型生成过程中是非常重要的。SolidWorks 初学者一定要培养良好的草图绘制习惯，这对熟练应用软件非常重要。

### 2.2.1　工具栏编辑

SolidWorks 提供草图绘制工具来方便地实现草图绘制。

选择菜单栏“视图”→“工具栏”→“自定义”→“草图”命令，打开“草图”工具栏，如图 2-5 所示。并非所有的草图绘制工具对应的按钮都出现在“草图”工具栏中。第 1 章已经介绍了如何设置工具栏的命令按钮，用户可以根据需要重新设置“草图”工具栏中的工具按钮。

图 2-5　“草图”工具栏

### 2.2.2　“点”工具

点在草图中主要起参照作用，在绘制直线、圆弧和样条曲线等几何实体时都可以参照点来创建。创建点的步骤如下：

单击“草图”工具栏中的“点”按钮＊，或选择菜单栏“工具”→“草图绘制实体”→“点”命令，光标变为形状，这时可以通过单击的方法来绘制点。用户可以通过修改“点”的属性管理器中的“参数”来修改点的位置，如图2-6所示。

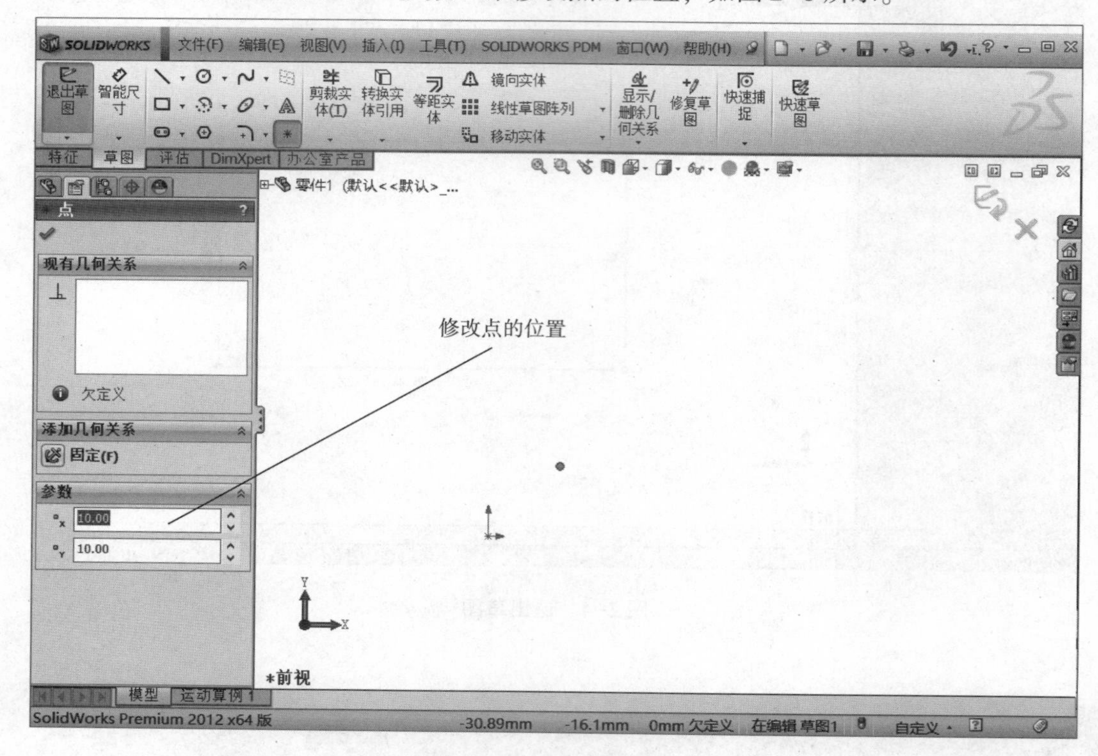


图2-6　点的绘制界面

## 2.2.3　“直线”工具

在所有图形实体中，直线是最基本的图形实体。绘制直线的步骤如下：

1）执行“直线”命令

单击“直线”按钮，或选择菜单栏“工具”→“草图绘制实体”→“直线”命令，此时出现“直线”属性管理器，光标变为形状。

2）确定直线的起点

在绘图区域选择要绘制直线的起点，单击进行确定。

3）完成直线

将光标移到直线的终点后释放鼠标，或者先释放鼠标，将光标移动到直线的终点后再单击。当直线的起点、方向和长度已知时，终点可通过属性管理器“参数”确定，如图2-7所示。

在绘图过程中，光标的变化往往代表不同的含义，当光标变为时，表示捕捉到了点；当光标变为时，表示绘制竖直直线；当光标变为时，表示绘制水平直线。

注意：在 SolidWorks 软件中提到的直线类似于平面几何中的线段的概念，是有固定的长度的线。在本书中如果没有特殊强调，直线均指几何中的线段。

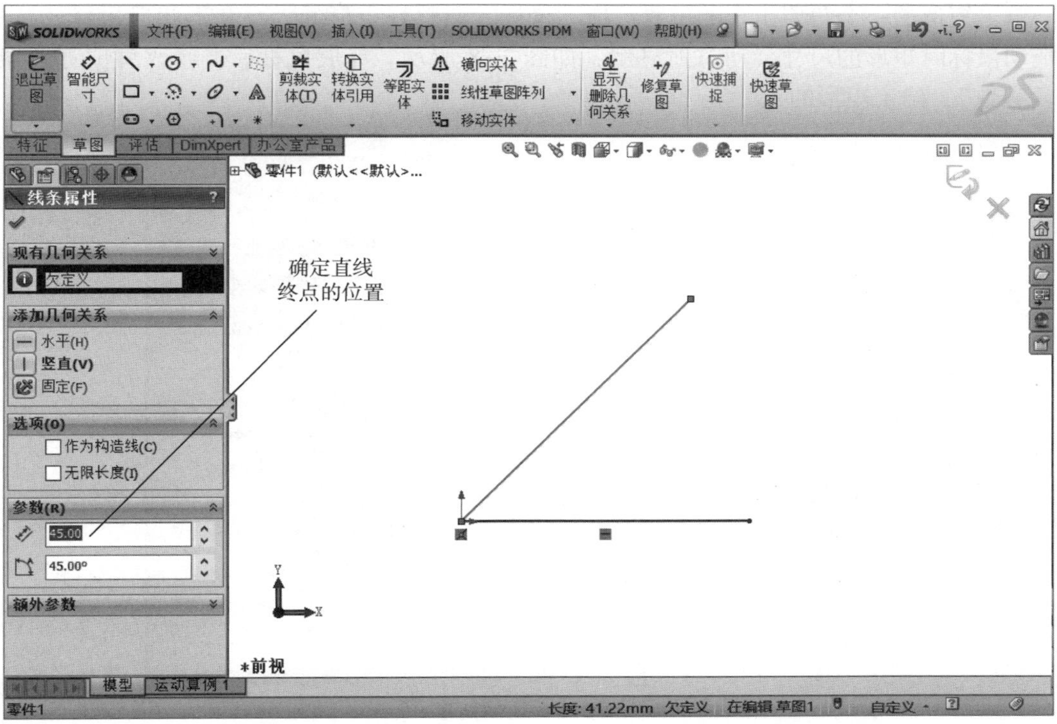

图 2-7　直线的绘制界面

4）对所绘制的直线进行修改

单击“选择”按钮，选择一个端点并拖动此端点可以延长、缩短直线或改变直线的角度；单击“选择”按钮，选择整个直线拖动鼠标可以移动直线的位置。

如果要修改直线的属性，则可以在草图中选择直线，然后在“直线”属性管理器中编辑其属性。

## 2.2.4　“中心线”工具

中心线在绘制草图的时候一般作为辅助线或者作为对称轴等使用。

单击“直线”按钮右侧的三角，选择，或选择菜单栏“工具”→“草图绘制实体”→“中心线”命令，此时出现“中心线”属性管理器，光标变为形状。

中心线绘制过程与直线相同，属性管理器中的操控面板也相同。不同的是，中心线一般无须标注长度、方向、尺寸，仅需要标注位置尺寸或约束即可。因此，这里不再对“中心线”工具进行详细描述。

## 2.2.5　“矩形”工具

矩形被认为是由独立的 4 条直线边组成的，在 SolidWorks 中可以分别进行编辑（如剪切、删除等）。绘制矩形的操作如下：

单击“矩形”按钮，或选择菜单栏“工具”→“草图绘制实体”→“矩形”命令，

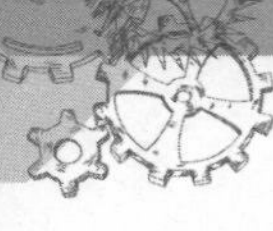



此时光标变为形状。

单击矩形的一个角要出现的位置；拖动鼠标，调整好矩形的大小和形状后再释放鼠标。在拖动鼠标时矩形的尺寸会动态地显示，如图 2-8 所示。释放鼠标后，修改属性管理器中的“参数”，确定矩形的尺寸。

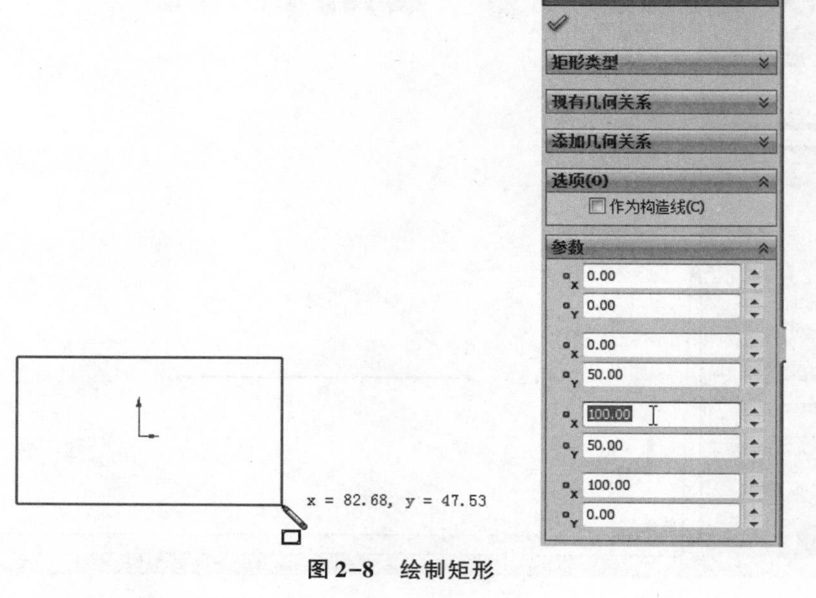


图 2-8　绘制矩形

## 2.2.6　“圆”工具

圆是草图绘制中经常使用的图形实体。创建圆的默认方式是指定圆心和半径。绘制圆的步骤如下：

（1）单击“圆”按钮，或选择菜单栏“工具”→“草图绘制实体”→“圆”命令，光标变为形状。

（2）在绘图区域选择圆心位置，单击进行确定，出现“圆”属性管理器。拖动鼠标，系统会自动显示半径的值，在合适的位置释放鼠标，在属性管理器的参数中设定半径值，如图 2-9 所示。

图 2-9　绘制圆

（3）对绘制的圆进行修改，可以使用“选择”按钮拖动圆的边线来缩小或放大圆，也可以拖动圆的圆心来移动圆。如果要确定圆的位置和大小，用户可以在“圆”属性管理器中直接编辑其属性。

## 2.2.7　“圆弧”工具

圆弧是圆的一部分，SolidWorks 提供了 3 种绘制圆弧的方法：“圆心/起/终点”画弧、“三点”画弧、“切线”画弧。

1）“圆心/起/终点”画弧

“圆心/起/终点”画弧，是指依次指定圆心、圆弧起点、圆弧终点的圆弧绘制方法。

（1）执行圆弧绘制命令。单击“圆心/起/终点”按钮，或选择菜单栏“工具”→“草图绘制实体”→“圆心/起/终点”命令，光标变为形状。

（2）指定圆弧的圆心。在绘图区域单击以确定圆弧圆心的位置，弹出“画弧”属性管理器。

（3）通过指定起点和终点绘制圆弧。移动光标到希望放置圆弧起始点的位置单击，确定圆弧起始点。沿着圆弧的方向继续拖动光标圆周参考线会继续显示，在圆弧预定终点处再次单击，完成圆弧终点的设定。

如果要修改绘制好的圆弧，可选择圆弧，然后在“圆弧”属性管理器中编辑其属性。

2）“三点”画弧

“三点”圆弧是通过指定 3 个点，即起点、终点及圆弧中点来生成圆弧，步骤如下：

（1）执行“三点圆弧”命令。单击“三点圆弧”按钮，或选择菜单栏“工具”→“草图绘制实体”→“三点圆弧”命令，光标变为形状。

（2）指定圆弧的起点和终点。在绘图区域单击以确定圆弧的起点位置，出现“圆弧”属性管理器，拖动鼠标到“圆弧”结束的位置，释放鼠标，如图 2-10（a）所示；单击以确定圆弧圆心的位置，出现“圆弧”属性管理器。

（3）通过指定圆弧中点绘制圆弧。继续拖动鼠标以设置圆弧的半径，必要的话可以反转圆弧的方向，即通过选择圆弧起点和终点之间的圆弧中心位置来确定圆弧的半径和方向，如图 2-10（b）所示。

在“圆弧”属性管理器中进行必要的设置，然后单击“确定”按钮即可，如图 2-10（c）所示。

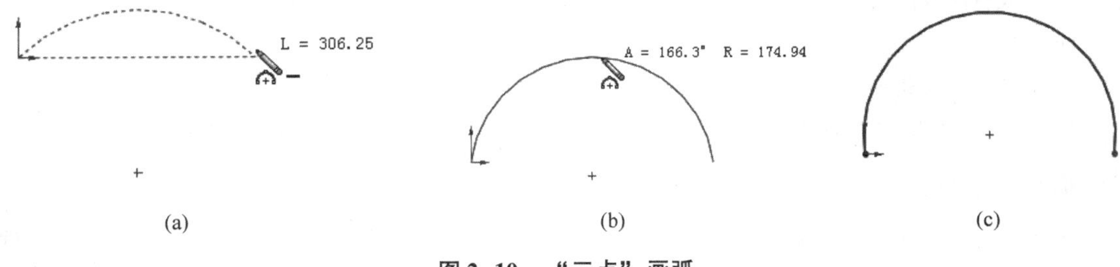


**图 2-10　“三点”画弧**

3）“切线”画弧

“切线”画弧是指生成一条与草图实体相切的弧线。可以用两种方法生成切线弧，即“切线弧”工具和自动过渡方法。

其中，使用切线弧工具生成切线弧的操作如下：

单击“切线弧”按钮，或选择菜单栏“工具”→“草图绘制实体”→“切线弧”命令。在已有直线、圆弧、椭圆或样条曲线的端点处单击，此时出现“圆弧”属性管理器，光标变为形状，拖动圆弧以绘制所需的形状，如图 2-11 所示。

注意：SolidWorks 从光标的移动可推理出是想要切线弧还是法线弧。存在 4 个目的区，具有如图 2-12 所示的 8 种可能结果。沿相切方向移动光标将生成切线弧。沿垂直方向移动光标将生成法线弧。可通过先返回到端点然后向新的方向移动来实现切线弧和法线弧的切换。

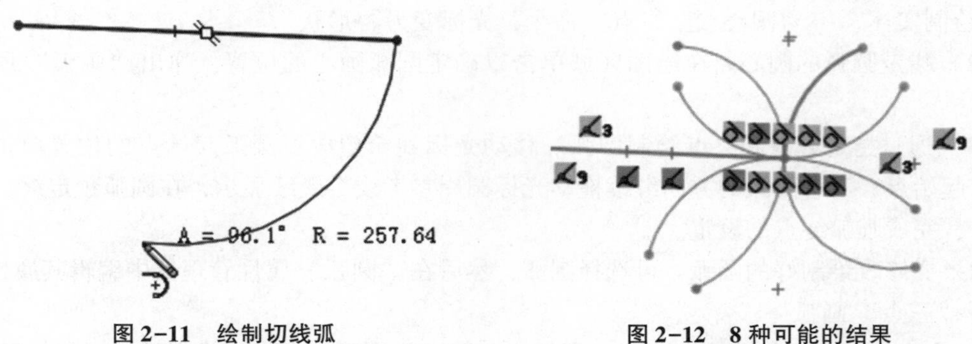


图 2-11　绘制切线弧　　图 2-12　8 种可能的结果

此外，还可以通过自动过渡的方法绘制切线弧，操作如下：

单击“直线”按钮，或选择菜单栏“工具”→“草图绘制实体”→“直线”命令，此时光标变为形状。在已有直线、圆弧、椭圆或样条曲线的端点处单击，然后将光标移开。预览显示将生成一条直线。

将光标移回到终点，然后再移开。预览则会显示生成一条切线弧。单击以放置圆弧。

如果要想在直线和圆弧之间切换而不回到直线、圆弧、椭圆或样条曲线的端点处，同时按下〈A〉键即可。

## 2.2.8　“样条曲线”工具

样条曲线是由一组点定义的光滑曲线，经常用于精确地表示对象的造型。SolidWorrks 也可以生成样条曲线，最少只需两个点就可以绘制一条样条曲线，还可以在其端点指定相切的几何关系。

1）绘制样条曲线

单击“样条曲线”按钮，或选择菜单栏“工具”→“草图绘制实体”→“样条曲线”命令，这时光标变为形状。

在绘图区域单击以放置样条曲线的第一个点，然后移动鼠标出现第一段。此时，出现“样条曲线”属性管理器。单击后移动鼠标出现第二段。

重复以上步骤直到完成样条曲线。

2）改变样条曲线的形状

使用“选择”按钮选中样条曲线，控标即出现在样条曲线上，如图 2-13 所示。通过拖动控标可以改变样条曲线的形状。

图 2-13　样条曲线上的控标

3）修改样条曲线

在选中要修改的样条曲线后，通过添加或移除样条曲线的点可以帮助改变样条曲线的形状。

右击样条曲线，在弹出的快捷菜单中选择“插入样条曲线型值点”命令，此时光标变为形状，在样条曲线上单击一个或多个需要插入点的位置。要删除曲线型值点，只要选中它后，按键盘上的〈Delete〉键即可。既可以通过拖动型值点来改变曲线形状，也可以通过型值点进行尺寸标注或添加几何关系来改变曲线形状。

右击样条曲线，在弹出的快捷菜单中选择“简化样条曲线”命令。在弹出的“简化样条曲线”对话框中，对样条曲线进行平滑处理，如图 2-14 所示。SolidWorks 将调整公差并计算生成点更少的新曲线。点的数量在“在原曲线中”和“在简化曲线中”框中显示，公差在“公差”框中显示。原始样条曲线显示在绘图区域中，并给出平滑曲线的预览。简化样条曲线可提高包含复杂样条曲线的模型的性能。

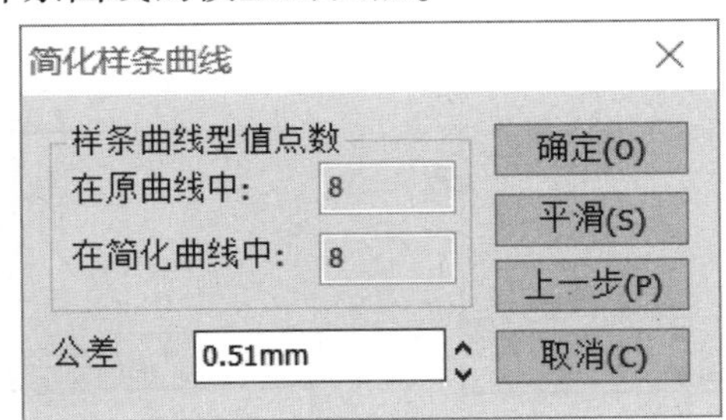


图 2-14　“简化样条曲线”对话框

如有必要，可单击“上一步”按钮返回到上一步，可多次单击直至返回到原始曲线。单击“简化样条曲线”对话框中的“平滑”按钮，当将样条曲线简化到两个点时，该样条曲线将与所连接的直线或曲线相切。

除了绘制的样条曲线外，SolidWorks 还可以通过使用如转换实体引用、等距实体、交叉曲线以及面部曲线等工具生成样条曲线。

## 2.2.9　“智能尺寸”工具

SolidWorks 是一种尺寸驱动式系统，用户可以指定尺寸及各实体间的几何关系，更改尺寸将改变零件的尺寸与形状。尺寸标注是草图绘制过程中的重要组成部分。SolidWorks 虽然可以使用“智能尺寸”工具捕捉用户的设计意图并自动进行尺寸的标注，但由于各种原因，有时自动标注的尺寸不理想，此时用户必须自己进行尺寸标注。

尺寸标注包括线性尺寸的标注、直径和半径尺寸的标注以及角度尺寸的标注。标注的操作步骤大体相同，首先选择“智能尺寸”工具，然后单击要标注的目标，出现修改对话框，在对话框中输入目标尺寸值，单击“确定”按钮，退出智能尺寸的标注。具体操作

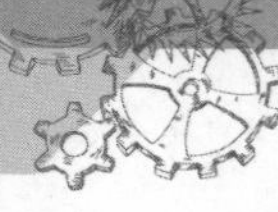


步骤如下。

1）线性尺寸的标注

线性尺寸用于标注直线段的长度或两个几何元素间的距离，如图2-15所示。

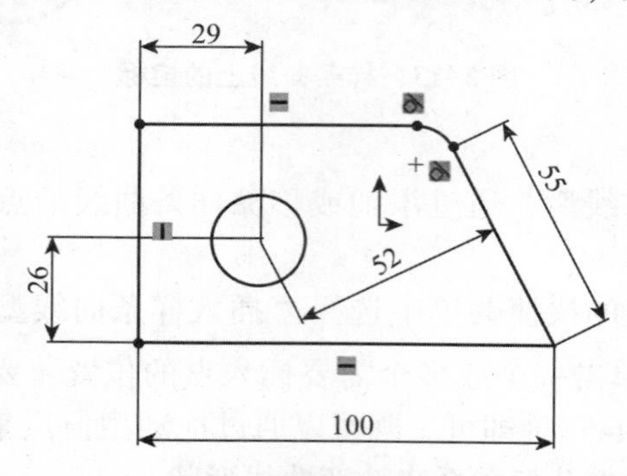


**图2-15　线性尺寸的标注**

单击“尺寸/几何关系”工具栏上的“尺寸标注”按钮，此时光标变为形状。将光标放到要标注的直线上，变为形状，要标注的直线以红色高亮显示；单击则出现标注尺寸线并随着光标移动，如图2-16（a）所示；将尺寸线移动到适当的位置后再次单击则弹出“修改”对话框，如图2-16（b）所示。

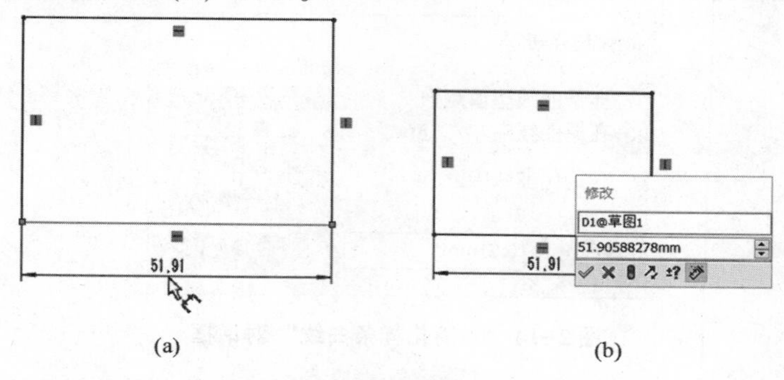


**图2-16　线性尺寸标注过程**

（a）拖动尺寸线；（b）修改尺寸值

在“修改”对话框中输入两个几何元素之间的距离，单击“确定”按钮完成标注。

2）直径和半径尺寸的标注

默认情况下，SolidWorks对圆弧标注半径尺寸，对圆标注直径尺寸，如图2-17所示。

**图2-17　直径和半径尺寸的标注**

单击“尺寸/几何关系”工具栏上的“尺寸标注”按钮，此时光标变为形状。将光标放到要标注的圆/圆弧上，变为形状，要标注的圆/圆弧以红色高亮显示；单击则出现标注尺寸线并随着光标移动，将尺寸线移动到适当的位置后，再次单击将尺寸线固定下来。

在“修改”对话框中输入圆弧/圆的半径/直径，单击“确定”按钮完成标注。

3）角度尺寸的标注

角度尺寸用于标注两条直线的夹角或圆弧的圆心角。

（1）单击“尺寸/几何关系”工具栏上的“尺寸标注”按钮，此时光标变为形状。单击拾取第一条直线，此时标注尺寸线出现，继续单击拾取第二条直线。

这时，标注尺寸线显示为两条直线之间的角度，随着光标的移动，系统会显示 3 种不同的夹角角度，如图 2-18 所示，选择要标注的角度单击即可将尺寸线固定下来。

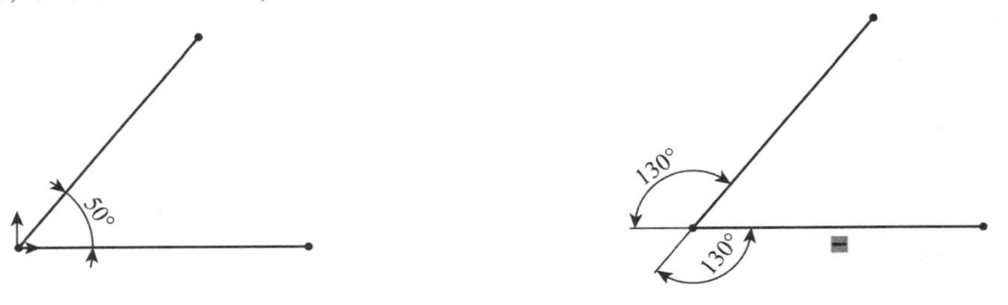


**图 2-18　3 种不同的夹角**

在“修改”对话框中输入夹角的角度值，单击“确定”按钮完成标注。

（2）单击“尺寸/几何关系”工具栏上的“尺寸标注”按钮，此时光标变为形状。单击拾取圆弧的一个端点，再单击拾取圆弧的另一个端点，此时标注尺寸线显示这两个端点间的距离。继续单击拾取圆心点（如果拾取的不是圆心点而是圆弧，则将标注两个端点间圆弧的长度），此时标注尺寸线显示圆弧两个端点间的圆心角。将尺寸线移到适当的位置后单击即可将尺寸线固定下来，如图 2-19 所示。

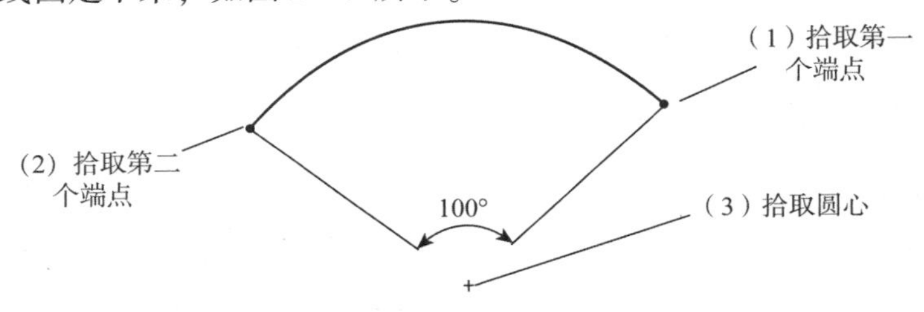


**图 2-19　标注圆弧的圆心角**

在“修改”对话框中输入圆弧的角度值，单击“确定”按钮完成标注。

## 2.3　草图编辑

在创建草图的过程中，为达到设计要求，经常要对创建的草图进行编辑，如对草图进行删除、移动、剪裁、添加几何关系、镜向实体、转换实体引用和等距实体等。

SolidWorks 提供草图编辑工具方便编辑草图实体。下面介绍编辑草图常用的几种工具的使用方法。

## 2.3.1 删除元素

对草图中不需要的几何元素可以进行删除。操作步骤如下：

选择草图中需要删除的几何元素，在绘图区域右击，在弹出的快捷菜单中选择“删除”命令，即可删除所选几何元素。或者，选中要删除的几何元素，然后按〈Delete〉键，完成删除。

## 2.3.2 移动元素

当草图中的几何实体没有在设计位置时，可以对其进行移动。操作步骤如下：

在草图模式下，单击“草图”面板中的“移动实体”按钮，弹出“移动”对话框。在绘图区域选择要移动的元素，然后设置移动的相关参数。单击对话框中的“确定”按钮，完成移动。

## 2.3.3 剪裁实体

对于相交或存在相交趋势的草图几何实体，可以采用其中的几何线段剪裁不需要的几何实体。操作步骤如下：

在草图模式下，单击“草图”面板中的“剪裁实体”按钮，弹出“剪裁”对话框。在对话框中选择剪裁实体的类型，如“强劲剪裁”“边角”“在内剪除”“在外剪除”和“剪裁到最近端”5种类型。

选择一种方法实现剪裁操作，然后单击“确定”按钮，完成剪裁。

## 2.3.4 添加几何关系

几何关系为草图实体之间或草图实体与基准面、基准轴、边线或顶点之间的几何约束。

利用“添加几何关系”工具可以在草图实体之间或草图实体与基准面、基准轴、边线或顶点之间生成几何关系。

1）执行“添加几何关系”命令

单击“尺寸/几何关系”工具栏上的“添加几何关系”按钮，或选择菜单栏“工具”→“几何关系”→“添加”命令。使用“选择”按钮在草图上选择要添加几何关系的实体。此时，所选实体会在“添加几何关系”属性管理器中的“所选实体”列表框中显示，如图2-20所示。如果要移除一个实体，则在“所选实体”列表框中右击该项目，在弹出的快捷菜单中选择“消除选项”命令即可。

2）添加几何关系的定义

如图2-20所示，信息栏显示所选实体的状态（完全定义或欠定义等），在“添加几何关系”中单击要添加的几何关系类型（相切或固定等），这时添加的几何关系类型就会出现在“现有几何关系”栏中。

单击“确定”按钮后，几何关系添加到草图实体间，如图2-21所示。

如果要删除已添加的几何关系，在“现有几何关系”列表框中右击该几何关系，再在弹出的快捷菜单中选择“删除”命令即可。

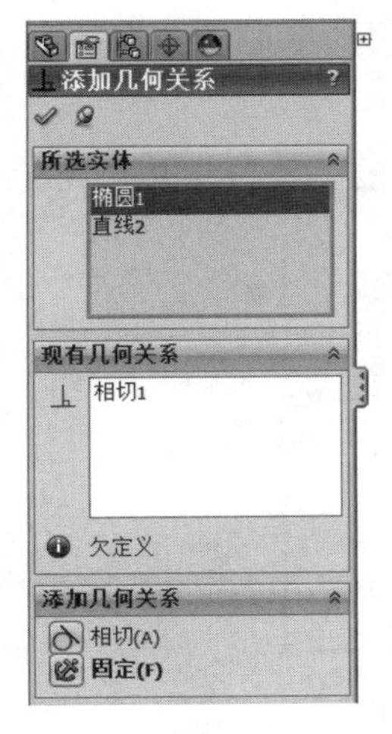


图 2-20　添加相切几何关系

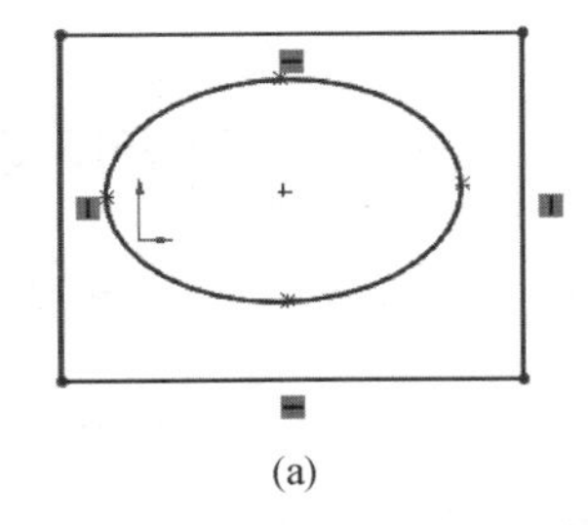

(a)

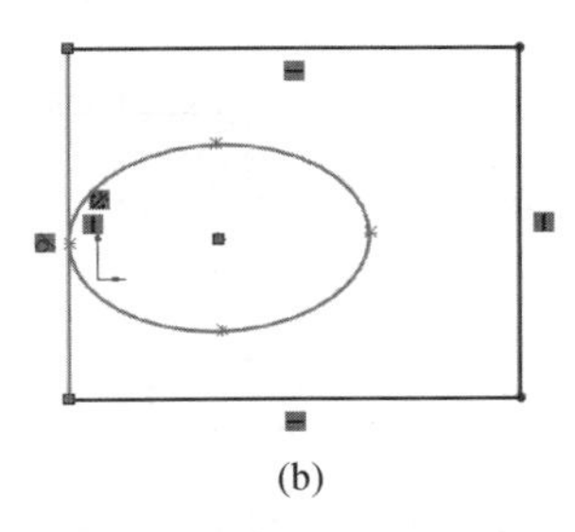

(b)

图 2-21　添加相切关系前后的两实体（椭圆被添加了固定关系）

（a）添加关系前；（b）添加关系后

## 2.3.5　镜向实体

镜向实体指对称形式的草图，用户可只创建草图的一半，另一半草图通过镜向命令来创建，这样既提高了工作效率，又使复杂操作变得简单。

SolidWorks 可以沿中心线镜向草图实体。当生成镜向实体时，SolidWorks 会在每一对相应的草图点之间应用一个对称关系。如果改变被镜向的实体，则其镜向图像也将随之变动。

1）镜向现有的草图实体

在草绘模式下，单击“草图”工具栏中的“镜向实体”按钮，弹出“镜向”对话框。在绘图区域中选择要镜向的实体参照。

在“镜向点”框中单击激活选取，然后选择镜向实体时的镜向参照，可以是构造线或任何类型的直线。

单击对话框中的“确定”按钮，完成草图的镜向操作。

2）动态镜向实体的方法

单击“草图”工具栏中的“动态镜向实体”按钮，弹出“镜向”对话框，如图 2-22 所示。

在绘图区域中选择一条中心线或现有直线作为镜向线，选取后其两端会出现对称符号，如图 2-23 所示。

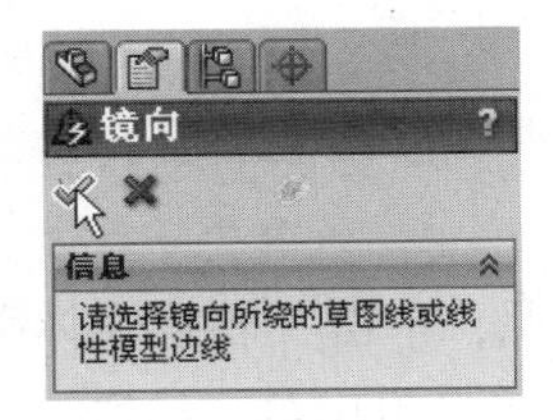


图 2-22　“镜向”对话框

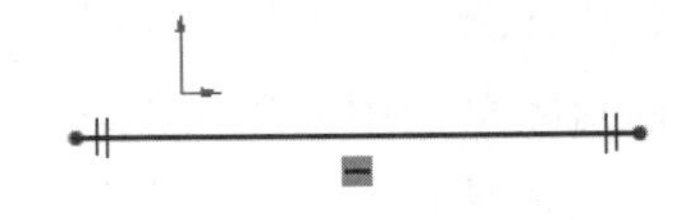

图 2-23　显示出对称符号

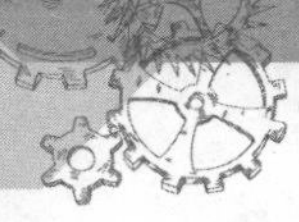

在所选镜向线的一侧绘制草图，完成后系统会自动参照镜向线将所绘制的草图镜向至另一侧，如图 2-24 所示。

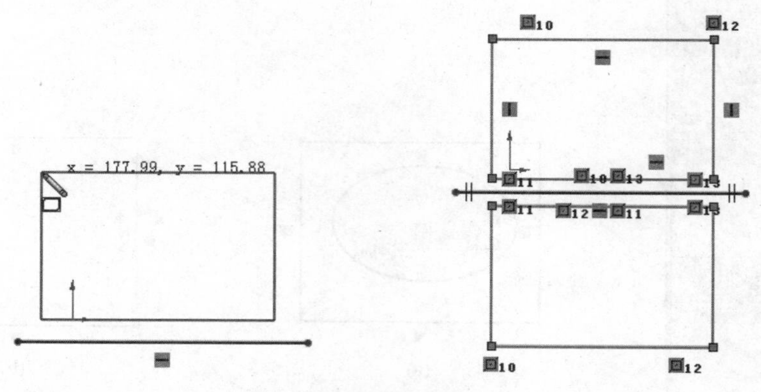


图 2-24 动态镜向实体

## 2.3.6 转换实体引用

除了采用绘制草图方法创建草图几何外，在 SolidWorks 中可借助已有实体参照创建新的草图几何特征，如直接引用原来实体棱边，在原来实体的棱边上进行编辑创建草图等。实体引用的操作步骤如下：

进入草绘模式，选择模型边线、环、面、曲线、外部草图轮廓线、一组边线或一组曲线作为引用的参照。

单击“草图”工具栏中的“转换实体引用”按钮或选择菜单栏“工具”→“草图工具”→“转换实体引用”命令，弹出如图 2-25 所示的“转换实体引用”属性管理器，完成转换实体引用操作。

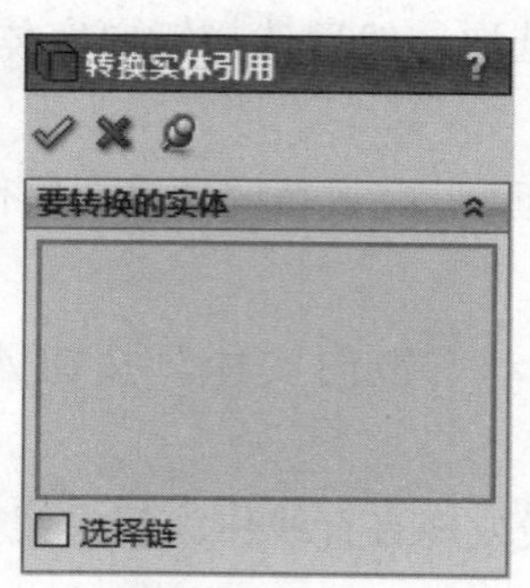


图 2-25 “转换实体引用”属性管理器

若没有选择引用的实体参照，则单击“转换实体引用”按钮后会弹出“引用”对话框，提示需要选择作为等距的模型边线或外部草图实体。

例如，选择封闭草图中的单一线段作为引用实体参照，单击“转换实体引用”按钮后将弹出“解决模糊情形”对话框。单击“确定”按钮将只引用单一线段，选择“闭环轮廓线”复选框后单击“确定”按钮，可以引用整个草图。

### 2.3.7 等距实体

等距实体是指在距草图实体相等距离（可以是双向）的位置上生成一个与草图实体相似形状的草图，如图 2-26 所示。SolidWorks 可以生成模型边线、环、面、一组边线、侧影轮廓线或一组外部草图曲线的等距实体。此外，还可以在绘制三维草图时使用该功能。

在生成等距实体时，SolidWorks 应用程序会自动在每个原始实体和相对应的等距实体之间建立几何关系。如果在重建模型时原始实体改变，则等距生成的实体也会随之改变。

如果要从等距模型的边线来生成草图曲线，步骤如下：

1）执行“等距实体”命令

在草图中选择一个或多个草图实体、一个模型面、一条模型边线或外部草图曲线，单击“等距实体”按钮，或选择菜单栏“工具”→“草图绘制工具”→“等距实体”命令。

2）设置等距属性并生成等距实体

在弹出的“等距实体”属性管理器中设置等距属性，如图 2-27 所示，在距离微调框中输入等距量，系统会根据光标的位置预览等距的方向，设置完成后单击“确定”按钮即可。

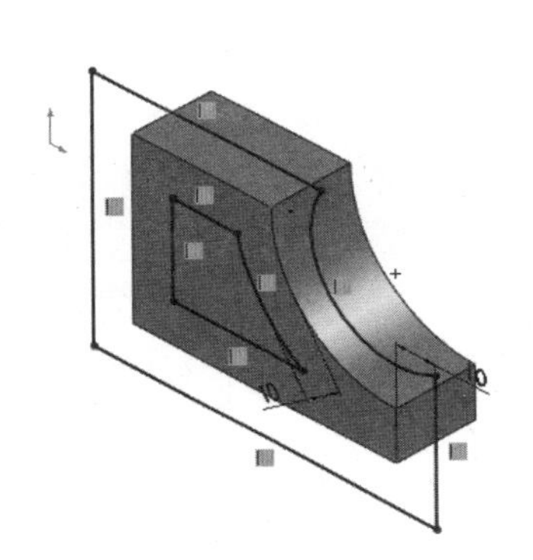


图 2-26 等距实体（双向）效果

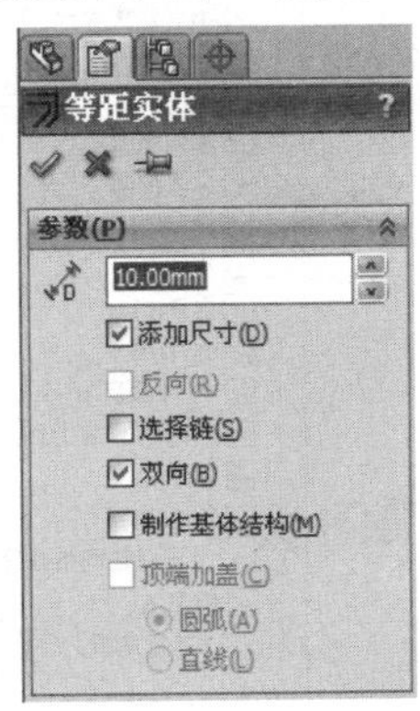


图 2-27 “等距实体”属性管理器

## 2.4 几何关系

几何关系为草图实体之间或草图实体与基准面、基准轴、边线或顶点之间的几何约束。为了使绘制的草图几何关系满足设计要求，设计者要通过形状约束关系使绘制的草图满足设计需要。

草图中的几何实体之间的几何约束类型如表 2-1 所示。

表 2-1 草图实体之间的几何约束类型

| 草图实体 | 点 | 直线 | 圆或圆弧 |
|---|---|---|---|
| 点 | 水平、竖直、重合 | 中点、重合 | 同心、重合 |
| 直线 | 中点、重合 | 水平、竖直、平行、垂直、相等、共线 | 相切 |
| 圆或圆弧 | 重合、同心 | 相切 | 全等、相切、同心、相等 |

一些几何关系是系统自动添加的，另外一些是根据设计意图，由设计人员手动添加的。关于几何关系的添加，在本书2.3.4节中已详细说明，这里不再赘述。

本节介绍自动添加几何关系和几何关系的显示/删除。

## 2.4.1 自动添加几何关系

自动添加几何关系可以作为系统的默认设置，设置过程如下。

选择菜单栏“工具”→“选项”命令打开“系统选项”对话框。在左边的区域中单击“草图”中的“几何关系/捕捉”选项，然后在右边的区域中选中“自动几何关系”复选框，如图2-28所示。单击“确定”按钮关闭对话框。

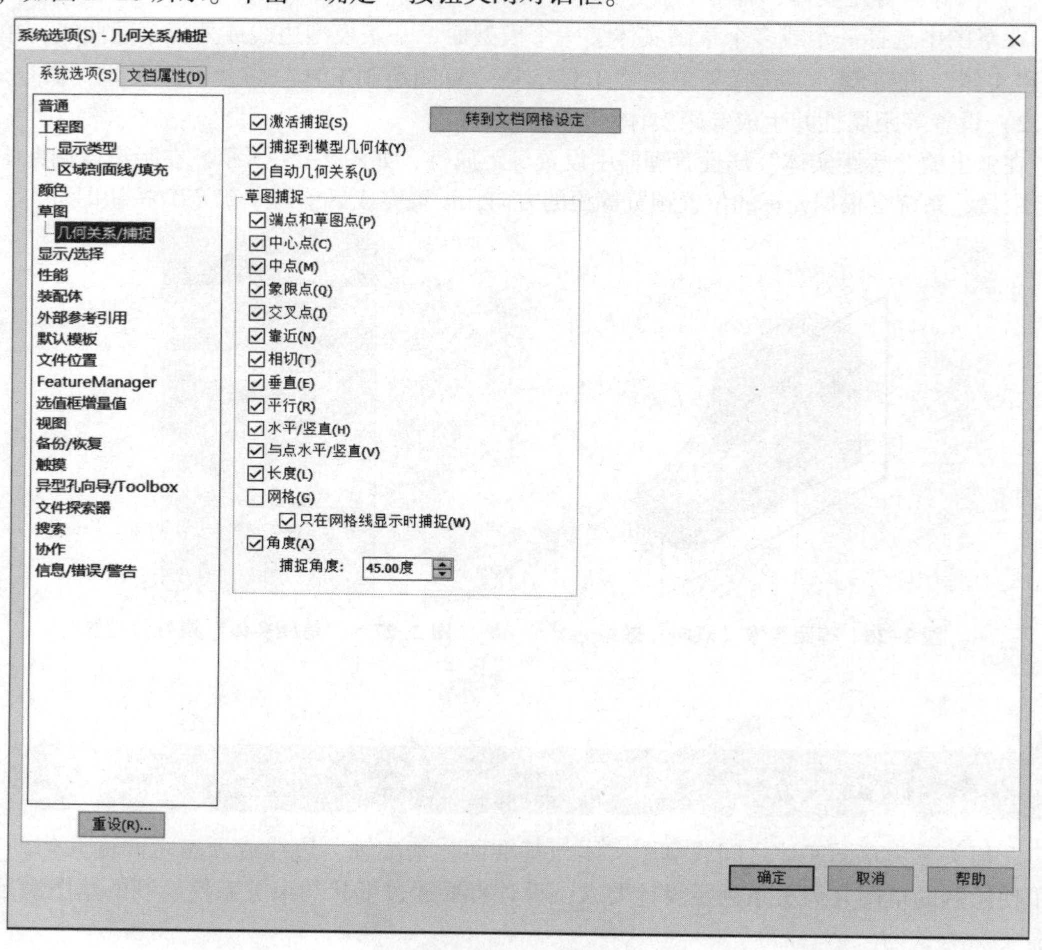


**图2-28 自动添加几何关系**

使用SolidWorks的自动添加几何关系后，在绘制草图时光标会改变形状以显示可以生成的几何关系。图2-29所示为光标形状和对应的几何关系，此时绘制的实体会自动添加对应的几何关系。

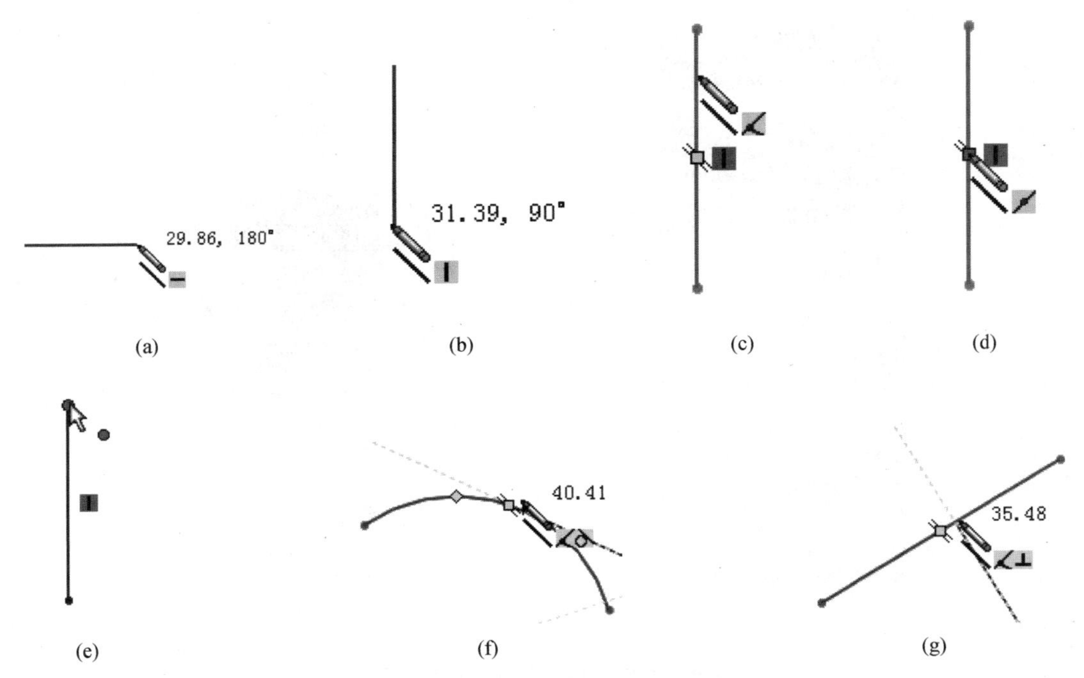


**图2-29 不同几何关系对应的光标形状**

(a) 水平；(b) 竖直；(c) 交叉点；(d) 中点；(e) 与点重合；(f) 相切；(g) 垂直

## 2.4.2 显示/删除几何关系

利用“显示/删除几何关系”命令来显示手动和自动应用到草图实体的几何关系，查看有疑问的特定草图实体的几何关系，并可删除不再需要的几何关系。此外，还可以通过替换列出的参考引用来修正错误的实体。

1）执行“显示/删除几何关系”命令

单击“尺寸/几何关系”工具栏上的“显示/删除几何关系”按钮，或选择菜单栏“工具”→“几何关系”→“显示/删除几何关系”命令。在弹出的“显示/删除几何关系”属性管理器的“几何关系”下拉列表框中选择显示几何关系的准则，如“全部在此草图中”，如图2-30（a）所示。

2）对存在的几何关系的操作

在“几何关系”下拉列表框中选择要显示的几何关系。在显示每个几何关系时，高亮显示相关的草图实体，同时还会显示其状态。在“实体”栏中也会显示草图实体的名称、状态，如图2-30（b）所示。

选择“压缩”复选框来压缩或解除压缩当前的几何关系。

单击“删除”按钮来删除当前的几何关系，或者单击“删除所有”按钮来删除当前选择的所有几何关系。

提示：在SolidWorks软件中，“压缩”和“删除”的功能类似，当一个几何关系、特征等被压缩或删除后，则该几何关系、特征等将会被隐藏或失效。但是，压缩后的几何关系、特征等会依旧被保存在文件中，如果需要可以随时解除压缩，也就是使之生效。

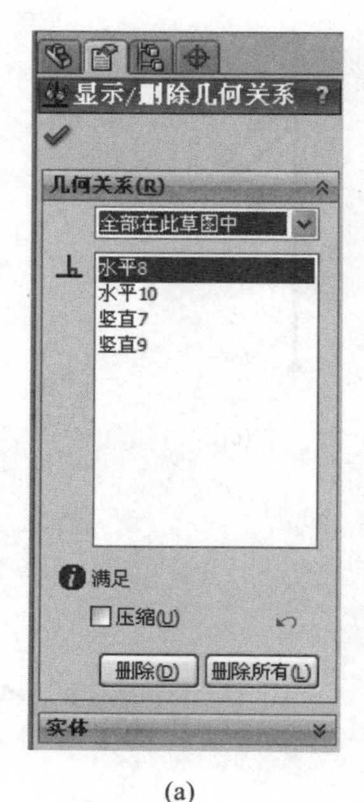


(a)

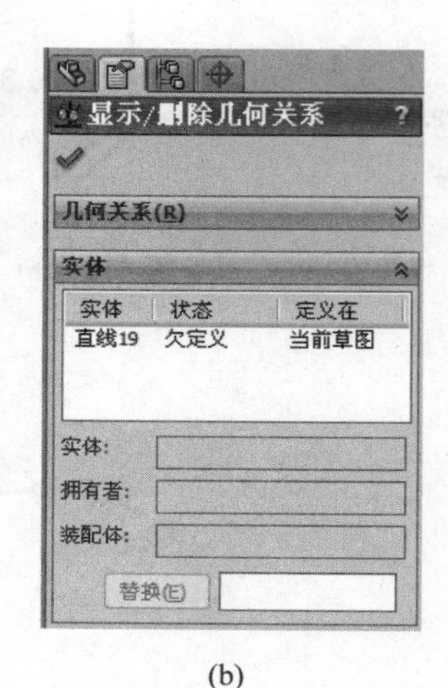


(b)

图 2-30　显示/删除几何关系

## 2.5　基准的建立

基准特征在创建各种特征时起辅助、参照作用。基准特征主要包括基准面、基准轴、基准点和坐标系等。每一种基准特征类型都有不同形式的创建方法，在实际工作中，用户可根据设计要求灵活选用。

### 2.5.1　参考坐标系

坐标系常用作装配时的默认约束参照，还可以作为零件的缩放参照、测量参照。坐标系与其他基准点、基准轴、基准面有相同的性质，所有的特征都必须选取其中的一个或多个基准作为参照。

创建坐标系的步骤如下：

（1）选择菜单栏“插入”→“参考几何体”→“坐标系”命令，弹出“坐标系”属性管理器，如图 2-31 所示。

（2）选择一个原点作为参照，然后选择顶点、边线、面来定义 X 轴、Y 轴、Z 轴的方向。

（3）单击“确定”按钮，完成坐标系的创建，如图 2-32 所示。此时，所建立的坐标系也会出现在特征管理器中，如图 2-33 所示。

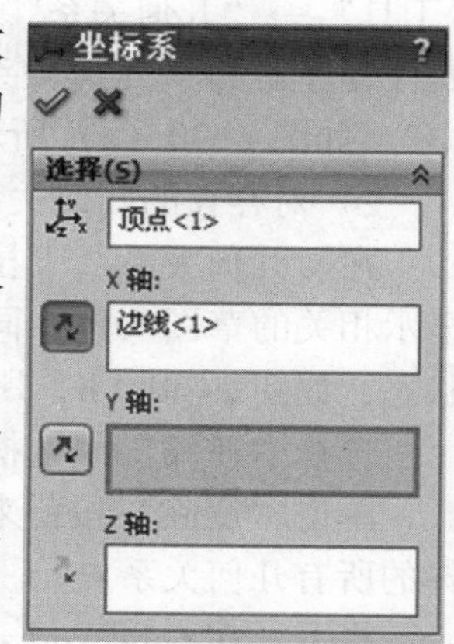


图 2-31　“坐标系”属性管理器

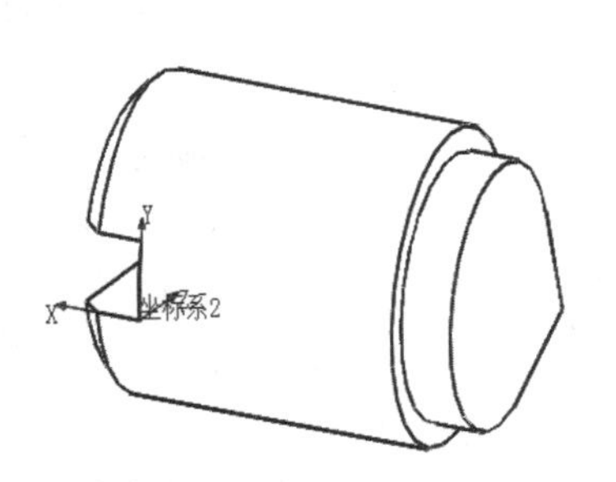


图 2-32　创建坐标系的图形

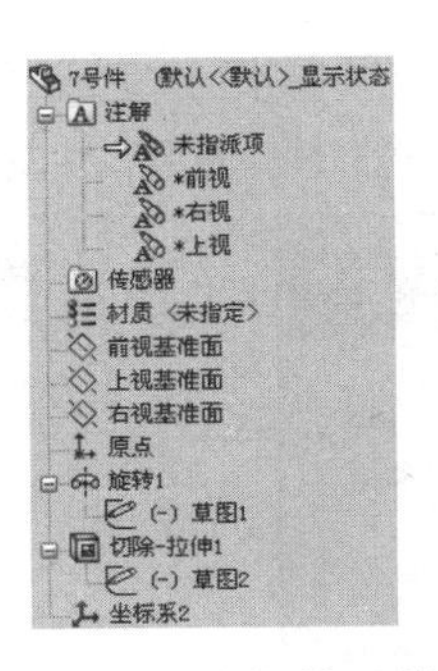


图 2-33　特征管理器

## 2.5.2　参考基准轴

基准轴常作为创建特征的旋转中心及装配的基准参照。每个圆柱和圆锥面都有一条轴线。临时轴是由模型中的圆锥和圆柱隐含生成的，可以通过菜单栏“视图”→“临时轴”命令来隐藏或显示所有临时轴。

创建基准轴的步骤如下：

（1）选择菜单栏“插入”→“参考几何体”→“基准轴”命令，弹出“基准轴”属性管理器，如图 2-34 所示。

（2）创建基准轴有 5 种方式：一直线/边线/轴线方式、两平面方式、两点/顶点方式、圆柱/圆锥面方式、点和面/基准面方式。

（3）单击“确定”按钮，完成基准轴的创建，如图 2-35 所示。此时，所建立的基准轴也会出现在特征管理器中，如图 2-36 所示。

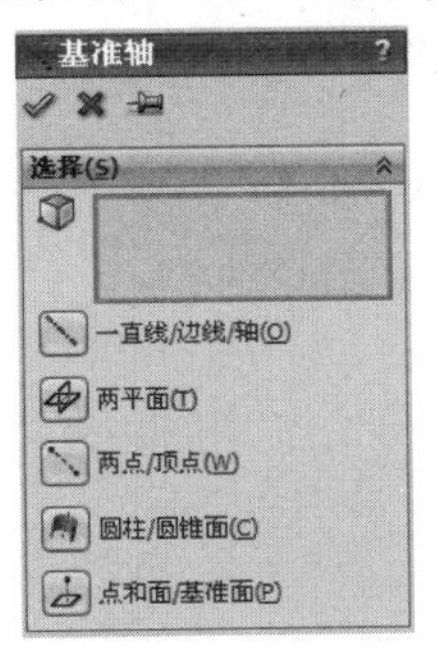


图 2-34　“基准轴”属性管理器

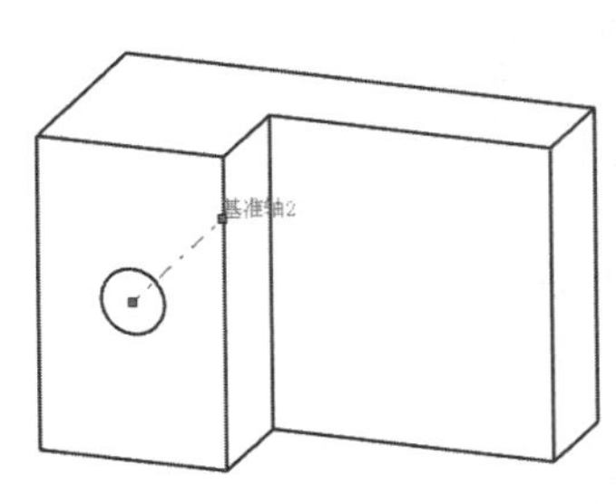


图 2-35　创建基准轴的图形

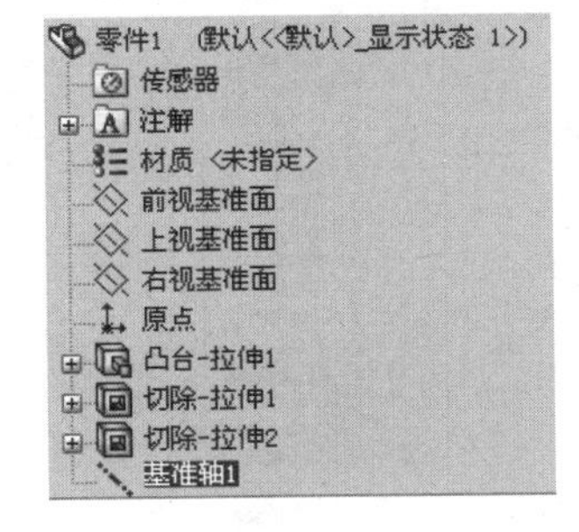


图 2-36　特征管理器

## 2.5.3　参考基准面

基准面是一个假想的、没有厚度的平面，其作用是作为绘制草图或装配体模型的参照。每新建一个零件或组件，系统都会自动创建 3 个基准平面，分别是前视基准面、上视基准面和右视基准面。

创建基准面的步骤如下：

（1）选择菜单栏“插入”→“参考几何体”→“基准面”命令，弹出“基准面”属性管理器，如图 2-37 所示。

（2）在“基准面”属性管理器中“选择”栏选择参考实体，并选择创建基准面的方法。

（3）单击“确定”按钮，完成基准轴的创建，如图2-38所示。此时，所建立的基准面也会出现在特征管理器中，如图2-39所示。

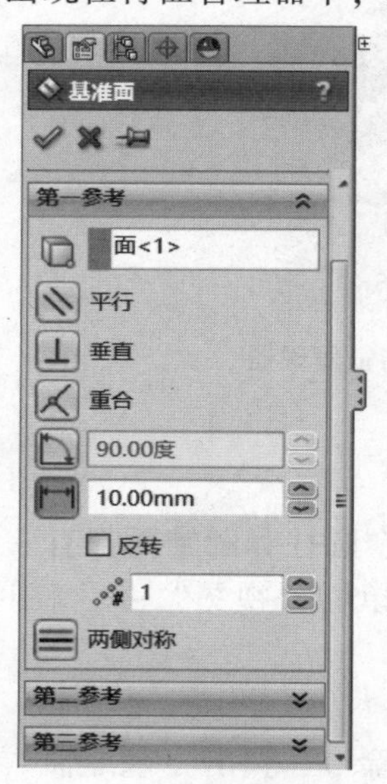


图2-37 “基准面”属性管理器

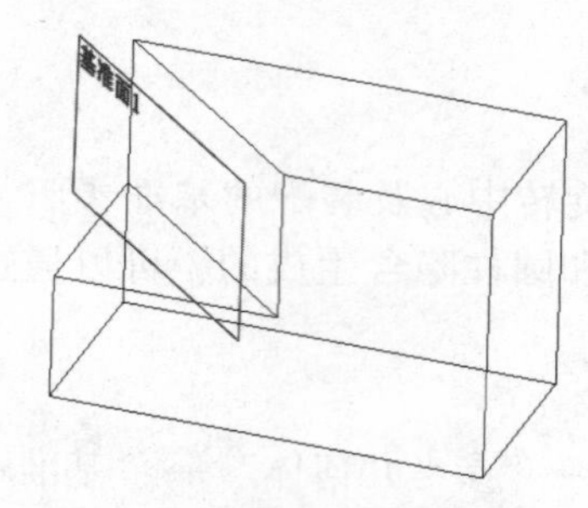


图2-38 创建基准面的图形

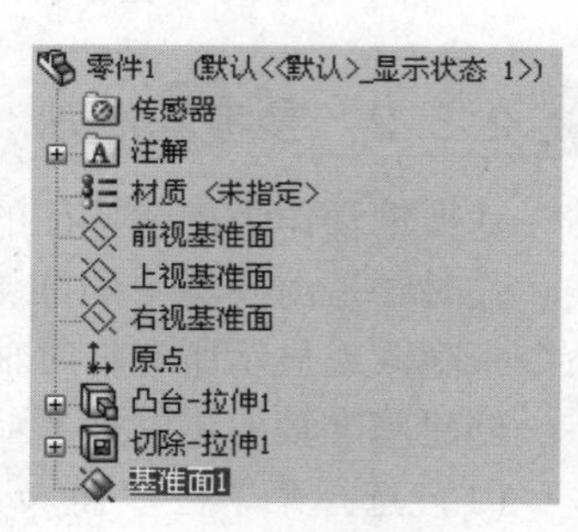


图2-39 特征管理器

绘图区域特征较多时，可以通过特征颜色、透明度和交叉线的方式加以区分。选择菜单栏“工具”→“选项”→“系统选项-普通”对话框，然后单击“文档属性”标签，切换到“文档属性”选项卡。在列表框中选择“基准面显示”选项，如图2-40所示。

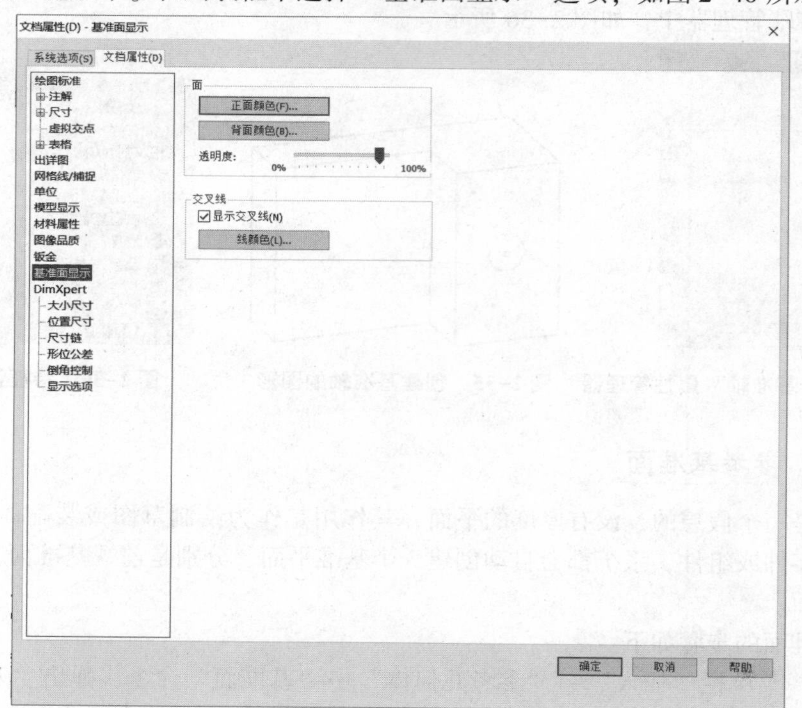


图2-40 “基准面显示”面板

勾选“显示交叉线”复选框，系统会显示基准面与基准面的交叉线，否则不显示，勾选前后效果如图 2-41 所示。

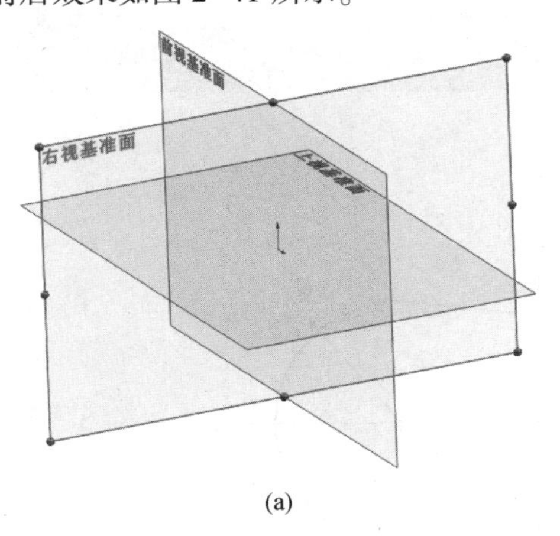


(a)

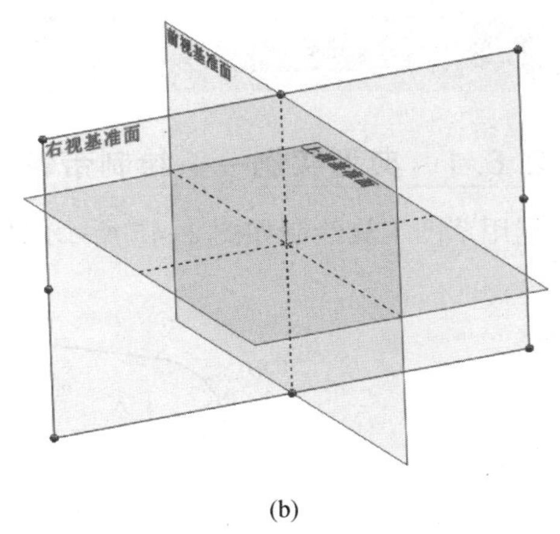


(b)

**图 2-41　“显示交叉线”效果**

（a）未勾选“显示交叉线”复选框；（b）勾选“显示交叉线”复选框

## 2.5.4　参考点

点是特征几何的最基本要素，基准点常作为坐标系、基准轴和基准面的创建参照。同时，部分零件特征也需要参照基准点来创建，如孔特征。

创建参考点的步骤如下。

（1）选择菜单栏“插入”→“参考几何体”→“点”命令，弹出“点”属性管理器，如图 2-42 所示。

（2）在“点”属性管理器中“选择”栏选择参考实体，并选择创建点的方法。

单击“确定”按钮，完成点的创建，如图 2-43 所示。此时，所建立的点也会出现在特征管理器中，如图 2-44 所示。

**图 2-42　“点”属性管理器**

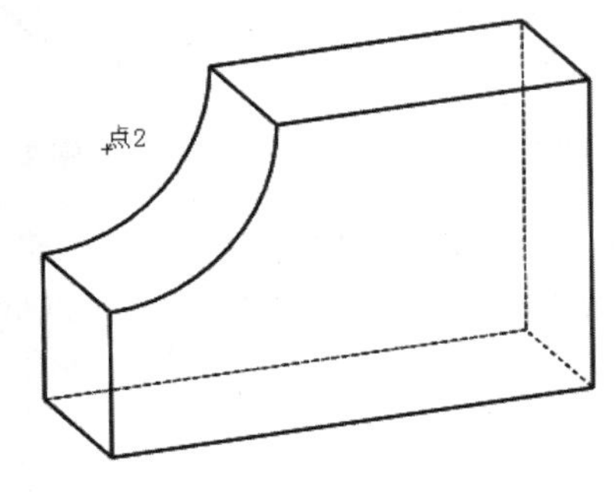


**图 2-43　创建参考点的图形**

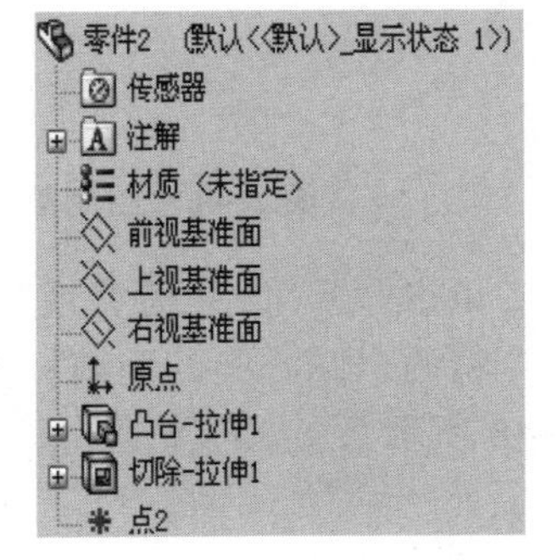


**图 2-44　特征管理器**

## 2.6　课堂实训

### 2.6.1　典型实例——绘制带轮轮廓

利用草图工具绘制如图2-45所示的带轮轮廓草图。

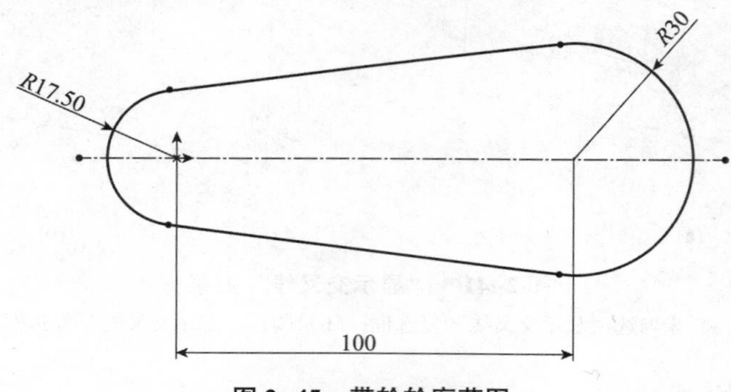


图2-45　带轮轮廓草图

1）新建文件

单击快捷工具栏“新建”按钮，或选择菜单栏“文件”→“新建”命令，新建一个零件文件。

单击“草图”工具栏上的“草图绘制”按钮，选择“前视基准面”作为绘图基准面新建一张草图。

2）绘制圆

单击“草图”工具栏上的“圆”按钮，绘制一个以原点为圆心的圆。水平向右移动光标，会出现蓝色的推理线，如图2-46所示。再绘制另外一个圆，如图2-47所示。

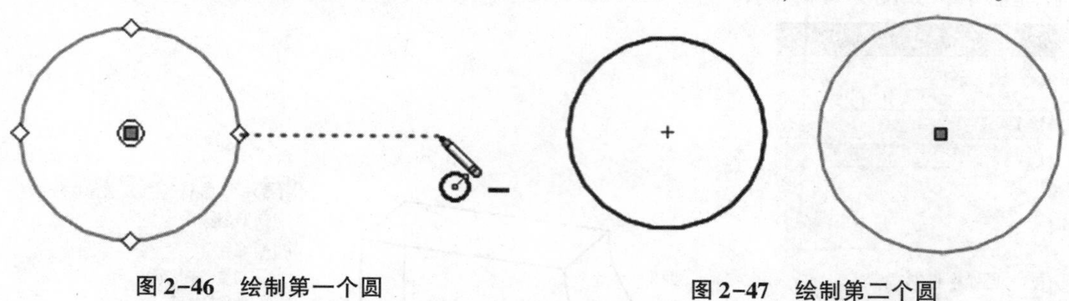

图2-46　绘制第一个圆　　　　图2-47　绘制第二个圆

单击“尺寸/几何关系”工具栏上的“尺寸标注”按钮。

将两个圆心间的距离标注为100 mm，两个圆的直径分别标注为35 mm和60 mm，如图2-48所示。

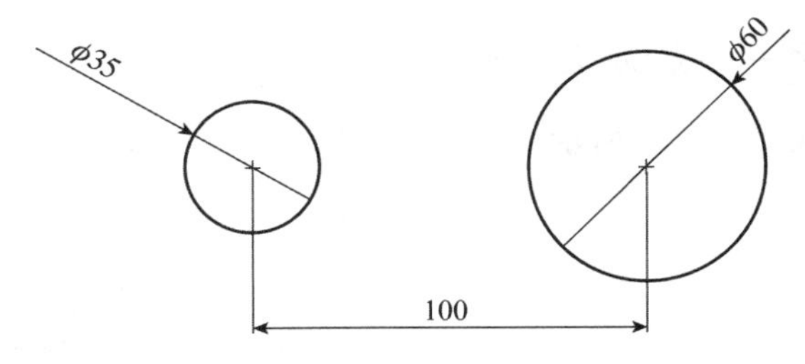


图 2-48　标注圆心距离

3）绘制连线并添加几何关系

单击“草图”工具栏上的“直线”按钮，在两个圆的上方绘制一条直线，直线的长度要略长，如图 2-49 所示。选中直线和小圆，单击“添加几何关系”按钮，在“添加几何关系”属性管理器中为这两个实体添加相切关系。

选择直线和大圆，添加相切的几何关系，如图 2-50 所示。

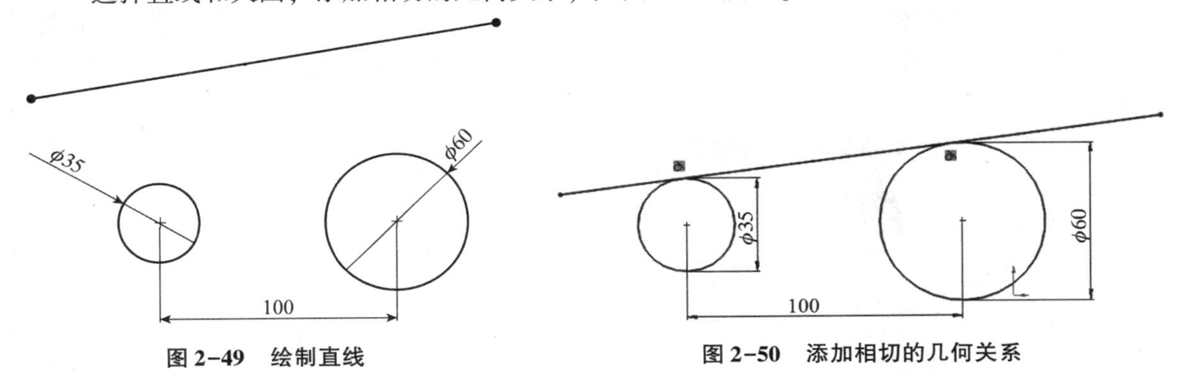


图 2-49　绘制直线　　图 2-50　添加相切的几何关系

单击“确定”按钮，完成几何关系的添加。

4）修剪草图

单击“剪裁实体”按钮，剪掉直线的两端。

单击“中心线”按钮，绘制通过两个圆心的中心线，如图 2-51 所示。

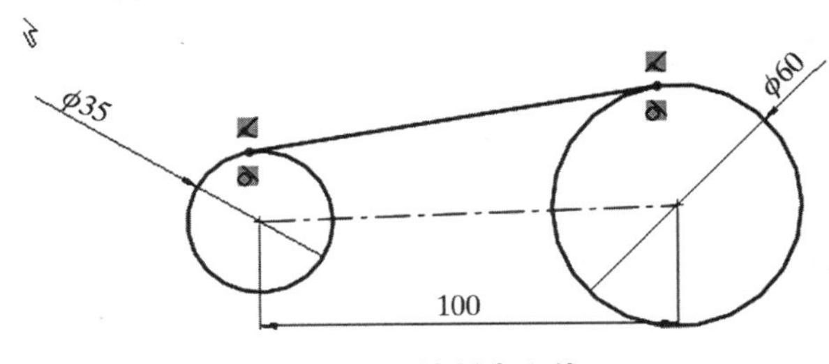


图 2-51　绘制中心线

单击“镜向”按钮，将两个圆的公共切线镜向到另一端。

重复剪裁命令，将两个圆中间的圆弧删除。

用〈Delete〉键删除直径尺寸。

重新标注半圆尺寸。

完成整个草图的绘制工作。

## 2.6.2 典型实例——绘制五角星

利用草图工具绘制如图 2-52 所示的五角星草图。

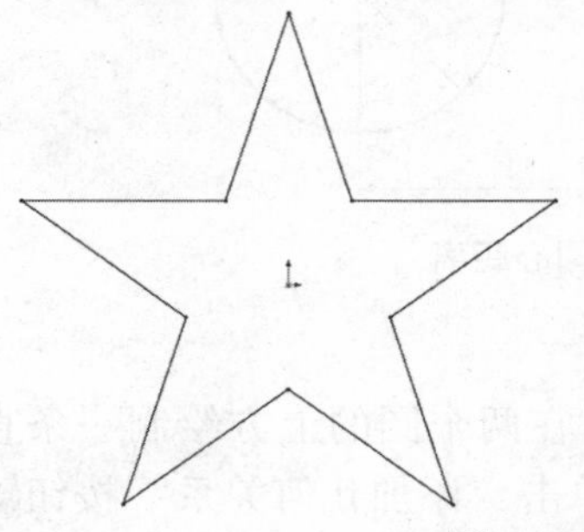

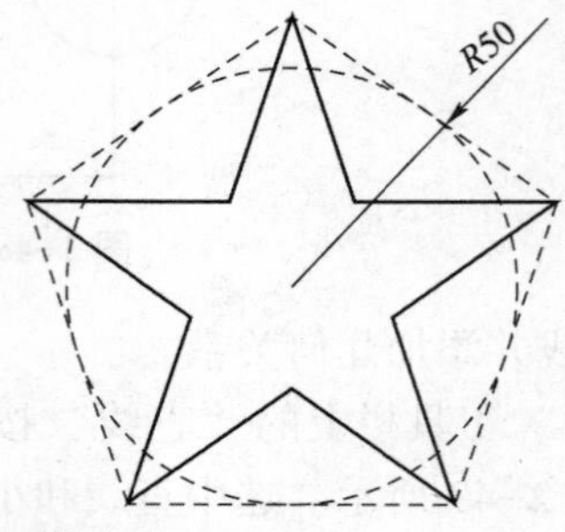


图 2-52 五角星草图

（1）选择“前视基准面”作为绘图基准面，进入零件绘制模式。

（2）单击“草图”工具栏的“多边形”按钮，捕捉到原点，绘制一个多边形。在打开的“多边形”属性管理器中，将边数修改为“5”，内切圆直径修改为“50”，角度修改为“90”，然后单击“确定”按钮，完成多边形的绘制。如图 2-53 所示。

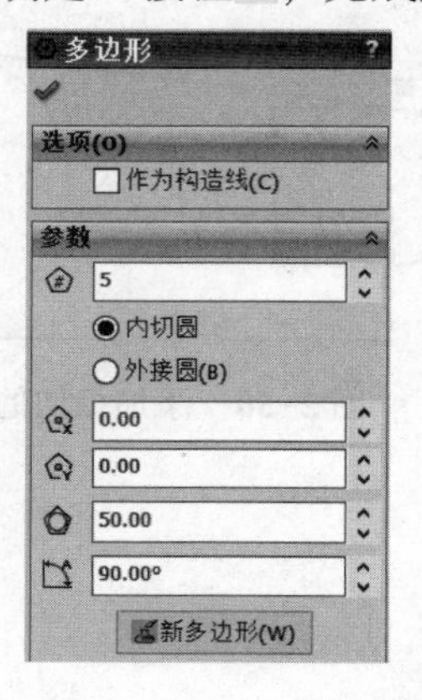


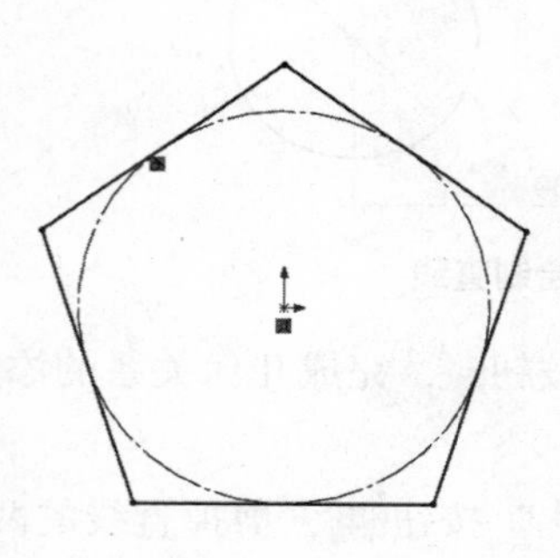

图 2-53 绘制多边形

（3）单击“草图工具”工具栏的“直线”按钮，绘制不相邻的顶点之间的连线，结果如图 2-54 所示。

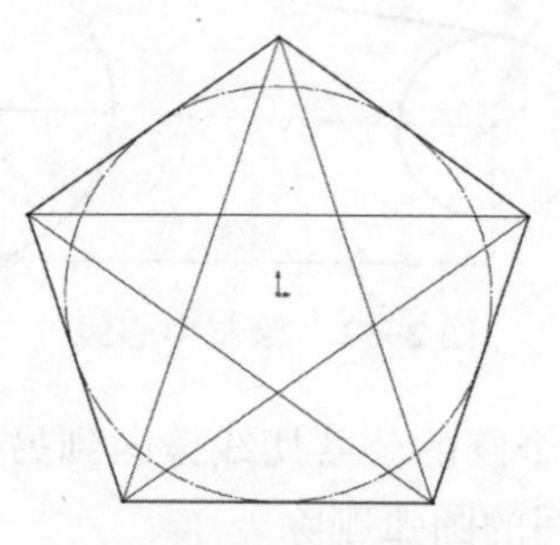

图 2-54 绘制直线

（4）选择五边形的一条边线，按〈Delete〉键将其删除，用同样的方法删除其他边线和内切圆，结果如图 2-55 所示。

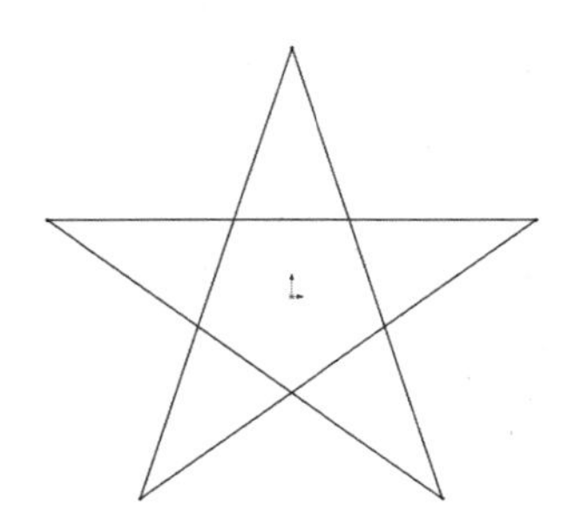

图 2-55　删除线段

（5）单击“草图”工具栏的剪裁实体按钮，在打开的“剪裁”属性管理器中单击“剪裁到最近端”按钮，选择五角星内部的直线段，将其剪除，效果如图 2-56 所示，然后单击“确定”按钮。

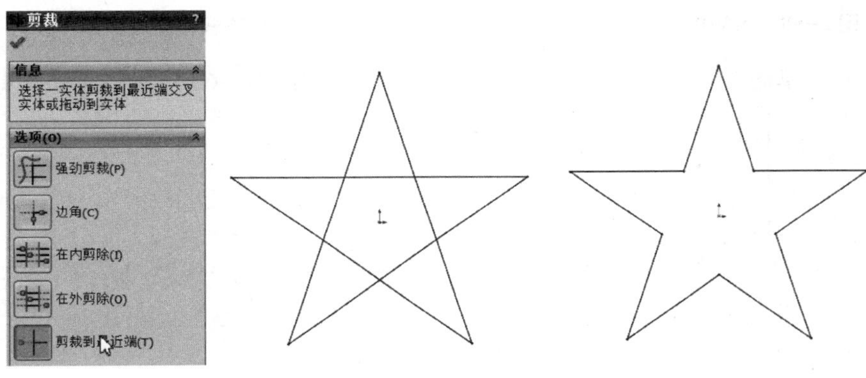


图 2-56　删除其余线段

（6）单击绘图区域右上角的“退出草图”按钮，退出草图绘制环境，完成五角星的绘制。

## 2.6.3　典型实例——绘制连杆草图

利用草图工具绘制如图 2-57 所示的连杆草图。

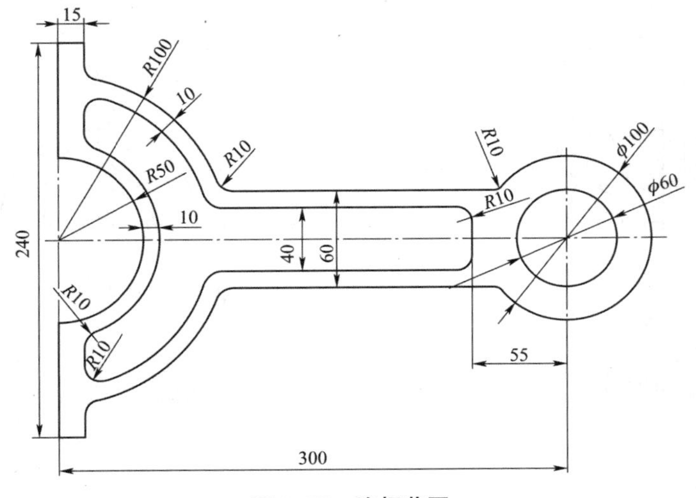


图 2-57　连杆草图

（1）选择“前视基准面”作为绘图基准面，进入零件绘制模式。

（2）单击“草图”工具栏的“中心线”按钮，过原点绘制两条相互垂直的中心线，结果如图 2-58 所示。

（3）单击“草图”工具栏的“圆心/起/终点”按钮，绘制如图 2-59 所示的圆弧。

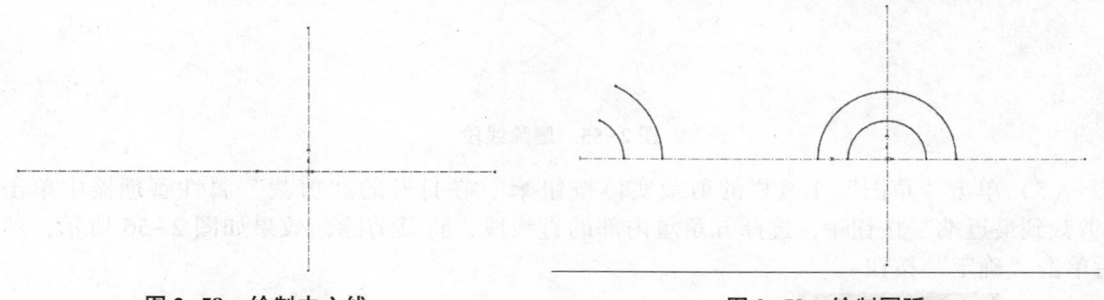

图 2-58　绘制中心线　　　　图 2-59　绘制圆弧

（4）单击“草图”工具栏的“直线”按钮，绘制如图 2-60 所示的草图。

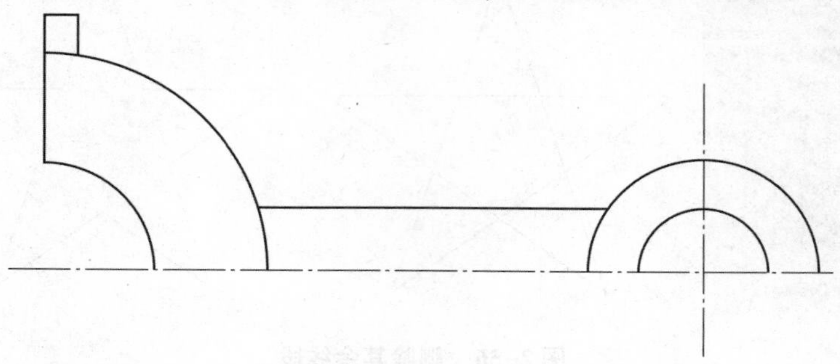

图 2-60　绘制直线

（5）单击“草图”工具栏的“智能尺寸”按钮，标准草图尺寸，结果如图 2-61 所示。

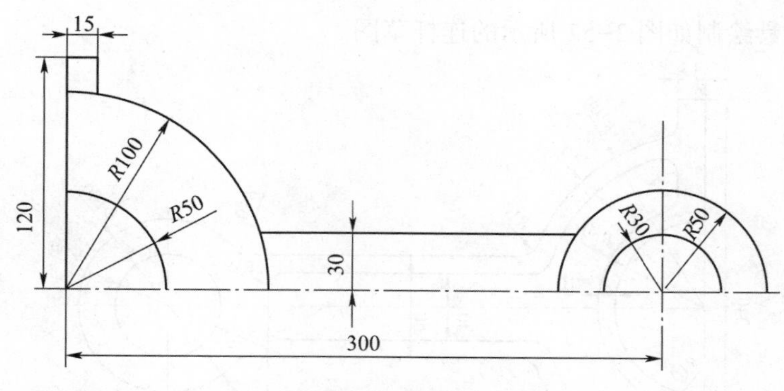


图 2-61　标注尺寸

（6）单击“草图”工具栏的“等距实体”按钮，对草图进行等距处理，结果如图 2-62 所示。

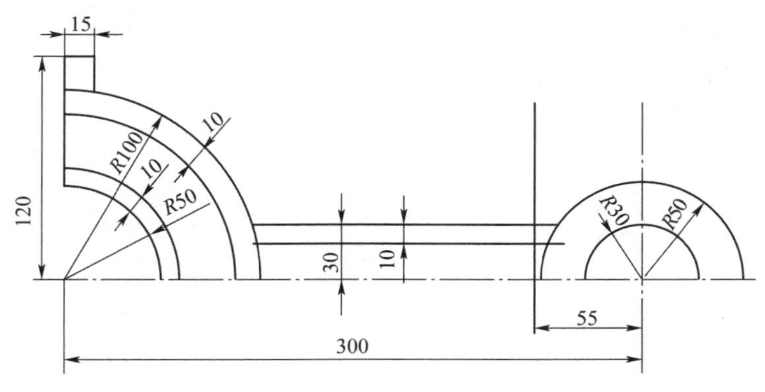


图 2-62　等距操作

(7) 选择菜单栏“工具”→“草图工具”→“延伸”命令，选择预延伸的线段，对其进行延伸，结果如图 2-63 所示。

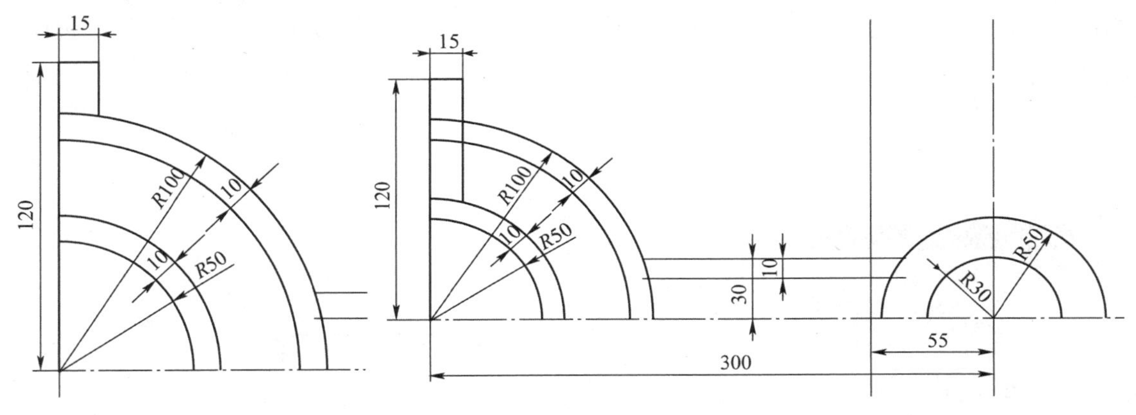


图 2-63　延伸线段

(8) 单击“草图”工具栏的“剪裁实体”按钮，修剪草图，结果如图 2-64 所示。

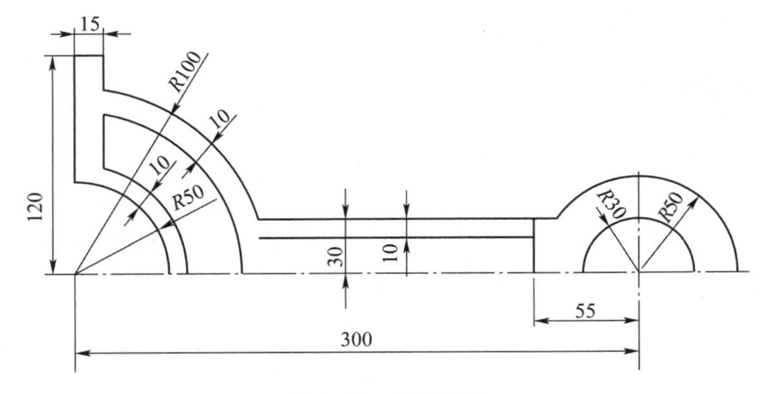


图 2-64　修剪图形

(9) 单击“草图”工具栏的“绘制圆角”按钮，对草图进行圆角处理，结果如图 2-65 所示。

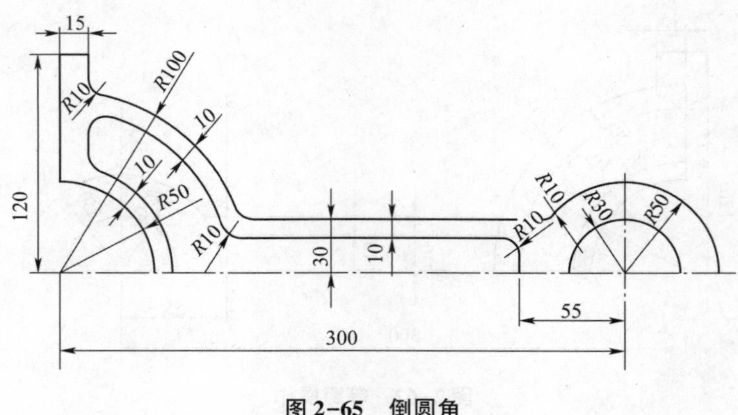


图 2-65　倒圆角

（10）单击“草图”工具栏的“镜向实体”按钮，选择除水平中心线外的所有草图实体作为欲镜向的实体，选择中心线作为镜向点，单击“确定”按钮，完成草图的镜向，如图 2-66 所示。

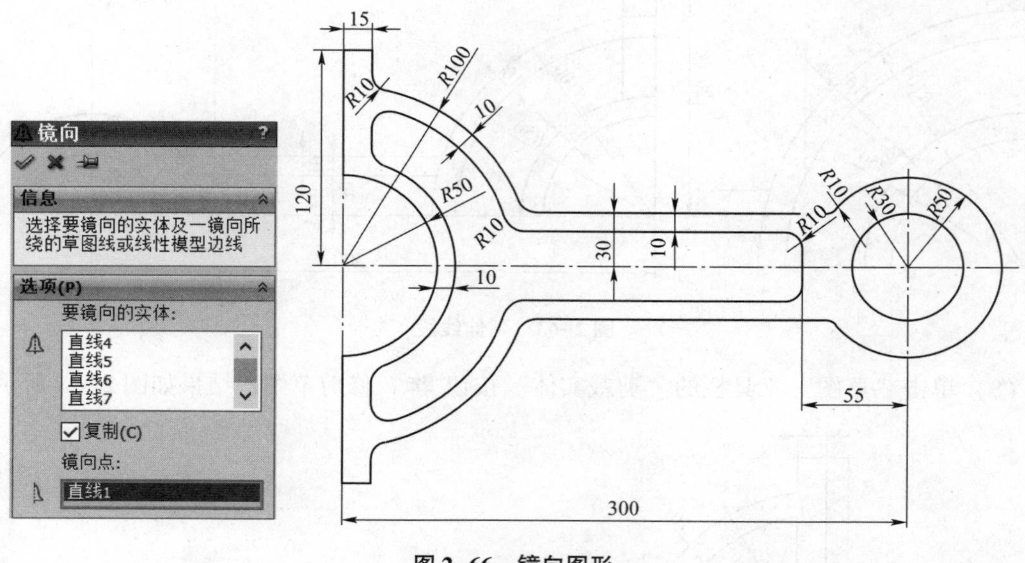


图 2-66　镜向图形

（11）单击绘图区域右上角的“退出草图”按钮，退出草图绘制环境，完成连杆的绘制，退出草图后的图形如图 2-67 所示。

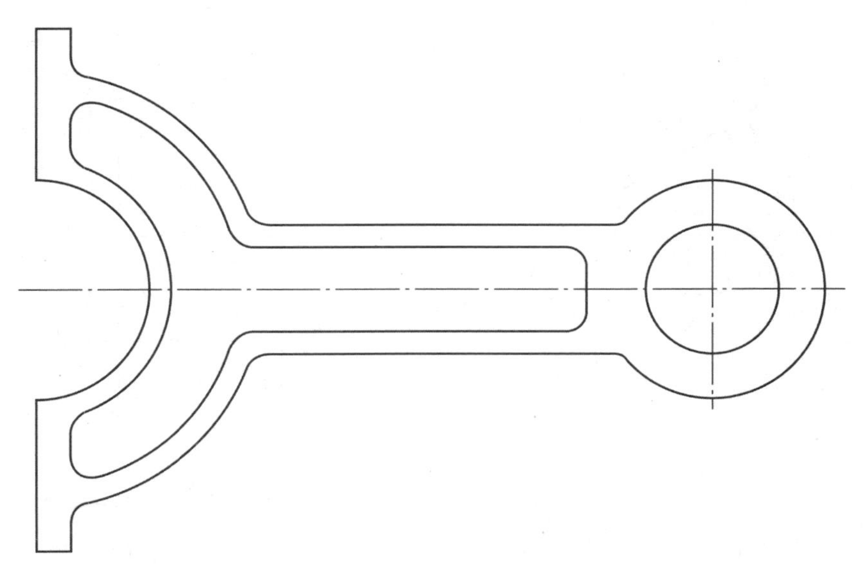

图 2-67　设计结果

## 2.7　课后练习

（1）查找草图绘制按钮和编辑按钮，熟悉各个按钮的使用方法。

（2）找到添加几何关系和尺寸标注的按钮，思考草图几何关系和尺寸标注的不同含义。

（3）打开配套资源第 1 章中的“2. 组合体 . sldprt”，建立如图 2-68 所示的参考基准轴、参考基准面、参考坐标系和参考点，显示临时轴。

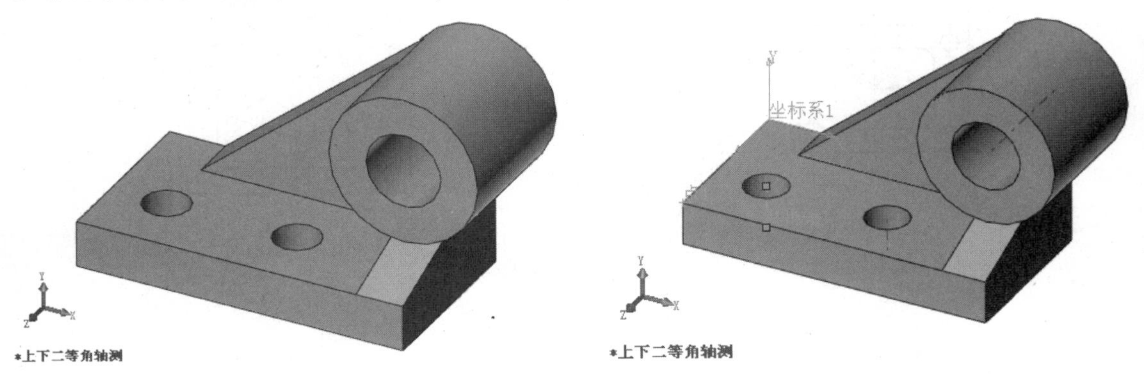


图 2-68　基准的建立

（4）绘制如图 2-69 所示的草图。

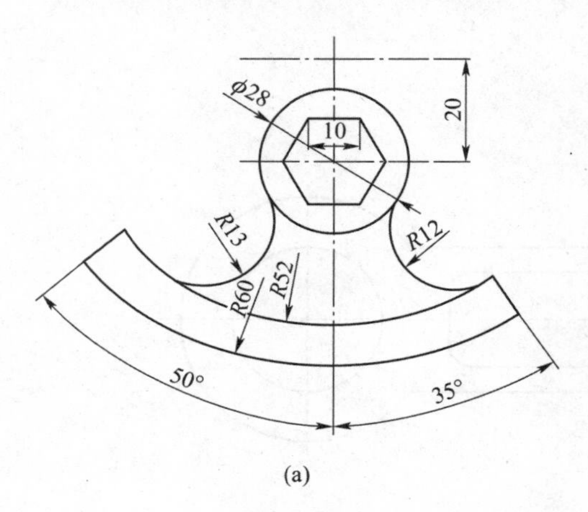

(a)

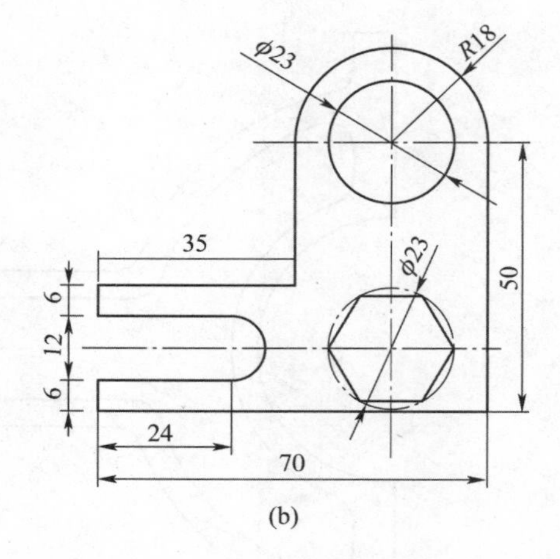

(b)

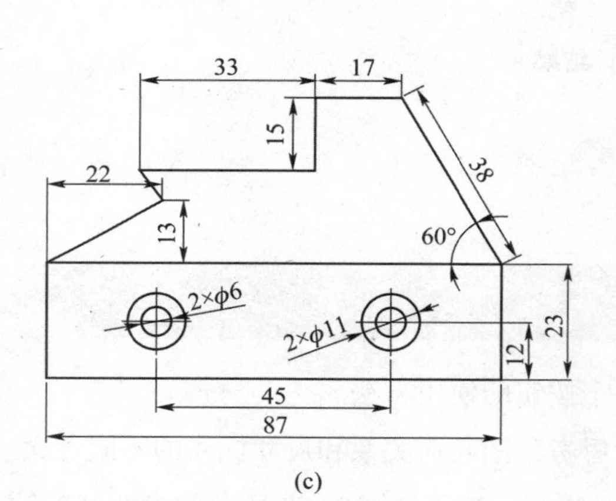

(c)

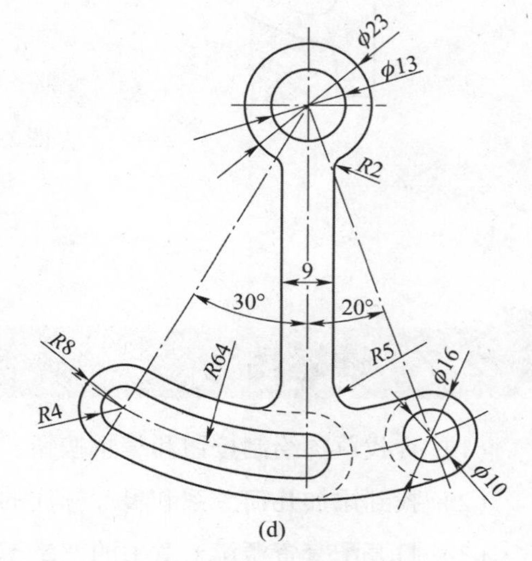

(d)

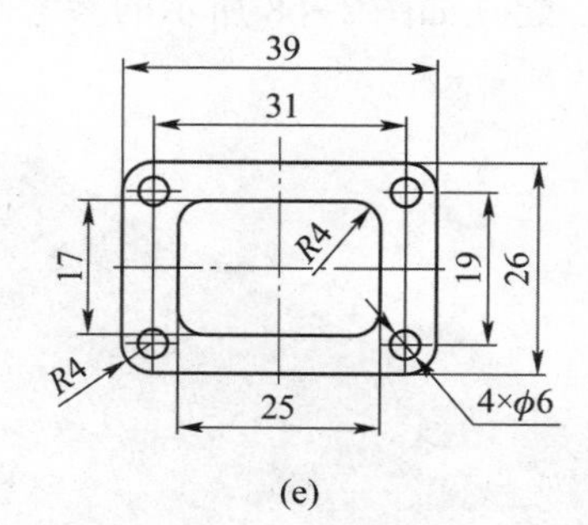

(e)

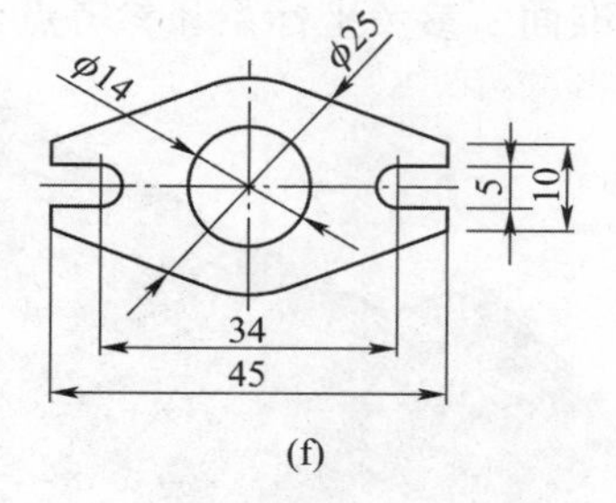

(f)

图 2-69　草图

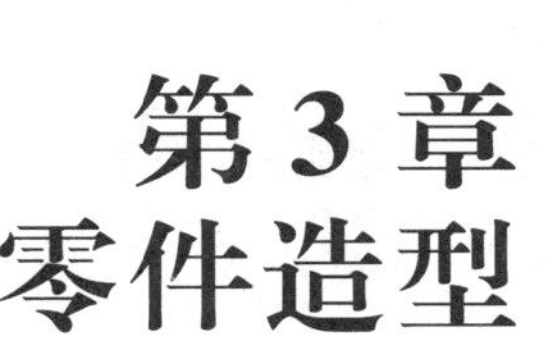

# 第3章 零件造型

零件造型是指在计算机上通过三维建模软件对零件进行三维造型，即建造虚拟的模型。通过该模型可以将零件从不同角度展现在用户面前。另外，通过对虚拟模型进行一些处理，可以使其作为后期有限元分析的基础，也可以对其渲染查看产品最终的效果。

本章主要介绍 SolidWorks 软件零件造型的过程，介绍一些在建模的过程中常用的特征。在 SolidWorks 软件建模过程中，基本特征包括拉伸凸台/基体、拉伸切除、旋转凸台/基体、旋转切除、扫描、放样、圆角、倒角、筋、抽壳、拔模等。其中，拉伸、旋转和扫描是三维实体建模中最常用到的特征，可以说大部分三维模型都是由这些特征构成主体结构的。

## 3.1 三维零件造型的基本步骤

三维零件的造型不同于二维，在 AutoCAD 中绘制工程图时，绘图人员不需要考虑太多，因为绘图平面一般只有1个，只能在这个平面内绘制。三维零件造型时则不然，能够绘图的平面有3个甚至多个，需要在建模之前分析好在什么平面上绘制草图，并且要进一步分析应该使用什么样的特征绘制。在学习了更多的特征之后就会发现，同一造型的零件可以用不同的特征完成，此时需要找到一个最快的绘制方法。零件造型的基本步骤总结如下：

（1）读工程图。三维零件造型一般都是从二维到三维的过程，第一步必须读懂工程图，读懂零件的“长相”以及形成该工程图的零件的摆放位置。

（2）分析零件。读懂零件的结构特征之后，需要分析该零件可以使用什么特征来进行建模。

（3）新建文件。打开 SolidWorks 软件后，单击快捷工具栏“新建”按钮，或者选择菜单栏“文件”→“新建”命令，弹出“新建 SolidWorks 文件”对话框，如图3-1所示。单击 gb_part 模板，再单击“确定”按钮，即可进入零件的绘制状态，或者直接双击 gb_part 模板直接进入零件的绘制状态。

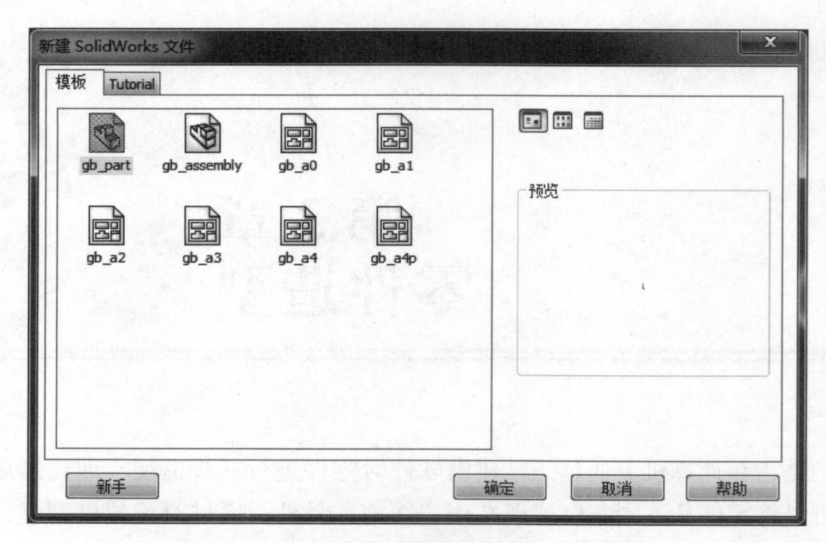


**图 3-1 “新建 SolidWorks 文件”对话框**

（4）绘制二维草图。只有在读懂零件的结构以及摆放角度之后，才可以开始绘制二维草图。

（5）特征操作。草图绘制完后，对草图进行相应的特征操作。

（6）重复上述步骤（4）与步骤（5）直至零件造型结束。

（7）保存零件三维模型。

## 3.2 特征建模

在 SolidWorks 软件中，所有的零件模型都是通过特征进行制作的。将绘制好的草图进行特征操作，即可形成相应的实体。

### 3.2.1 拉伸特征

拉伸特征是三维设计中最常用的特征之一，所形成的实体一般具有沿轴向垂直于截面的特点，凡是等截面且指定长度的实体一般都可以用拉伸特征来建模。利用拉伸特征可以建立拉伸凸台（加材料）特征和拉伸切除（减材料）特征。

1. 拉伸凸台

拉伸凸台特征是将整个草图或草图中的某个轮廓沿一定方向移动一定距离后，该草图扫过的空间区域所形成的特征。只要实体具有相同的横截面，且其“轴线”是直的，如长方体、圆柱体等，基本上都可以使用拉伸特征来建模。

使用 SolidWorks 软件绘制一个 $\phi50$ mm×200 mm 的圆柱，可以先利用草图绘制一个 $\phi50$ mm 的圆，这个圆沿着垂直方向移动 200 mm 的距离所扫过的空间正好就形成一个圆柱。

（1）使用拉伸凸台特征的基本操作步骤如下。

①编辑草图，如图 3-2（a）所示。

②在不退出草图编辑的状态下单击“特征”工具栏中的“拉伸凸台”按钮，或者选择菜单栏“插入”→“凸台/基体”→“拉伸”命令，进入拉伸凸台特征编辑状态。在属性管理器的“深度”文本框中输入拉伸长度值，如图 3-2（b）所示。单击属性管理器的中“确定”按钮，完成拉伸凸台特征的绘制，其效果如图 3-2（c）所示。

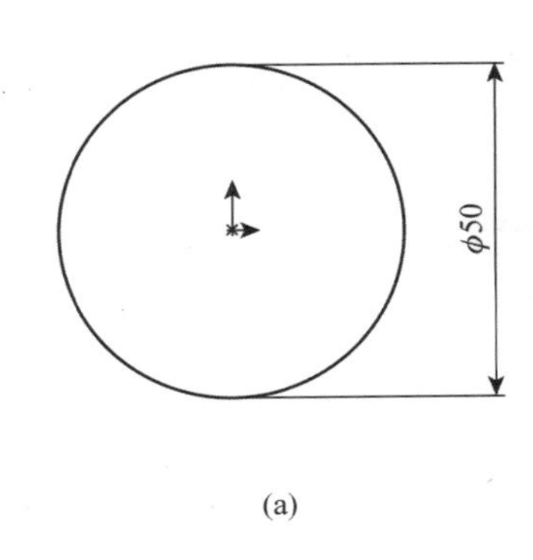


(a)

(b)

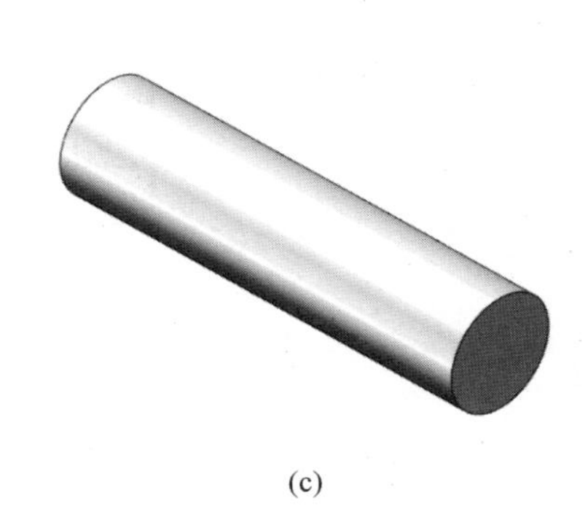

(c)

**图 3-2　拉伸特征**

（2）属性管理器详解。在第 1 章的介绍中，读者已经接触到了 SolidWorks 软件的属性管理器，对其有了一个初步的认识。在 SolidWorks 软件中，所有的特征都是通过属性管理器来显示并操作的，因而掌握属性管理器的基本操作对后续的学习至关重要。

图 3-2（b）所示为特征操作非常典型的属性管理器结构，其主要由以下几部分组成。

①最顶端 凸台-拉伸 ? 显示的是当前正在建立的特征的名称，最后的“?”按钮为显示帮助按钮。

②第二行显示的是 3 个按钮，其功能类似于 Windows 窗口的标题栏。第一个按钮为“确定”按钮，其功能为接受属性管理器中参数的设定，并关闭属性管理器。第二个按钮为“取消”按钮，其功能为不接受修改，直接关闭属性管理器。第三个按钮为“细节预览”按钮，其功能为控制特征的预览选项。单击一次，将出现“细节预览”的相关选项；再次单击该按钮，则关闭“细节预览”的相关选项。

③不同的特征操作，在属性管理器中显示的标签也不同。每个标签的右侧都有“展开标签”按钮，或“收起标签”按钮。当属性管理器中的标签太多时，可以通过“展开标签”按钮和“收起标签”按钮将有用的标签展开，暂时不用的标签收起。在建立特征时，属性管理器会自动将常用的标签展开，将不常用的标签收起，如图 3-2（b）所示。另外，某些标签的名称前面带有一个复选框，如图 3-3（a）所示。这种标签的特点是该功能可以选择性地开启。在默认情况下，该标签的功能是被禁止的，是无法输出参数或调整的。如要开启本功能，则需勾选复选框，激活状态如图 3-3（b）所示。

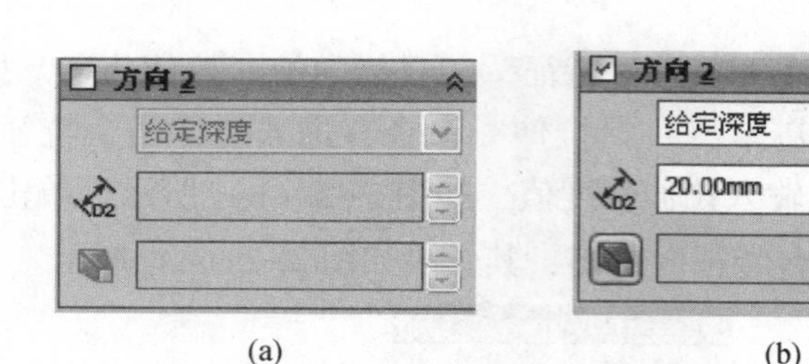


图 3-3　标签

（3）设计案例 1。根据图 3-4 所示的尺寸以及三维模型效果，进行支架建模。

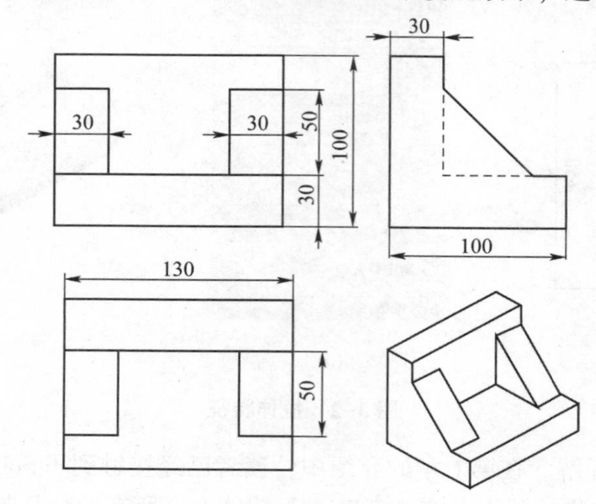


图 3-4　支架

建模步骤如下。

① 根据图 3-4，结合给出的轴测图，分析该模型的形体。该形体可以想象成由三部分组成，即一个主体与两个耳板叠加，如图 3-5 所示。主体的截面是相同的，都是类似于一个“L”形，两个耳板的截面都相同，都是三角形。

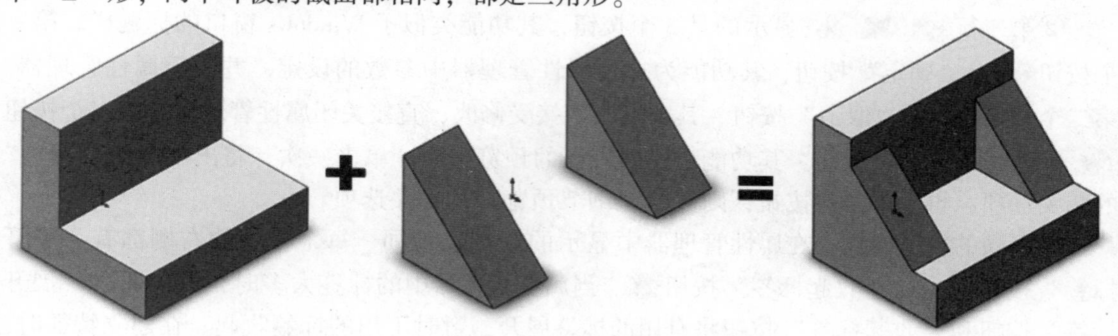

图 3-5　支架建模思路

② 新建文件。打开 SolidWorks 软件后，单击快捷工具栏“新建”按钮，在弹出的对话框中双击“零件”按钮，进入零件编辑状态，软件的界面如图 3-6 所示。

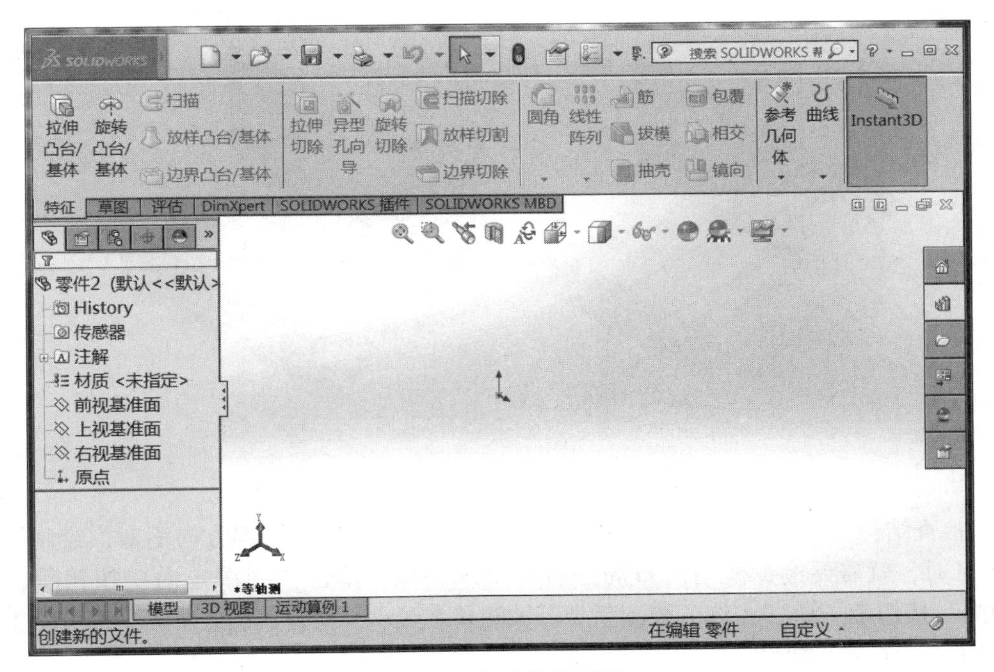


图 3-6 新建零件界面

③ 建立“主体”草图。为了让建模最终形成的零件轴测图与给定的轴测图相同，要特别注意基准面的选取。这里选择“前视基准面”进行草图的绘制。绘制的草图轮廓如图 3-7（a）所示。标注尺寸，当草图完全定义后，草图中所有的元素将变成黑色，如图 3-7（b）所示。

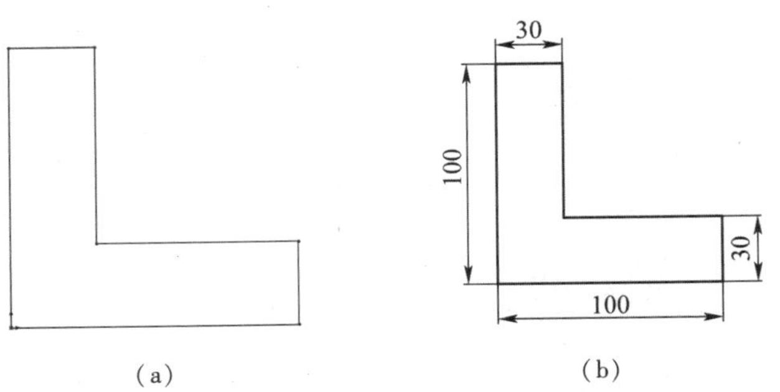


图 3-7 “主体”草图

④ 拉伸凸台特征。在“特征”工具栏中，单击“拉伸凸台/基体”按钮，或者选择菜单栏“插入”→“凸台/基体”→“拉伸”命令，在软件界面的左侧将显示“拉伸”属性管理器。为了形成主体，根据图 3-4 所给尺寸，需要将这个草图截面拉伸 130 mm，在“方向 1”标签中的“深度”文本框中输入“130”后按〈Enter〉键，注意绘图区域的预览，绘图区域中会用透明色展示输入该参数后形体的变化，如图 3-8（a）所示。此时，如果单击“确定”按钮，则说明参数输入正确，用透明色填充的区域将直接变成实体，如图 3-8（b）所示。

注意：在绘图区域显示预览时，可以使用鼠标拖动预览中的箭头控制拉伸深度，但是此法无法实现精确的控制，建议直接在“深度”文本框中输入深度的数值。

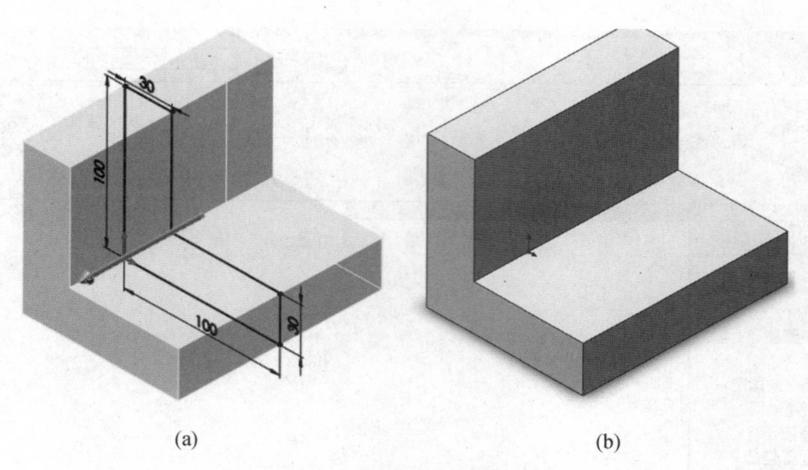


图 3-8 “主体”预览及模型

⑤ 检查结构布局。为了不至于整个零件模型建立完成后才发现方向不对，绘制第一个结构特征时，就需要检查模型的布局是否与要求一致。单击“视图定向”按钮，单击“等轴测”按钮，让“主体”模型呈现等轴测状态显示，检查其摆放位置是否与图 3-4 一致。如果不一致则尽快修改。

注意：初学者对所建立的模型的方向感不是特别好，建议此步骤一定不要省略，如果发现建模方向错误，一定第一时间修改。当对软件掌握熟练之后，为了提高绘图速度，该步骤可以省略。

⑥ 建立“耳板”草图。选择“主体”的左侧面作为基准面绘制草图，单击“视图定向”按钮，单击“正视于”按钮，选中的基准面就会正视于我们。绘制草图，同样要求完全定义，即草图中的所有的元素都变成黑色，如图 3-9 所示。

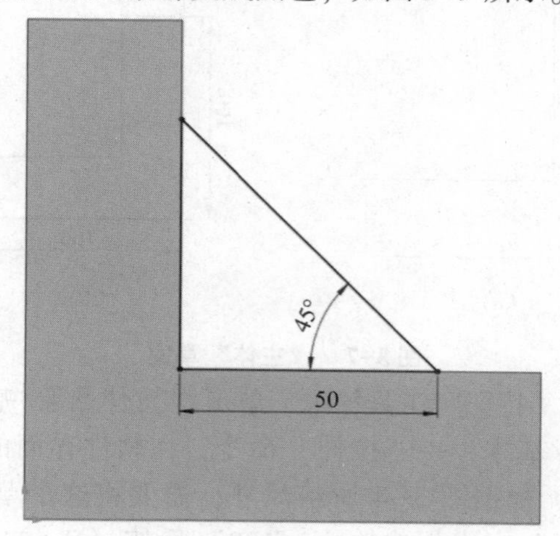


图 3-9 “耳板”草图

⑦ 拉伸凸台特征。在“特征”工具栏中，单击“拉伸凸台/基体”按钮，从预览中可以看出，默认的拉伸方向并不是我们想要的拉伸方向。单击“方向 1”标签中的“反向”按钮，可以看到拉伸方向发生了变化，然后输入拉伸的深度“20”，单击“确定”按钮即可。单边耳板绘制完毕，其效果如图 3-10 所示。采用同样的方法绘制另外一边的耳板，最

终效果如图 3-11 所示。

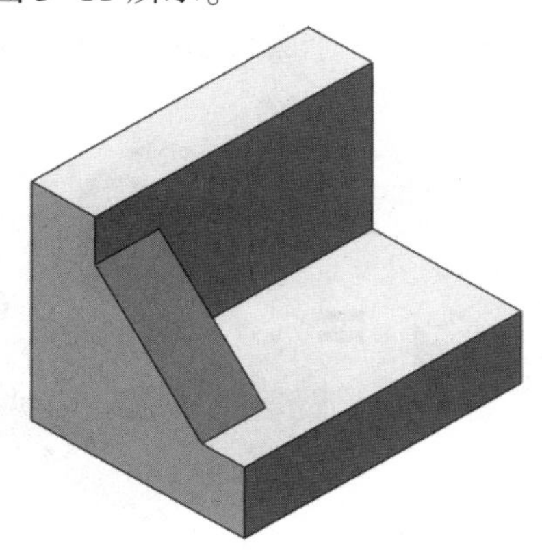

图 3-10　单边耳板

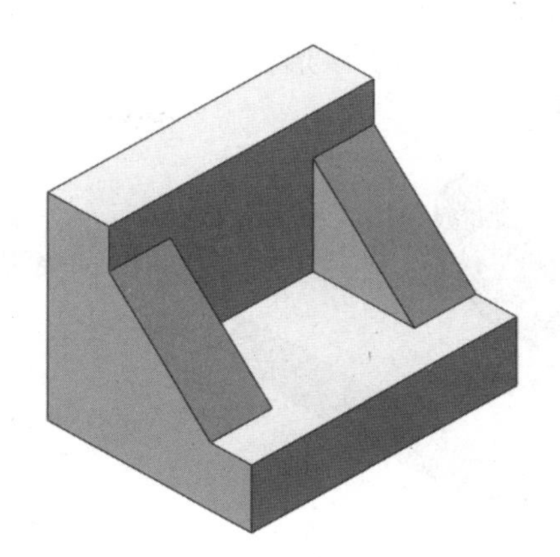

图 3-11　最终效果

⑧ 保存零件。在使用 SolidWorks 软件的过程中，需要养成及时保存的习惯。防止因为断电等突发事件造成不必要的损失。

技巧：在进行图 3-4 所示支架建模的过程中，有一些可以提高绘图速度的小技巧。例如，在绘制图 3-7 所示草图时，仔细观察可以发现，该图形存在对称轴，沿着 45°方向对称，因此在绘制草图时，可以只绘制一半，如图 3-12 所示，之后进行草图镜向操作即可获得图 3-7（b）所示草图。熟练掌握这些小技巧之后，有助于学习者建模速度的提升。

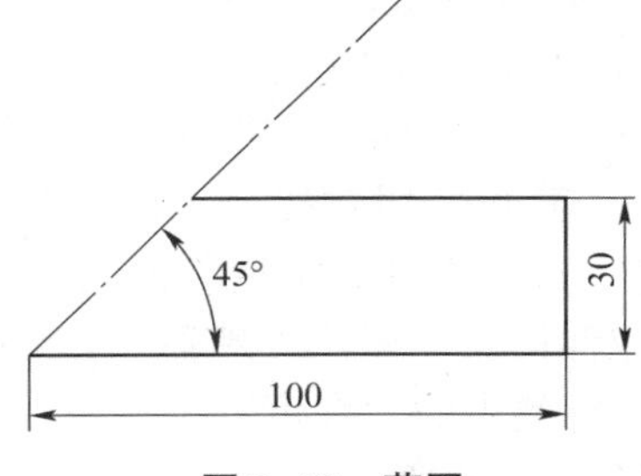


图 3-12　草图

2. 拉伸切除

与拉伸凸台的作用相反，拉伸切除的作用是将草图截面通过的空间区域内的材料去除。

（1）拉伸切除特征使用的基本步骤与拉伸凸台特征基本相同，这里不再赘述。

（2）设计案例 2。根据图 3-13 所示的尺寸以及三维模型效果，建立底座三维模型。

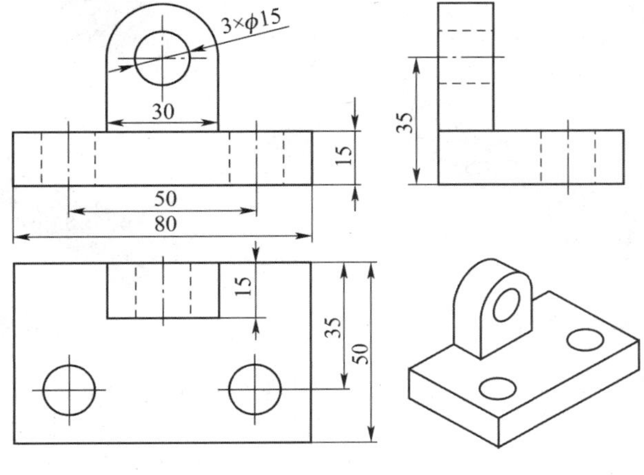


图 3-13　底座

建模步骤如下：

①分析图 3-13。该形体可以想象成由一个主体被切掉 3 个圆柱形成，其形成过程如图 3-14 所示。

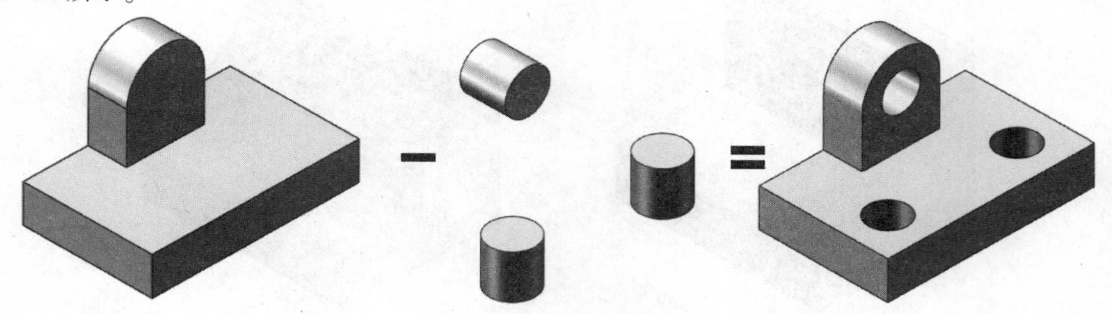

图 3-14　底座建模思路

② 新建文件。

③ 未切掉 3 个圆柱的底座建模的基本步骤为：选择上视基准面绘制长方形草图，对草图拉伸即可完成底板建模。再在长方体的后面绘制长圆形，拉伸即可得到底座基体。

④ 建立草图 1。在立板上绘制草图，绘制一个与圆弧头的圆弧同心的圆，其直径为圆孔的直径 $\phi$15 mm，如图 3-15 所示。

⑤ 拉伸切除特征。在未退出草图状态，单击“特征”工具栏中的“拉伸切除”按钮，或者选择菜单栏“插入”→“切除”→“拉伸”命令，在软件界面的左侧将会显示“拉伸切除”属性管理器。其参数设置与“拉伸凸台”属性管理器类似，只需要在“方向 1”标签中的“深度”文本框中输入“15”后按〈Enter〉键。同样，会在绘图区域中用透明色展示预览。透明色的预览是要切除材料的部分。如果单击“确定”按钮，则说明参数输入正确，用透明色来切除实体，单击“确定”按钮后的效果如图 3-16 所示。

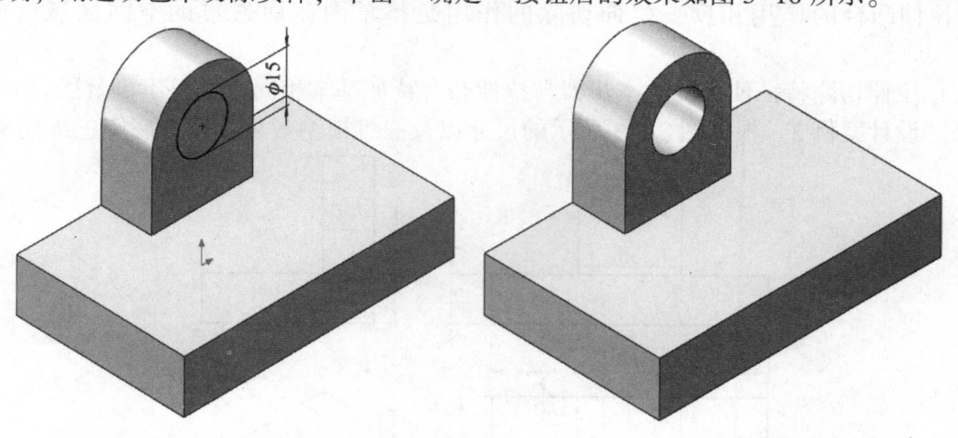


图 3-15　草图 1　　　　图 3-16　单孔底座

注意：在切除孔类特征时，对于通孔，有时无法计算孔深，或者孔深计算起来比较麻烦，可以至直接将“拉伸切除”属性管理器中的“方向 1”标签中的“终止条件”通过下拉菜单调节为“完全贯穿”，如图 3-17 所示。

图 3-17 完全贯穿

⑥ 建立草图。选择底板的上表面作为基准面进行草图的绘制并标注尺寸，如图 3-18（a）所示。在绘图过程中也可以使用“镜向草图”命令进行圆的绘制以提高绘图速度。

⑦ 拉伸切除特征。通过拉伸切除特征同时生成底板上的两个 $\phi$15 mm 的通孔，效果如图 3-18（b）所示。

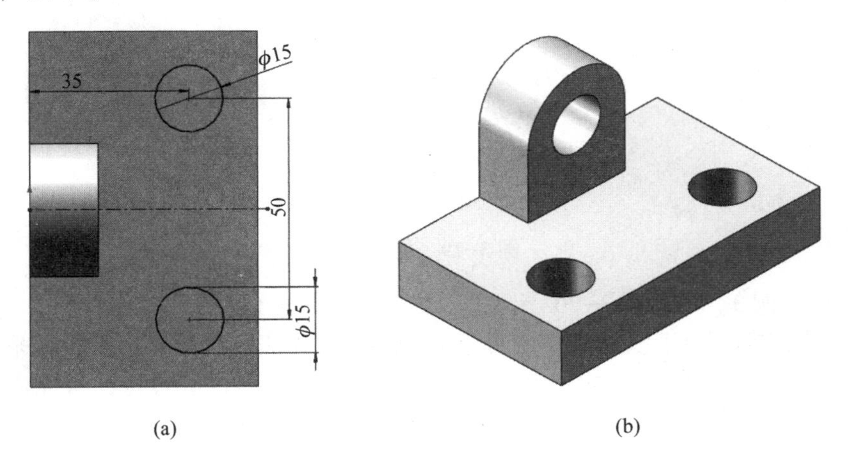


(a) (b)

图 3-18 底板孔

## 3.2.2 旋转特征

旋转特征是三维设计中最常用的特征之一，是由一个草图绕一个旋转轴旋转一定的角度（多为 360°），草图截面扫过的空间形成的特征。车削加工的零件大多可以由旋转特征来完成。

1. 旋转凸台

（1）使用 SolidWorks 软件绘制一个顶面直径为 50 mm，底面直径为 100 mm，高为 100 mm 的圆台。

建模步骤如下。

① 编辑草图。先绘制一个圆台的半截面，即一个直角梯形，如图 3-19（a）所示。

② 在不退出草图编辑的状态下，单击“特征”工具栏中的“旋转凸台/基体”按钮或选择菜单栏“插入”→“凸台/基体”→“旋转”命令，进入旋转凸台特征编辑状态。在窗口的左侧会出现“旋转”属性管理器，如图 3-19（b）所示。旋转特征最常用的参数是“旋转轴”和“方向 1”，这两个标签默认是展开的状态。如果在草图中只绘制了一条中心线，则软件会默认以该条中心线为旋转轴，如果草图中没有绘制中心线或者绘制了多条中

心线，则软件无法选择中心线，需要用户在绘图区域中单击一条线作为旋转轴。可以修改“方向 1”标签中的“方向 1 角度”文本框中的数值，如果想形成半个圆台，则可以将角度改为 180°。更改后按〈Enter〉键，在绘图区域会有相应的预览，如果是预期的效果，则可以单击“确定”按钮，退出属性管理器。该梯形沿中心线旋转一周后，其所扫过的空间区域即为一个圆台，形成指定的完整的圆台效果如图 3-19（c）所示。

注意：在使用旋转特征时，图形中最好有且只有一条中心线，该中心线即为旋转轴。

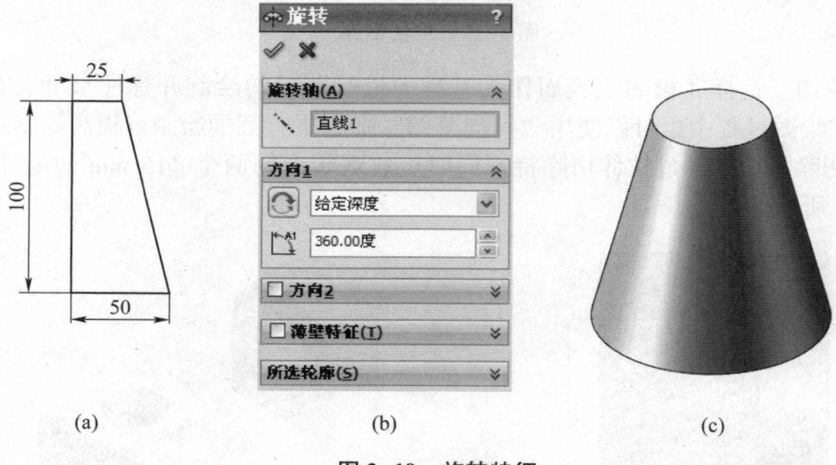


图 3-19　旋转特征

（2）设计案例 3。根据图 3-20 所示的尺寸，进行带轮建模。

① 分析图 3-20。由于该带轮存在两个 8°的斜面，无法直接通过拉伸特征来完成，并且该带轮的外边缘是由 *R*200 mm 的圆弧组成，因此主体只能通过旋转特征来完成建模。完成主体后，中间的 $\phi$40 mm 的圆孔可以通过拉伸切除生成，另外 4 个 $\phi$30 mm 的圆孔也可以通过拉伸切除完成。

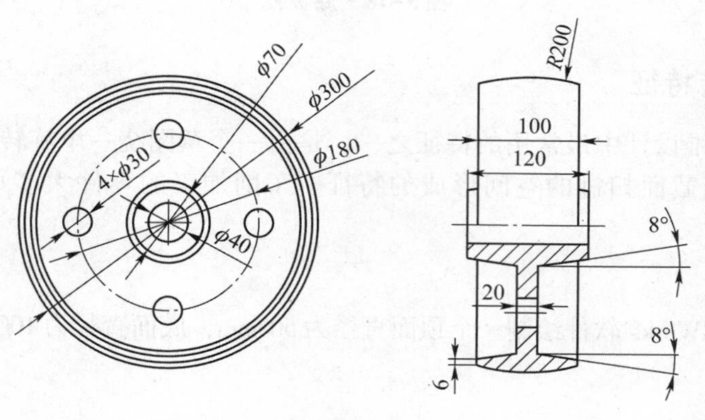


图 3-20　带轮

② 新建文件。

③ 建立草图。选择“前视基准面”进行草图的绘制，并注全尺寸，绘制的草图轮廓如图 3-21 所示。

④ 旋转凸台特征。单击“旋转凸台/基体”按钮，弹出“旋转”属性管理器，如图 3-22 所示。从“旋转”属性管理器中的“旋转轴”选项卡可以看出，“旋转轴”选项为空，

在绘图区域中并没有旋转之后的预览效果。这是因为在绘制草图时，绘制了水平和垂直两条中心线，建模软件无法识别哪条是真正的旋转轴。此时，需要我们在绘图区域中的旋转轴上面单击。再单击之后，预览效果立即出现了，再单击“确定”按钮即可。

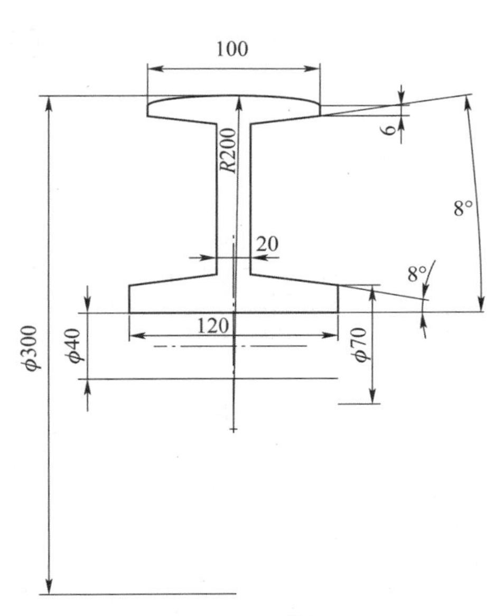


图 3-21　草图

旋转
旋转轴(A)
方向1
给定深度
360.00度
方向2
薄壁特征(T)
所选轮廓(S)

图 3-22　“旋转”属性管理器

⑤ 检查结构布局。
⑥ 建立草图。在带轮的腹板面上绘制草图，如图 3-23 所示。
⑦ 拉伸切除特征。完成的效果如图 3-24 所示。

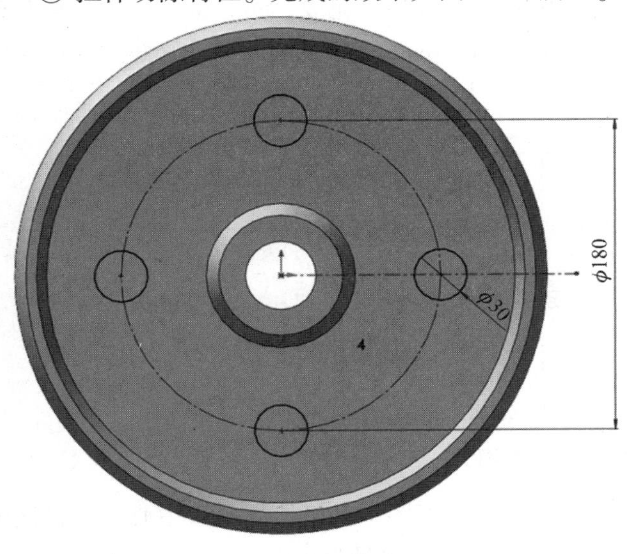


图 3-23　草图

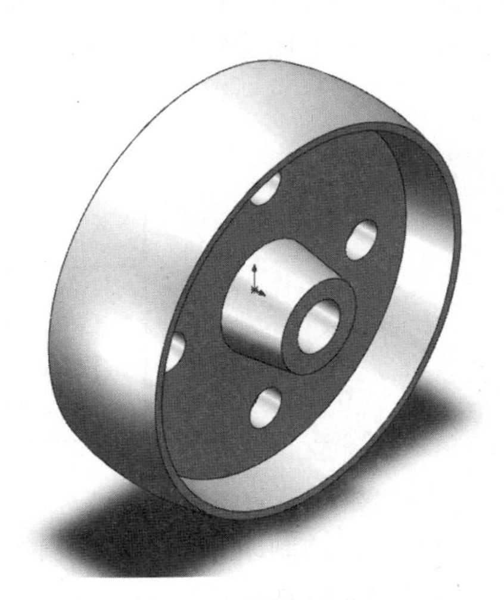

图 3-24　最终效果

2. 旋转切除

旋转切除是指草图沿着指定的旋转轴旋转一周，草图范围所扫过的空间的材料将被删

除，即减材料，与之前介绍的拉伸切除特征类似。

（1）使用旋转切除特征的基本步骤如下。

① 编辑草图。

② 旋转切除特征。在不退出草图编辑的状态下，单击“特征”工具栏中的“旋转切除”按钮或选择菜单栏“插入”→“切除”→“旋转”命令，进入旋转切除编辑状态，其属性管理器的设置与旋转凸台基本相同，不再赘述。

（2）设计案例4。根据图3-25所示的尺寸，进行轴建模。

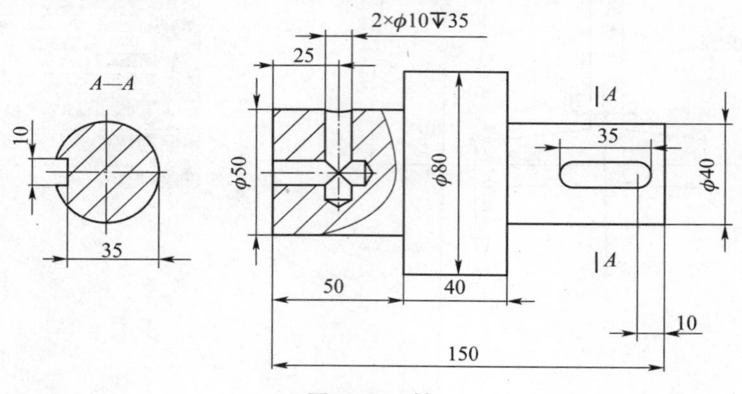


**图3-25　轴**

① 分析图3-25，该形体是一个阶梯轴，右侧有一个键槽，左侧有两个盲孔。阶梯轴的主体部分可以用旋转凸台特征完成，而键槽可以用拉伸切除特征完成，两个盲孔因为存在钻头角，所以无法通过拉伸切除特征完成，只能通过旋转切除特征完成。

② 新建文件。

③ 建立草图。该阶梯轴的主体结构可以由旋转凸台特征完成，同时也可以由拉伸凸台特征完成。因为拉伸特征需要分别拉伸 $\phi$50 mm、$\phi$80 mm、$\phi$40 mm 的圆柱，建模速度比较慢，所以最好采用旋转凸台特征，绘制的草图如图3-26所示。

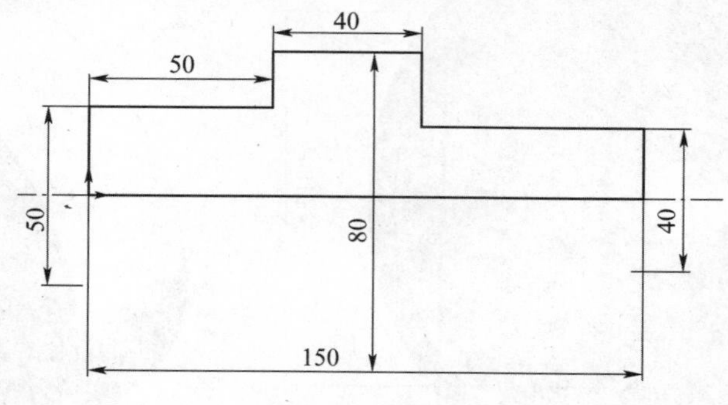


**图3-26　草图1**

注意：在绘制图3-26所示草图1的时候要注意，草图中最好绘制一条中心线，且该中心线即为旋转特征所用的旋转轴，这样SolidWorks软件就会自动将该中心线默认为旋转轴。

④ 旋转凸台特征。因绘制的草图只有一条中心线，所以在使用旋转凸台特征命令时软件默认以该中心线作为旋转轴，得到所要建立的轴的主体。

⑤ 建立草图。轴的左侧有两个盲孔，需要应用两次旋转切除特征。首先绘制竖直的盲

孔草图，在右视基准面绘制，如图3-27所示。

注意：绘制两个盲孔没有先后顺序，但是不可在一个草图里面同时绘制两个盲孔的草图。

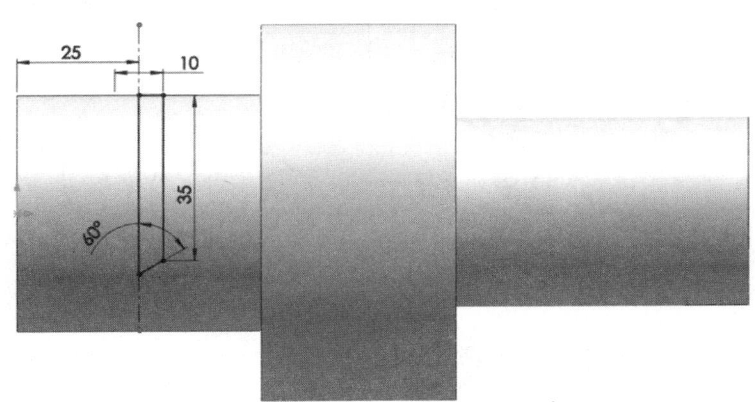


图3-27 草图2

⑥ 旋转切除特征。当草图完全定义后，单击“旋转切除”按钮。从预览中确定无误后，单击属性管理器中的“确定”按钮。

⑦ 建立草图。绘制水平盲孔的，在右视基准面绘制，如图3-28所示。

⑧ 旋转切除特征。当草图完全定义后，单击“旋转切除”按钮。从预览中确定无误后，单击属性管理器中的“确定”按钮。

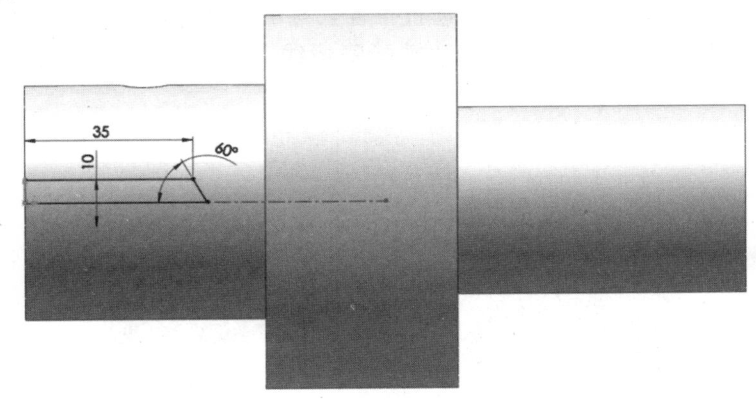


图3-28 草图3

绘制完上述两个孔后的模型如图3-29（a）所示。可以使用鼠标旋转模型来检查两个盲孔是否正确，但是从外观上无法直接查看两个孔的相贯线是否正确。此时，可以调节视图的“显示样式”，以达到更好的观察零件模型的效果。在“视图（前导）”工具栏中单击“显示样式”按钮，在弹出的选项中选择“隐藏线可见”按钮（第四个），零件模型所有可见的线以实线显示，不可见的线以虚线显示，其显示效果如图3-29（b）所示。再次单击“显示样式”按钮，在弹出的选项中选择“带边线上色”按钮（第一个），零件将变成上色状态，即显示三维效果，并且所有可见的边线都显示。如果选择“上色”按钮（第二个），则零件模型将显示三维效果，但是可见边线不显示，其效果如图3-29（c）所示。

如果选择“消除隐藏线”按钮（第三个），则只显示可见线条，不可见线条隐藏。

显示所有的线条，其效果如图3-29（d）所示。操作者在使用SolidWorks软件进行建模的过程中，要根据自己的情况，实时调节模型的显示样式，以方便建模。

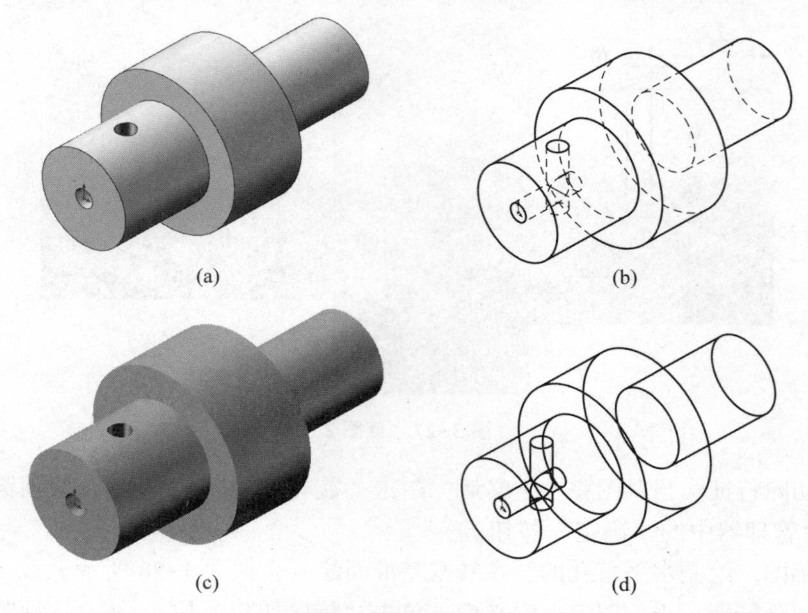


图3-29　显示样式

⑨ 建立草图。轴上右侧的键槽需要通过拉伸切除的方法进行建模。选择右视基准面进行草图绘制，将模型的显示样式设置为“消除隐藏线”显示状态，绘制的草图如图3-30所示。

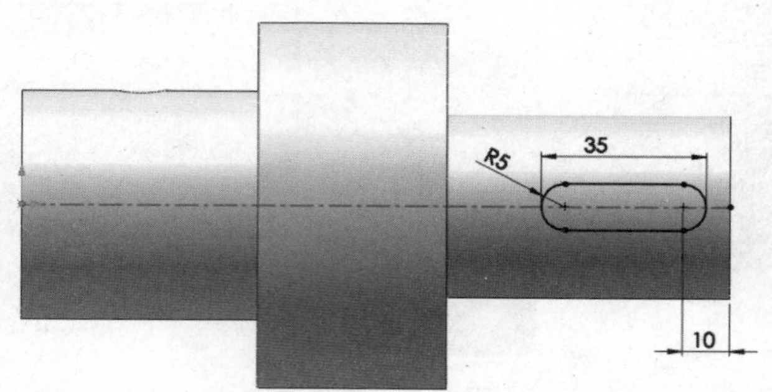


图3-30　草图4

⑩ 拉伸切除特征。单击“特征”工具栏中的“拉伸切除”按钮，进入拉伸切除的编辑状态。从绘图区域的预览可以看出，默认情况下的拉伸切除是从所绘制的草图所在的平面开始切除的，并不是模型的实际效果。我们希望拉伸切除的效果是：从草图所在的平面空出来一段，再进行拉伸切除。单击“拉伸切除”属性管理器中的“从”标签中“开始条件”右侧的下拉箭头，会弹出4个选项，如图3-31（a）所示，选择了“等距”之后，“从”选项卡将发生变化，出现一个“等距值”的文本框，在文本框中填入“15 mm”，即表示从草图所在的平面开始空15 mm的距离再开始拉伸切除。“等距值”前面按钮可以调节等距

的方向，向前或向后，如图3-31（b）所示。“方向1”标签的设置这里不再赘述。得到的最终效果如图3-32所示。

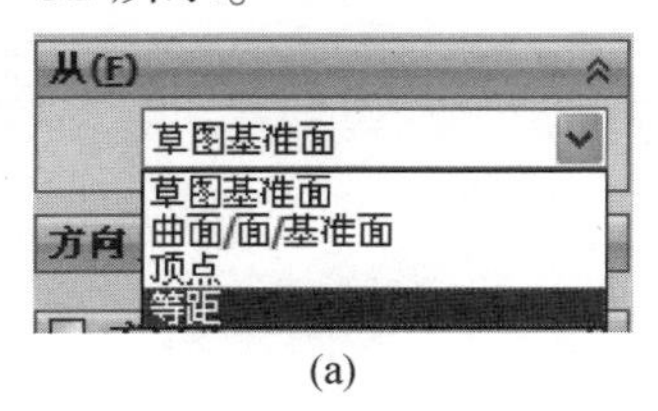


(a)

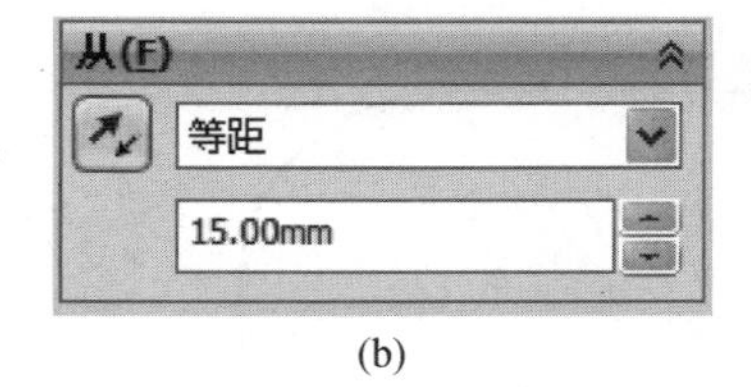


(b)

**图3-31　开始条件**

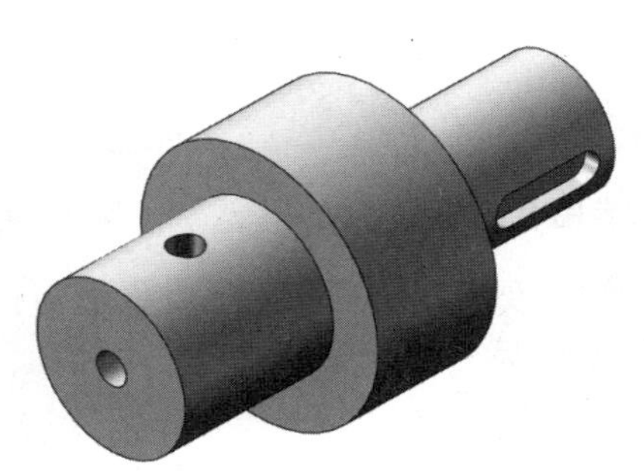

**图3-32　最终效果**

注意：在对轴上键槽进行建模的时候，经常需要使用“等距拉伸切除”。也可以新建基准面来完成键槽特征，但是采用新建基准面的方法速度较慢，在此次建模过程中不建议采用。

## 3.2.3　扫描特征

扫描特征与拉伸特征有一定的相似之处，或者说扫描特征是广义上的拉伸特征，基本上所有拉伸特征生成的特征都可以由扫描特征来完成。虽然扫描特征的功能较拉伸特征强大，但是操作起来更复杂，因而没有拉伸特征应用范围广。

拉伸特征是草图沿着指定直线进行拉伸，草图扫过的空间区域作为实体（加材料）或删除扫过的空间区域（减材料）。而扫描特征是草图沿着指定的轨迹“移动”，草图扫过的空间区域作为实体（加材料）或删除扫过的空间区域（减材料）。建立拉伸特征时，一般只需要指定一个截面的草图，默认的拉伸方向是与草图所在平面垂直的方向。而建立扫描特征时，不但需要指定截面的草图，还需要指定扫描轨迹的草图。

注意：这里所说的“指定的轨迹”可以是任何空间连续的曲线，甚至包括由三维草图生成的曲线。

### 1. 扫描

只要实体的截面大致为相同图形，一般可以使用扫描特征进行建模。例如，管道类零件，大多使用扫描特征建模。

（1）使用扫描特征的基本步骤。使用SolidWorks软件绘制一个外径为20 mm，内径为15 mm的U型管。

① 编辑草图。在前视基准面上绘制扫描轨迹的草图1，如图3-33所示。

② 编辑草图。选择右视基准面绘制扫描截面的草图2，两个同心圆，如图3-34所示。

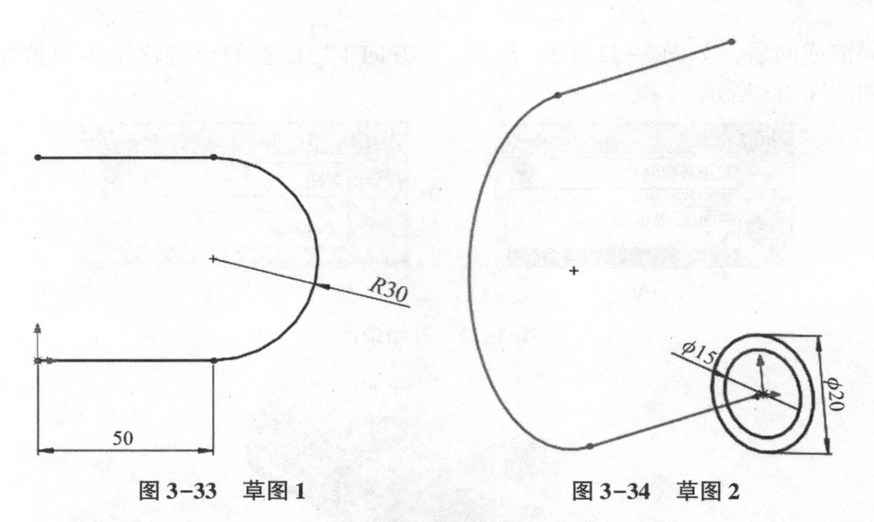


图 3-33　草图 1　　　　图 3-34　草图 2

注意：使用扫描特征的时候，要求扫描截面所在的平面与扫描轨迹的起点相交，即扫描轨迹从扫描截面所在的平面开始。另外，扫描轨迹与扫描截面之间的几何关系尽量是“穿透”关系。

③ 扫描特征。单击“特征”工具栏中的“扫描”按钮，或者选择菜单栏“插入”→“凸台/基体”→“扫描”命令，在用户界面的左侧将显示“扫描”属性管理器。最常用的是“轮廓和路径”标签，其自动为展开状态。在绘图区域中依次单击“轮廓”和“路径”，如果选择正确，则在绘图区域将出现预览。“扫描”属性管理器如图 3-35（a）所示，最终效果如图 3-35（b）所示。

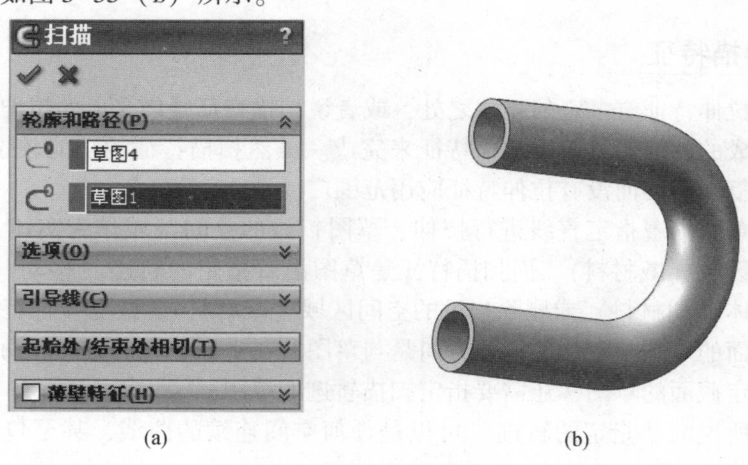


图 3-35　扫描特征

注意：拉伸和旋转特征因为只有一个草图，所以不需要退出草图就可以进行特征操作，而扫描特征需要对两个草图进行操作，所以单击扫描特征时，必须退出草图。在选择轮廓和路径时，只要将光标移动到相应的曲线上，曲线会变成高亮显示状态，此时单击即可选中该草图。

（2）设计案例 5。对弹簧进行建模，弹簧参数如下：弹簧中径为 100 mm，弹簧节距为 20 mm，簧丝直径为 5 mm。

① 分析零件。弹簧可以看成由一个圆沿着一条螺旋线扫描而形成的实体。

② 新建文件。

③ 建立草图。首先绘制扫描轨迹草图。选择上视基准面绘制草图1，绘制弹簧的中径，如图3-36所示。

④ 绘制扫描轨迹。选择菜单栏“插入”→“曲线”→“螺旋线/涡状线”命令，在用户界面的左侧将显示“螺旋线/涡状线”属性管理器。设定“定义方式”标签的定义方式为“高度和螺距”。在“参数”标签中将“高度”设定为“100 mm”，将“螺距”设定为“20 mm”，将“起始角度”设定为“0°”。所有参数设置完成后单击“确定”按钮。最终形成的扫描轨迹即螺旋线，如图3-37所示。

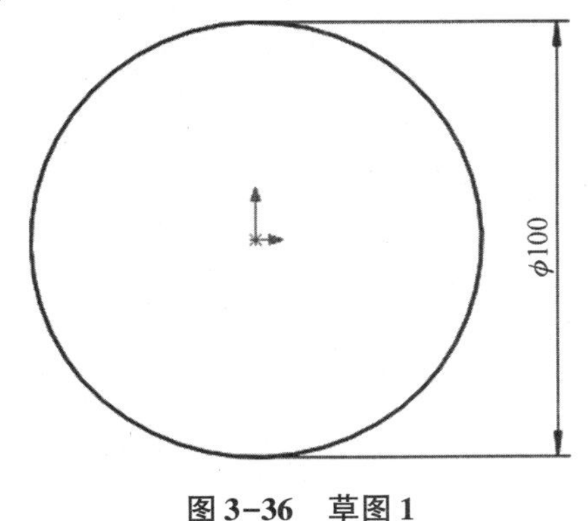


**图3-36　草图1**

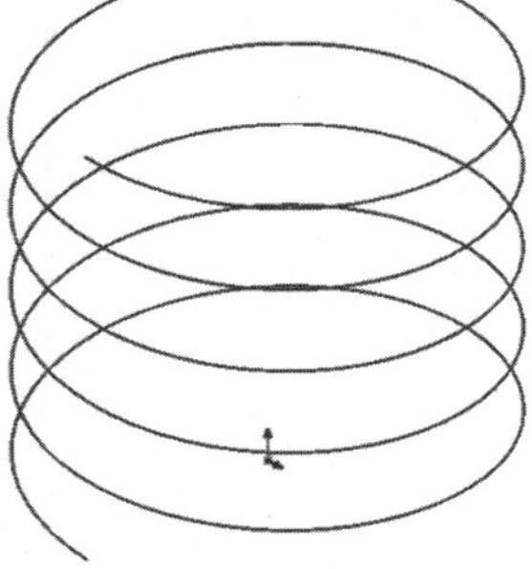

**图3-37　螺旋线**

⑤ 建立草图。根据所绘制的扫描轨迹绘制扫描截面，即弹簧的簧丝直径。因为右视基准面正好与螺旋线的起点相交，所以选择右视基准面绘制扫描截面，如图3-38所示。

⑥ 扫描特征。单击“特征”工具栏中的“扫描”按钮，依次单击“轮廓”（即草图2）和“路径”（即螺旋线）。单击“确定”按钮，形成的弹簧的最终效果如图3-39所示。

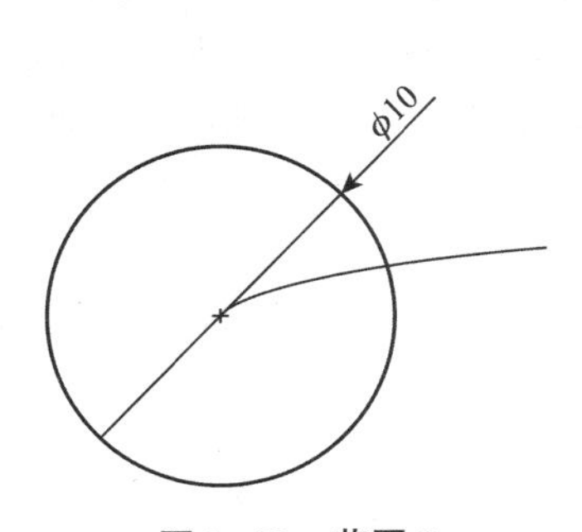


**图3-38　草图2**

**图3-39　最终效果**

### 2. 扫描切除

扫描切除是指草图截面沿着指定轨迹扫描，将草图截面扫过的空间区域的材料去除（减材料）。

（1）使用扫描切除的基本步骤（与扫描特征类似）如下：

① 建立草图。编辑扫描路径草图。

② 建立草图。编辑扫描轮廓草图。

③ 扫描切除特征。单击“特征”工具栏中的“扫描切除”按钮，或者选择菜单栏“插入”→“切除”→“扫描”命令，在用户界面的左侧将显示“扫描切除”属性管理器。其他设置方法与扫描特征类似，不再赘述。

（2）设计案例6。根据图3-40所示的尺寸，进行螺旋杆的建模。

注意：在三维建模时，对于一般螺纹，采用螺纹装饰线的形式进行装饰即可。一般不采用扫描切除的方法绘制“真正”的螺纹，除非题目要求。添加螺纹装饰线后，在生成工程图时，螺纹以粗细实线的形式体现出来。

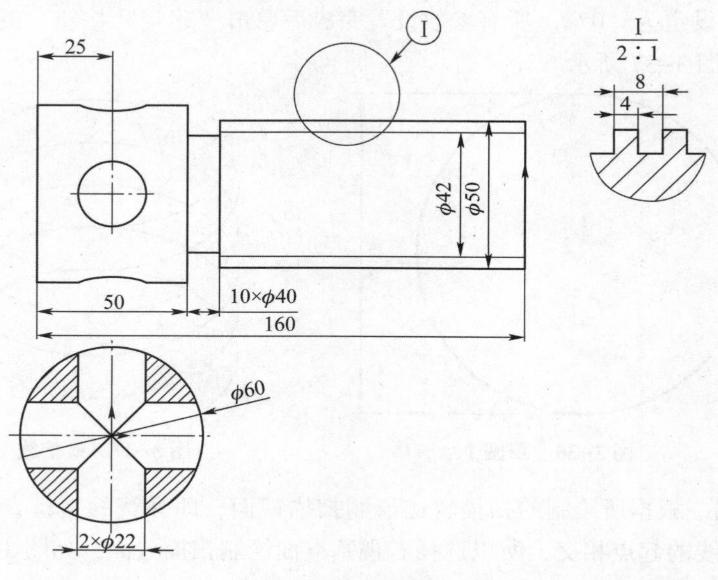


**图3-40 螺旋杆**

① 分析图3-40，该零件的主体为一段阶梯轴。在左端 $\phi$60 mm 的圆柱上有两个 $\phi$22 mm 的通孔，右侧 $\phi$50 mm 的圆柱上有矩形螺纹。主体可以通过旋转凸台特征或拉伸凸台特征来完成，左侧两个 $\phi$22 mm 的孔可以通过拉伸切除来完成，而右侧的矩形螺纹采用旋转切除的方法进行绘制（一般只需要添加装饰螺纹线即可）。

② 新建文件。

③ 建立草图。采用旋转凸台特征来绘制阶梯轴，在右视基准面绘制草图1，如图3-41所示。

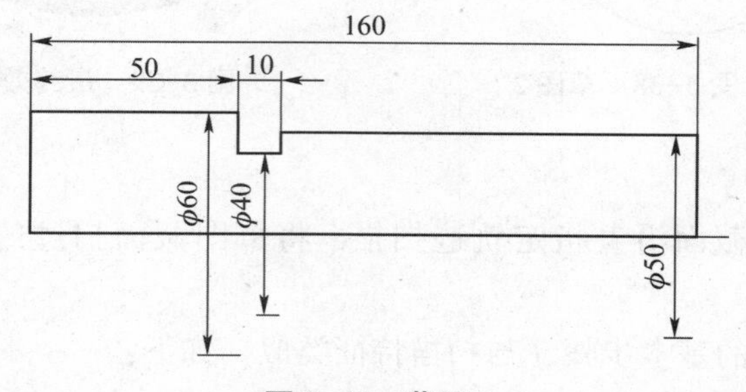


**图3-41 草图1**

④ 旋转凸台特征。在未退出草图编辑的状态下，单击“旋转凸台/基体”按钮，因为只绘制了一条中心线，且该中心线是旋转轴，所以从预览中可以看出其效果是我们预期的，直接单击“确定”按钮即可。绘制的阶梯轴如图 3-42 所示。

⑤ 建立草图。通过拉伸切除绘制水平的 $\phi$22 mm 的孔。首先在右视基准面上绘制草图 2，如图 3-43 所示。

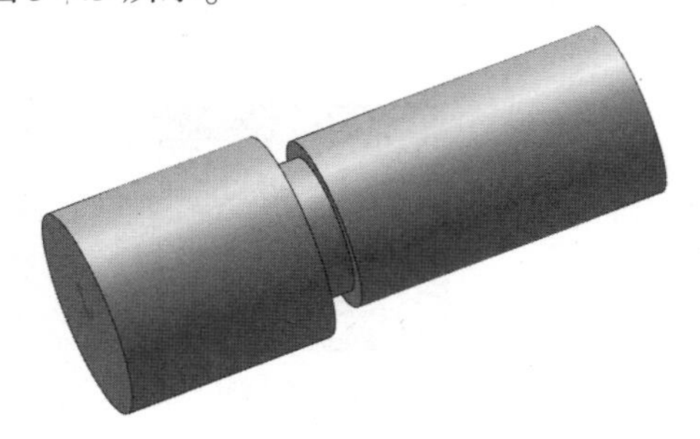

图 3-42　阶梯轴

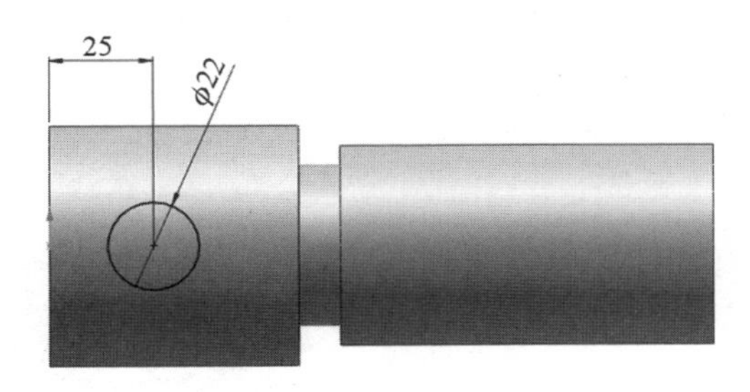


图 3-43　草图 2

⑥ 拉伸切除特征。因为草图 2 绘制在被切除零件的“中间”，此时不能再用默认的“给定深度”的终止条件。将“方向 1”标签中的“终止条件”通过右侧下拉箭头改为“两侧对称”，如图 3-44（a）所示。更改深度值时，可以从绘图区域预览中看见，拉伸切除从原来的单向变成了双向，而且两个方向的拉伸长度相同。注意，在本例中，只要深度值是大于 60 mm 的任何值都可以。完成的效果如图 3-44（b）所示。

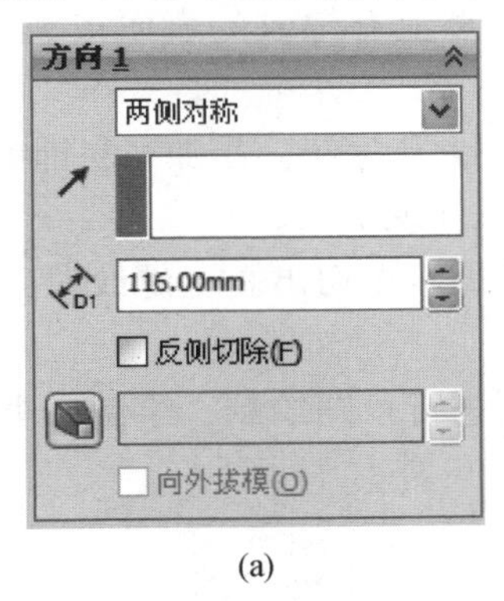


(a)　　(b)

图 3-44　拉伸切除

（a）“方向 1”标签；（b）完成效果

⑦ 建立草图。通过拉伸切除特征绘制垂直的 $\phi$22 mm 的孔，在上视基准面上绘制草图 3。

⑧ 拉伸切除特征。同样，草图 3 绘制在被切除零件的“中间”，采用两侧对称的拉伸切除方法。

⑨ 插入装饰螺纹线。选择要插入装饰螺纹线的圆柱一个端面圆（单击使之处于选中状态，即外螺纹的大径或内螺纹的小径），如图 3-45 所示。选择菜单栏“插入”→“注解”→“装饰螺纹线”命令，在用户界面的左侧将弹出“装饰螺纹线”属性管理器，如图 3-46 所示。通过属性管理器对装饰螺纹线进行设置。在“螺纹设定”标签中，“圆形边线”

选项是之前选定的边线，不需要设置。“标准”选项可以设置一些常用标准的螺纹，如 ISO 和 GB 等，如果不知道标准，可以选择“无”。“次要直径”选项可以设置外螺纹的小径或内螺纹的大径，在本案例中，“次要直径”为小径，应将其改为“42”。“终止条件”可以设置螺纹的深度，即从选定的圆开始到螺纹终止线的距离。当已知螺纹的长度已知时，一般选择“给定深度”选项，这里应该设置为“100”。如果长度未知可以选择“形成到下一面”或“通孔”。“螺纹标注”标签可以写螺纹的注释。

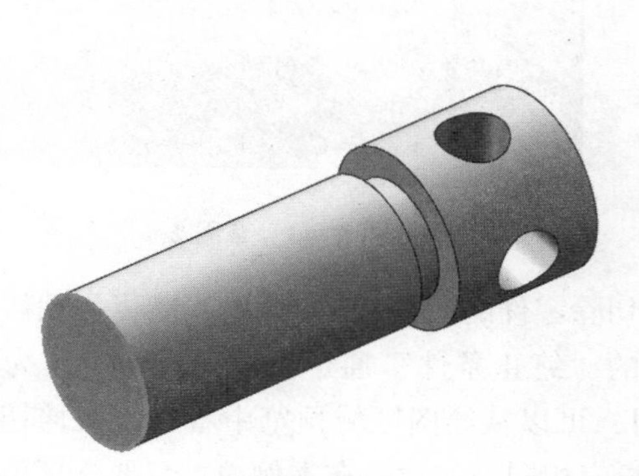

图 3-45 选中边线

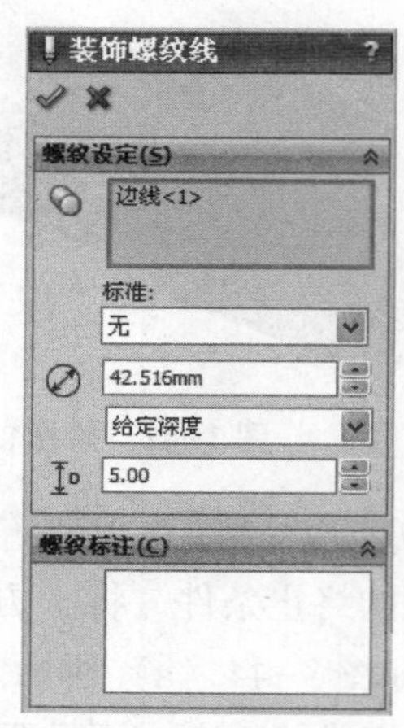


图 3-46 参数设置

将参数设置完后，单击“确定”按钮，零件模型上有螺纹的表面被装饰螺纹线覆盖，其效果如图 3-47 所示。

注意：如果题目中没有特殊要求，则零件建模到此步完毕。添加完装饰螺纹线的零件在后续的生成工程图的过程中，螺纹会按照标准的形式展现出来。

以下步骤为通过旋转切除来切出“真正”的螺纹。在切出真正螺纹时，不需添加装饰螺纹线，将步骤⑨省略。

⑩ 建立草图。选择该轴的右侧端面作为基准面进行草图绘制，绘制一个直径为 50 mm 的圆，且与端面圆同心，如图 3-48 所示。

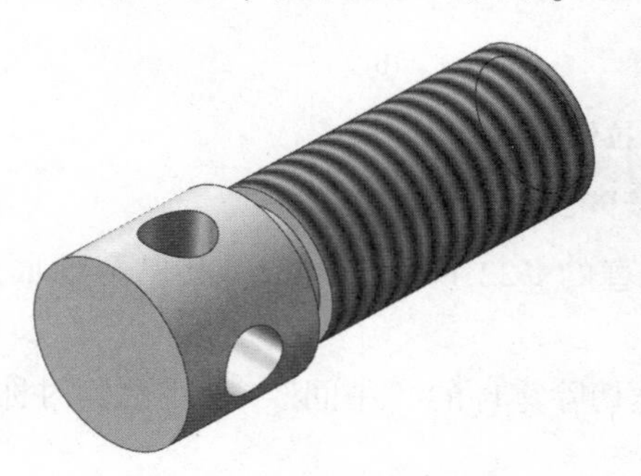

图 3-47 装饰螺纹线效果

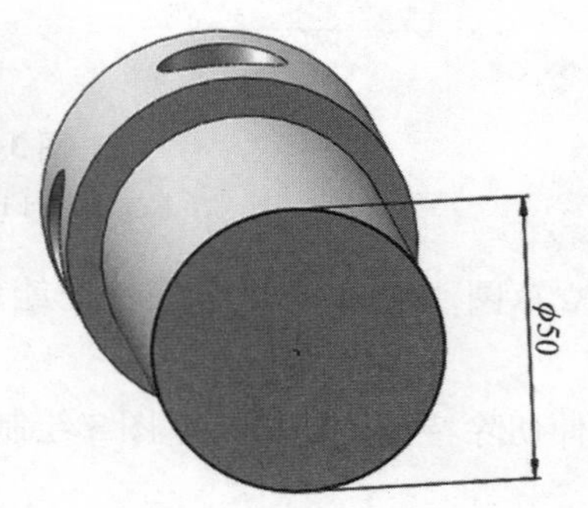


图 3-48 草图 3

⑪绘制扫描切除轨迹。选择菜单栏“插入”→“曲线”→“螺旋线/涡状线”命令，通过属性管理器将螺旋线/涡状线的“定义方式”设定为“高度和螺距”，将“高度”设定为“100 mm”，将“螺距”设定为“8”，通过预览查看螺旋线的方向是否正确，如果螺旋

线不在圆柱的表面，则选中“反向”复选框，同时将“起始角度”设定为“0°”，单击“确定”按钮，完成螺旋线即扫描轨迹的绘制，如图3-49所示。

⑫建立草图。绘制扫描切除的截面，选择上视基准面进行草图绘制，如图3-50所示。

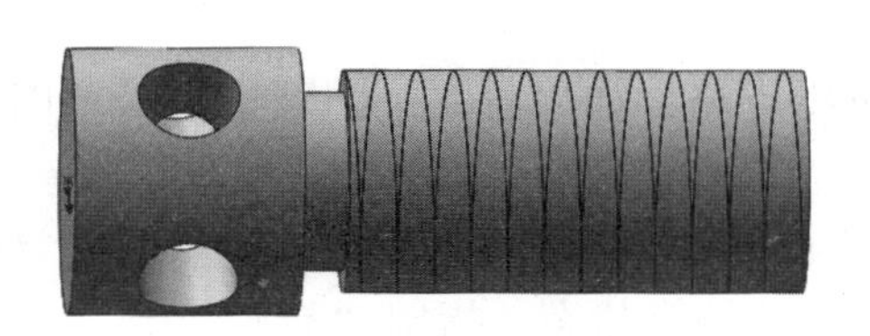

图3-49　螺旋线

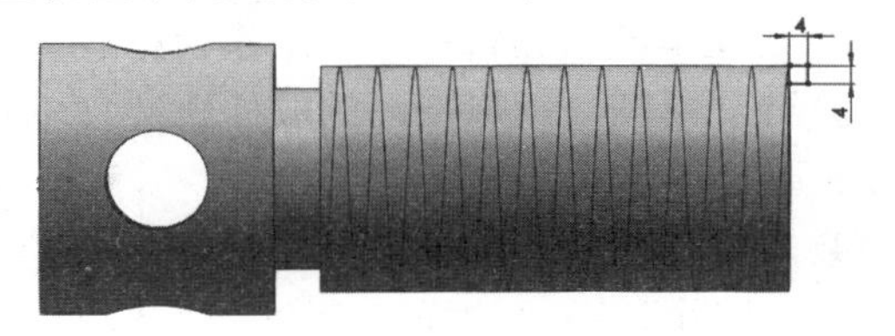

图3-50　草图4

⑬扫描切除特征。单击“特征”工具栏中的“扫描切除”按钮，依次单击“轮廓”（即草图4）和“路径”（即螺旋线）。其他选项默认即可，单击“确定”按钮，形成的“真正的”螺纹效果，如图3-51所示。

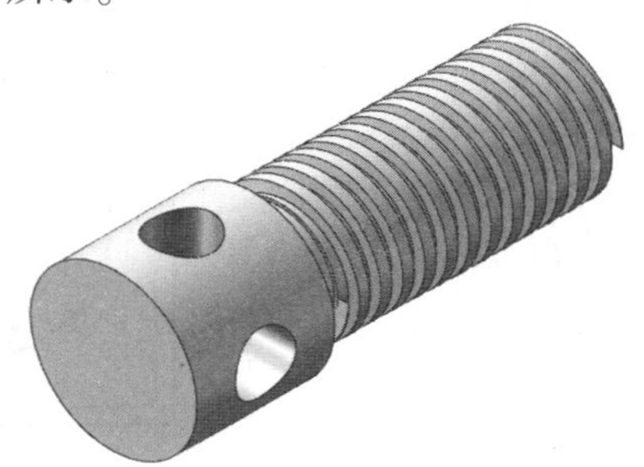

图3-51　螺纹效果

### 3.2.4　放样特征

扫描特征是保持横截面不变，使其沿着某一条轨迹进行移动，而放样特征是让横截面从一个图形变为另外一个图形或另外几个图形。放样特征包括放样凸台/基体（加材料）和放样切割（减材料）。

1. 放样凸台/基体

放样凸台/基体特征是将一个草图沿着指定轨迹移动，在移动的过程中均匀变形，移动到终点时，变成终点的图形，在这个过程中草图截面扫过的空间作为实体。

放样凸台/基体特征的基本操作步骤如下：

（1）建立草图。编辑一个草图作为起始草图。

（2）建立草图。编辑一个草图作为终点草图。

（3）建立草图。编辑扫图的放样轨迹（本步骤可以省略，如果省略，则默认为沿草图界面的垂直方向进行放样）。

（4）放样凸台/基体特征。单击“特征”工具栏中的“放样凸台/基体”按钮或选择菜单栏“插入”→“凸台/基体”→“放样”命令，进入放样凸台/基体特征编辑状态。指定“轮廓”和“引导线”后，单击“确定”按钮，即可完成放样凸台/基体特征的绘制。

2. 放样切割

放样切割特征是将一个草图沿着指定轨迹移动，在移动的过程中均匀变形，移动到终点时，变成终点的图形，将在这个过程中草图截面扫过的空间区域的材料去除。

（1）放样切割的基本步骤如下：

① 建立草图。编辑一个草图作为起始草图。

② 建立草图。编辑一个草图作为终点草图。

③ 建立草图。编辑扫图的放样轨迹（本步骤可以省略，如果省略，则默认为沿草图界面的垂直方向进行放样）。

④ 放样切割特征。单击“特征”工具栏中的“放样切割”按钮或选择菜单栏“插入”→“切除”→“放样”命令，进入放样切割特征的编辑状态。指定“轮廓”和“引导线”后，单击“确定”按钮，即可完成放样切割特征的绘制。

（2）设计案例7。根据图3-52所示的尺寸，进行水杯建模。

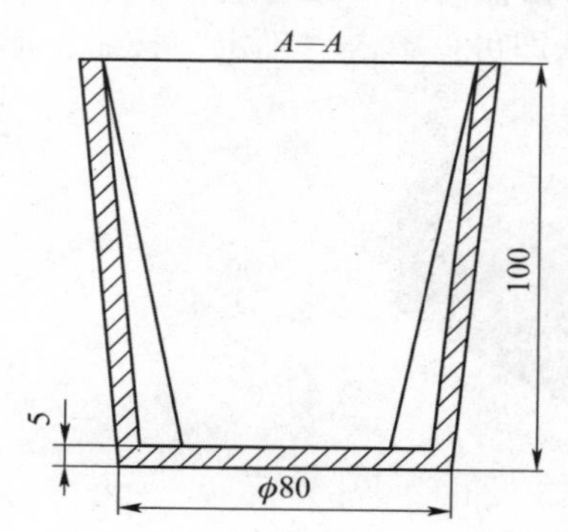


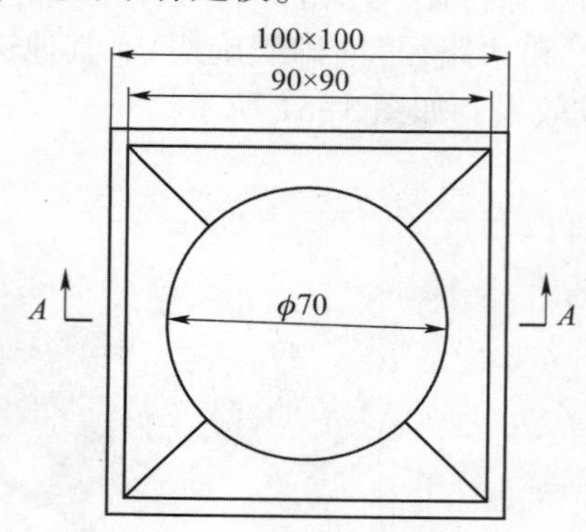


**图3-52　水杯**

① 分析图3-52，先看水杯的外形，可以看成由 $\phi$80 mm 的圆经过 100 mm 的高度均匀变到 100 mm×100 mm 的正方形。可以采用放样凸台/基体特征完成。而其内部的中空部分可以看成是由 $\phi$70 mm 的圆经过 95 mm 的高度均匀变成 90 mm×90 mm 的正方形。可以采用放样切割特征完成。

② 新建文件。

③ 建立草图。使用放样特征来完成，先绘制水杯的下端面，即 $\phi$80 mm 的圆。选择上视基准面绘制草图1，如图3-53所示。

④ 新建基准面。水杯的总高度为 100 mm，因而水杯的上端面的正方形应该在底面的正上方 100 mm 处，而这里没有一个基准面或实体表面可以供选择，因此需要在上视基准面上方 100 mm 处，新建一个“基准面1”。选中“上视基准面”，单击“特征”工具栏中的“参考几何体”按钮，在弹出的选项中选择“基准面”按钮，在弹出的属性管理器中的“第一参考”标签中的“距离”选项中输入“100”，即可在距离上视基准面 100 mm 处新建一个基准面1。

⑤ 建立草图。在基准面1上绘制水杯的上端面草图2，即 100 mm×100 mm 正方形，如图3-54所示。

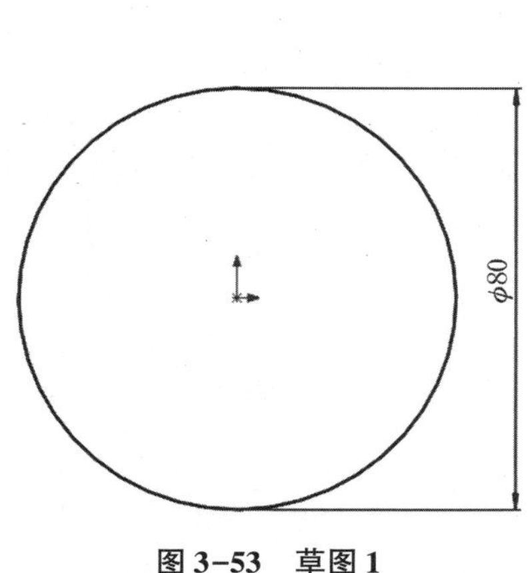


图 3-53　草图 1

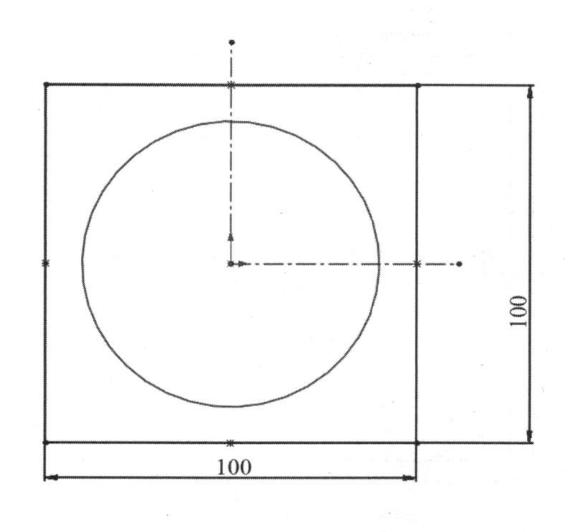


图 3-54　草图 2

⑥ 放样凸台特征。单击“特征”工具栏中的“放样凸台/基体”按钮，依次单击草图 1 和草图 2，完成属性管理器中“轮廓”的选取。引导线选项省略即可，即默认为垂直放样。在绘图区域中会以半透明状态显示放样凸台特征的预览效果，单击“确定”按钮即可。在“基准面 1”上右击，在弹出的快捷菜单中选择“隐藏”按钮，可以将基准面 1 隐藏。完成的放样凸台效果如图 3-55 所示。

图 3-55　放样凸台效果

接下来对“实心”水杯进行掏空处理，因为其内部空间形状与外形相似，所以可以采用放样切割特征来完成。

⑦ 建立草图。选择水杯的上端面作为基准面绘制草图 3，即 90 mm×90 mm 的正方形，如图 3-56 所示。

⑧ 新建基准面。水杯的内壁底面在距离水杯下端面 5 mm 处，而这里没有一个基准面或实体面可以供选择，因此需要在上视基准面上方 5 mm 处新建一个“基准面 2”。建立方法类似于基准面 1 的建立方法，在“第一参考”标签中的“距离”选项中输入“5”。

⑨ 建立草图。在“基准面 2”上绘制草图 4，即 $\phi$70 mm 的圆，如图 3-57 所示。

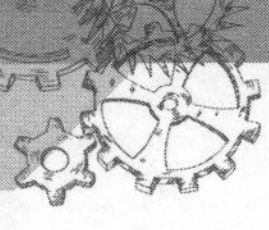

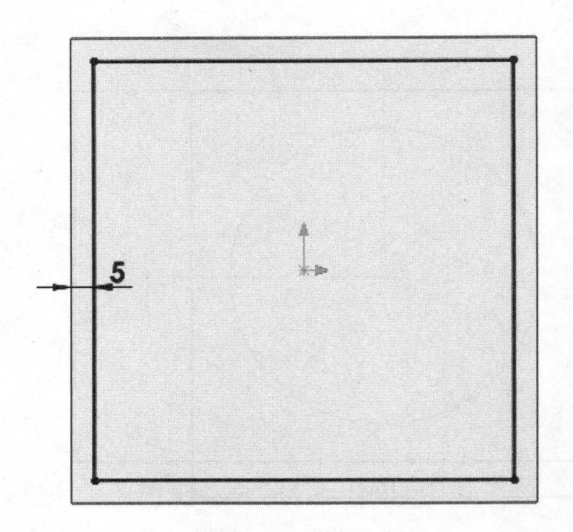


图3-56　草图3

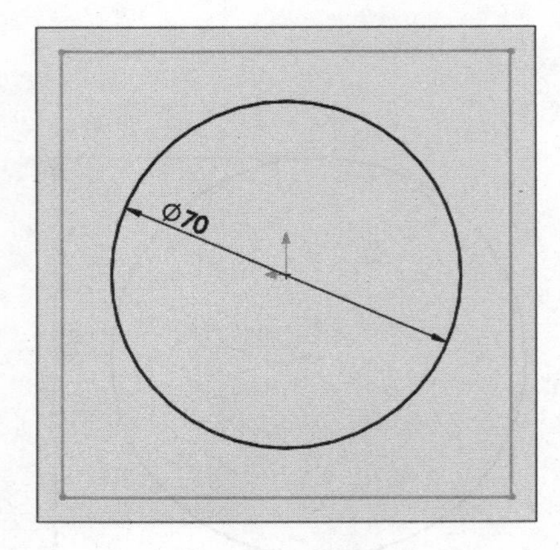


图3-57　草图4

⑩ 放样切割特征。单击“特征”工具栏中的“放样切割”按钮，依次单击草图3和草图4，完成属性管理器中“轮廓”的选取。引导线选项省略即可，即默认沿垂直方向放样切割。在绘图区域中会以半透明状态显示放样切割特征的预览效果，单击“确定”按钮即可。将基准面2隐藏，完成的最终效果如图3-58所示。

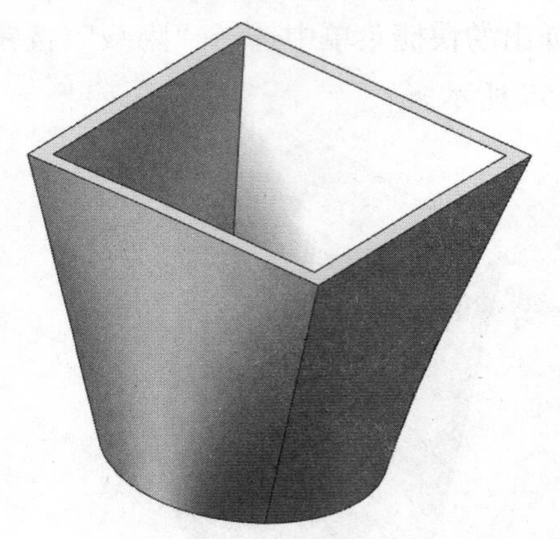

图3-58　最终效果

提示：由于放样特征需要绘制的草图较多，并且草图一般不在同一平面上，因此在使用时，经常需要新建基准面。

## 3.2.5　筋特征

筋特征，就是用于生成具有筋的结构或者具有类似于筋的结构。筋特征类似于拉伸特征，筋特征可以用更简单的草图绘制，甚至没有封闭的草图也可完成筋结构的建模。

筋特征是将草图沿着某一个方向（可以垂直于草图平面，也可以平行于草图平面）进行移动。一般情况下，绘制筋特征所用的草图都是没有封闭的。没有封闭的草图沿着某一个方向移动会形成一个平面，再将这个平面加厚到指定的厚度，即可形成筋的结构。

1. 筋特征使用步骤

(1) 建立草图。绘制筋特征需要用到的草图。

(2) 编辑特征。单击“特征”工具栏中的“筋”按钮，或者选择菜单栏“插入”→“特征”→“筋”命令，在用户界面的左侧将显示“筋”属性管理器。通过对属性管理器的设置，更改筋特征，最后单击属性管理器中的“确定”按钮，完成筋特征的编辑。

2. “筋”属性管理器介绍

“筋”属性管理器如图 3-59 所示，它主要包括两个标签：“参数”标签和“所选轮廓”标签。在“参数”标签中的“厚度”中有 3 个按钮，分别为“第一边”、“两侧”、“第二边”。之前说过，筋特征相当于将一个平面加厚，这 3 个选项的意思分别为只向该平面的一侧加厚、两侧均匀加厚和向着该平面的另一侧加厚。“筋厚度”文本框中输入生成的筋板的厚度。拉伸方向同样有两个按钮，分别是“平行于草图”按钮和“垂直于草图”按钮。可以通过“反转材料方向”复选框来更改筋生成的方向。“所选轮廓”标签使用较少，当所绘制的草图不连续时，可以通过该标签控制对哪段草图生成筋特征。

图 3-59　“筋”属性管理器

设计案例 8：根据图 3-60 所示的尺寸，进行轴承座建模。

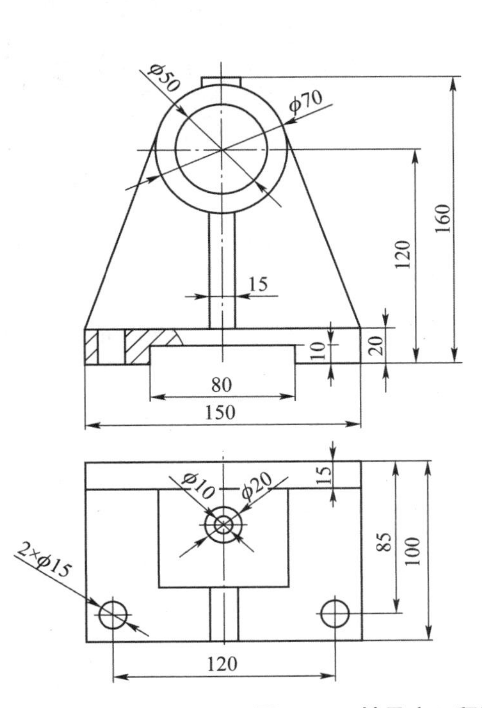


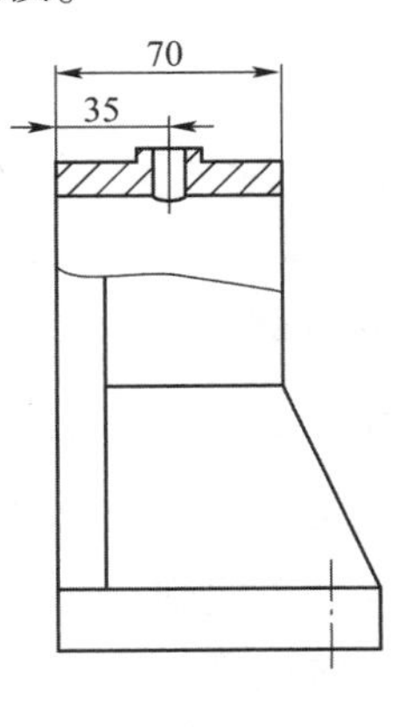


图 3-60　轴承座工程图

（1）分析图3-60。该轴承座主要由下底板、后面底板、上面的圆柱套筒和筋板组成。除筋板外的其他结构可以通过拉伸特征完成绘制，最后通过筋特征完成筋板的绘制。

（2）新建文件。

（3）建立草图。首先绘制 $\phi$70 mm 的圆筒。选择右视基准面进行草图 1 的绘制，如图3-61 所示。

（4）拉伸特征。在不退出草图编辑的状态下单击“拉伸凸台/基体”按钮。在属性管理器中的“深度”文本框中填入“70 mm”后，单击“确定”按钮。

（5）新建基准面。选择上视基准面，以上视基准面为基础，新建“基准面 1”使其与上视基准面的距离为 40 mm。

提示：读者可以试着使用前面讲述的等距拉伸特征来绘制轴承座上方 $\phi$20 mm 的圆柱，若采用等距拉伸的方法则不用新建基准面。

（6）建立草图。在基准面 1 上绘制草图 2，如图 3-62 所示。

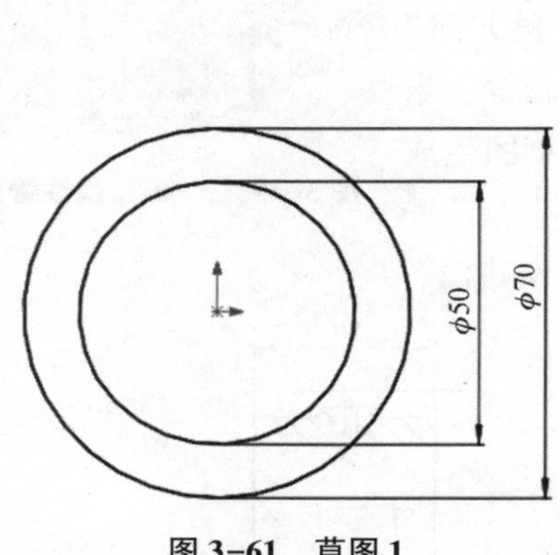


图 3-61　草图 1

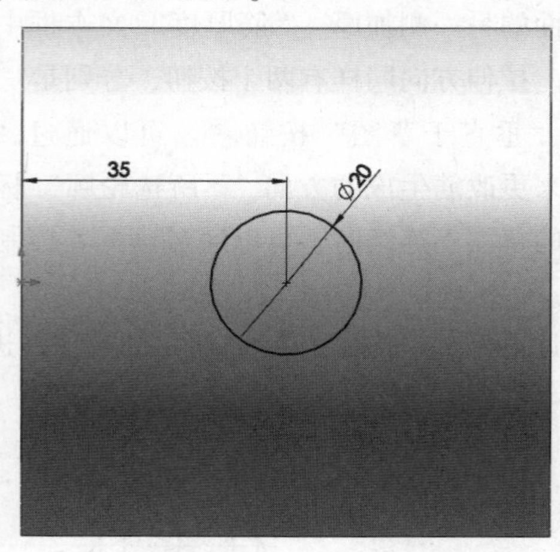


图 3-62　草图 2

（7）拉伸特征。在不退出草图编辑的状态下单击“拉伸凸台/基体”按钮。因为 $\phi$20 mm 的小凸台拉伸的长度未知，可以不输入拉伸的深度。将属性管理器的“方向 1”标签中的“终止条件”改为“形成到一面”，在绘图区域中单击与拉伸 $\phi$20 mm 特征形成的实体相接触的表面，单击“确定”按钮。

（8）建立草图。在基准面 1（或 $\phi$20 mm 的圆柱上底面）上绘制草图 3，如图 3-63 所示。

（9）拉伸切除特征。在不退出草图编辑的状态下单击“拉伸切除”按钮。在这里的“拉伸深度”可以通过数值指定，只要将圆筒的一半切穿即可，也可以将“终止条件”改为“形成到下一面”，单击“确定”按钮。

（10）建立草图。在右视图上绘制草图 4，如图 3-64 所示。

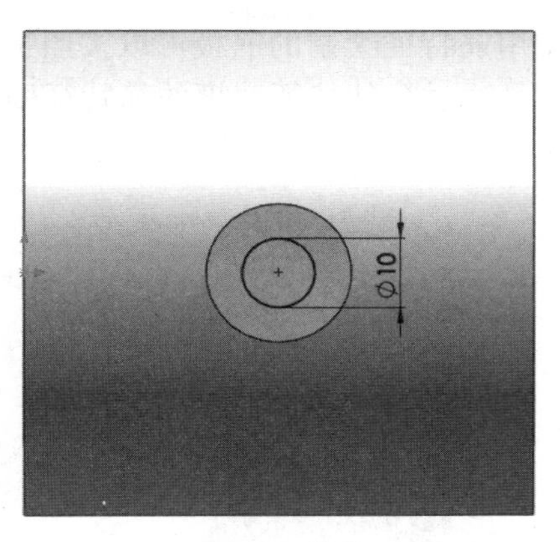


图 3-63　草图 3

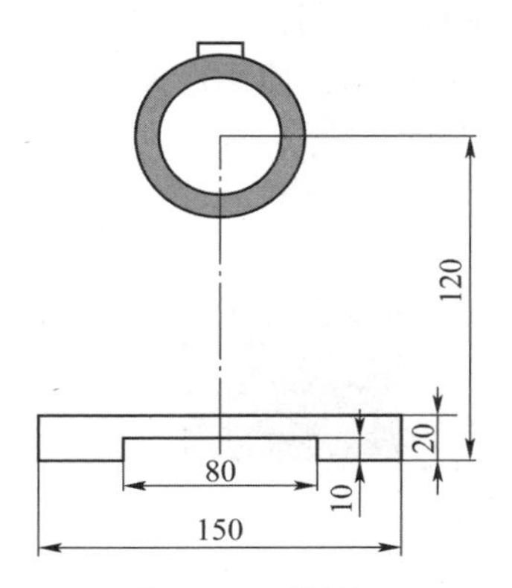


图 3-64　草图 4

（11）拉伸特征。在不退出草图编辑的状态下单击“拉伸凸台/基体”按钮。在属性管理器中的“深度”文本框中输入“100 mm”，单击“确定”按钮。

（12）建立草图。在右视基准面绘制草图 5，如图 3-65 所示。

（13）拉伸特征。在不退出草图编辑的状态下单击“拉伸凸台/基体”按钮。在属性管理器中的“深度”文本框中输入“15 mm”，单击“确定”按钮。

（14）建立草图。选择前视基准面绘制草图 6，如图 3-66 所示。

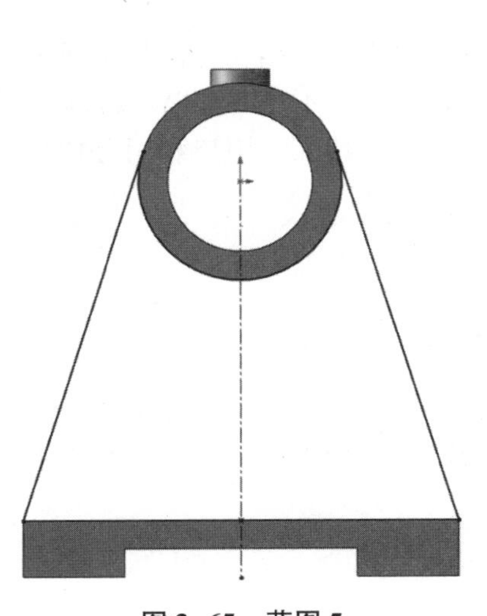

图 3-65　草图 5

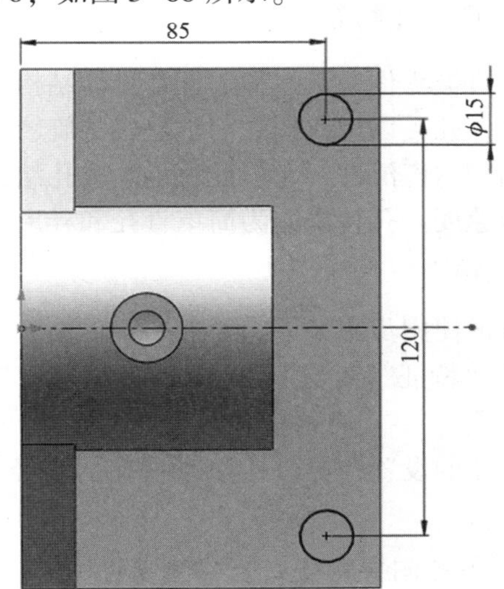


图 3-66　草图 6

（15）拉伸切除特征。在不退出草图编辑的状态下单击“拉伸切除”按钮，将“终止条件”选择为“完全贯穿”，单击“确定”按钮。

（16）建立草图。在前视基准面上绘制草图 7，如图 3-67 所示。

（17）筋特征。单击“特征”工具栏中的“筋”按钮，在用户界面的左侧将显示“筋”属性管理器。将“参数”标签中的“筋厚度”改为“15mm”，其余参数采用默认值即可。至此，模型建模完毕，其最终效果如图 3-68 所示。

提示：本案例的筋板结构虽然可以用拉伸特征来完成，但是对于零件中的筋板类结构，在进行建模的时候应尽量使用筋特征来完成。在完成零件的三维建模后，经常需要使用三维

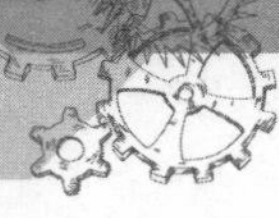


模型导出零件的工程图，在导出工程图时，使用筋特征绘制的筋板可以按照工程图绘制要求，选择性地不剖切，使用起来十分方便。但是通过拉伸特征建模的筋特征则不具有这个功能。

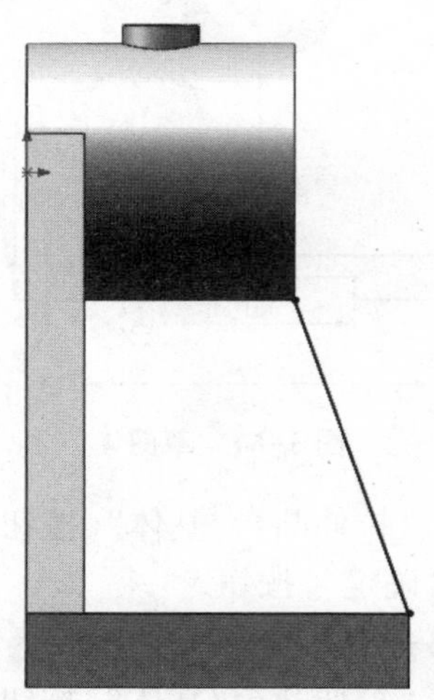
图 3-67　草图 7

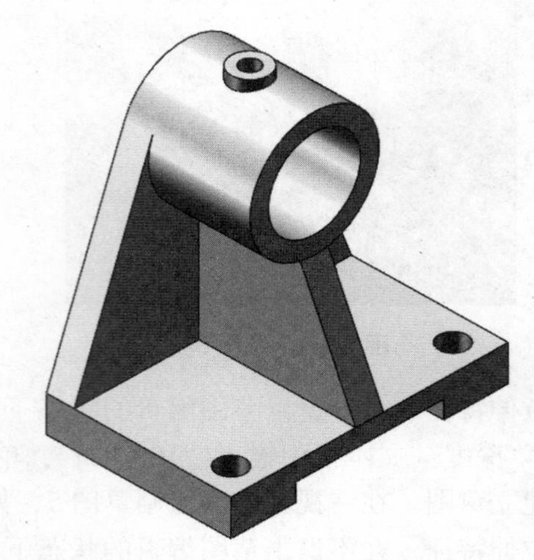
图 3-68　最终效果

## 3.2.6　孔特征

孔在机械零件中是一种非常常见的结构，大部分结构之间的相互连接都是通过孔来完成的。当然，孔可以用我们之前学习过的旋转切除特征来完成，不过 SolidWorks 软件考虑到零件中孔结构的广泛性，专门设置了生成孔结构的特征——孔特征，用户利用孔特征可进一步提升建模速度。孔特征分为简单直孔和异形孔。

1. 孔特征

孔特征使用步骤如下。

单击“特征”工具栏中的“简单直孔”按钮，或者选择菜单栏“插入”→“特征”→“孔”→“简单直孔”命令，在用户界面的左侧将显示“孔”属性管理器。通过对属性管理器的设置，更改孔深以及孔的直径，单击属性管理器中的“确定”按钮，完成孔特征的编辑。

2. 异形孔向导特征

（1）使用步骤如下。

① 编辑特征。单击“特征”工具栏中的“异形孔向导”按钮，或者选择菜单栏“插入”→“特征”→“孔”→“向导”命令，在用户界面的左侧将显示“异形孔”属性管理器。通过对属性管理器的设置，更改异形孔特征，最后单击属性管理器中的“确定”按钮，完成异形孔特征的编辑。

② 编辑草图。通过该草图确定圆孔的位置，只需要在想要开孔的表面上指定一个点，而该点就是形成圆孔的圆心。

（2）设计案例 9。根据图 3-69 所示尺寸，进行底座建模。

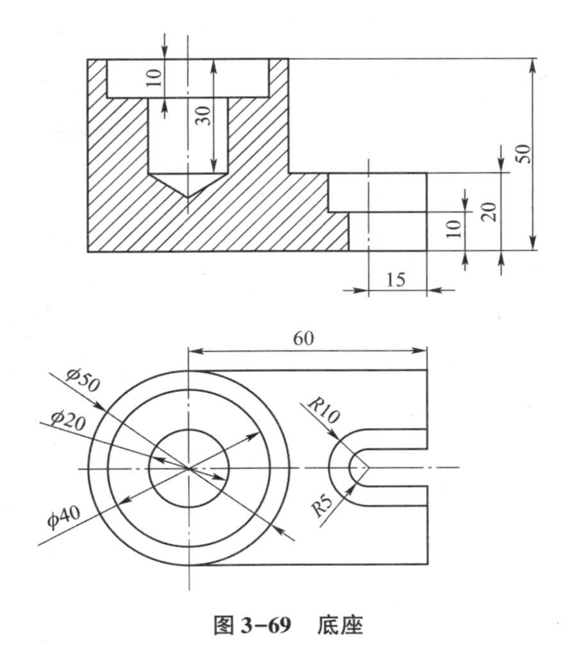


图 3-69 底座

① 分析图 3-69。该形体可以想象成由一个圆柱与一个长方体叠加后，再在圆柱上切一个孔，在长方体的边缘处切两个长圆孔。

② 新建文件。

③ 建立草图。首先绘制 φ50 mm 的实心圆柱体。选择上视基准面进行绘制草图 1，如图 3-70 所示。

④ 拉伸凸台特征。单击“特征”工具栏中的“拉伸凸台/基体”按钮，在属性管理器中指定深度为 50 mm。

⑤ 建立草图。绘制长方体，选择上视基准面进行草图 2 的绘制，如图 3-71 所示。

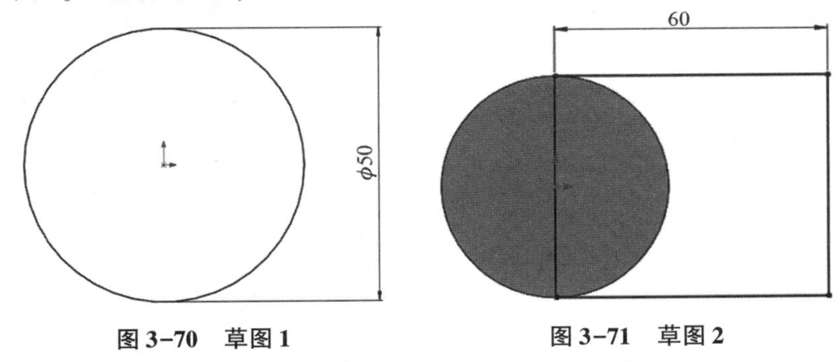


图 3-70 草图 1　　图 3-71 草图 2

⑥ 拉伸凸台特征。单击“特征”工具栏中的“拉伸凸台/基体”按钮，在属性管理器中指定方向与深度（20 mm）。

⑦ 建立草图。拉伸切除长方体边缘的较大的长圆孔。选择所绘制的长方体的上表面绘制草图 3，如图 3-72 所示。

⑧ 拉伸切除特征。单击“特征”工具栏中的“拉伸切除”按钮，在属性管理器中指定深度为 10 mm。

⑨ 建立草图。拉伸切除较小的长圆孔。在步骤⑧形成的长圆孔的底面绘制草图 4，如图

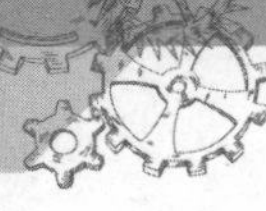

3-73 所示。

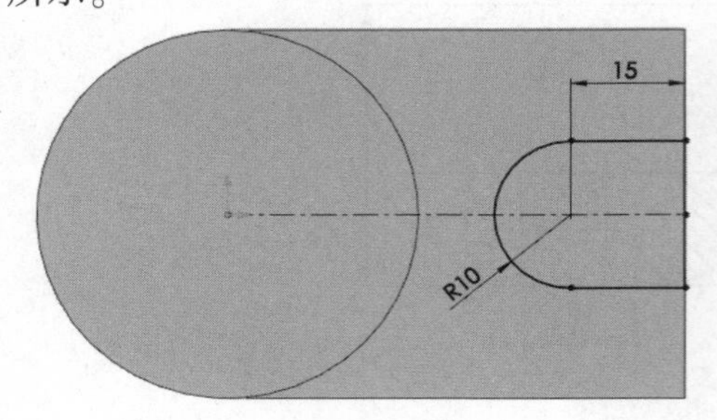


图 3-72　草图 3

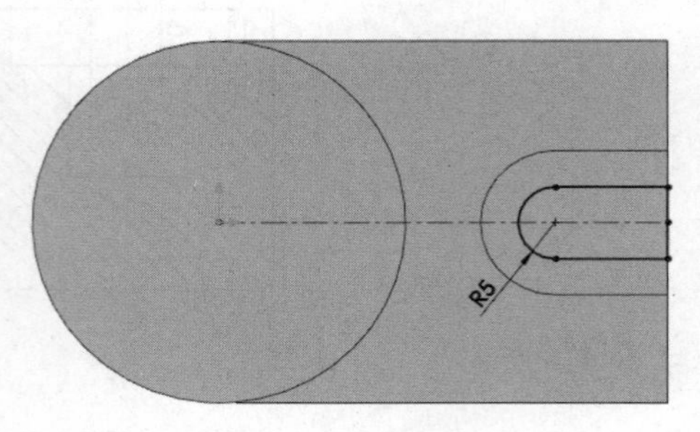


图 3-73　草图 4

⑩拉伸切除特征。单击“特征”工具栏中的“拉伸切除”按钮，在属性管理器中指定深度为 10 mm 或者将“终止条件”改为“完全贯穿”。其效果如图 3-74 所示。

⑪异形孔特征。采用异形孔向导绘制 $\phi$50 mm 圆柱中间的孔。单击“特征”工具栏中的“异形孔向导”按钮。

首先，定义孔的类型。在“孔类型”标签中选择“柱型沉头孔”，如果绘制的是标准的螺纹孔，则可以根据所绘制图形的标准选择 GB 或 ISO 等相关标准。这里绘制的异形孔属于自定义结构，所以直接默认结构即可。勾选“孔规格”标签中“显示自定义大小”复选框选，根据图 3-69 所示的尺寸进行填写，因为所填的数值不是标准值，所以软件会用黄色背景提示。将“终止条件”标签中的终止条件选项设置为“给定深度”，并指定深度为 30 mm。其最终设置效果如图 3-75 所示。

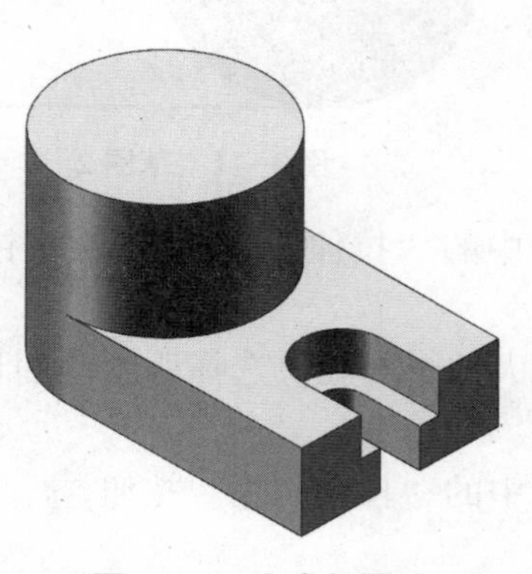

图 3-74　完成长圆孔

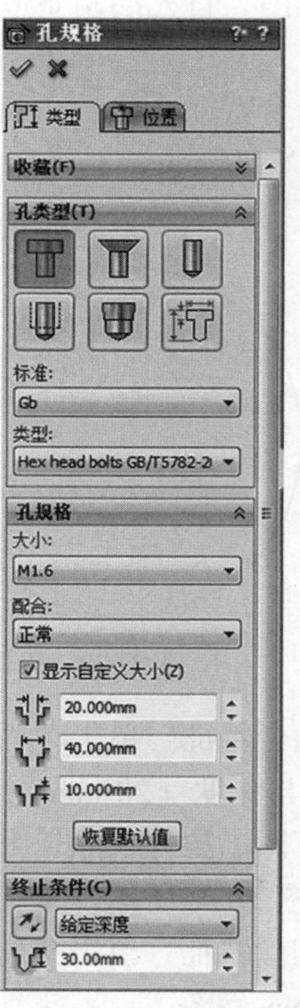


图 3-75　“孔规格”属性管理器

然后，定义孔的位置。单击属性管理器中的“位置”选项卡，将光标移动到 $\phi$50 mm 圆柱上表面，单击，即以该面为基准确定异形孔的位置。此时，光标将变成草图绘制状态。再次在 $\phi$50 mm 圆柱上表面单击，将会在该表面绘制一个“点”，该点即为将来绘制的圆孔的圆心位置。通过添加尺寸或者添加几何关系固定该点的位置后，单击“确定”按钮即可完成异形孔的绘制，其最终效果如图 3-76 所示。

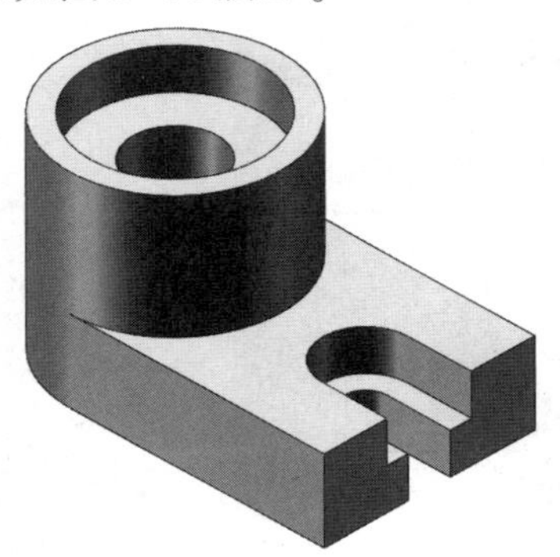

图 3-76　最终效果

从案例 9 中异形孔的绘制过程可以看出，虽然该异形孔也可以使用旋转切除特征进行建模，但是旋转切除特征需要绘制草图，其速度没有采用异形孔向导快，所以读者要熟练掌握异形孔向导，以提高绘图速度。

## 3.3　特征编辑

SolidWorks 软件建模过程中用的任何特征都是可以进行编辑的，在设计树（特征管理器）中会列出零件建模过程中使用的所有特征。在想要修改的特征上右击，在弹出的快捷菜单中选择“编辑特征”命令，即可进入该特征的编辑状态；选择“编辑草图”命令，即可进入该特征所包含的草图，对其进行修改；选择“删除”命令，即可删除该特征。

在 SolidWorks 软件中，不但可以对已经创建的特征进行修改，还可以对已经形成的特征进行相关的操作，即特征编辑。例如，对已经创建的特征进行倒角、圆角、抽壳和拔模等操作。

### 3.3.1　倒角特征

倒角特征是在所选的点、边线或平面上生成一个或多个倾斜的平面。用该平面将原有特征的直角切掉。

1. 倒角特征的使用步骤

单击“特征”工具栏中的“倒角”按钮，或者选择菜单栏“插入”→“特征”→“倒角”命令，在用户界面的左侧将显示“倒角”属性管理器。通过属性管理器对倒角特征进行设置，单击“确定”按钮。

2. “倒角”属性管理器详解

如图 3-77 所示，在 SolidWorks 软件中将倒角分为一般倒角和对点倒角。一般倒角在弹出“倒角”属性管理器后，直接通过鼠标在绘图区域中选择相应的倒角的元素即可，可以是线和面。通过指定倒角的参数“角度-距离”或“距离-距离”设置倒角。如果要对点进行倒角，则需要在“倒角”属性管理器中选择“顶点”单选按钮，此时属性管理器将会添加3个距离文本框，如图3-78所示，顶点倒角效果如图3-79所示。

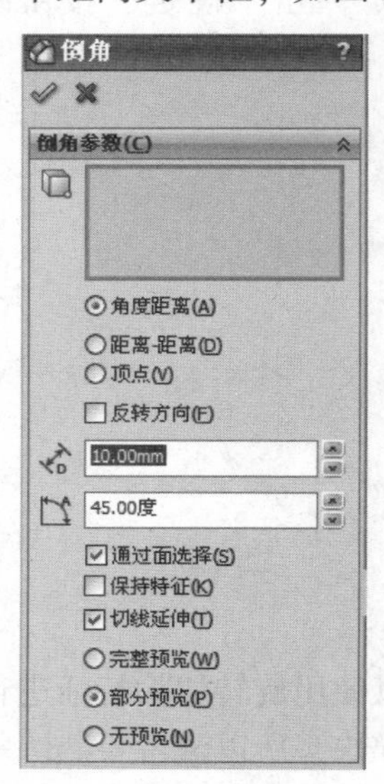

图3-77　倒角设置1

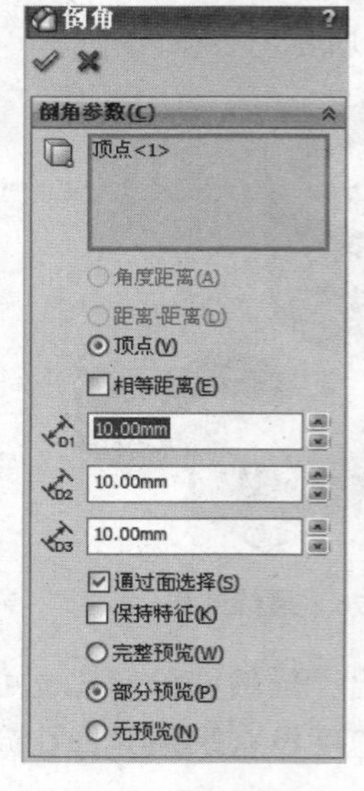

图3-78　倒角设置2

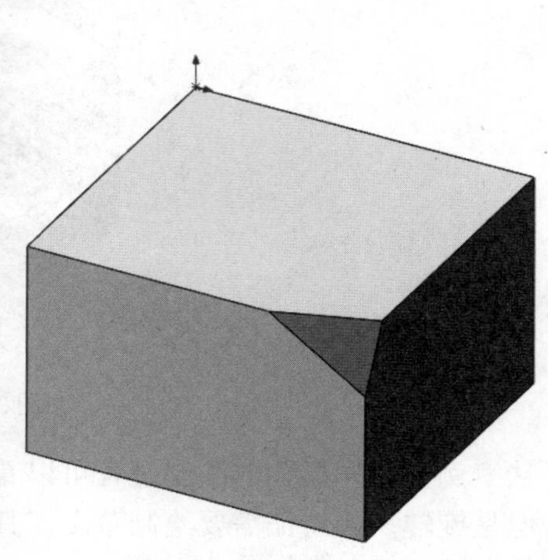
图3-79　顶点倒角效果

注意：在所要倒角的位置，当由材料的边界所形成的角小于180°时，倒角特征会通过切除材料的方法进行倒角，当该角度大于180°时，倒角特征会通过增加材料的方法进行倒角。

## 3.3.2　圆角特征

圆角特征可以在一个零件生成外圆角或内圆角。圆角特征在零件设计中起着重要的作用，大多数情况下，如果能在零件特征上加入圆角，有助于造型上的变化，或是产生平滑的效果。

与倒角特征类似，圆角特征是在所选择的边线或平面上生成一个或多个圆弧面。用该圆弧面将圆角的角切掉。

### 1. 圆角特征的使用步骤

单击“特征”工具栏中的“圆角”按钮，或者选择菜单栏“插入”→“特征”→“圆角”命令，在用户界面的左侧将显示“圆角”属性管理器。通过属性管理器对圆角特征进行设置，单击“确定”按钮。

### 2. “圆角”属性管理器详解

“圆角”属性管理器如图3-80所示。圆角特征主要分为4类，可以从“圆角类型”标签中进行设置。不同类型的圆角的属性管理器参数也不同。

（1）等半径圆角。等半径圆角是建模中最常用到的圆角特征，因而是默认的选项。直接在绘图区域中使用鼠标选取想要添加圆角的棱边即可，可以是单个，也可以是多个。如果所选棱边的圆角半径不相等，但是每条棱边的圆角半径是相等的，则可以勾选“多半径圆角”复选框，为每条边线指定圆角的半径值，其他参数默认即可。形成的圆角效果如图3-81所示。如果要对一个平面的所有边线添加圆角特征，则可以直接选择该平面，而不需要选择每一条棱边。

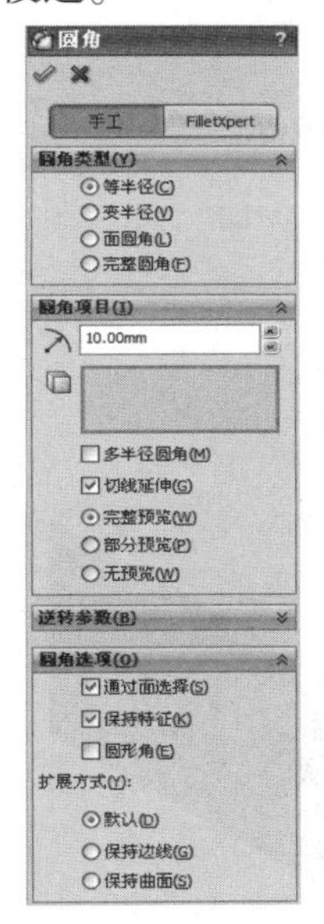


图 3-80　“圆角”属性管理器

图 3-81　等半径圆角

（2）变半径圆角。当某一条棱边上的圆角半径值不是固定值，而是逐渐变化时，选中“变半径”单选按钮。例如，某条边的圆角半径从 10 mm 均匀变化到 40 mm，其属性管理器设置如图 3-82 所示，其三维效果如图 3-83 所示。

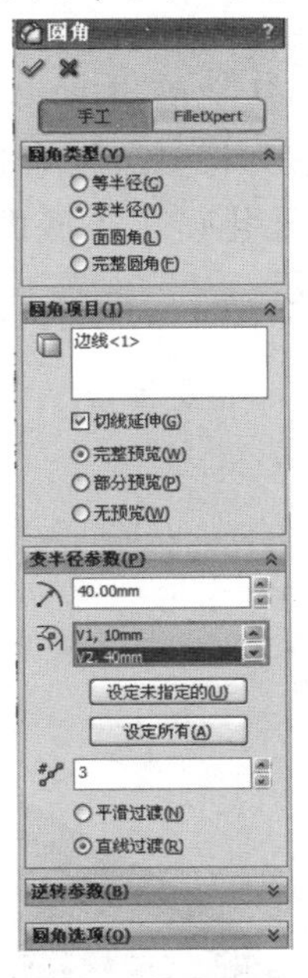


图 3-82　圆角设置

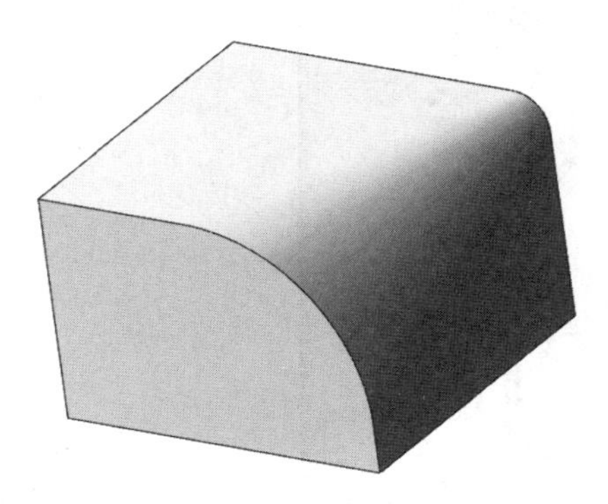

图 3-83　变半径圆角

（3）面圆角。当两个平面或曲面没有交线时，可以采用对两个面进行倒面圆角。在“圆角”属性管理器中选择“面圆角”单选按钮，在“圆角项目”标签中会显示蓝色的“面组 1”和粉色的“面组 2”选项框。如要将面元素选择到对应选项框中，先在该选项框内单击，然后在绘图区域选择相应的面即可。属性管理器的设置如图 3-84 所示，其三维效果如图 3-85 所示。

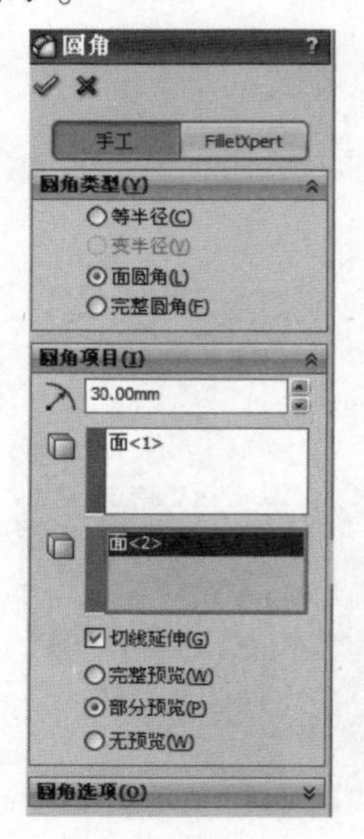


图 3-84　圆角设置

图 3-85　面圆角

（4）完整圆角。在进行零件设计时，有时并不知道圆角实际有多大，只希望通过 3 个平面控制圆角的大小与位置，圆角与该 3 个平面相切，在这种情况下可以选中“完整圆角”单选按钮。选中“完整圆角”单选按钮后，在“圆角项目”标签中将显示 3 个面选项，如图 3-86 所示。这 3 个面选项分别为蓝色的“面组 1”，紫色的“中央面组”和粉色的“面组 2”。面组 1 和面组 2 为将要形成圆角的“延长面”，即圆角从“面组 1（或面组 2）”开始到“面组 2（或面组 1）”结束。而“中央面组”可以理解为将要被删除的表面，或者控制圆弧圆角大小的表面。例如，将长方体的上底面设置为“面组 1”，下底面设置为“面组 2”，侧面设置为“中央面组”，形成的完整圆角如图 3-87 所示。

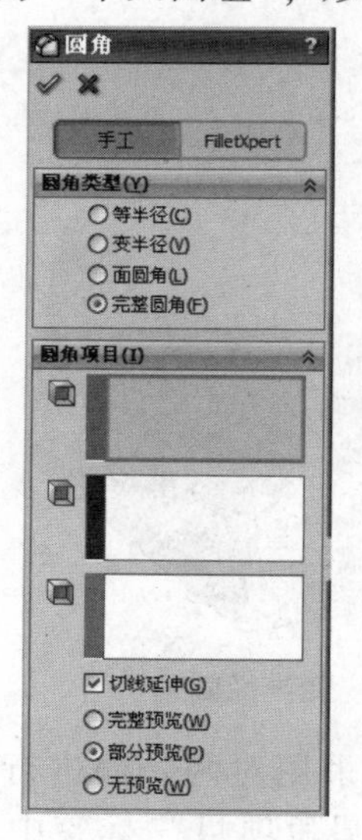


图 3-86　圆角设置

图 3-87　完整圆角

注意：熟练使用圆角特征同样可以加快建模速度。虽然在绘制草图时也可以先绘制出倒角，然后使用拉伸特征就可以绘制出倒角效果，但是却增加了草图的复杂程度，降低了草图的绘制速度。对于复杂的图形建议先绘制成直角，之后再进行倒角或圆角特征操作。

## 3.3.3 抽壳特征

在生活和生产过程中，大部分零件都是实心的，但是也存在一部分空心零件。对于空心零件，由于工艺的限制，大部分都是等壁厚的。对于壁厚基本相等的零件，可以采用抽壳特征进行绘制。

1. 抽壳特征的使用步骤

单击“特征”工具栏中的“抽壳”按钮，或者选择菜单栏“插入”→“特征”→“抽壳”命令，在用户界面的左侧将显示“抽壳”属性管理器。通过属性管理器对抽壳特征进行设置，单击“确定”按钮。

2. “抽壳”属性管理器详解

“抽壳”属性管理器如图3-88所示，其主要包括“参数”标签和“多厚度设定”标签。在“参数”标签中，“厚度”文本框表示想要形成的壳体的厚度。采用抽壳特征形成的薄壁件都是开口的，即不是全封闭的，“移除的面”选项即选择将要移除的那个面。如果所形成的薄壁件各个表面的厚度不同，则通过“多厚度设定”标签设定不同的面的厚度即可。通过抽壳特征形成的不同厚度的抽壳效果如图3-89所示。

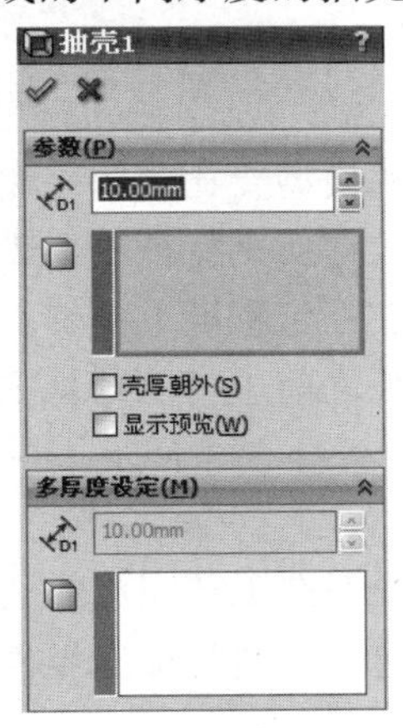


图3-88 “抽壳”属性管理器

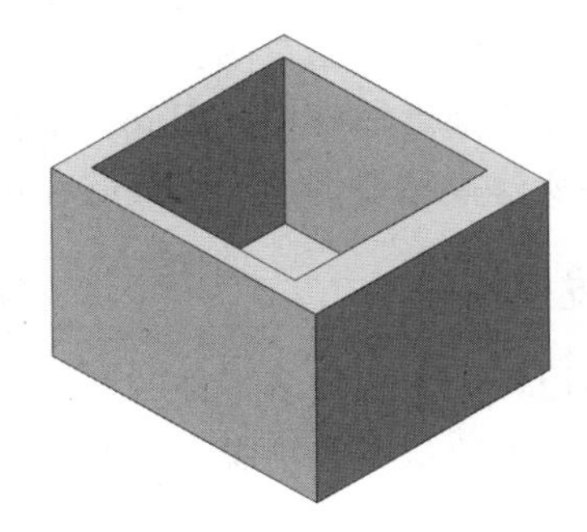

图3-89 不同厚度的抽壳效果

设计案例10：根据图3-52所示尺寸，进行水杯建模。

在3.2.3节进行水杯建模时，首先建立了一个实心水杯的模型，然后采用放样切割特征制作了水杯的空心部分。认真观察图3-52发现，该水杯的壁厚处处相等且为5。对于这样的结构可以采用抽壳特征进行绘制。

建模步骤如下：

（1）分析图3-52，水杯实体部分依然采用放样凸台特征进行绘制，中间的空心部分采用抽壳特征完成。

（2）新建文件。

（3）建立草图。同案例7。

（4）新建基准面。同案例7。

（5）建立草图。同案例7。

（6）放样凸台特征。同案例7。绘制的水杯基体如图3-90所示。

（7）抽壳特征。单击“特征”工具栏中的“抽壳”按钮，在“抽壳”属性管理器中设置“抽壳厚度”为“5 mm”，在“移除的面”选项中选择水杯的上表面，因为水杯的厚度相同且均为5 mm，所以“多厚度设定”标签不需要设置，采用默认值即可。可以选中“显示预览”复选框，以便在绘图区域看到抽壳的预览。属性管理器的设置如图3-91所示，参数设置完毕后单击“确定”按钮，其形成的最终效果如图3-92所示。

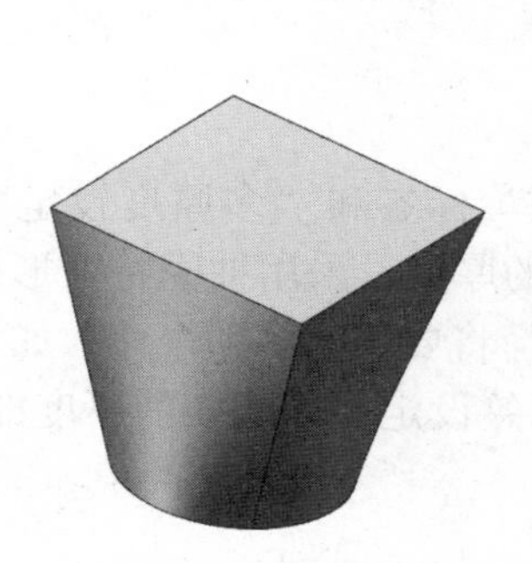

图3-90　水杯基体

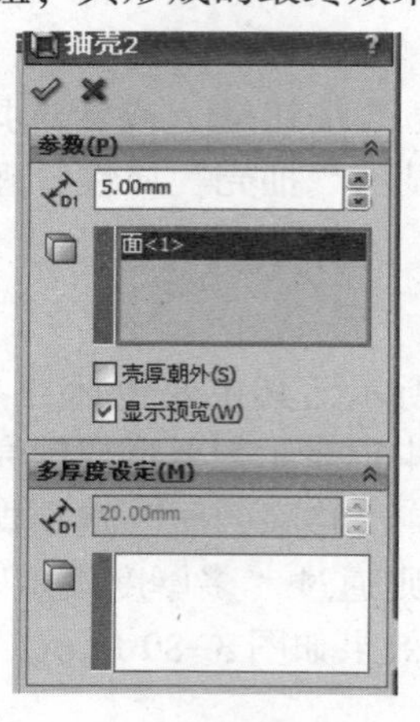


图3-91　抽壳设置

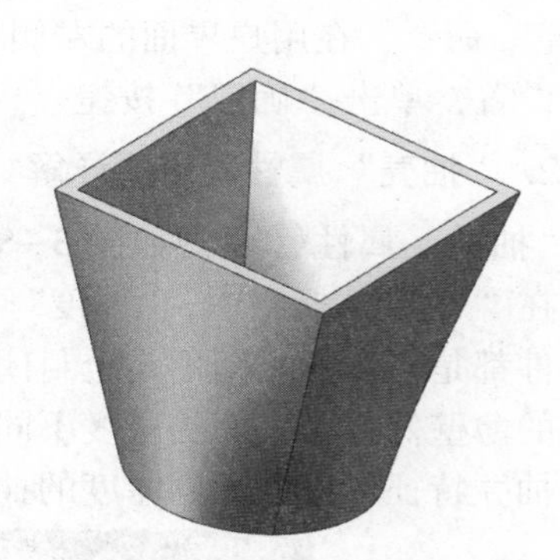

图3-92　最终效果

从上述建模过程可以发现，采用抽壳特征建立水杯的模型要比之前采用的放样切割快很多。采用抽壳特征不需要绘制草图，而案例7中采用的放样切割特征不仅需要建立草图还需要建立基准面，建模速度非常慢。因此，掌握抽壳特征在一定程度上能够提高建模速度。

注意：如果所建模型有倒角，则最好在进行抽壳特征之前进行倒角特征。

## 3.3.4　拔模特征

在工业产品设计中，有很多零件的基体是通过铸造或锻造工艺完成的。为了保证零件在制造过程中能够顺利地从型腔中脱离，或者方便木模的起模，通常根据零件的工艺在零件上给定拔模角度。

当然，部分拉伸特征的拔模角度可以通过绘制模型时，直接将草图的边绘制成带有一定斜度的。这样，拉伸凸台特征之后就可以形成带有拔模角度的零件。但是，这种方法绘制拔模斜度有诸多弊端，首先增加了绘制草图的工作量，另外不方便后期修改。

### 1. 拔模特征的使用步骤

单击“特征”工具栏中的“拔模”按钮，或者选择菜单栏“插入”→“特征”→“拔模”命令，在用户界面的左侧将显示“拔模”属性管理器。通过属性管理器对拔模特征进行设置，设置完后单击“应用”按钮，然后单击“确定”按钮。

### 2. “拔模”属性管理器详解

“拔模”属性管理器如图3-93所示。一般常用其中的“要拔模的项目”标签，“拔模分析”标签一般不用。在“要拔模的项目”标签中“拔模角度”文本框可以调节拔模的角度。采用粉色显示的“中性面”选项一般为与要拔模的边相垂直的面，并且进行拔模特征后其面积不变。采用蓝色显示的“拔模面”选项为要拔模的面，也就是说要进行倾斜的表面。选择正方体上底面作为中性面，侧面作为拔模面，拔模后效果如图 3-94 所示。

图 3-93　“拔模”属性管理器

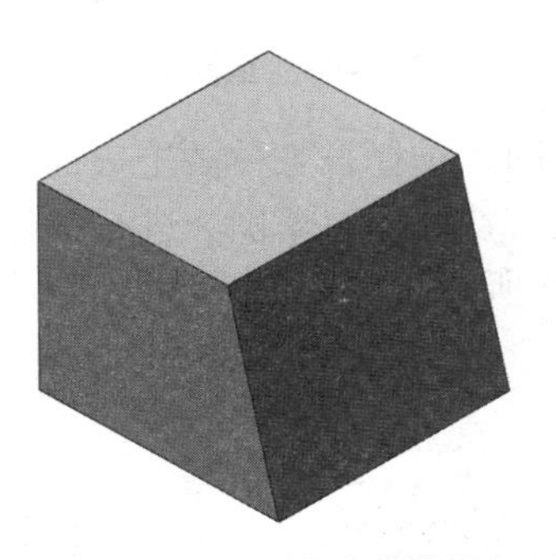

图 3-94　拔模后的效果

设计案例 11：根据图 3-95 所示尺寸，进行填料箱建模。

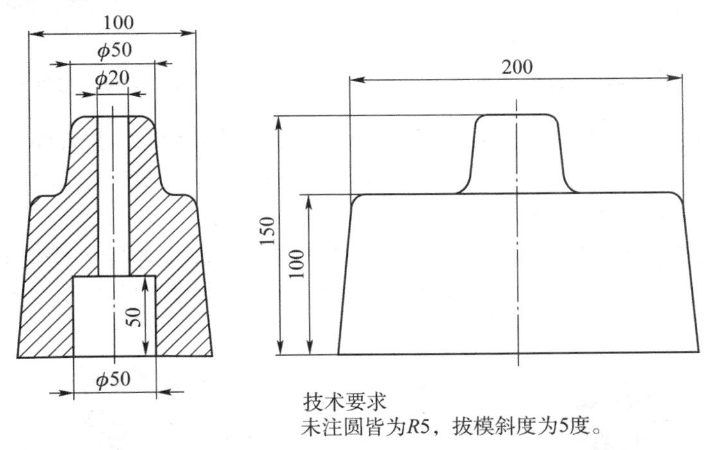


图 3-95　填料箱

（1）分析图 3-95。该铸件可以先忽略拔模斜度，视为由一个长方体、一个圆柱体叠加后，中间切除一个异形孔而成。建模时，先建立没有圆角与拔模斜度的模型，最后再添加圆角和拔模斜度。

（2）新建文件。

（3）建立草图。选择右视基准面进行草图 1 的绘制，如图 3-96 所示。

（4）拉伸凸台特征。对草图 1 进行拉伸凸台操作，将“终止条件”设置为“两侧对称”，完成的效果如图 3-97 所示。

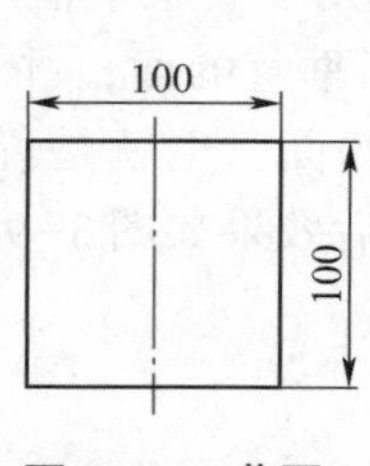


图 3-96　草图 1

图 3-97　拉伸效果

（5）建立草图。选择长方体的上表面绘制草图 2，如图 3-98 所示。

（6）拉伸凸台特征。对草图 2 进行拉伸凸台特征操作，将深度设定为 50 mm。完成的基体效果如图 3-99 所示。

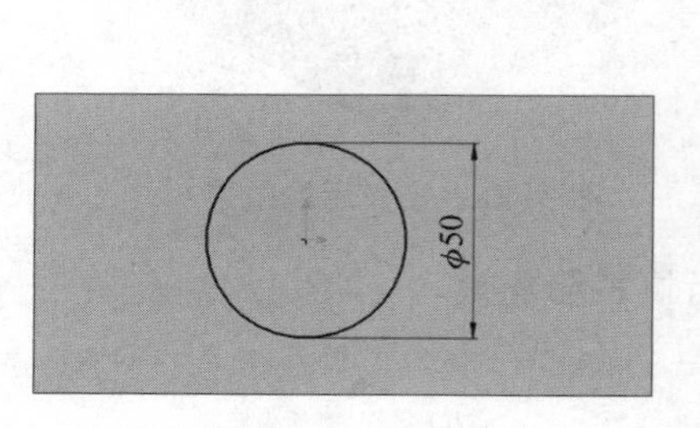


图 3-98　草图 2

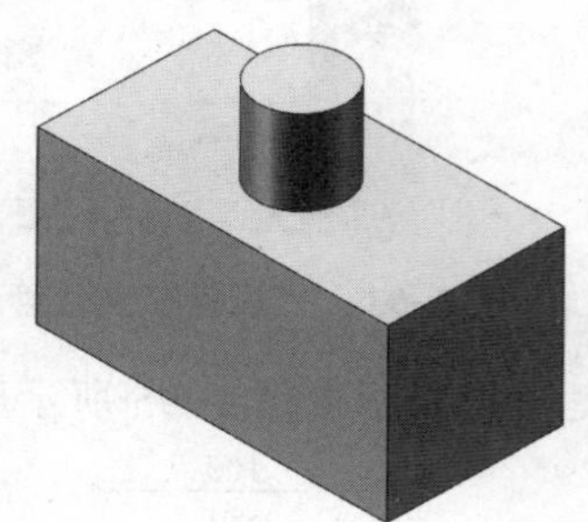

图 3-99　基体效果

（7）拔模特征。将拔模角度设定为 5°，首先选择基体圆柱的上表面作为中性面，选择圆柱侧面作为拔模面，对上部圆柱进行拔模操作。使用同样的方法对基体下半部分进行拔模操作。完成的效果如图 3-100 所示。

（8）异形孔特征。根据工程图给定尺寸在基体的下底面添加异形孔特征。

（9）圆角特征。对工程图中指定的圆角部位进行圆角特征操作。最终效果如图 3-101 所示。

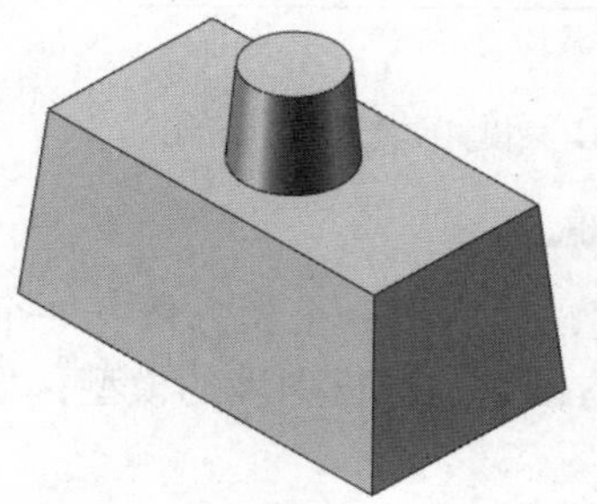

图 3-100　完成拔模特征

图 3-101　最终效果

## 3.4　特征复制

在 SolidWorks 软件的建模过程中，经常会遇到具有相同或相似结构的零件，对于这些结构可以采用一些类似于“复制”的方法进行建模，大幅度提升建模速度。

对于上面所提到的对特征的“复制”，SolidWorks 软件中主要的方法有线性阵列、圆周阵列和镜向特征等。

## 3.4.1　线性阵列

在建模时，如果某些特征是呈矩阵状分布（即成行成列分布），则可以采用线性阵列特征进行建模。

### 1. 线性阵列特征的使用步骤

单击“特征”工具栏中的“线性阵列”按钮，或者选择菜单栏“插入”→“阵列/镜向”→“线性阵列”命令，在用户界面的左侧将显示“线性阵列”属性管理器，对其进行设置，然后单击“确定”按钮。

### 2. “线性阵列”属性管理器详解

“线性阵列”属性管理器如图 3-102 所示。阵列特征是在一个平面内完成的，所以有两个方向，“阵列方向”可以选择边线，即沿着线的方向；也可以选择平面作为方向，即沿着平面的法线的方向。“间距”即沿着所指定的方向相邻的特征之间的距离，而“实例数”指一共要“复制”出来多少个特征。设置好后选择要阵列的特征即可，线性阵列的效果如图 3-103 所示。

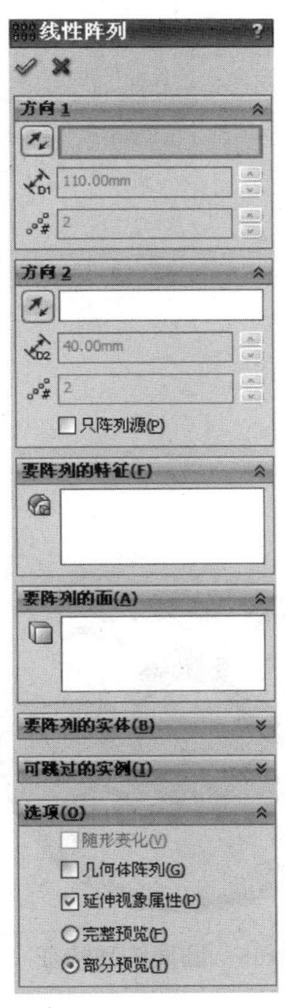


图 3-102　“线性阵列”属性管理器

图 3-103　阵列特征

注意：在线性阵列过程中，要阵列的特征可能不止一个，如图 3-103 所示，同时对拉

伸凸台和圆孔进行了阵列，在选择“要阵列的特征”时，可以多选。

## 3.4.2 圆周阵列

在建模时，如果遇到某些特征呈圆周方向均匀分布时，可以采用圆周阵列特征。特征沿圆周方向均匀分布的例子比较常见，如法兰盘上的连接孔经常就是沿圆周方向均匀分布的。

1. 圆周阵列的使用步骤

单击“特征”工具栏中的“圆周阵列”按钮，或者选择菜单栏“插入”→“阵列/镜向”→“圆周阵列”命令，在用户界面的左侧将显示“圆周阵列”属性管理器，对其进行设置后，单击“确定”按钮。

2. “圆周阵列”属性管理器详解

“圆周阵列”属性管理器如图3-104所示。圆周阵列主要需要对“参数”和“要阵列的特征”标签进行设置。其中，“参数”标签中的“阵列轴”选项代表要进行圆周阵列的轴线。“角度”选项代表圆周阵列特征之后相邻的两个特征之间沿圆周方向的夹角的度数（如果勾选了“等间距”复选框，则该项为总角度，即为在多少度范围内阵列），“实例数”代表总共需要阵列出来多少个特征。在“要阵列的特征”标签中选入需要阵列的特征。圆周阵列的效果如图3-105所示。

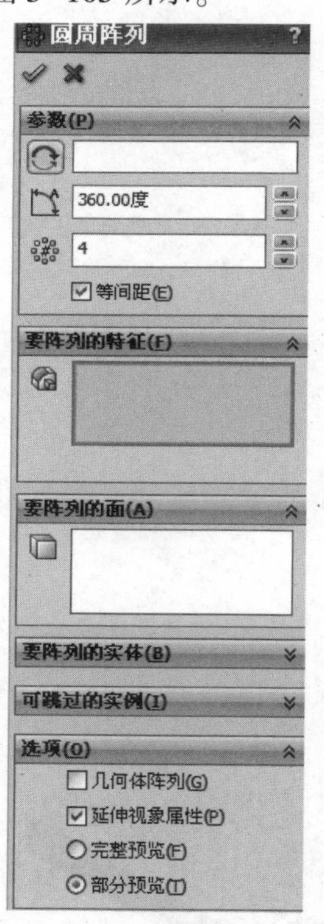


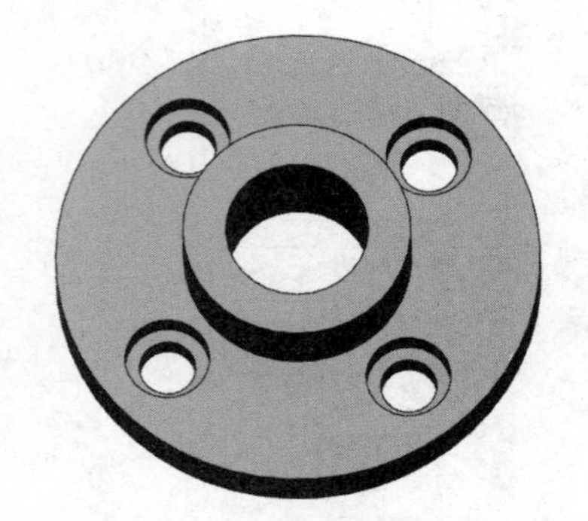

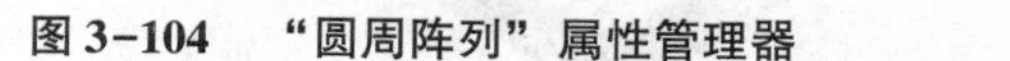

图3-104 “圆周阵列”属性管理器　　图3-105 圆周阵列特征

设计案例12：根据图3-106所示的尺寸，进行法兰盘建模。

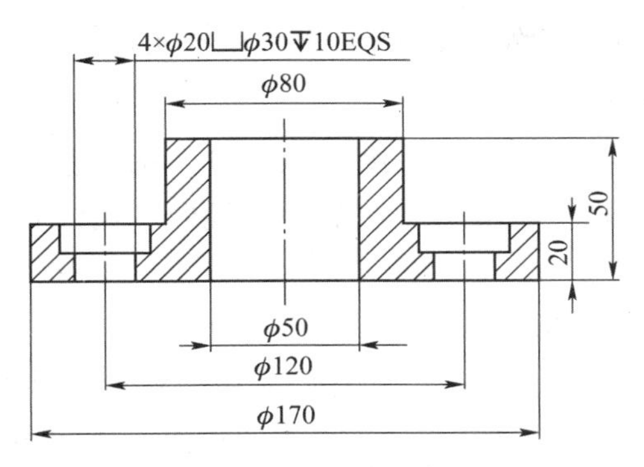


图 3-106 法兰盘

(1) 分析图3-106。该零件可以看成先由一个L形草图进行旋转凸台得到基体，然后在基体的边沿处均匀切除4个阶梯孔而形成。

(2) 建立草图。选择右视基准面进行草图1的绘制，如图3-107所示。

(3) 旋转凸台特征。对草图1进行旋转凸台操作，形成的法兰盘基体如图3-108所示。

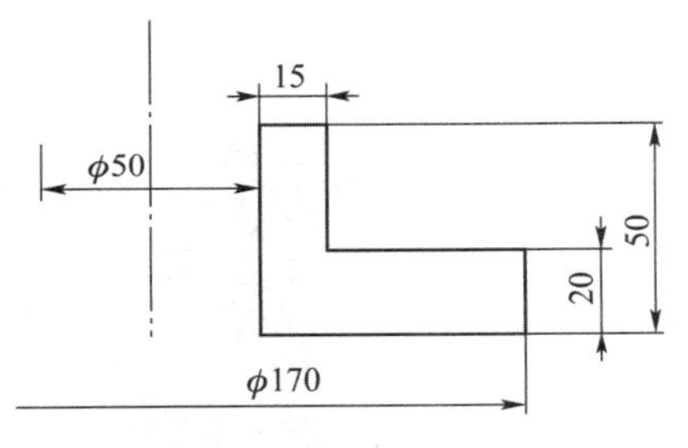


图 3-107 草图1

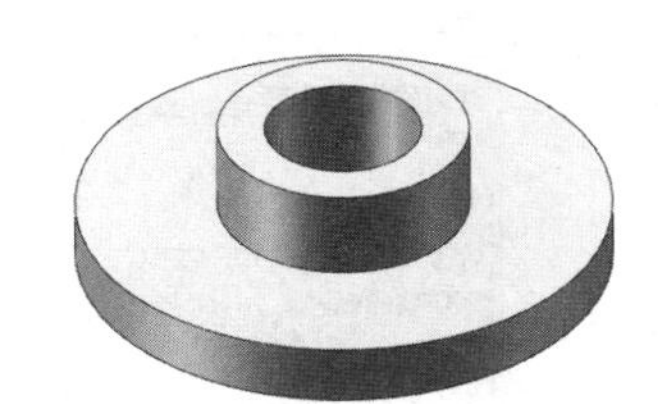

图 3-108 法兰盘基体

(4) 异形孔向导。使用异形孔向导，在基体的边沿上按照工程图给定的尺寸进行异形孔的绘制，如图3-109所示。

(5) 圆周阵列特征。单击"特征"工具栏中的"圆周阵列"按钮。到目前为止，还没有在模型中建立基准轴，可以直接选择一个圆弧面作为阵列轴（该圆弧面的轴线即为阵列轴）。勾选"等间距"复选框，"总角度"自动默认为360°，将实例数设置为4。单击"确定"按钮，完成的最终效果如图3-110所示。

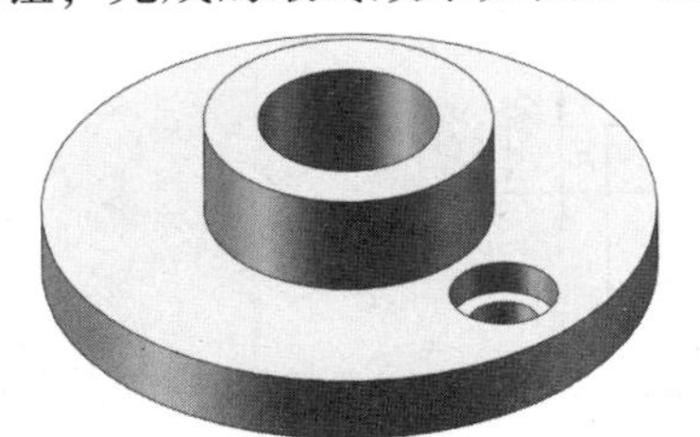

图 3-109 异形孔

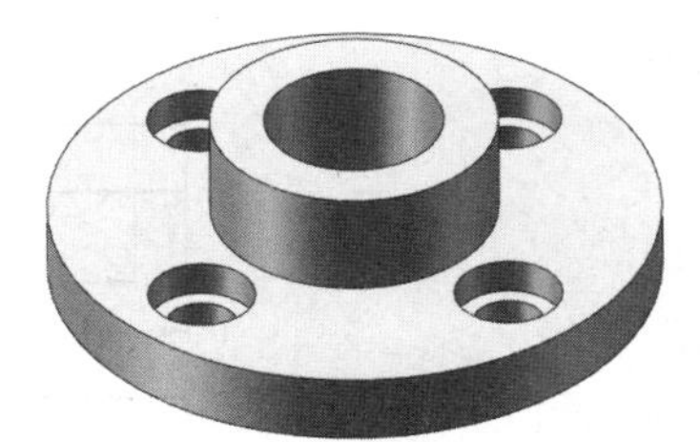

图 3-110 圆周阵列

## 3.4.3 镜向特征

在工业应用或日常生活中经常可以看到一些零件具有左右对称的结构，对于这一类零件的建模，大多可以采用镜向特征。镜向是指将一个或多个特征沿着一个类似于平面镜功能的

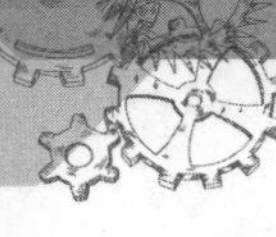

平面进行复制，在平面的另外一侧生成一个或多个该特征。

1．镜向特征的使用步骤

单击“特征”工具栏中的“镜向”按钮，或者选择菜单栏“插入”→“阵列/镜向”→“镜向”命令，在用户界面的左侧将显示“镜向”属性管理器，对其进行设置，单击“确定”按钮。

2．“镜向”属性管理器详解

“镜向”属性管理器如图3-111所示。其中，常用的标签有“镜向面/基准面”和“要镜向的特征”。“镜向面/基准面”是指以哪个面作为“镜面”，可以选择基准面，也可以选择已经有的模型的平面表面。“要镜向的特征”是指需要将哪个或那些特征进行阵列操作。例如，某圆筒的两边分别有一个圆柱形的凸台，可以选择先绘制一边的凸台，然后选择右视基准面作为镜向面/基准面，选择圆柱凸台作为要镜向的特征，形成的最终的效果如图3-112所示（将右视基准面显示）。

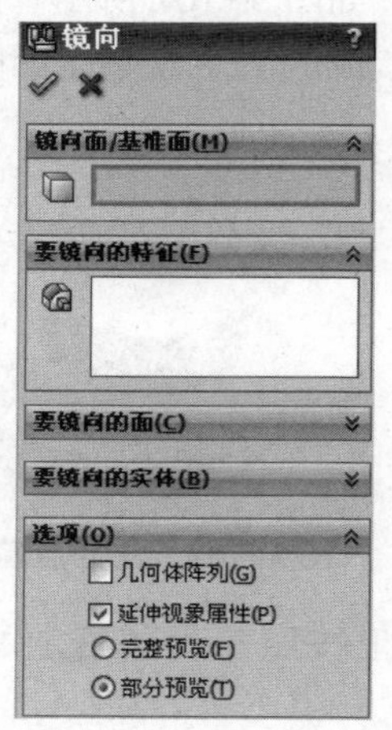


图3-111 “镜向”属性管理器

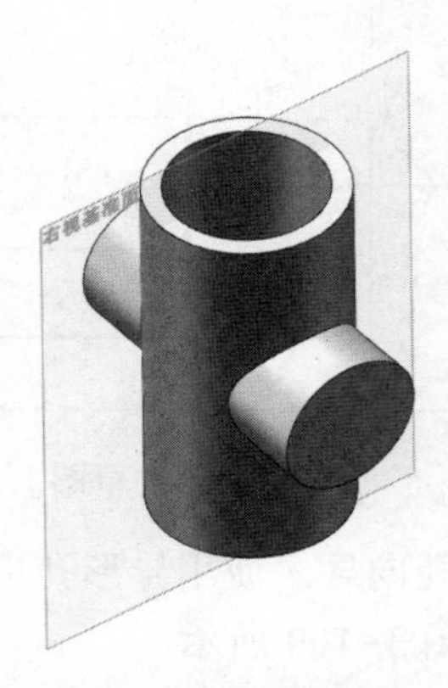

图3-112 镜向特征

设计案例13：根据图3-113所示的尺寸，进行支撑架建模。

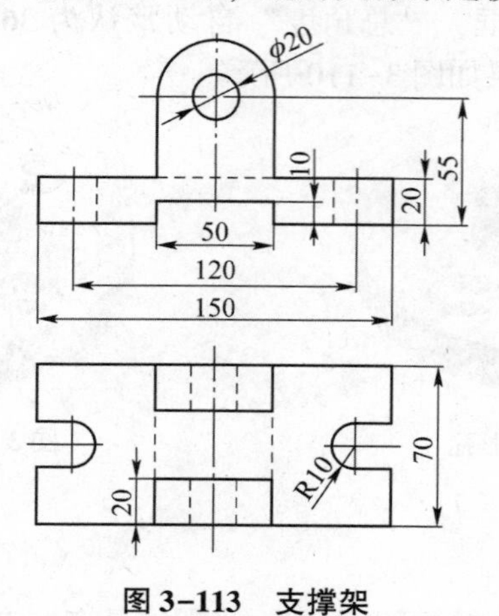


图3-113 支撑架

（1）分析图3-113。该形体可以想象成一个带凹槽的底板，在底板前后两侧分别有两块半圆弧形的长方体，这两个半圆弧形的长方体沿着底板的前后方向对称，因而可以使用镜向特征。在底板左右两侧分别切除了两个长圆孔，这两个长圆孔沿着底板的左右方向对称，因而也可以采用镜向特征。

（2）新建文件。

（3）建立草图。首先采用拉伸特征绘制带槽的底板。选择右视基准面绘制草图1，如图3-114所示。

（4）拉伸凸台特征。对草图1进行拉伸凸台特征操作，将终止条件设定为"两侧对称"，将深度指定为70 mm，形成的带凹槽的底板如图3-115所示。

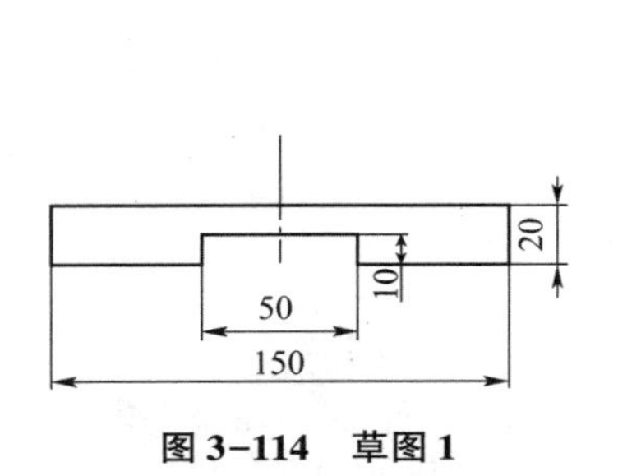


图3-114　草图1

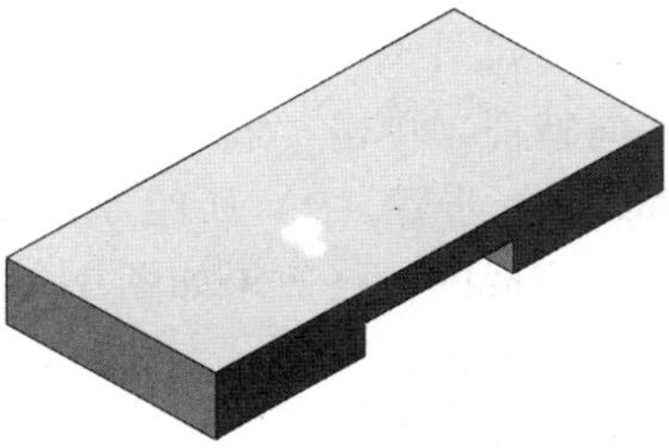

图3-115　底板

（5）建立草图。通过拉伸特征拉伸绘制底板上方两个半圆弧形的长方体。选择底板的靠前方的侧面绘制草图2，如图3-116所示。

（6）拉伸凸台特征。对草图2进行拉伸凸台特征操作，选择合适的拉伸方向，将深度指定为20 mm，形成的单边半圆形长方体如图3-117所示。

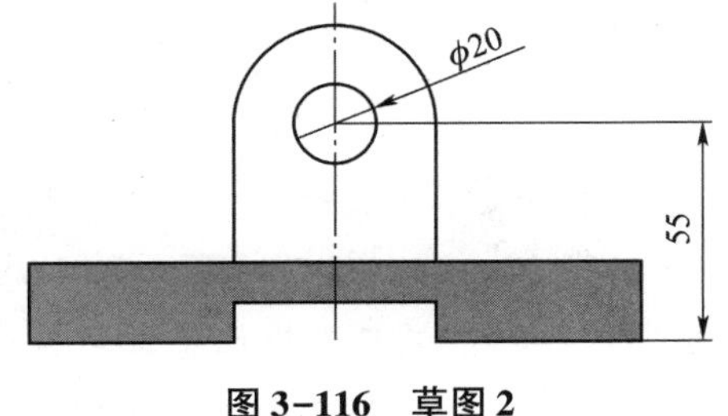


图3-116　草图2

图3-117　单边半圆形长方体

（7）镜向特征。单击"特征"工具栏中的"镜向"按钮，选择右视基准面作为镜向面/基准面。选择步骤（6）所绘制的特征作为要镜向的特征，其他参数为默认值，单击"确定"按钮。镜向效果如图3-118所示。

（8）建立草图。在底板的上底面上绘制草图3，如图3-119所示。

注意：草图3的绘制可以直接使用草图的镜向功能，通过一步拉伸切除即可生成底板上两侧的长圆孔。但是，草图的镜向有时候会导致草图欠定义，草图尺寸关系掌握熟练的读者可以使用。

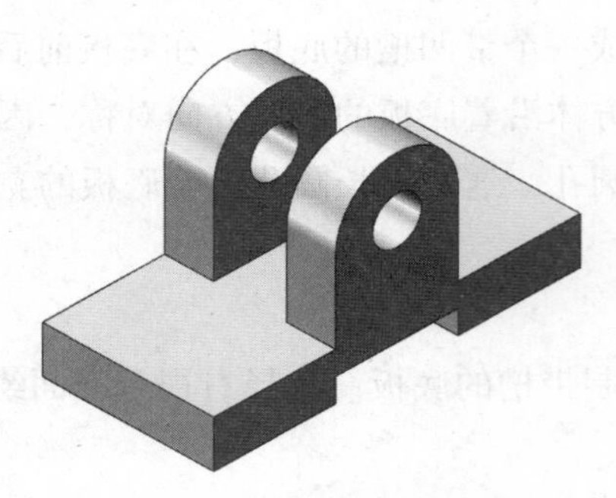

图 3-118　镜向特征

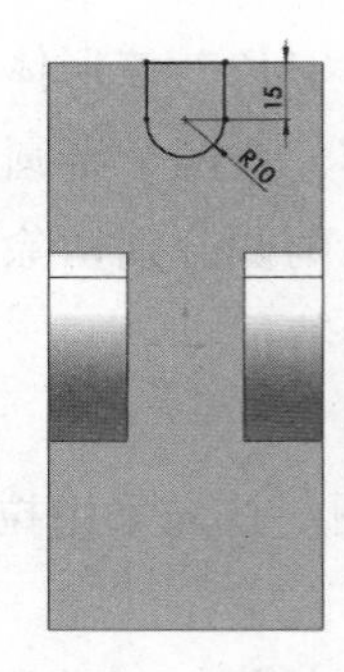


图 3-119　草图 3

（9）拉伸切除特征。对草图 3 进行拉伸切除特征操作，将终止条件设置为“完全贯穿”，形成的效果如图 3-120 所示。

（10）镜向特征。单击“特征”工具栏中的“镜向”按钮，选择前视基准面作为镜向面/基准面，选择步骤（9）所绘制的特征作为要镜向的特征，其他参数为默认值，单击“确定”按钮。完成的最终效果如图 3-121 所示。

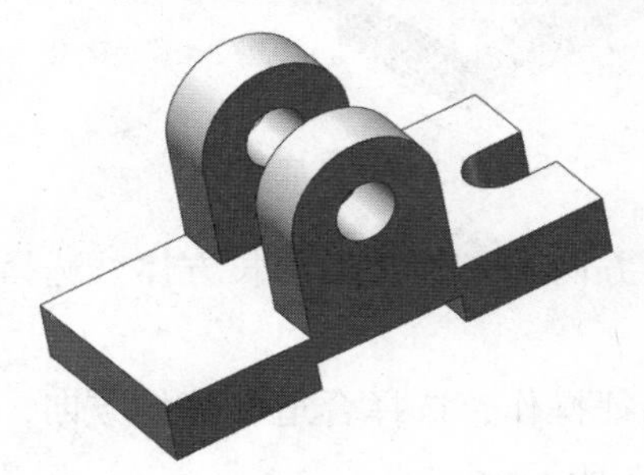

图 3-120　拉伸切除特征

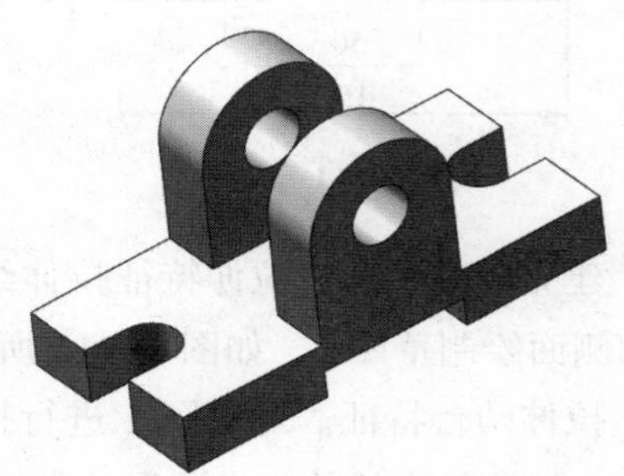

图 3-121　最终效果

## 3.5　范例讲解

本章主要介绍了建模常用的基本特征操作。掌握这些特征的基本操作是学习 SolidWorks 软件的第一步，而熟练应用这些特征才是读者真正需要掌握的。在使用软件建模的过程中，很多结构可以使用多种特征进行建模，读者要根据实际情况，选择最便捷的特征进行建模。下面通过几个动手操作的实例来熟悉前面所学的知识。

### 3.5.1　支座设计范例

根据图 3-122 所示的尺寸以及轴测图，进行支座建模。

（1）分析图 3-122。该图形可以想象成一个底板与一个斜切的空心类圆柱叠加而成。底板形状规则，可以直接拉伸来完成。斜切的空心类圆柱也可以采用拉伸完整圆柱后拉伸切除的方法完成，也可以直接拉伸完成。

（2）新建文件。

（3）建立草图。首先采用拉伸特征绘制支座的底板。在上视基准面上绘制草图 1，如图

3-123 所示。

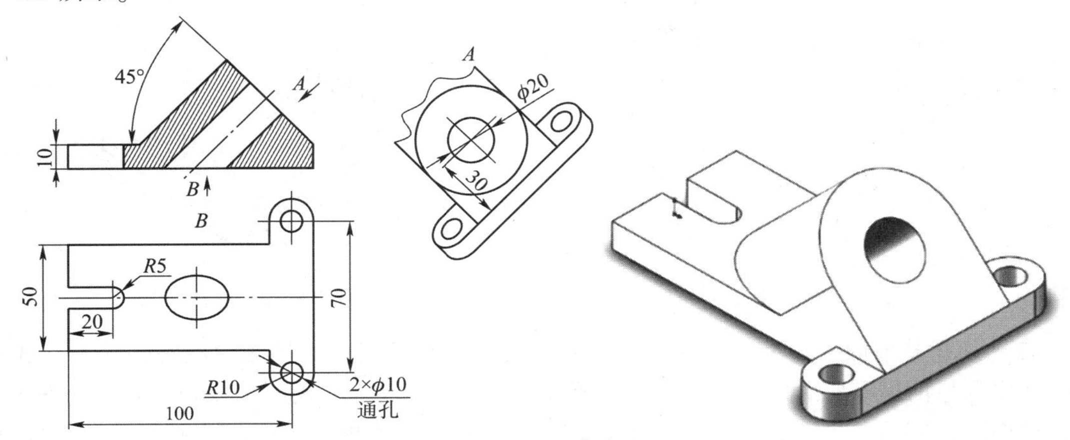


图 3-122　支座

提示：仔细观察图 3-123 所示草图 1 发现，该草图具有一条水平的对称轴。因此，在绘制草图的时候，可以采用镜向实体命令提高绘图速度。

（4）拉伸凸台特征。对草图 1 进行拉伸凸台特征操作，设定“深度”为“10 mm”。形成底板如图 3-124 所示。

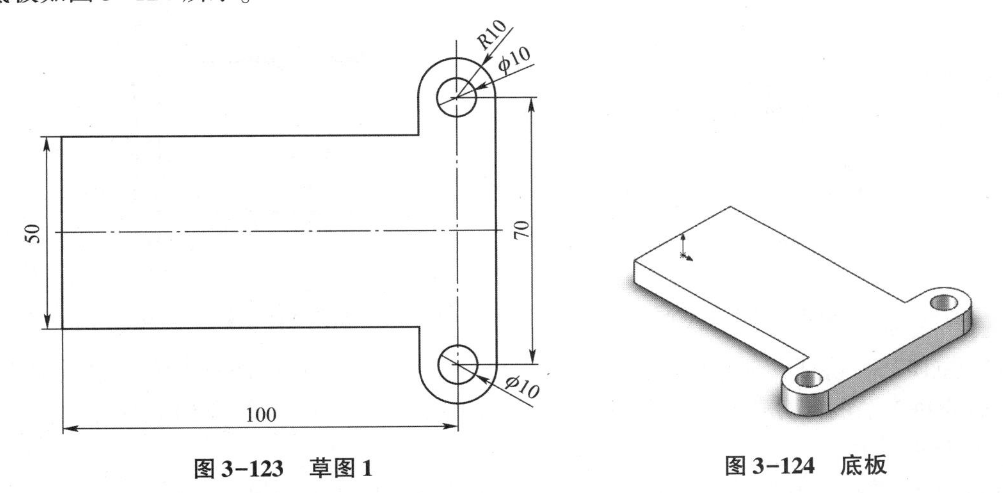


图 3-123　草图 1　　　　图 3-124　底板

（5）建立草图。通过拉伸切除特征绘制底板上的长圆孔。选择底板上表面绘制草图 2，如图 3-125 所示。

（6）拉伸切除特征。对草图 2 进行拉伸切除特征操作，将“深度”指定为“10 mm”或者“完全贯穿”，形成的底板效果如图 3-126 所示。

提示：上述步骤中的（5）和（6）可以与步骤（3）和（4）结合。合并后虽然步骤减少了，但是绘制草图 1 的难度将加大，绘图以及尺寸标注时间较长。同时，仔细观察草图 2 发现，所绘制的长圆孔有部分草图位于底板的外部，这是因为 SolidWorks 软件提供了这种形状长圆孔的专用画图工具——“直槽口”按钮。虽然读者也可以使用圆弧工具与直线工具自己绘制草图 2，但其效率较“直槽口”按钮要慢很多。读者在使用 Solidworks 软件绘图时要多注意总结类似的技巧以提高绘图效率。

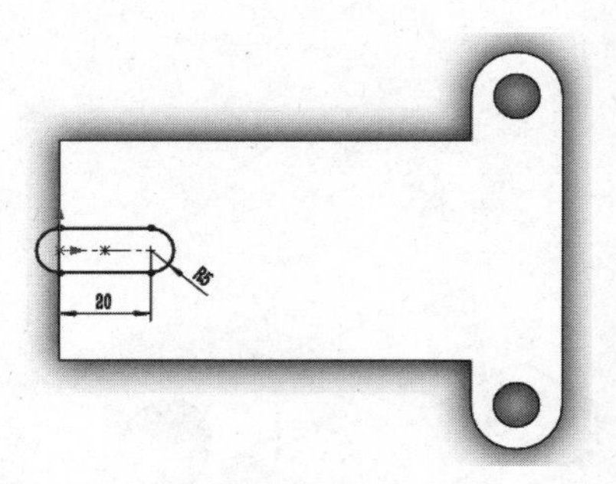


图 3-125　草图 2

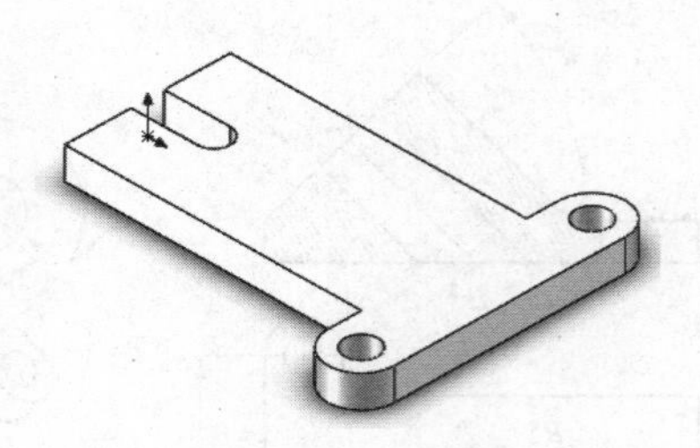

图 3-126　底板

（7）新建基准面。通过分析发现，模型斜切的类空心圆柱体呈倾斜状态，因此在 3 个基准面以及目前模型所形成的几个平面上都无法通过拉伸功能实现图中姿态。观察主视图发现，该类圆柱体的一个端面所在的平面经过底板的棱边且与底板上底面呈 45°角。因此，新建的基准面如图 3-127 所示。

（8）建立草图。在新建的基准面 1 上绘制草图 3，如图 3-128 所示。因为底板上的圆孔需要进行拉伸切除，所以这里不绘制斜切类圆柱的中心孔。该草图的多数边线与模型中棱线重合，因此在绘制时可以适当使用“转换实体引用”按钮。

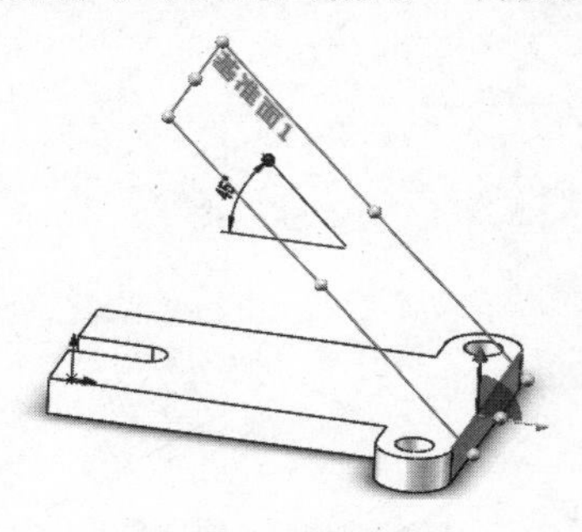


图 3-127　基准面 1

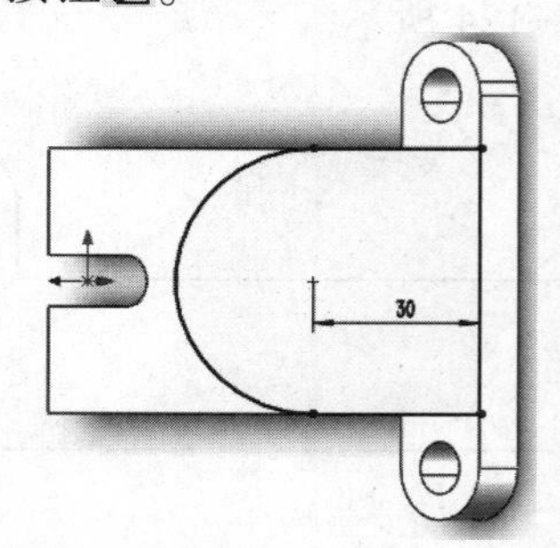


图 3-128　草图 3

（9）拉伸凸台特征。对草图 3 进行拉伸凸台特征操作，注意拉伸时不能设定拉伸距离，否则还需要对多余的部分进行拉伸切除，将“拉伸深度”设定为“拉伸到下一面”，形成特征如图 3-129 所示。

（10）建立草图。在刚刚由拉伸凸台特征形成的 45°斜面上绘制一个 $\phi$20 mm 的圆，如图 3-130 所示。

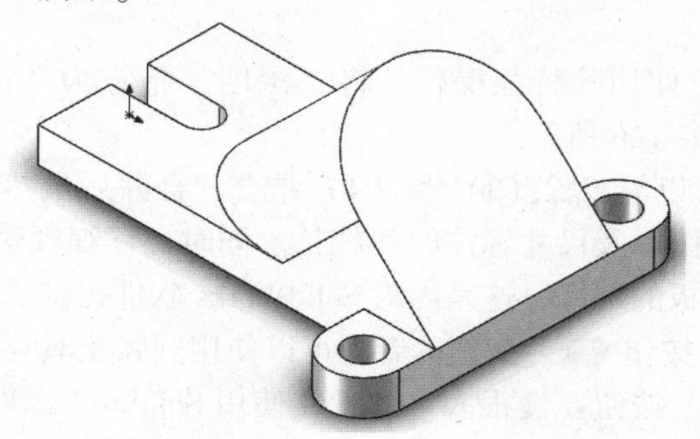

图 3-129　零件建模过程

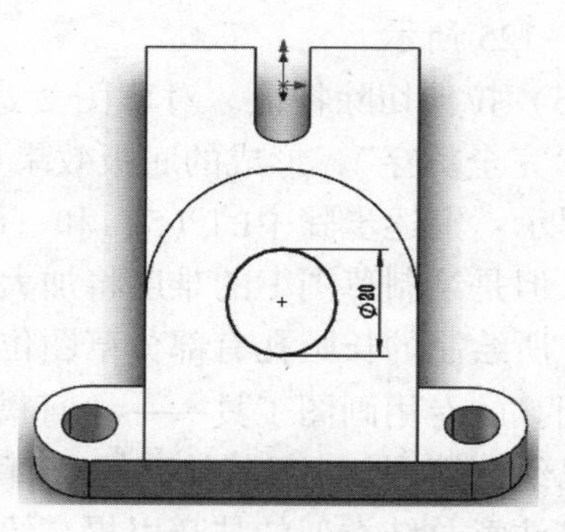


图 3-130　草图 4

（11）拉伸切除特征。对草图 4 进行拉伸切除特征即可形成题目中规定的三维造型。

注意：步骤（11）拉伸切除特征的“深度”选项可以设置为“完全贯穿”，也可以设定为“给定深度”，只要能够将底板完全贯穿即可。

## 3.5.2　泵盖设计范例

根据图 3-131 所示的尺寸，进行泵盖建模。

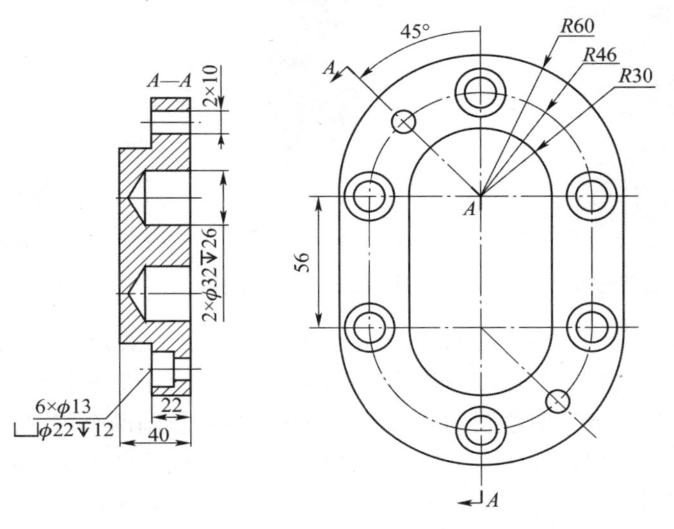


图 3-131　泵盖

（1）分析图 3-131。泵盖由两个长圆形的凸台叠加后，在这两个凸台上打一些异形孔而形成。

（2）新建文件。

（3）建立草图。选择右视基准面绘制草图 1，如图 3-132 所示。

提示：草图 1 绘制方法比较多，可以使用两次前文介绍过的直槽口工具，也可以使用直槽口工具加等距实体工具。在本例中，虽然草图也存在对称轴，但是使用镜向实体绘制速度较慢，没有直槽口工具绘制效率高。

（4）拉伸凸台特征。对草图 1 进行拉伸凸台操作，SolidWorks 软件默认对两个长圆形中间区域进行拉伸，将拉伸“深度”设置为“22 mm”，完成的效果如图 3-133 所示。

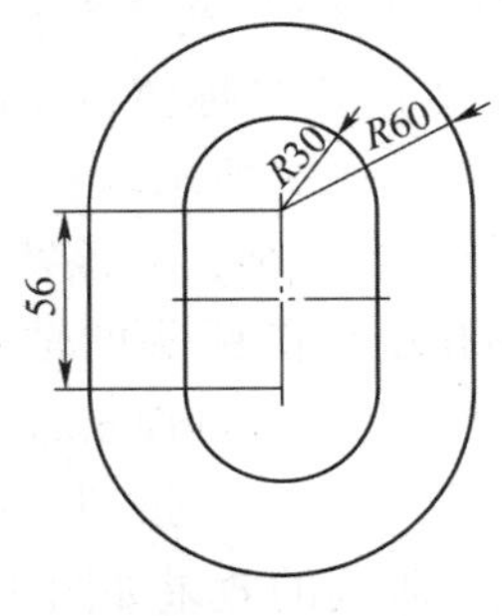


图 3-132　草图 1

图 3-133　拉伸凸台特征 1

（5）拉伸凸台特征。在特征管理器中单击凸台-拉伸 1 前方展开按钮，展开凸台拉伸 1

特征所包含的草图，选择草图1，如图3-134所示。对草图1进行拉伸凸台操作，展开属性管理器中“所选轮廓”标签后，使用鼠标在绘图区域中的拉伸40 mm的区域单击，单击后的该区域将以紫色高亮显示，如图3-135所示。单击“确定”按钮，完成拉伸凸台特征2操作，完成效果如图3-136所示。

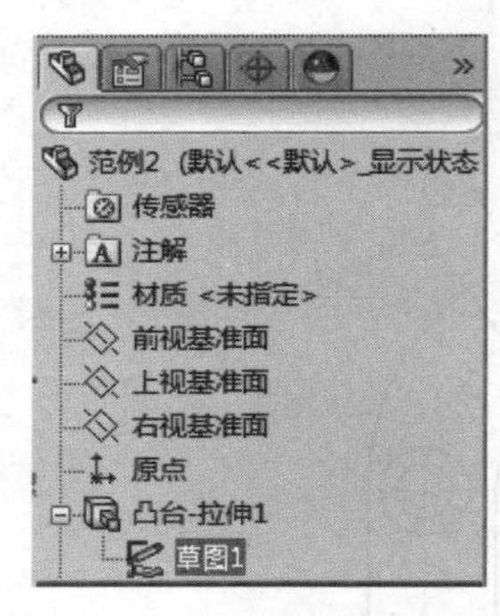


图3-134 特征管理器

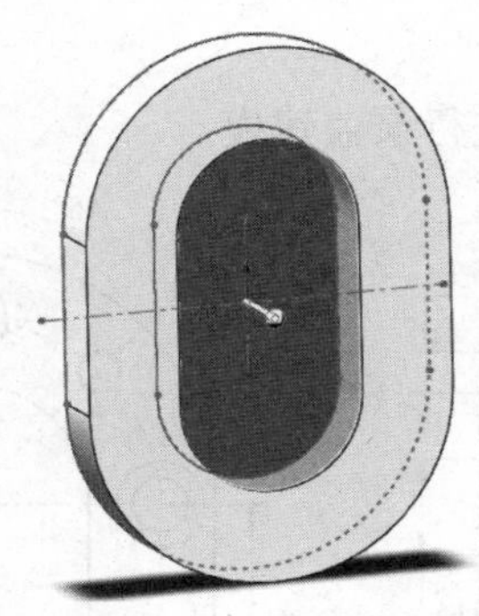

图3-135 范围选择

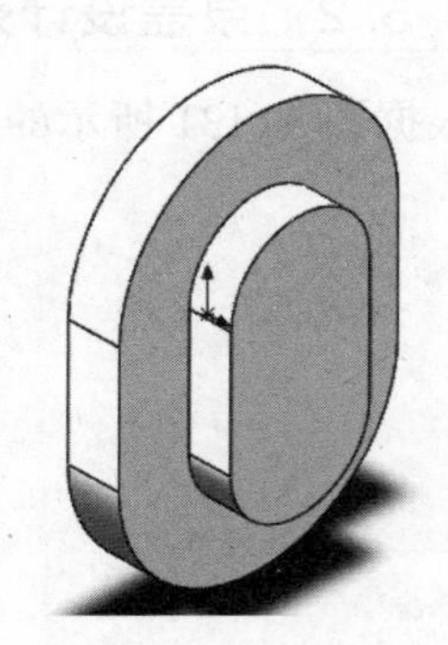

图3-136 拉伸凸台特征2

提示：上述步骤（4）与步骤（5）使用了共享草图的方式建立特征，即这两个特种共用了一个草图。使用这种方法可以简化绘制草图的个数，对于形状相似的草图，可以采用这种方法进行建模，以降低草图绘制的工作量。当然，通过绘制两个草图，建立两次拉伸凸台特征的方法绘制亦可，但熟练之后，应该在建模时思考最简便的方法建模。

（6）异形孔特征1。因为这两个$\phi$32 mm盲孔位于圆弧头圆心处，位置容易确定，所以可以直接通过异形孔绘制两个盲孔。将“孔类型”设置为“孔”，SolidWorks软件中默认的盲孔最大直径仅为$\phi$25 mm，所以应该勾选属性管理器中“显示自定义大小”复选框，在“直径”文本框中输入“32 mm”，在“盲孔深度”文本框中输入“26 mm”。打开“位置”标签，在两个圆弧头的圆心处选定盲孔的位置，单击“确定”按钮，形成的效果如图3-137所示。

提示：在“直径”文本框中输入“32 mm”后，文本框会以黄色底色显示，这是软件提醒使用者该值不是软件默认值或常用值。另外，这两个盲孔虽然关于上视基准面对称，也可以采用镜向特征绘制，但采用直接绘制的方法更快捷。

（7）异形孔特征2。通过异形孔向导绘制一个阶梯孔。同步骤（6），软件中默认的阶梯孔标注形式与图3-131所示标注形式不符，勾选“显示自定义大小”复选框后，在“通孔直径”文本框中输入“13 mm”，在“柱形沉头孔直径”文本框中输入“22 mm”，在“柱形沉头孔深度”文本框中输入“12 mm”。打开“位置”标签，在圆弧头的一个水平位置绘制阶梯孔，单击“确定”按钮，形成的效果如图3-138所示。

（8）圆周阵列特征。选中步骤（7）所绘制的异形孔特征，对该特征进行圆周阵列。将“阵列轴”选择为模型中最大的圆弧头，即该阶梯孔绕该圆弧头的轴线进行圆周阵列，将“角度”设定为“180°”，将“实例数”设定为“3”，此时SolidWorks软件在绘图区域中以黄色高亮显示阵列效果，如果预览正确，则直接单击“确定”按钮，如果方向错误，可以单击“阵列轴”文本框前方的“反向”按钮，圆周阵列的效果如图3-139所示。

提示：步骤（8）与步骤（7）最好不要合并，如果直接通过步骤（7）绘制3个阶梯孔，草图标注较复杂。

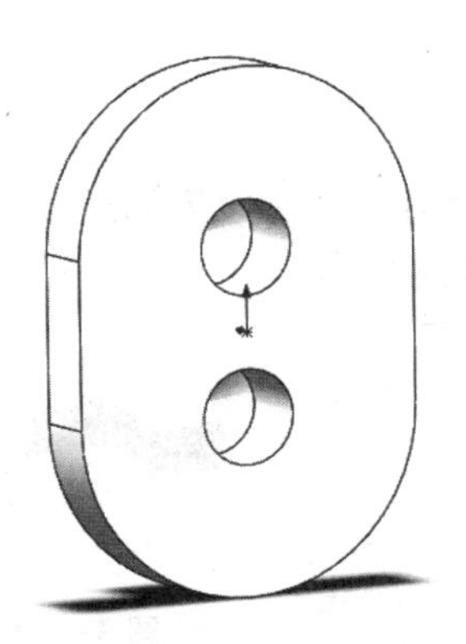

图 3-137 异形孔 1

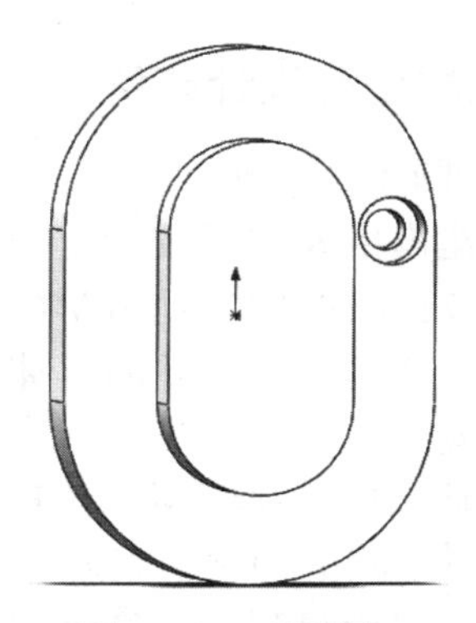

图 3-138 异形孔 2

（9）镜向特征。选中步骤（8）所形成的圆周阵列特征，以上视基准面作为镜向面，镜向后效果如图 3-140 所示。

注意：在建模时一定要注意零件的建模方位和位置。例如，在步骤（9）中用到的镜向面可以直接选择上视基准面。如果建模位置不恰当，则需要读者新建基准面作为镜向面。因此，读者在建模之前，最好先在脑海里形成建模过程，以提高建模效率。

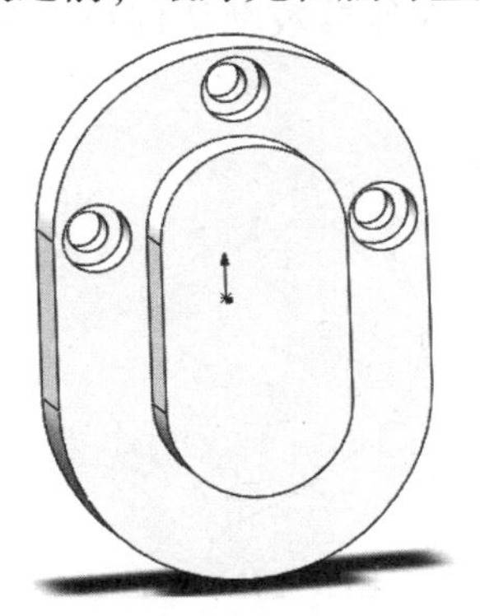

图 3-139 圆周阵列后效果

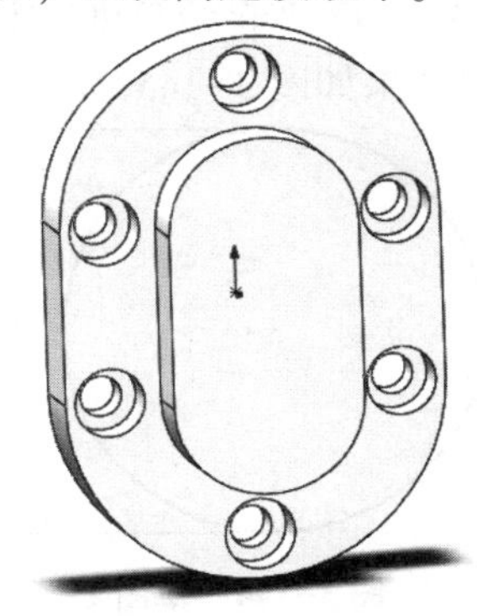

图 3-140 镜向后效果

（10）建立草图。在泵盖的最大平面上绘制草图，如图 3-141 所示。

（11）拉伸切除特征。对草图 2 进行拉伸切除特征，形成泵盖的最终效果如图 3-142 所示。

注意：上述步骤（10）与步骤（11）也可以使用异形孔特征一步完成，读者可根据自己的建模习惯自行选择建模方法。

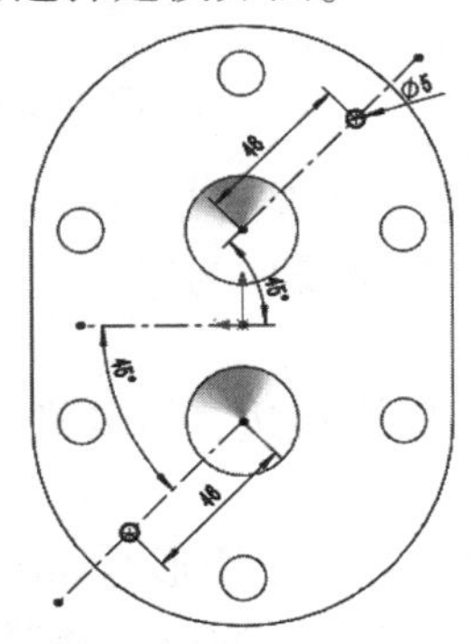


图 3-141 草图 2

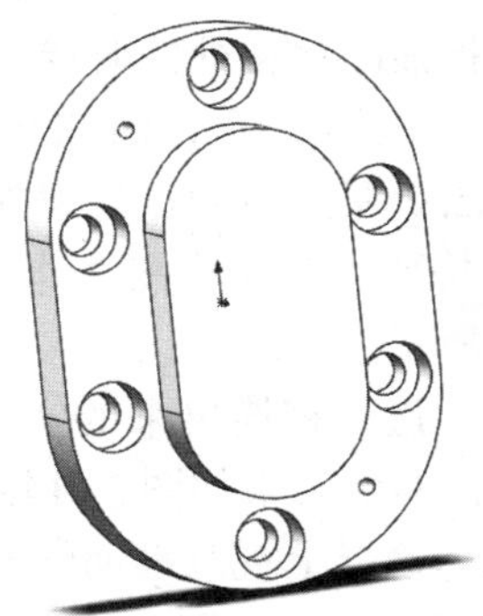

图 3-142 最终效果

### 3.5.3 风扇扇叶设计范例

本小节主要讲解风扇扇叶的建模过程，完成建模后的最终效果如图3-143所示。

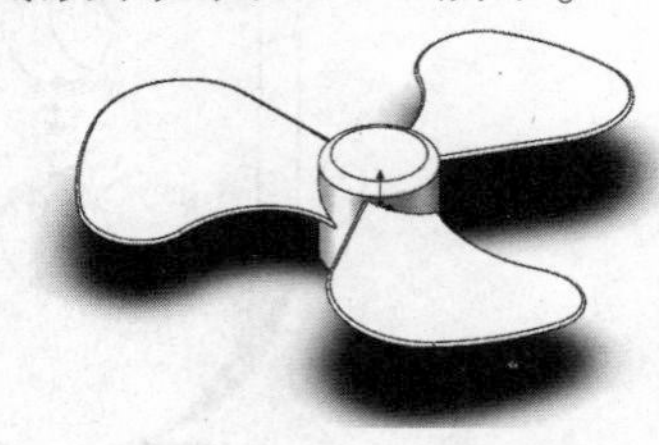

图3-143 风扇扇叶

提示：本次建模主要演示较为复杂的形体的建模基本过程，实际风扇应该根据空气动力学的相关计算得到扇叶的具体形状，通过公式驱动扇叶的具体结构，在本例中主要演示形状的建模。

（1）分析形体。图3-143所示风扇的扇叶主要由两部分组成，扇叶以及中间的圆柱。扇叶主要通过扫描特征建立基本形体后拉伸切除得到，再经过圆周阵列即可；圆柱部分可以通过拉伸凸台特征或者旋转凸台特征完成。

（2）建立草图1。在上视基准面绘制草图1，如图3-144所示。该草图主要用来确定扇叶中心圆柱的大小以及为绘制螺旋线作准备。

（3）插入螺旋线。在不退出草图1的编辑状态下，选择菜单栏“插入”→“曲线”→“螺旋线”命令。将弹出的“螺旋线”属性管理器中的“螺距”设置为“30 mm”，将“圈数”设置为“0.25”，将“起始角度”设置为“0”。其他参数默认即可，单击“确定”按钮，形成的螺旋线效果如图3-145所示。

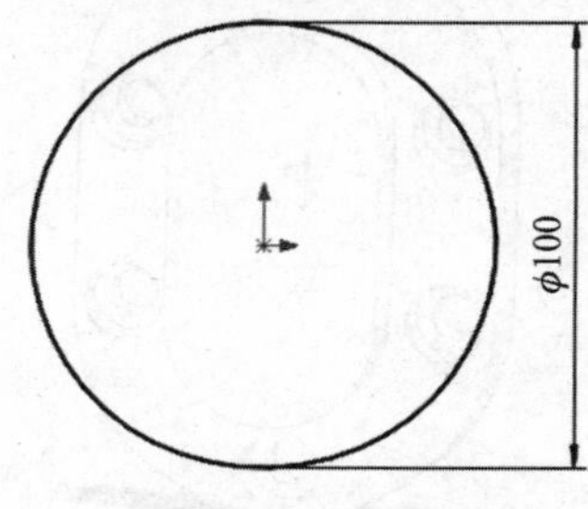


图3-144 草图1

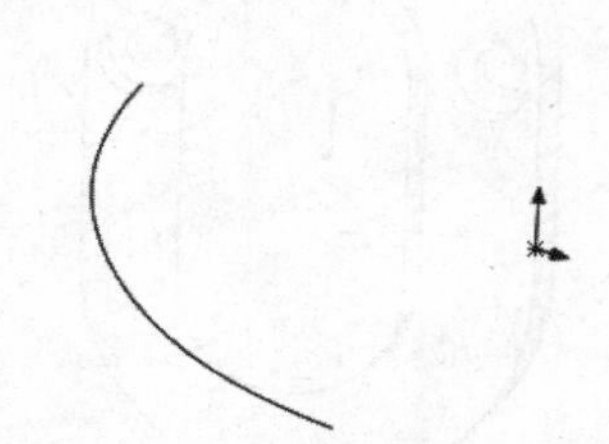

图3-145 螺旋线

注意：在对“螺旋线”属性管理器进行设置的时候，一定要修改螺旋线的“起始角度”为90°的倍数，这样螺旋线的起点正好能够位于3个默认的基准面内，否则进行扫描凸台特征时，需要读者新建基准面，较为复杂。

（4）建立草图2。选择前视基准面绘制草图2，如图3-146所示。以该草图作为扫描凸台特征的横截面。

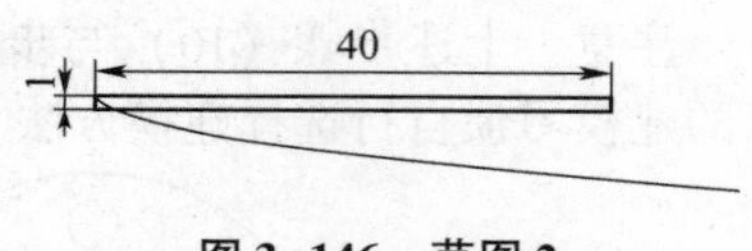


图3-146 草图2

注意：在使用扫描凸台特征的时候，最好让横截面与引导线的关系是“穿透”关系，因此在对草图2进行标注的时候，添加草图2左上角的点与螺旋线的几何关系为“穿透”。

（5）扫描凸台特征。选择草图2作为扫描轮廓，螺旋线作为路径。扫描凸台特征后形成效果如图3-147所示。

（6）圆角特征。选择扫描出来的实体的外侧一个竖直棱边，对其进行圆角特征，设置圆角大小为15 mm，形成效果如图3-148所示。

（7）建立草图。选择上视基准面绘制半径为22.5 mm的半圆形，如图3-149所示。

（8）拉伸切除特征。对草图3进行拉伸切除特征操作，将终止条件设置为“两侧对称”，完成效果如图3-150所示。

注意：在步骤（8）中，如果进行单项拉伸切除，则无法切透整个扇叶，造成切除一半的效果，因此应设置为两侧对称拉伸切除。

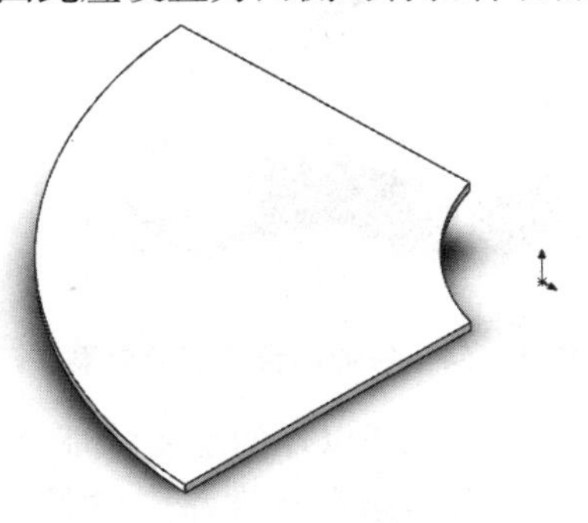

图 3-147　扫描凸台特征后效果

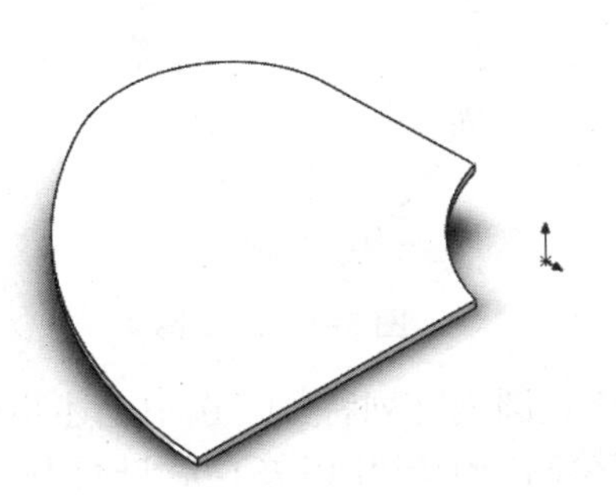

图 3-148　圆角特征后效果 1

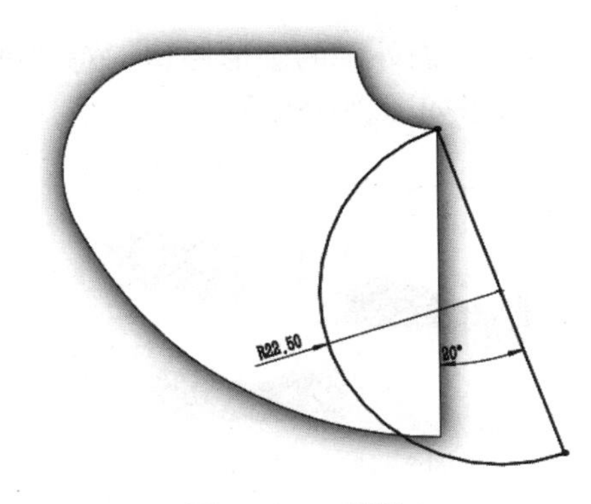


图 3-149　草图 3

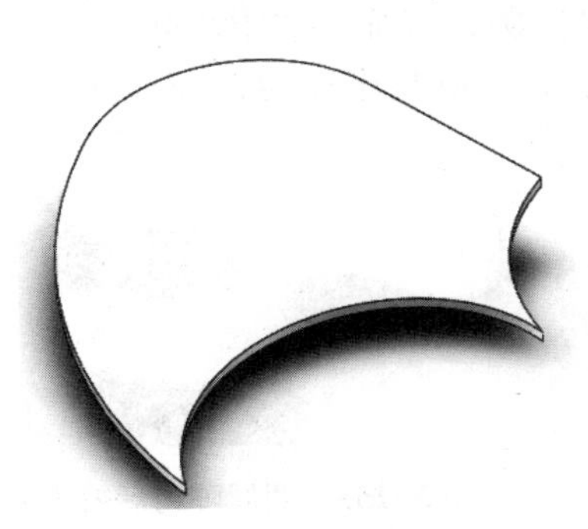

图 3-150　拉伸切除特征后效果

（9）圆角特征。选择扇叶尖锐部分的竖直短棱边进行圆角特征，圆角大小设置为 10 mm，形成效果如图 3-151 所示。

（10）圆角特征。对所形成的扇叶的竖直窄边进行圆角特征，在属性管理器中设置圆角类型为“完整圆角”，选择扇叶上底面和下底面为面组 1 和面组 2（不分先后顺序），选择扇叶的侧面为中央面组，对这个扇叶进行圆角特征后的效果如图 3-152 所示。

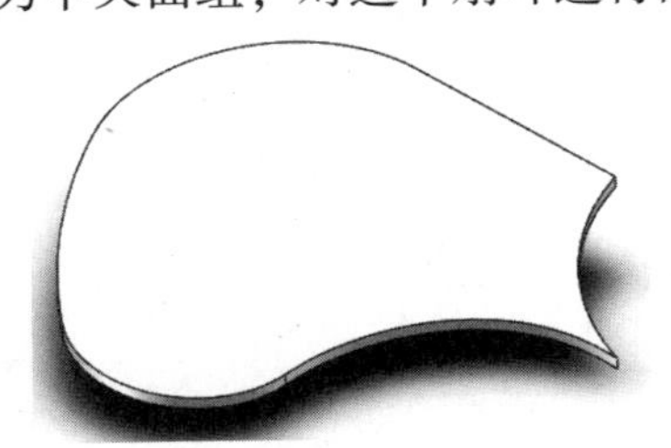

图 3-151　圆角特征后效果 2

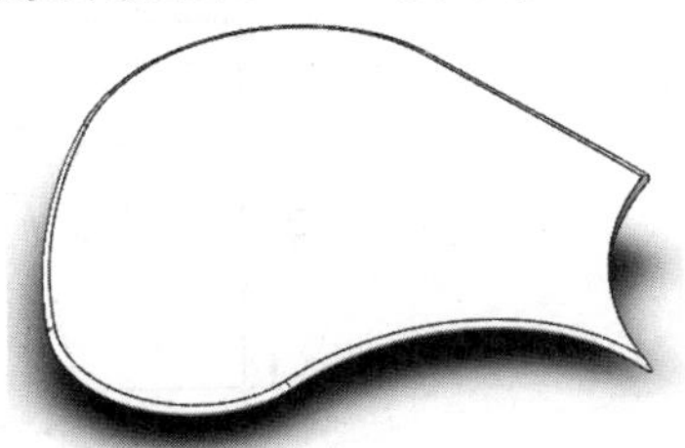

图 3-152　圆角特征后效果 3

（11）建立草图 4。选择上视基准面，绘制草图 4，如图 3-153 所示。

注意：草图 4 在绘制过程中不需要标注尺寸，通过添加与扇叶实体相切的几何关系确定草图 4 圆柱的大小。

（12）拉伸凸台特征。对草图 4 进行拉伸凸台操作，将“终止条件”设置为“两侧对称”，“深度”设置为“20 mm”，形成的效果如图 3-154 所示。

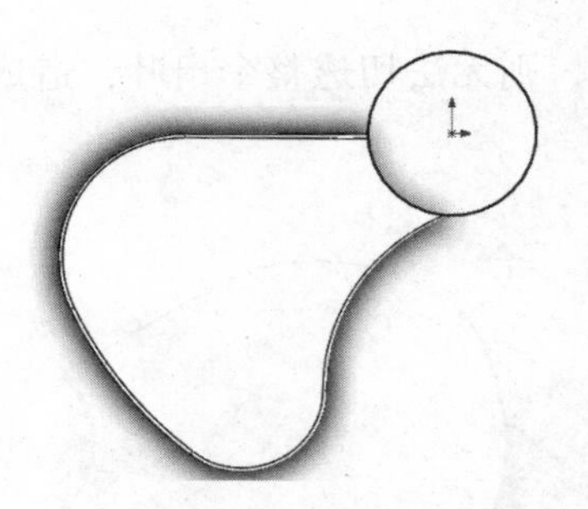

图 3-153　草图 4

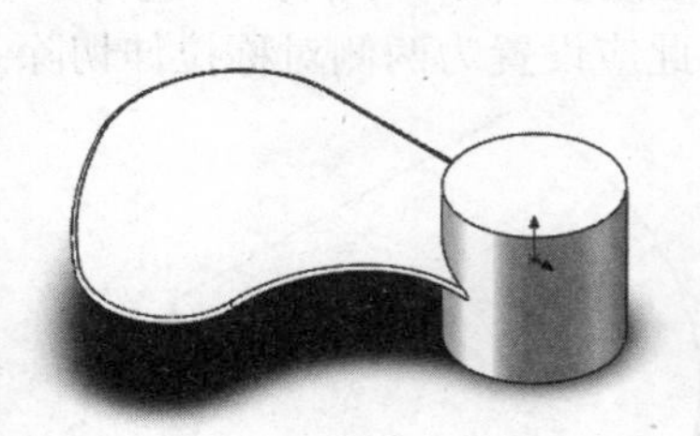

图 3-154　拉伸凸台特征后效果

（13）圆周阵列特征。选中上述步骤绘制的除拉伸凸台特征以外的所有特征（因为这些特征与绘制一个扇叶相关）后进行圆周阵列特征，在弹出的属性管理器中设置“旋转轴”为步骤（12）拉伸所形成的圆柱面，设置“角度”为“360°”，设置“实例数”为“3”，单击“确定”按钮，形成的效果如图 3-155 所示。

（14）圆角特征。选中步骤（12）所形成的圆柱的上底面外围的圆形棱边，对其进行圆角特征，设置圆角半径为 2 mm。最终形成的风扇扇叶效果如图 3-156 所示。

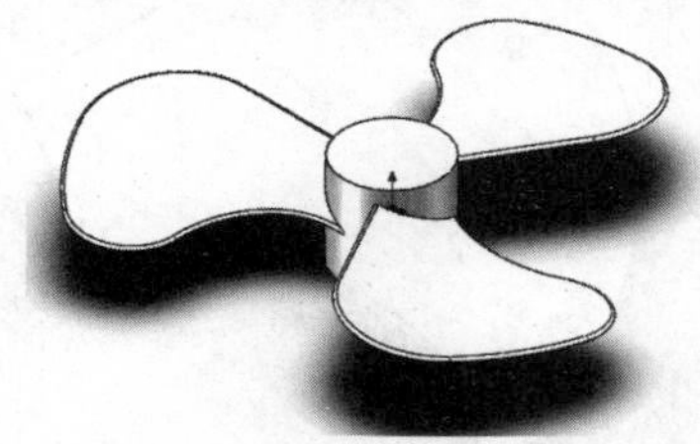

图 3-155　圆周阵列后效果

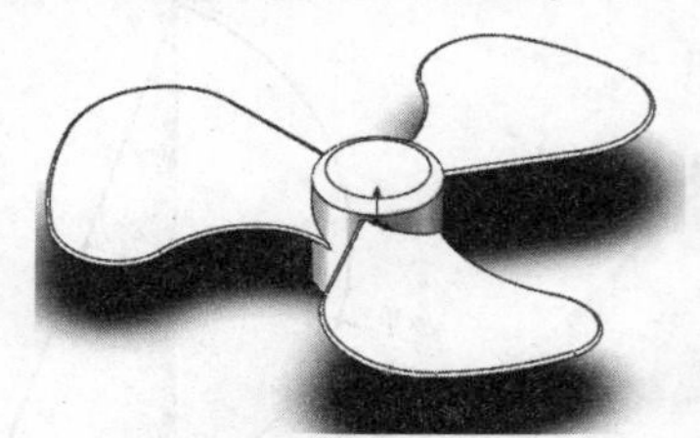

图 3-156　风扇扇叶

## 3.6　课堂实训

（1）根据图 3-157 进行建模。

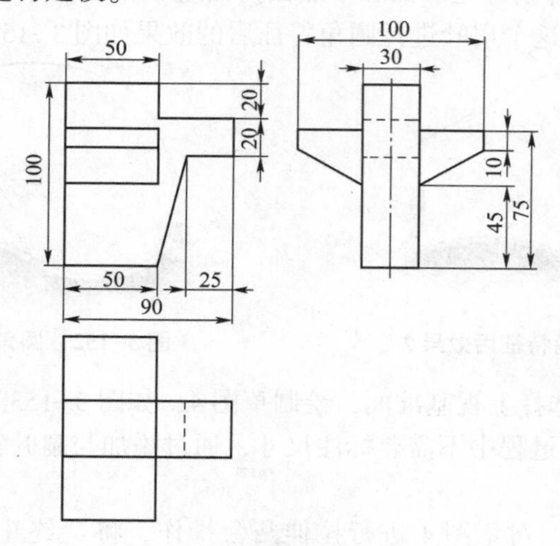


图 3-157

建模步骤如下：

①绘制主视图边框，拉伸形成基体。

②在左侧端面绘制草图，拉伸形成两侧凸台。

（2）根据图 3-158 进行建模。

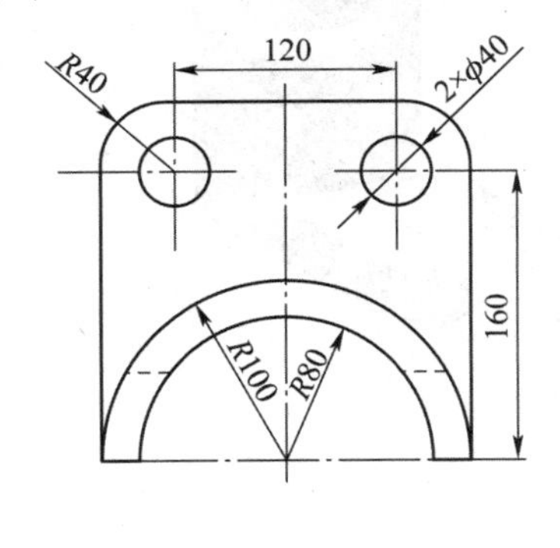


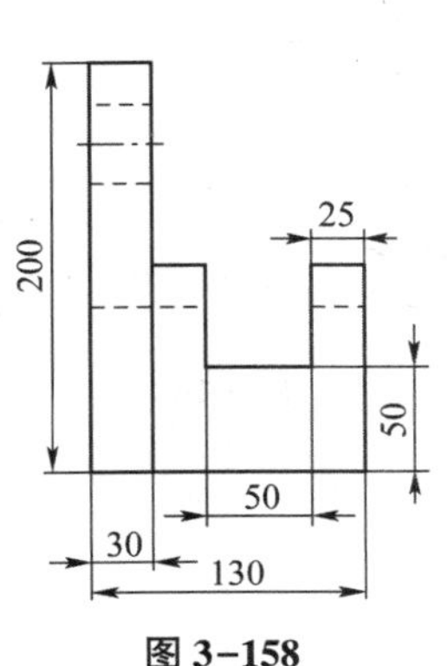


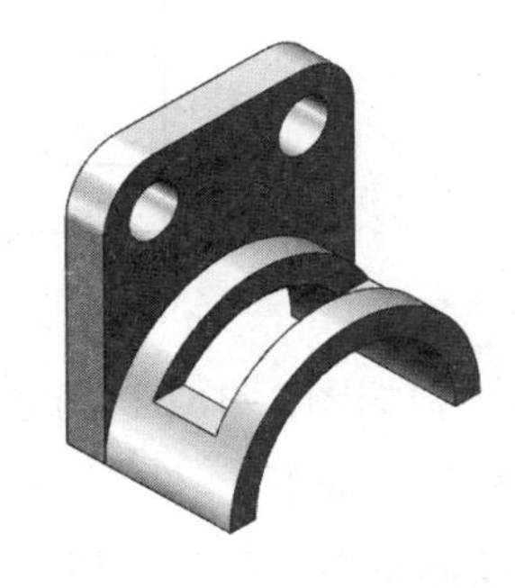

**图 3-158**

建模步骤如下：

①绘制草图，拉伸后侧底板。

②绘制草图，拉伸拱形。

③绘制草图，拉伸切除拱形缺口。

（3）根据图 3-159 进行建模。

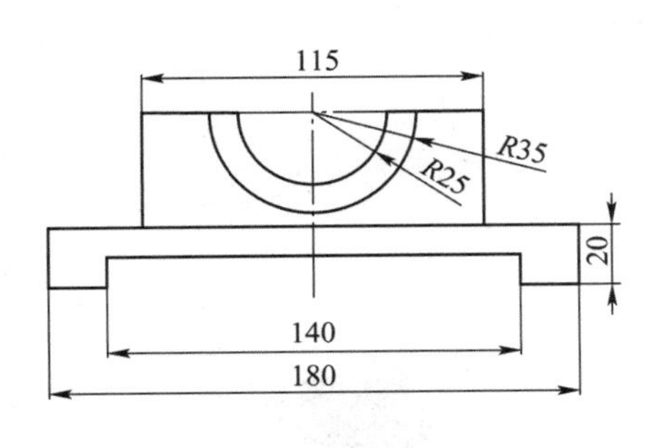


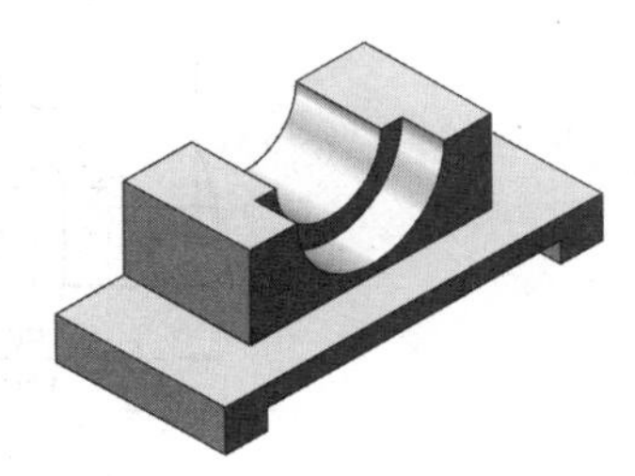

**图 3-159**

建模步骤如下：

①绘制草图，拉伸底板。

②绘制草图，拉伸上侧长方体。

③绘制草图，旋转切除。

（4）根据图 3-160 进行建模。

建模步骤如下：

①绘制草图，拉伸空心圆柱。

②绘制草图，拉伸底板，终止条件设置为“形成到下一面”。

③绘制草图，采用两侧对称拉伸的形式拉伸底板上的缺口。

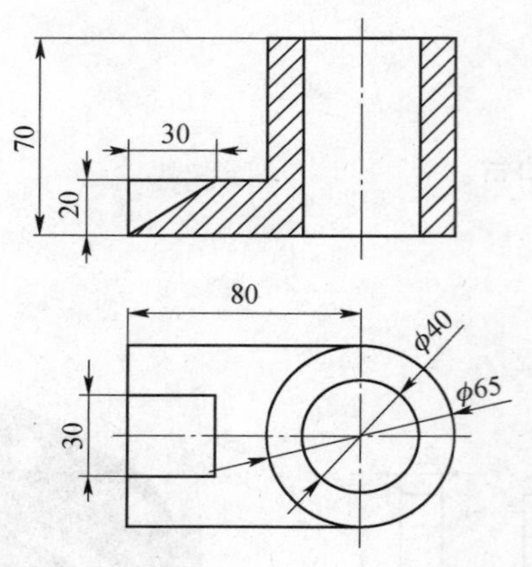


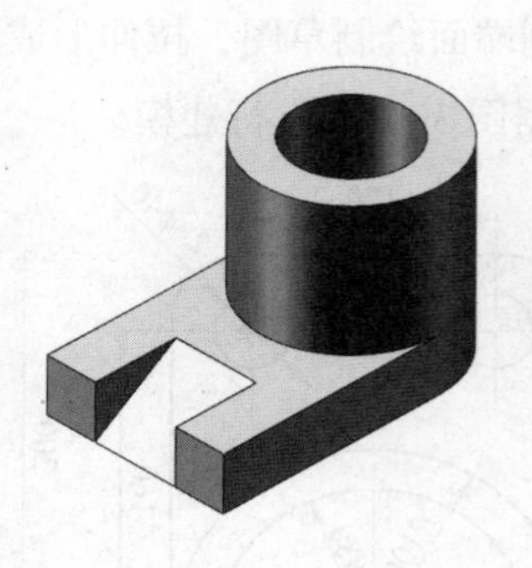

图 3-160

（5）根据图 3-161 进行建模。

建模步骤如下：

①绘制草图，拉伸底板。

②绘制草图，拉伸底板上方凸台。

③绘制草图，拉伸圆柱体。

④绘制草图，拉伸切除模型前面长圆孔。

⑤绘制草图，拉伸切除模型上方两个方形槽口。

⑥绘制草图，生成筋特征。

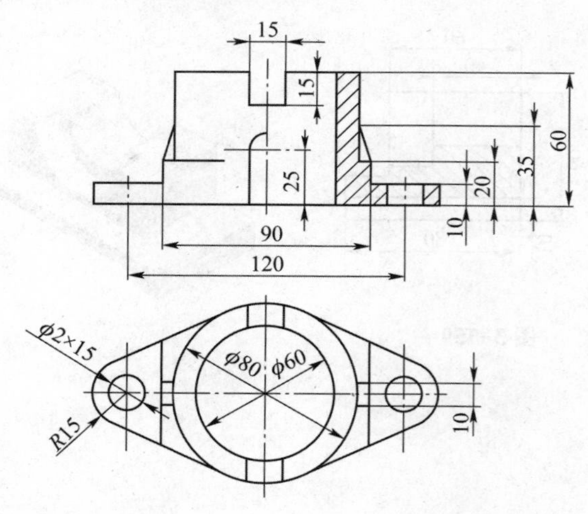


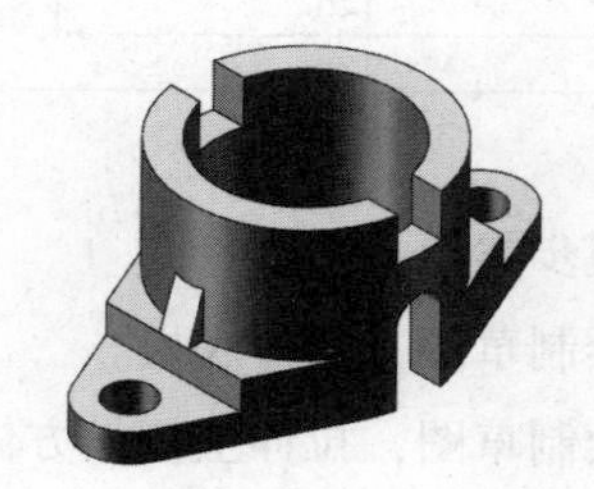

图 3-161

（6）根据图 3-162 进行建模。

建模步骤如下：

①绘制草图，拉伸模型主体。

②绘制草图，拉伸切除 110 mm×60 mm 方槽。

③绘制模型中间阶梯孔。

④绘制左下角阶梯孔。

⑤阵列 3 个异形孔特征。

⑥镜向阵列特征。

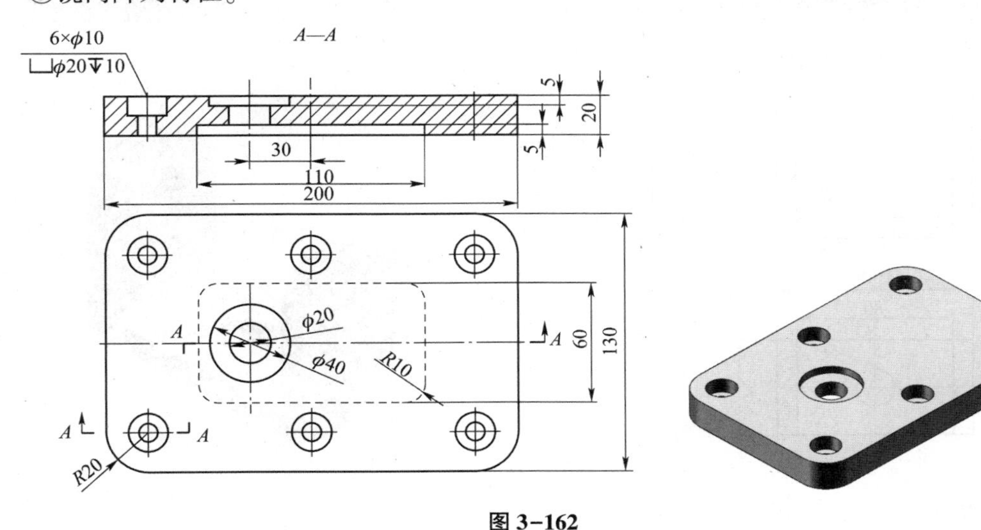


图 3-162

（7）根据图 3-163 进行建模。

建模步骤如下：

①绘制草图，建立扫描特征。

②绘制草图，建立拉伸凸台特征，绘制实心模型下方圆柱。

③绘制草图，建立拉伸切除特征，绘制空心圆柱。

④绘制草图，拉伸凸台特征。

⑤添加圆角特征。

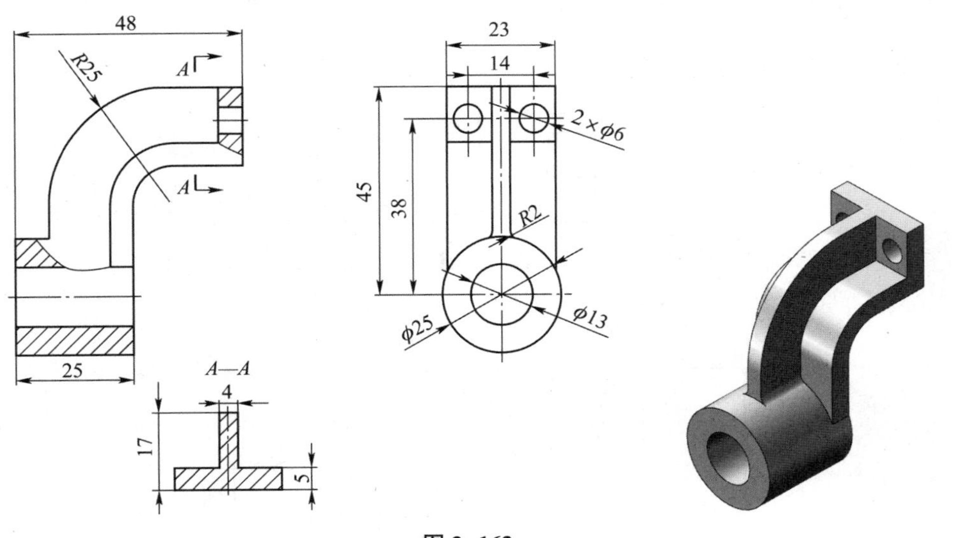


图 3-163

## 3.7 课后练习

（1）根据图 3-164 进行建模。

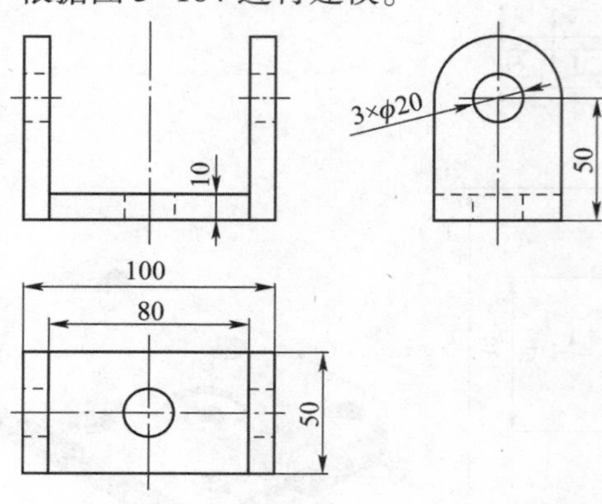


图 3-164

（2）根据图 3-165 进行建模。

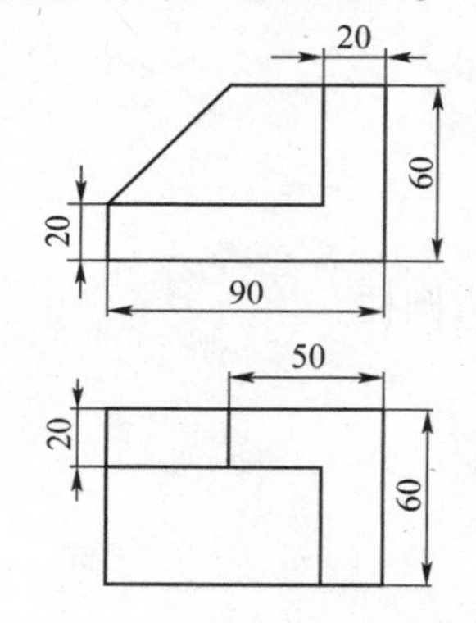


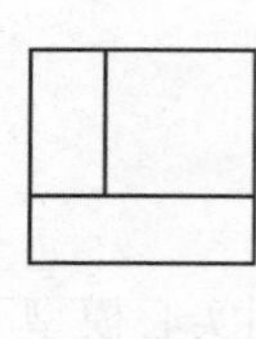

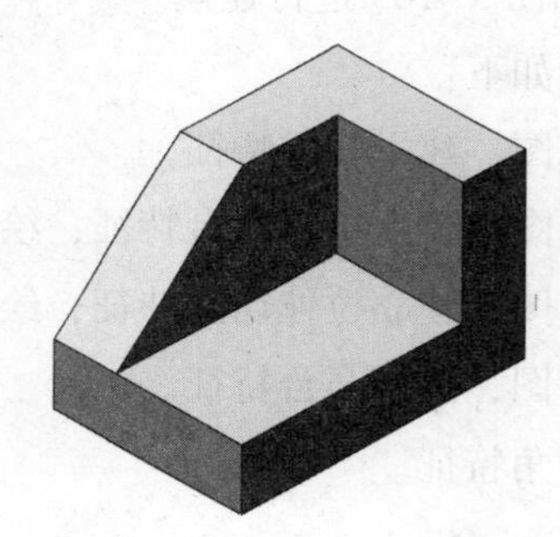

图 3-165

（3）根据图 3-166 进行建模。

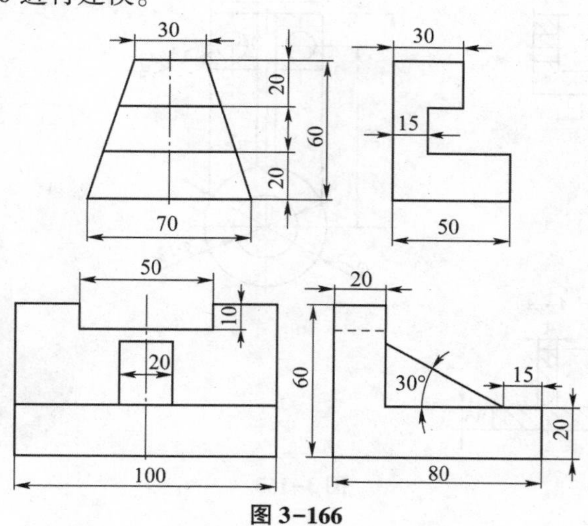


图 3-166

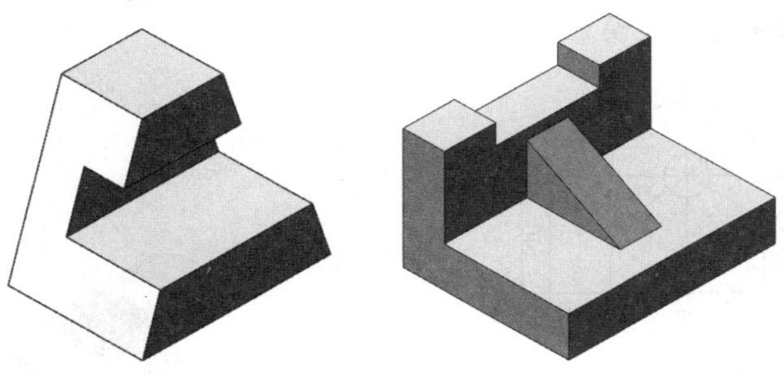

图 3-166（续）

（4）根据图 3-167 进行建模。

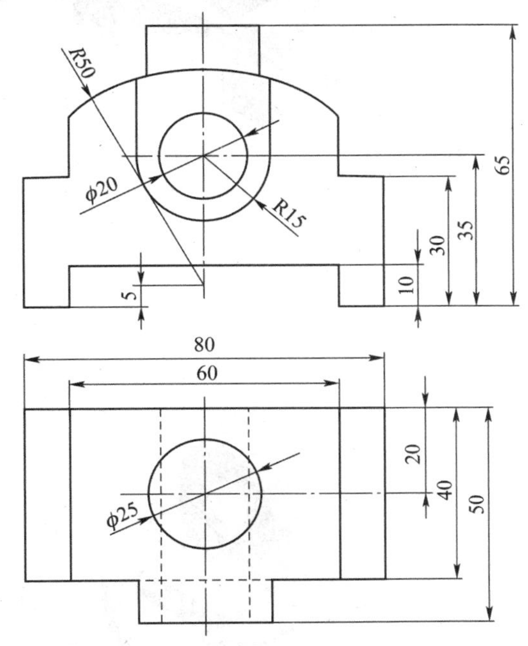


图 3-167

（5）根据图 3-168 进行建模。

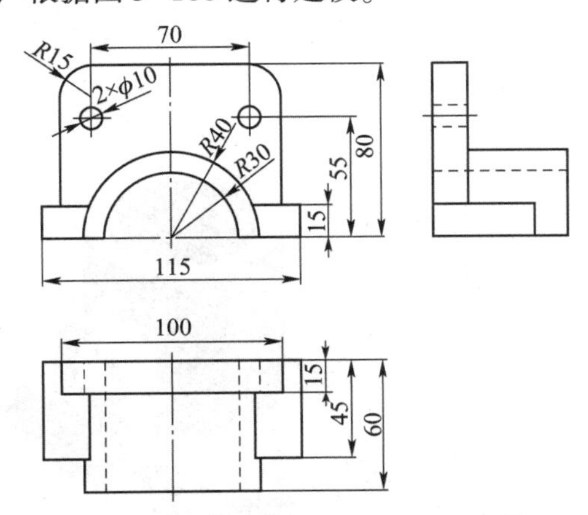


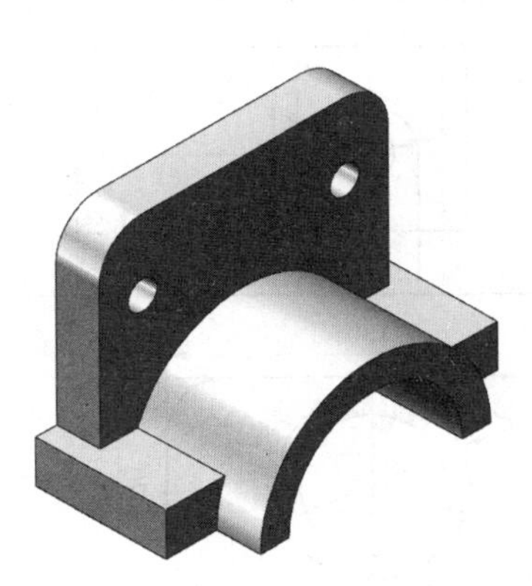

图 3-168

（6）根据图 3-169 进行建模。

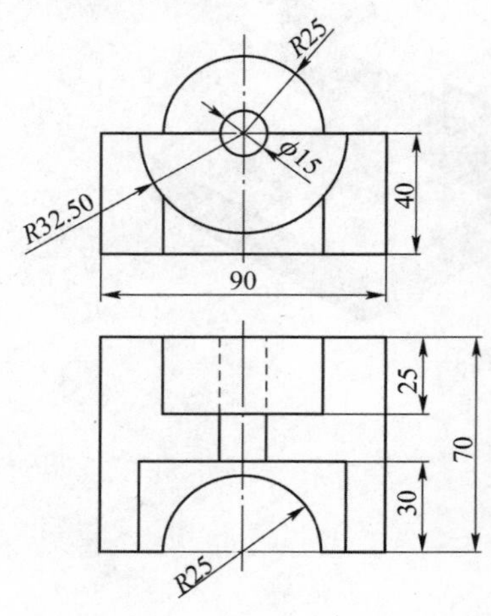

图 3-169

（7）根据图 3-170 进行建模。

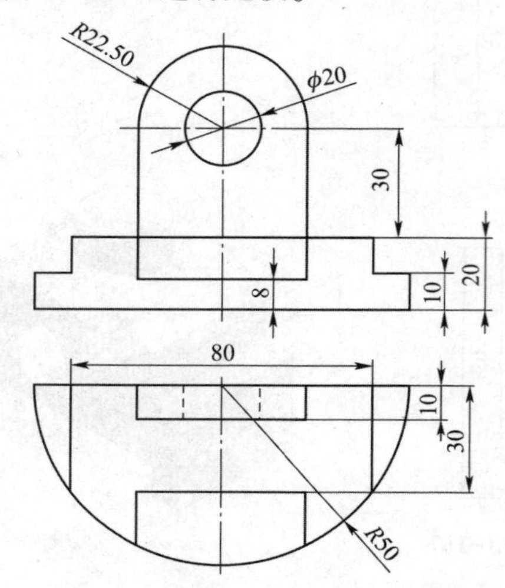


图 3-170

（8）根据图 3-171 进行建模。

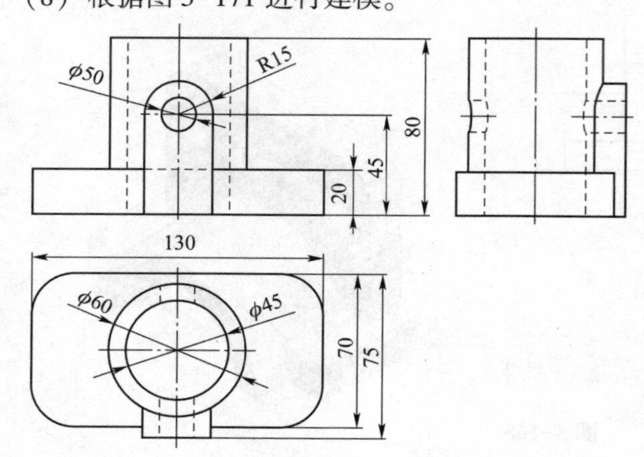

图 3-171

（9）根据图 3-172 进行建模。

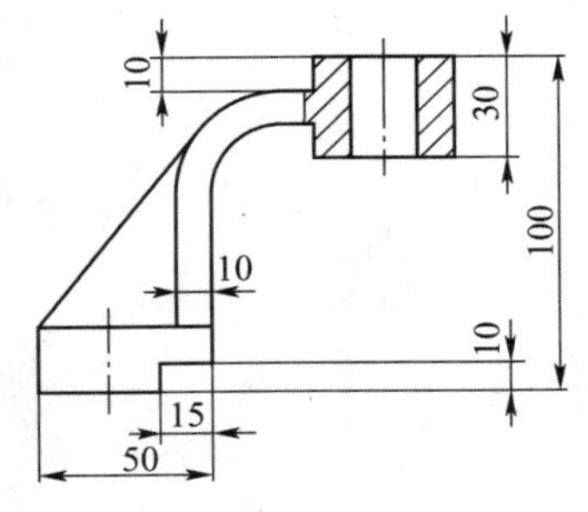
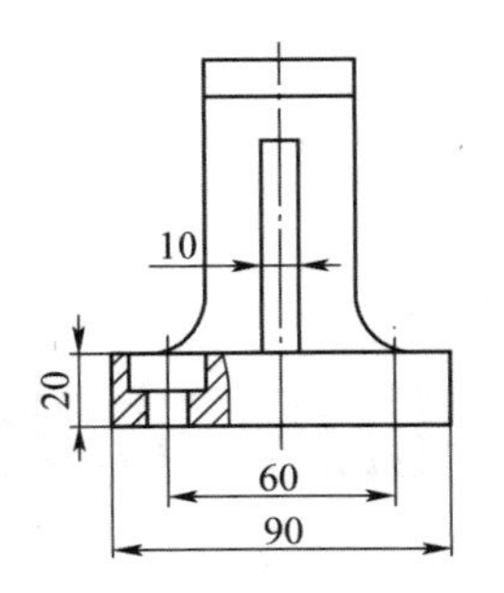
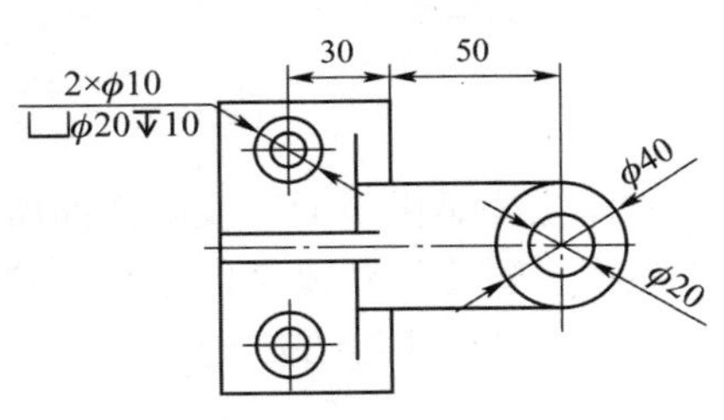
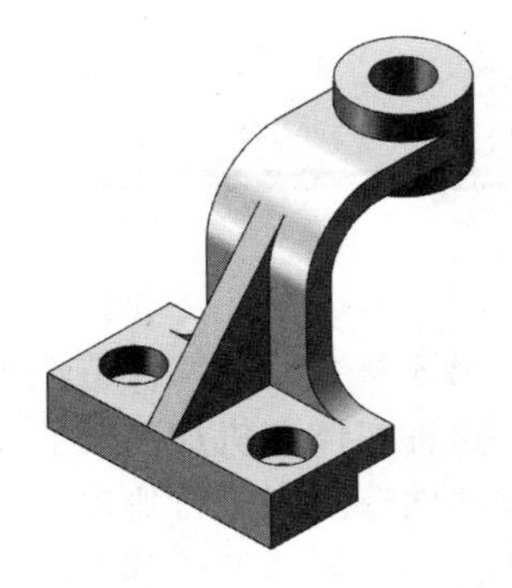

图 3-172

（10）根据图 3-173 进行建模。

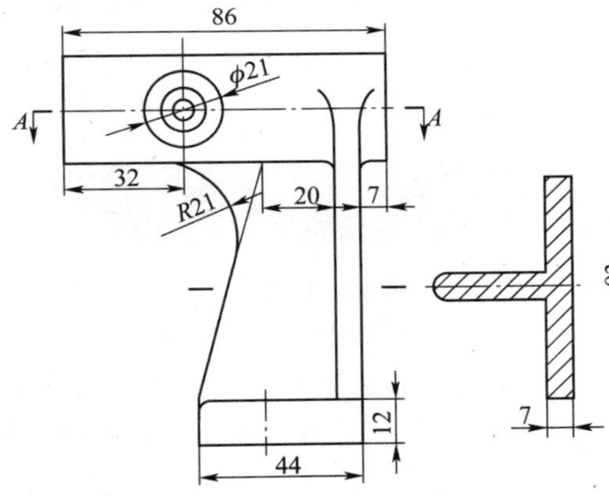
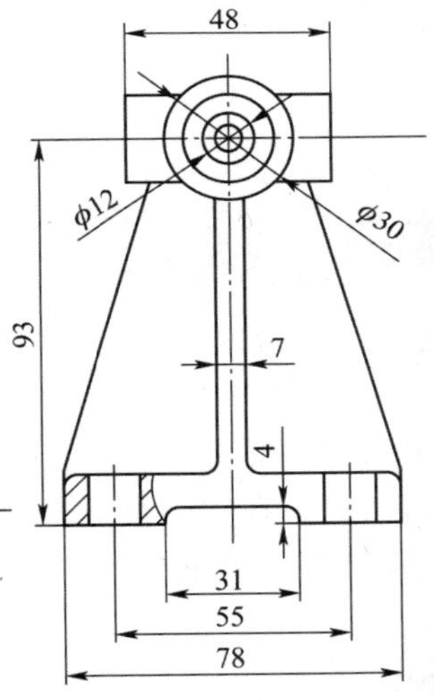
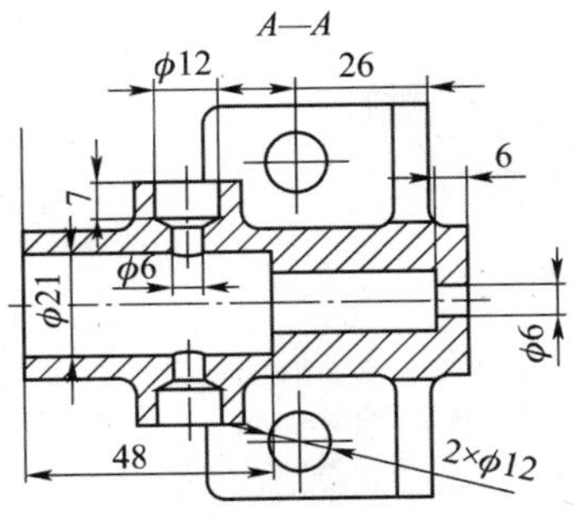

图 3-173

# 第4章 曲面造型入门

第3章介绍的零件造型方法主要用于实体造型，而实体主要是由平面以及圆弧面所组成的。这种实体在机加工行业可以采用普通机床进行加工生产。对于形状复杂的零件，则可以通过曲面造型来进行建模，这类零件可以通过数控加工以及3D打印等方法进行生产。本章主要介绍曲面造型的基本方法以及简单的编辑方法。

在SolidWorks软件中，曲面是指厚度为0，但是可以有各种形状的几何体，在现实生活中不存在SolidWorks软件中的曲面实体，曲面是理想化的模型。曲面造型应用领域主要包括机械设计、模具设计等。

## 4.1 创建曲面

在SolidWorks软件中，在默认状态下“曲面”工具栏不会显示在用户界面中。在工具栏的空白处右击，在弹出的快捷菜单中选择“曲面”命令，软件以浮动方式显示“曲面”工具栏，如图4-1所示。可以通过鼠标拖拽的形式，将浮动工具栏拖拽到用户界面边缘处，其就会自动吸附到界面边缘。或者在“特征”“草图”等工具栏的标签处右击，在弹出的快捷菜单中选择“曲面”，将会在用户界面上方以标签的形式显示“曲面”工具栏，如图4-2所示。

图4-1 浮动形式的“曲面”工具栏

图4-2 标签形式的“曲面”工具栏

### 4.1.1 拉伸曲面

拉伸曲面与拉伸凸台相似，前者通过拉伸特征获得一个没有厚度的曲面，后者获得一个封闭空间。

使用 SolidWorks 软件绘制一个 $\phi$50 mm×200 mm 的圆柱的曲面部分，可以先利用草图绘制一个 $\phi$50 mm 的圆，对这个圆进行拉伸曲面操作，就可以得到一个圆柱的曲面部分。

使用拉伸曲面特征的基本操作步骤如下：

（1）绘制草图，在上视基准面编辑草图，如图 4-3（a）所示。

（2）在不退出草图编辑的状态下单击“曲面”工具栏中的“拉伸曲面”按钮，或者选择菜单栏“插入”→“曲面”→“拉伸曲面”命令，进入拉伸曲面特征编辑状态。在“曲面-拉伸”属性管理器的“深度”文本框中输入“200 mm”，如图 4-3（b）所示。单击属性管理器中的“确定”按钮，完成拉伸曲面拉伸特征的绘制，其效果如图 4-3（c）所示。

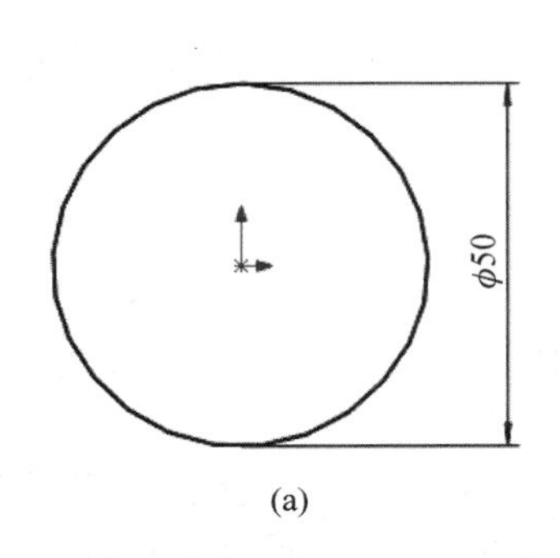


(a)

(b)

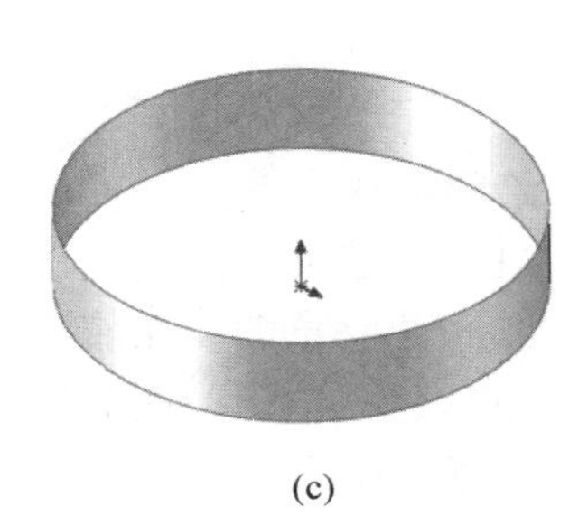

(c)

**图 4-3　拉伸曲面特征**

可见，拉伸曲面特征与拉伸凸台特征功能类似，属性管理器的设置方法也基本相同。只是通过拉伸曲面特征拉伸出来的是一个空心的圆柱体，无论如何放大观察，形成的曲面的厚度都为 0。

## 4.1.2　旋转曲面

理解了拉伸曲面之后，就更容易理解旋转曲面了。例如，通过将草图旋转一定角度，草图所有线条扫过的区域组成一个曲面。通过旋转特征绘制图 4-3 中的圆柱面的步骤如下：

（1）绘制草图，如图 4-4 所示。在使用旋转曲面特征时，同旋转凸台特征，草图最好有一条中心线。

（2）在不退出草图编辑的状态下进行旋转曲面操作，完成效果如图 4-5 所示。

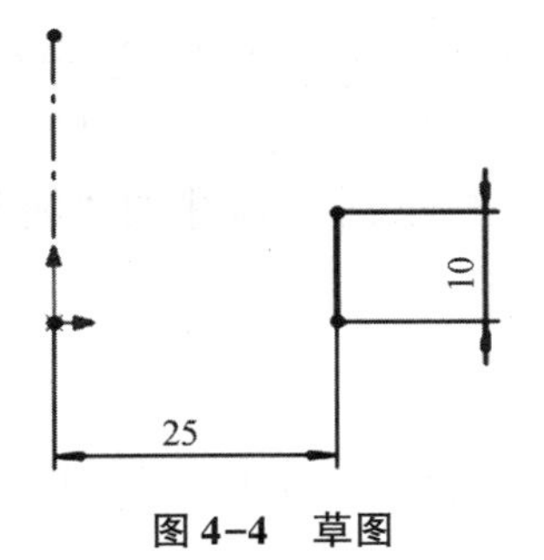


**图 4-4　草图**

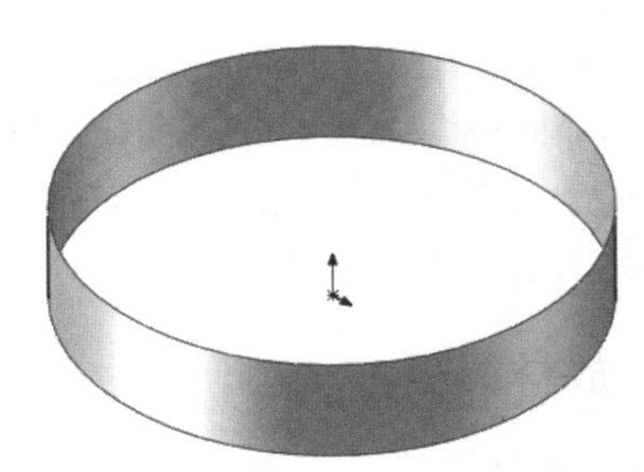

**图 4-5　旋转曲面效果**

注意：旋转曲面特征一般对开环的草图进行操作，同时草图中最好有且只有一条中心线。

## 4.1.3 扫描曲面

扫描曲面特征是将某一草图沿着另外一个草图移动，移动的草图所有图线所扫过的区域形成一个曲面，其原理与扫描凸台特征类似。

设计案例1：通过扫描曲面特征绘制一个花瓶结构的曲面，其最终效果如图4-6所示。

图4-6　花瓶结构曲面

绘图步骤如下：

（1）新建文件。

（2）建立草图。在前视基准面内绘制草图1，如图4-7所示。

（3）建立草图。在上视基准面绘制草图2，如图4-8所示。

注意：在绘制草图1的时候，草图的最下端点应该在坐标原点的水平方向上，为草图1与草图2相交作准备。同时，要注意控制草图1的形状，它在扫描的过程中所形成的曲面不能自相交叉。绘制草图2时，草图2最好穿过草图1的最下端端点。

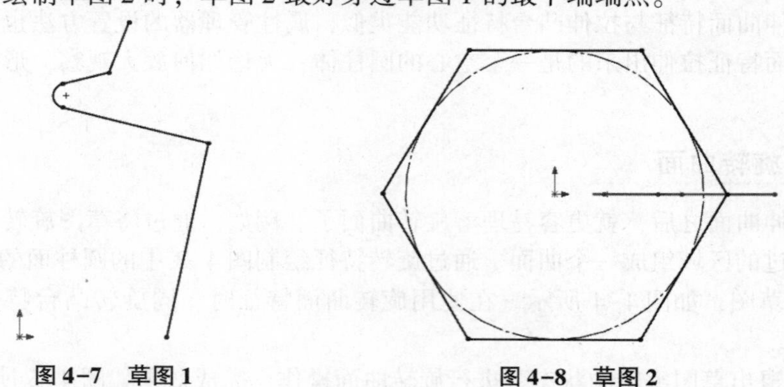

图4-7　草图1　　图4-8　草图2

（4）扫描曲面。单击“曲面”工具栏“扫描曲面”按钮，或选择菜单栏“插入”→“曲面”→“扫描曲面”命令。扫描曲面的属性管理器与扫描凸台特征的属性管理器类似，选择草图1作为轮廓，草图2作为路径，其他选项默认，单击属性管理器中的“确定”按钮，即可形成图4-6所示花瓶结构曲面。

## 4.1.4 放样曲面

放样曲面特征是将某一草图过渡到另外一个草图，在过渡过程中，草图所有图线扫过的区域形成一个曲面，其原理与扫描凸台特征类似。

设计案例 2：通过放样曲面特征绘制一个枪托结构的曲面，其最终效果如图 4-9 所示。

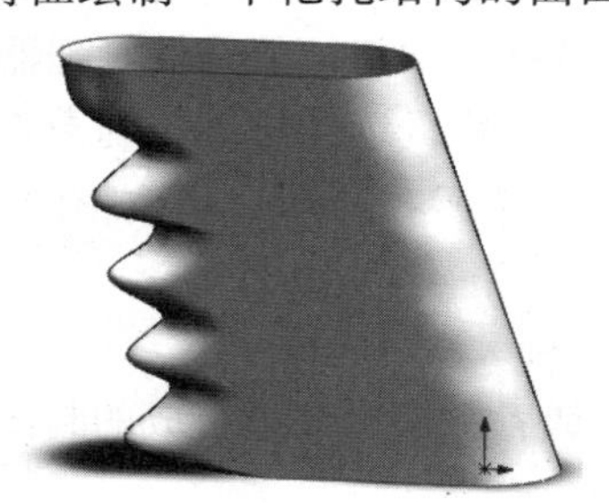

图 4-9　放样曲面

绘图步骤如下：

（1）新建文件。

（2）建立草图 1。上视基准面绘制一个草图截面，如图 4-10 所示。

（3）新建基准面。在上视基准面的正上方 60 mm 处新建一个基准面。

（4）建立草图 2。在新建的基准面上绘制另外一个草图 2，其形状与草图 1 相同，位置在水平方向向左偏移 21 mm，如图 4-11 所示。

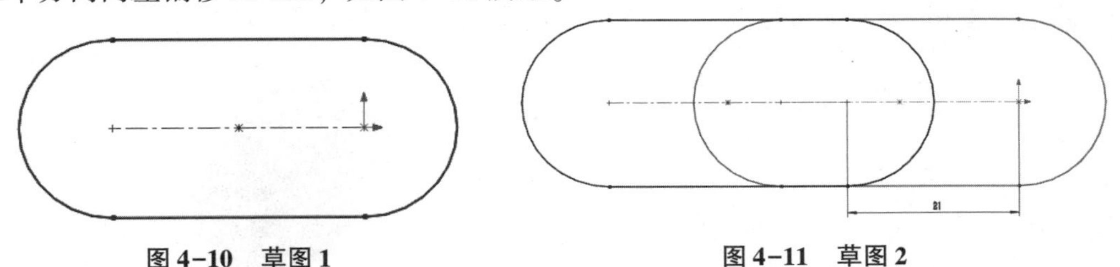


图 4-10　草图 1　　　图 4-11　草图 2

注意：此时可以直接对草图 1 和草图 2 进行扫描特征，扫描的结果为长圆形的圆柱体。后续步骤添加扫描引导线，构造凹凸效果。

（5）建立草图 3。在前视基准面绘制草图 3，如图 4-12 所示。该草图主要用于控制扫描曲面的右侧为光滑曲面。

（6）建立草图 4。在前视基准面绘制草图 4，如图 4-13 所示。该草图主要用于控制扫描曲面的左侧的形状。

注意：在定义草图 3 与草图 4 时，要将草图中最上与最下端点定义为与草图 1 与草图 2 中的圆弧穿透关系。

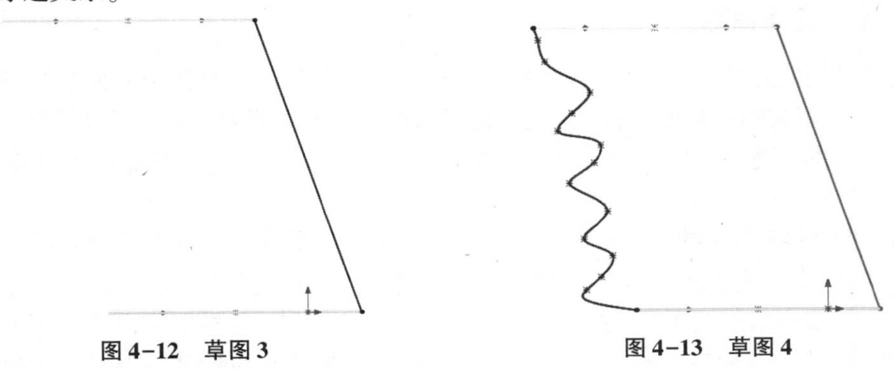

图 4-12　草图 3　　　图 4-13　草图 4

（7）放样曲面。单击“曲面”工具栏“放样曲面”按钮，或选择菜单栏“插入”→“曲面”→“放样曲面”命令，放样曲面特征的属性管理器与放样凸台特征的属性管理器类似，选择草图1与草图2作为“轮廓”，选择草图3与草图4作为“引导线”，其余选项默认，单击属性管理器中的“确定”按钮，即可形成图4-9所示枪托结构曲面。

### 4.1.5 平面区域

平面区域是使用封闭草图，或者由模型棱边组成的封闭图形作为曲面的边界，形成一个平整的曲面实体。

设计案例3：绘制一个边长为10 mm的正六边形平面实体。

绘图步骤如下：

（1）新建文件。

（2）建立草图。选择一个基准面绘制一个正六边形的草图，如图4-14所示。

（3）平面区域特征。在不退出草图编辑的状态下单击“曲面”工具栏“平面区域”按钮，或选择菜单栏“插入”→“曲面”→“平面区域”命令，SolidWorks软件会在绘图区域中以浅黄色预览的形式显示以当前草图作为曲面边界形成的平面区域，单击属性管理器中的“确定”按钮，即可形成图4-15所示的平面实体。

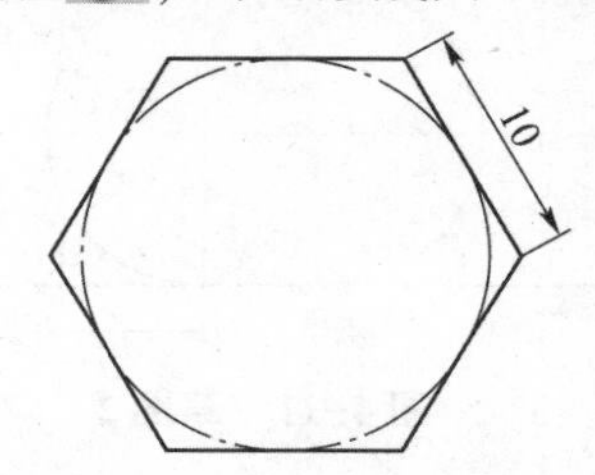


**图4-14　草图**

**图4-15　平面区域效果**

## 4.2 编辑曲面

编辑曲面是指在创建了曲面特征之后，对这些特征进行一定修改以达到预期的要求。本节主要对常用的曲面编辑命令，即“延伸曲面”“剪裁曲面”“缝合曲面”进行介绍。

### 4.2.1 延伸曲面

对于已经绘制好的曲面，可以通过“延伸曲面”命令对已绘制的曲面进行延伸。在使用SolidWorks软件进行样机设计时，经常会用到这个命令。例如，某些零件的尺寸无法确定大小，需要与其他零件配合后才能发现最初设计的尺寸偏小，在调整的时候就可以使用“延伸曲面”命令。

下面对图4-15所示的六边形平面进行延伸，选择该平面后，单击“曲面”工具栏“延伸曲面”按钮，或选择菜单栏“插入”→“曲面”→“延伸曲面”命令，弹出的“延伸曲面”属性管理器如图4-16所示。通过“所选面/边线”选择框可以修改所要延伸的曲面。在“终止条件”标签中的“距离”文本框输入所要延伸的长度，也可以选择延伸边界来指定延伸长度，如将曲面延伸至某个曲面位置，则选中“成形到某一面”单选按钮。设置好后，会在绘图区域中以浅黄色显示预览效果，如图 4-17 所示。参数设置完后单击属性管理器中的“确定”按钮，即可实现对曲面的延伸。

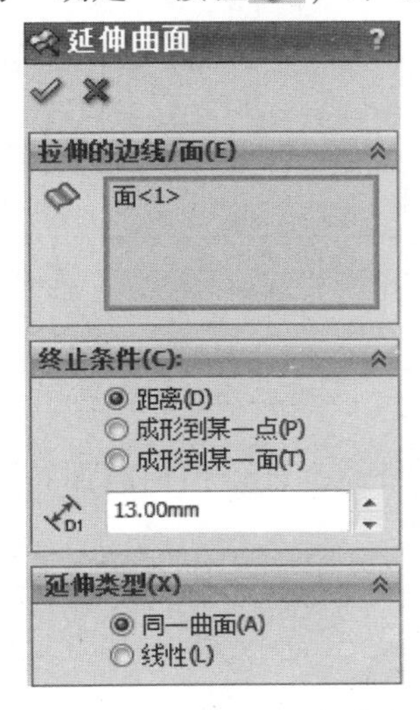


图 4-16　“延伸曲面”属性管理器

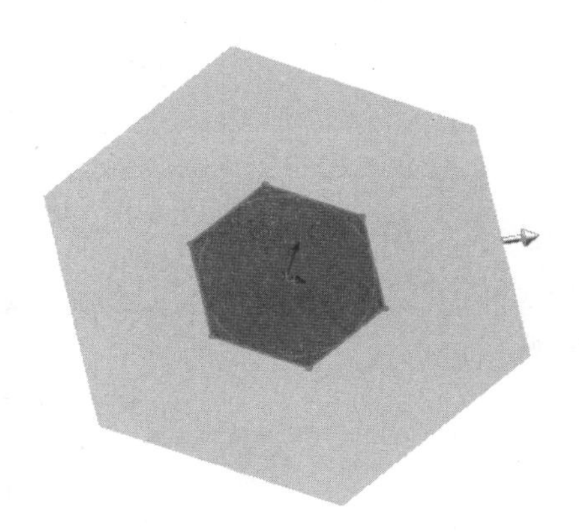

图 4-17　曲面延伸效果

## 4.2.2　剪裁曲面

剪裁曲面是以两个曲面相交的交线作为分界线，删除分界线一侧的曲面。

注意：在使用“剪裁曲面”命令时，只能将曲面的某一部分剪裁掉，而不能将曲面的全部剪裁掉。

设计案例 4：绘制鼠标外形的曲面，其效果如图 4-18 所示。

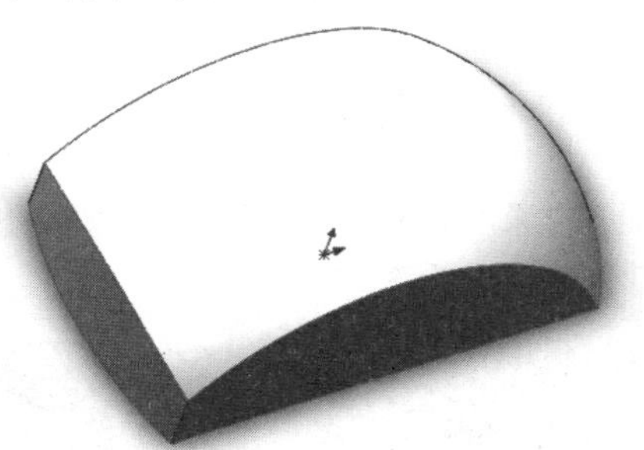

图 4-18　鼠标外形

绘图步骤如下：

（1）新建文件。

（2）建立草图。选择前视基准面绘制草图 1，如图 4-19 所示。草图 1 中最右侧点添加与坐标原点水平的几何关系，为绘制草图 2 作准备。

（3）建立草图。选择上视基准面绘制草图 2，如图 4-20 所示。在绘制草图 2 时，添加草图 2 中的圆弧与草图 1 中最下方端点重合或穿透的几何关系。

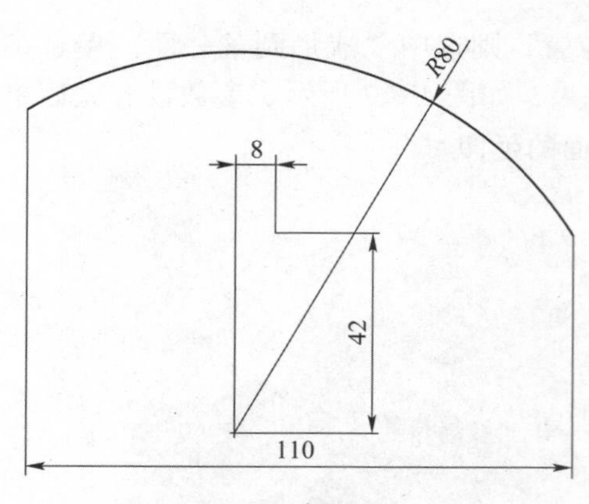


图 4-19　草图 1

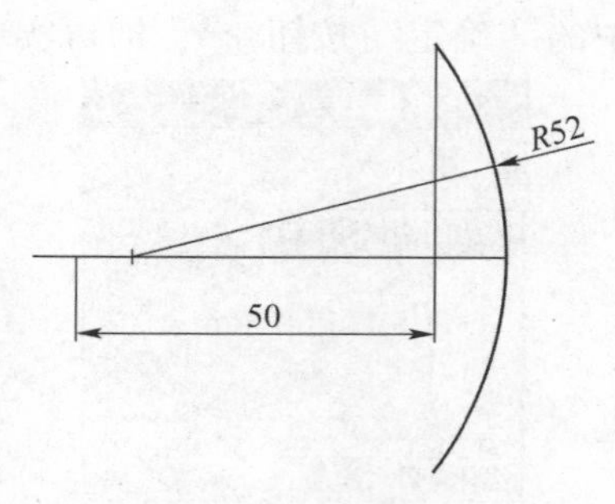


图 4-20　草图 2

（4）扫描曲面。选择草图 2 作为轮廓，草图 1 作为路径，进行扫描曲面特征操作，单击“确定”按钮后形成鼠标上盖的效果，如图 4-21 所示。

图 4-21　扫描曲面

（5）建立草图。选择上视基准面绘制草图 3，如图 4-22 所示。

提示：草图 3 的绘制可以借助转换“实体引用草图”命令，速度快，不需要进行尺寸标注。

（6）拉伸曲面特征。对草图 3 进行拉伸曲面操作，设置拉伸“深度”为“50 mm”，形成效果如图 4-23 所示。

提示：步骤（6）拉伸曲面的深度较随意，只要比步骤（4）形成的曲面高即可。

图 4-22　草图 3

图 4-23　拉伸曲面特征效果

（7）剪裁曲面。单击“曲面”工具栏“剪裁曲面”按钮，或者选择菜单栏“插入”→“曲面”→“剪裁曲面”命令，选择步骤（4）所形成的曲面作为“剪裁工具”，选择“移除选择”单选框，在需要移除的曲面上单击，软件通过紫色显示将要被移除的曲面，如图4-24所示。单击属性管理器中的“确定”按钮✓，完成剪裁曲面特征，如图4-25所示。

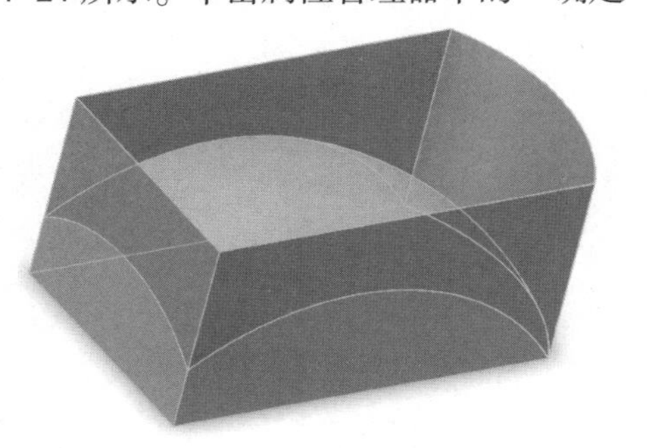

图4-24　剪裁曲面预览

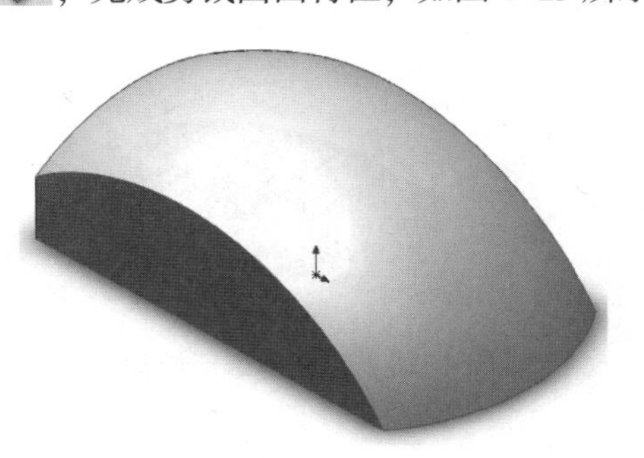

图4-25　最终效果

提示：在步骤（7）“剪裁曲面”属性管理器中，也可以选择“保留选择”单选框，使用鼠标在需要被剪裁曲面上被保留部分进行单击，也可以形成图4-25所示最终效果。

## 4.2.3　缝合曲面

缝合曲面是将相邻的两个或多个独立的曲面组合在一起，构成一个曲面。缝合之后的曲面，在以后的操作中会被当作一个曲面来进行处理。同时，缝合曲面还有构成实体的功能，即通过一组构成空间闭合的曲面组构建一个实体。

例如，想要把图4-25所示鼠标曲面变成一个实体的造型而不是曲面，则可以使用曲面缝合功能。该图所示的鼠标曲面目前还不是封闭的图形，底面缺少一个平面，使用“平面区域”功能可将鼠标曲面封闭。打开“平面区域”属性管理器后，选择鼠标曲面的下面4条棱边作为“边界实体”，如图4-26所示。单击属性管理器中的“确定”按钮✓，形成的效果如图4-27所示。

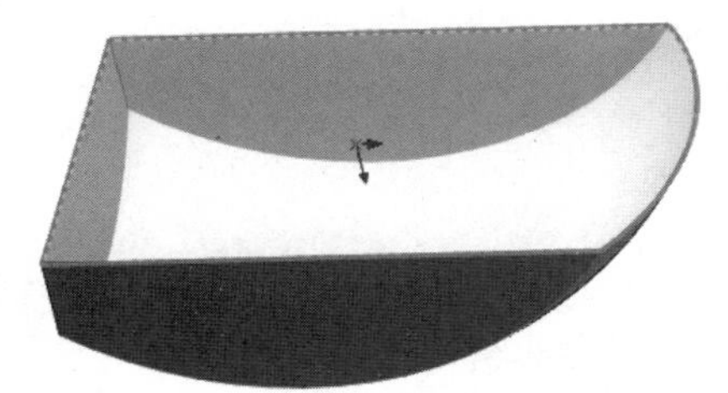

图4-26　棱边选择

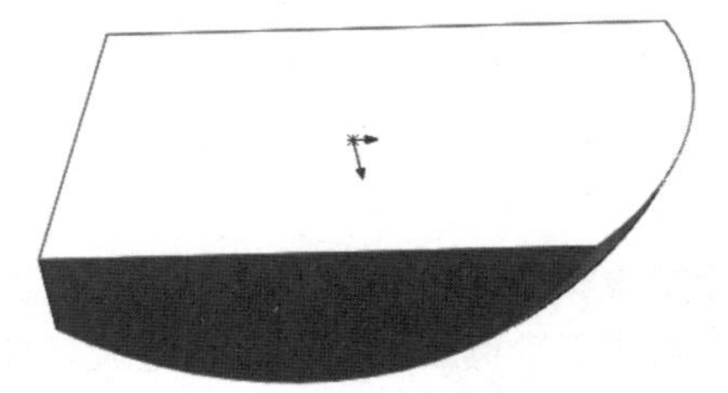

图4-27　平面填充效果

单击“曲面”工具栏“缝合曲面”按钮，或者选择菜单栏“插入”→“曲面”→“缝合曲面”命令，选择组成完整鼠标的所有曲面（其实包括顶面、侧面以及底面），选择“尝试形成实体”前面的复选框，单击“确定”按钮。至此，就通过曲面造型最终形成了一个实体的造型，如果不确认是否真的为实体，可以单击“剖面视图”按钮，默认将鼠标模型以前视基准面进行剖切，如图4-28所示。如果在进行缝合曲面操作时，没有选择“尝试形成实体”前面的复选框，则软件只会将所选的曲面进行缝合，即将所选曲面组成一个曲面，单击“剖面视图”按钮后，形成的剖切效果如图4-29所示。

提示：使用鼠标选择了曲面后，该曲面会以蓝色状态高亮显示。如果不确定是否选择了所有曲面，可以通过鼠标中键旋转模型，以方便确认所有曲面都处于选中状态。在进行曲面缝合时，封闭曲面的内部空间不可见，可以通过剖面视图功能对模型进行剖切处理，以查看内部结构。

图 4-28　实体模型剖面视图

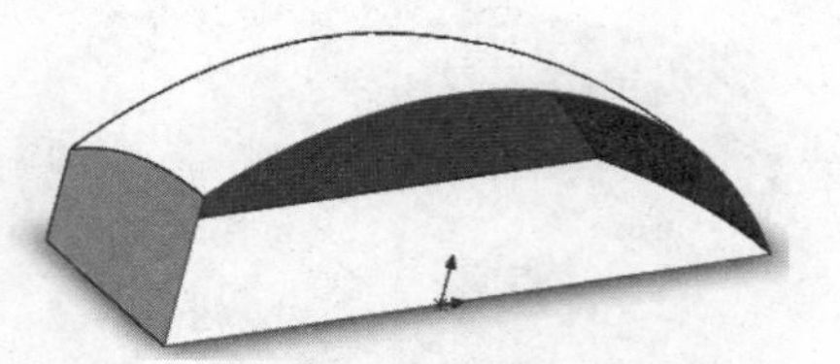

图 4-29　曲面模型剖面视图

## 4.3　课堂实训

（1）通过曲面特征完成直径为 40 mm，高为 100 mm 的圆柱实体造型。

建模步骤如下：

①绘制圆形草图，使用拉伸曲面功能完成圆柱形曲面的绘制。

②使用平面区域完成圆柱上底面的曲面生成。

③使用平面区域完成圆柱下底面的曲面生成。

④缝合曲面并生成实体。

（2）参照图 4-30 所示花洒形状曲面，尺寸自定义，进行曲面造型。

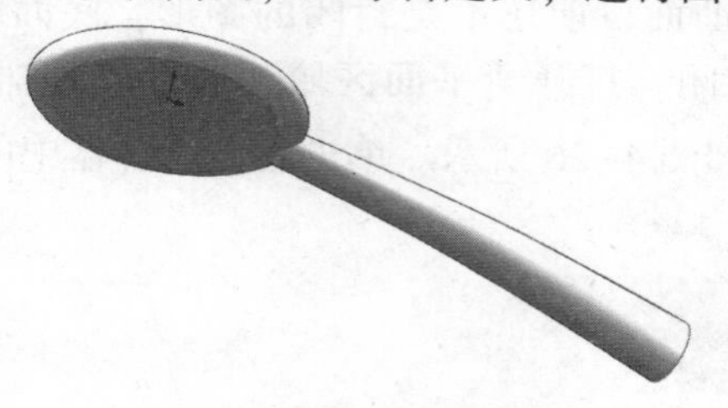

图 4-30　花洒

建模步骤如下：

①新建半个椭圆形草图，通过旋转曲面特征绘制花洒头部结构。

②新建直线草图，通过拉伸曲面特征绘制出水部分平面。

③将多余的椭圆曲面以及拉伸平面通过剪裁曲面特征减掉。

④绘制手柄部分的起点与终点草图以及外形控制草图，通过放样曲面特征绘制手柄部分。

⑤将多余手柄部分曲面通过剪裁曲面特征减掉。

## 4.4　课后练习

（1）通过曲面特征完成边长为 100 mm，直径为 50 mm 的直角弯管的曲面造型，如图 4-31 所示。

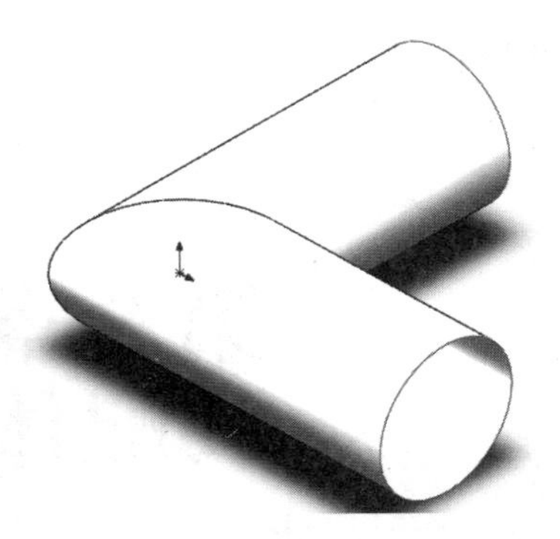

图 4-31　直角弯管曲面

（2）参照图 4-32 所示五角星状立体曲面，尺寸自定义，进行曲面造型。

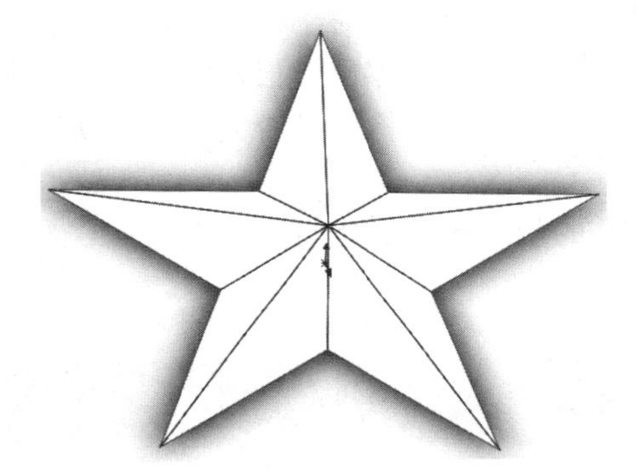

图 4-32　五角星立体曲面

（3）参照图 4-33 所示键盘按键形状曲面，尺寸自定义，进行曲面造型。

图 4-33　键盘按键

# 第5章 装配体

一般来说，单纯的零件没有实际意义。对于机械设计而言，一个运动机构、一台装置或设备才有意义。将已经完成的各个独立的零件，根据预先的设计要求装配成为一个完整的装配体，并在此基础上对其进行运动测试，检查是否完成设计功能，才是设计的最终目的，也是 SolidWorks 的要点之一。

本章主要介绍 SolidWorks 的装配建模功能与操作方法。

## 5.1 装配体概述

装配是根据技术要求将若干零件接合成部件，或将若干个零件和部件接合成产品的劳动过程。装配是整个产品制造过程中的后期工作，各部件需正确地装配，才能形成最终产品。如何将零部件装配成产品是装配模块所要解决的问题。

### 5.1.1 计算机辅助装配

计算机辅助装配工艺设计是用计算机模拟装配人员编制装配工艺，自动生成装配工艺文件的过程。它可以缩短编制装配工艺的时间，减少劳动量，同时提高装配工艺的规范化程度，并能对装配工艺进行评价和优化。

1. 产品装配建模

产品装配建模是能完整、正确地传递不同装配体设计参数、装配层次和装配信息的产品模型。它是产品设计过程中数据管理的核心，是产品开发和支持设计灵活变动的强有力工具。

建立产品装配模型的目的在于建立完整的产品装配信息表达，一方面使系统对产品设计能进行全面支持；另一方面它可以为 CAD 系统中的装配自动化和装配工艺规划提供信息源，并对设计进行分析和评价。图 5-1 所示为基于 CAD 系统进行装配的产品零部件。

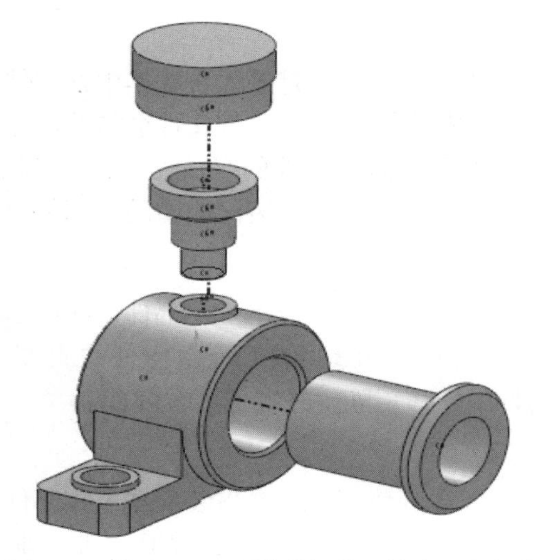

**图5-1　基于CAD系统进行装配的产品零部件**

2. 装配特征的定义与分类

装配特征基于不同的应用角度有不同的分类。根据产品装配的有关知识，零件的装配性能不仅取决于零件本身的几何特性（如轴孔配合有无倒角），还取决于零件的非几何特征（如零件的质量、精度等）和装配操作的相关特征（如零件的装配方向、装配方法及装配力的大小等）。装配特征可分为几何装配特征、物理装配特征和装配操作特征3种类型。

（1）几何装配特征：包括配合特征几何元素、配合特征几何元素的位置、配合类型和零件位置等属性。

（2）物理装配特征：与零件装配有关的物理装配特征属性，包括零件的体积、质量、配合面粗糙度、刚性及黏性等。

（3）装配操作特征：指装配操作过程中零件的装配方向、装配过程中的阻力、抓拿性、对称性、有无定向与定位特征、装配轨迹，以及装配方法等属性。

### 5.1.2　了解SolidWorks装配术语

初学者在利用SolidWorks进行装配建模之前，必须先了解一些装配术语，这有助于后续课程的学习。

1. 零部件

在SolidWorks中，零部件就是装配体中的一个组件（组成部件）。零部件可以是单个部件（即零件）也可以是子装配体。在Solidworks装配过程中零部件由装配体引用而不是复制到装配体中，因此单个的装配体文件一般无法单独使用，需要配合这些零部件文件一起使用。

2. 子装配体

组成装配体的这些部件称为子装配体。当一个装配体成为另一个装配体的部件时，这个装配体就被称为子装配体。

3. 装配体

装配体是由多个零部件或其他子装配体所组成的组合体。装配体文件的扩展名为“sl-

dasm”。

装配体文件中保存了两方面的内容：一是进入装配体中各零件的路径，二是各零件之间的配合关系。一个零件放入装配体中时，这个零件文件会与装配体文件产生链接的关系。在打开装配体文件时，SolidWorks 要根据各零件的存放路径找出零件，并将其调入装配体环境。当组成装配体的零部件文件发生变化时，装配体中的零部件也会自动发生变化。

4. “自下而上”装配

自下而上装配是指在设计过程中，先设计单个零部件，在此基础上进行装配生成总体设计。这种装配建模需要设计人员交互地给定配合构件之间的配合约束关系，然后由 SolidWorks 系统自动计算构件的转移矩阵，并实现虚拟装配。

5. “自上而下”装配

自上而下装配，是指在装配体环境中创建与该装配体中零部件相关的部件模型，是从装配部件的顶级向下产生子装配和部件（及零件）的装配方法，即先由产品的大致形状特征对整体进行设计，然后根据装配情况对零件进行详细设计。

6. 混合装配

混合装配是将“自上而下”装配和“自下而上”装配结合在一起的装配方法。例如，先创建几个主要部件模型，再将其装配在一起然后在装配体环境中设计该装配体中的部件，即为混合装配。在实际设计中，可根据需要在两种模式下切换。

7. 配合

配合在 SolidWorks 装配时应用非常广泛，是在装配体零部件之间生成几何关系，如同轴、相切、对齐等。当用户添加配合关系时，软件会自动改变零部件的空间位置以满足用户添加的配合关系。但需要注意的是，有的配合关系可能不止一种空间相对位置关系，用户在添加配合关系时，一定要确保软件自动改变零件的空间位置是自己想要添加的配合关系，否则需要对配合特征进行编辑。

8. 关联特征

关联特征是用来在当前零件中，通过在其他零件几何体上进行绘制草图、投影、偏移或加入尺寸来创建几何体。关联特征也是带有外部参考的特征。

## 5.2 装配过程和方法

要实现对零部件进行装配，必须首先创建一个装配体文件，进入装配体环境。进入装配体环境有两种方法：第一种是新建文件时，在弹出的“新建 SolidWorks 文件”对话框中选择“装配体”按钮，单击“确定”按钮即可新建一个装配体文件，并进入装配体环境，如图 5-2 所示；第二种则是在零件环境中，选择菜单栏“文件”→“从零件制作装配体”命令，切换到装配体环境。

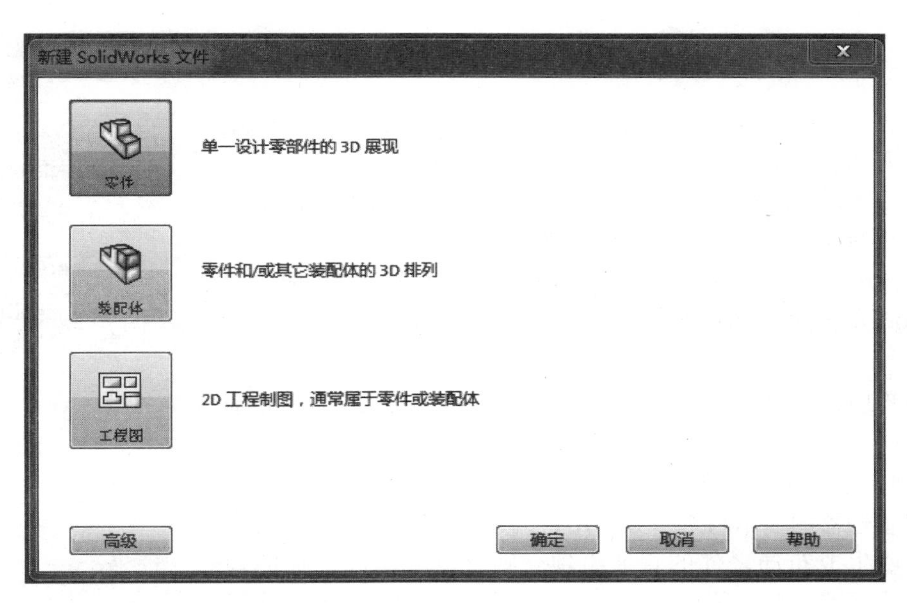


图 5-2　新建装配体文件

当新建或打开一个装配体文件时，即进入 SolidWorks 装配操作界面。SolidWorks 装配操作界面和零件编辑的界面相似，同样具有菜单栏、工具栏、设计树、控制区和零部件显示区。在左侧的设计树中列出了组成该装配体的所有零部件，在设计树最底端还有一个配合的文件夹，包含了所有零部件之间的配合关系，如图 5-3 所示。

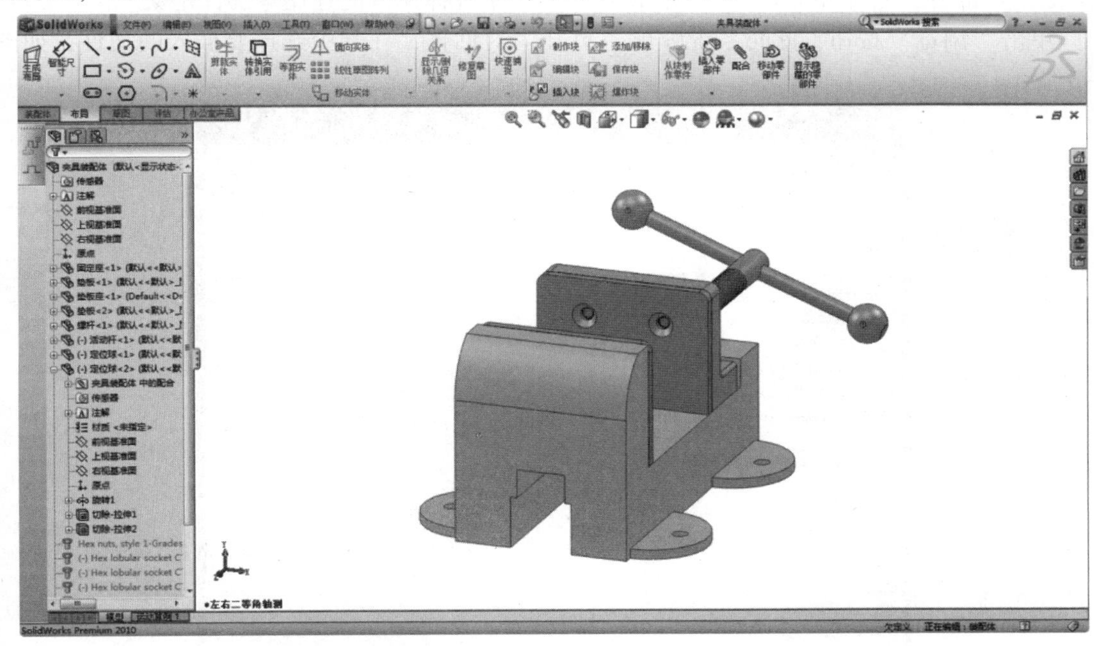


图 5-3　SolidWorks 装配操作界面

注意：由于 SolidWorks 提供了用户自定义界面的功能，因此本书装配操作界面可能与读者实际应用有所不同，但大部分界面是一致的。

## 5.2.1 装配第一个零件

当用户新建装配体文件并进入装配体环境中时，用户界面左侧弹出“开始装配体”属性管理器，如图5-4所示。

此时，用户可以单击“生成布局”按钮，直接进入布局草图模式中，绘制用于定义装配零部件位置的草图。

用户还可以通过单击“浏览”按钮，浏览要打开的装配体文件并将其插入装配体环境中，然后再进行装配的设计、编辑等操作。

属性管理器的“选项”标签中包含3个选项，其含义分别如下。

“生成新装配体时开始命令”：该选项用于控制“开始装配体”属性管理器的显示与否。如果用户的第一个装配体任务为插入零部件或生成布局之外的普通事项，则可以取消此选项的勾选。如果关闭了“开始装配体”属性管理器的显示，则通过执行“插入零部件”命令，重新勾选此选项后即可打开。

“图形预览”：此选项用于控制插入的装配模型是否在图形区中预览。

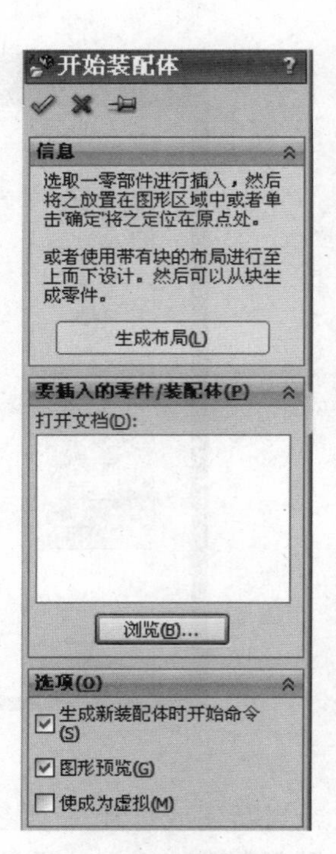


图5-4 “开始装配体”属性管理器

“使成为虚拟”：勾选此选项，可以使用户插入的零部件成为“虚拟”零部件，断开外部零部件文件的链接并在装配体文件内存储零部件定义。

单击“浏览”按钮，此时系统弹出“打开”对话框，在其中选择要插入的文件，如图5-5所示。

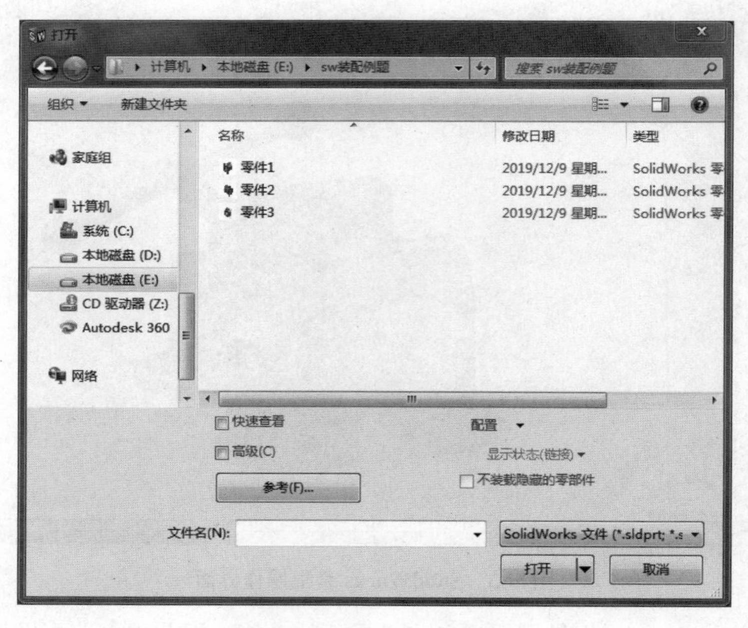


图5-5 “打开”对话框

在绘图区域适当位置单击即可插入零部件。放入装配体中的第一个零部件的默认状态是固定的，在设计树中零部件名称前面显示“（固定）”。装配体中固定的零部件无法改变空间位置。如果插入的不是第一个零件，则默认是浮动的，在设计树中显示为“(-)”，如图 5-6 所示。

如果需要将固定的零部件设定为浮动状态，则右击设计树中该固定的零部件，在弹出的快捷菜单中选择“浮动”选项，如图 5-7 所示。反之，也可以将浮动零部件设定为固定状态。实际操作中也经常将第一个零件设置为“浮动”后，再利用其参考平面与装配体环境的参考平面配合，即在设计树下，按〈Ctrl〉键同时选中装配体环境和零件的参考平面后，单击“配合”选择“重合”装配关系，通过 3 个方向参考平面的配合使该零件固定，如图 5-8 所示。

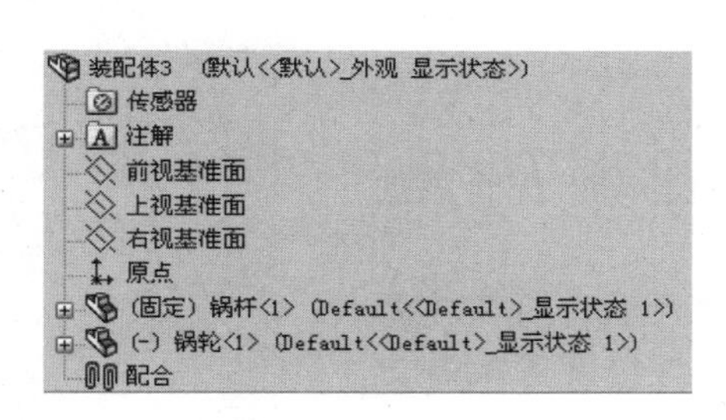


图 5-6　固定和浮动显示

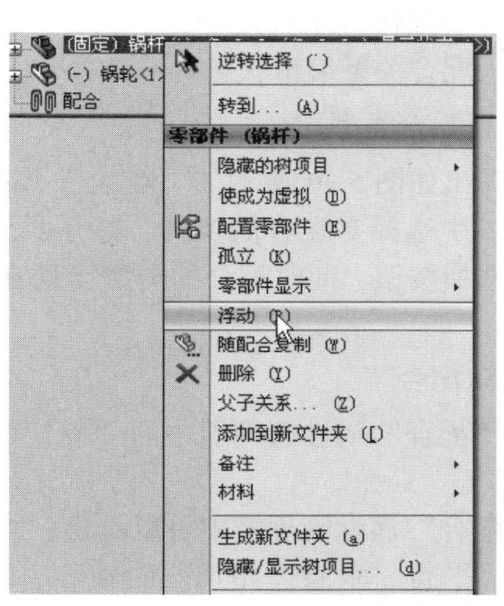


图 5-7　设置浮动的快捷菜单

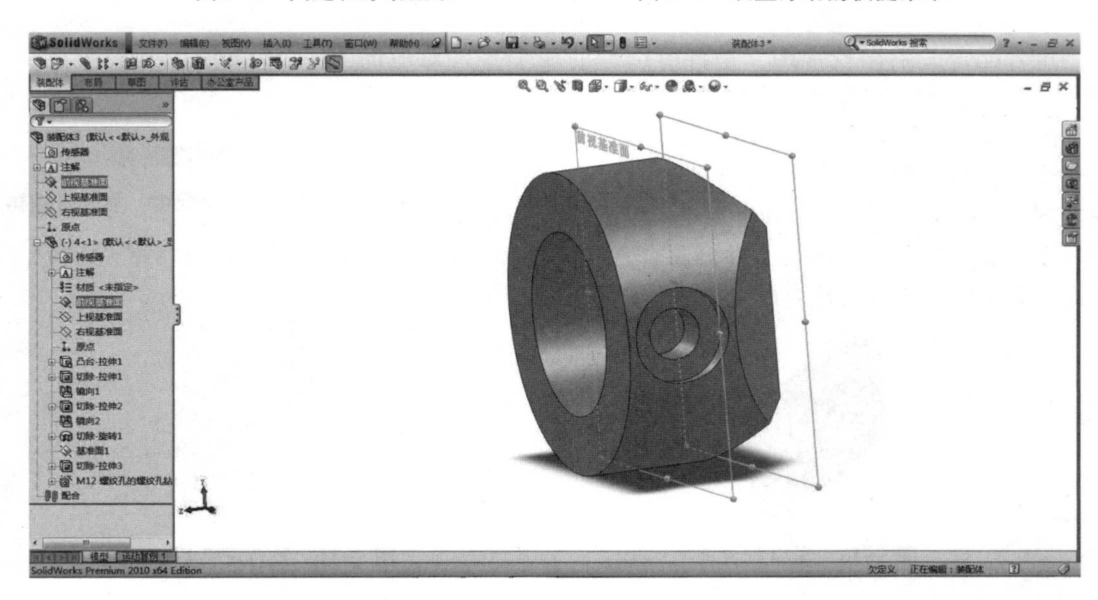


图 5-8　利用参考平面建立装配关系

注意：第一个零部件的摆放位置决定了整个装配体的摆放位置，因此读者一定要先再三确认第一个零件的空间位置是否正确，再进行其他零件的装配。

## 5. 2. 2　装配其余零件

1. 插入零部件

单击“装配体”工具栏中的“插入零部件”按钮，或者选择菜单栏“插入”→“零部件”→“现有零件/装配体”命令即可再次打开“插入零部件”属性管理器。其使用方法与上文介绍的“开始装配体”属性管理器类似。单击“浏览”按钮，即可插入零部件。

2. 执行配合命令

单击“装配体”工具栏中的“配合”按钮，或者选择菜单栏“工具”→“配合”命令即可进入配合关系编辑状态。

3. 设置配合类型

系统弹出如图5-9所示的“配合”属性管理器。在“配合选择”标签中选择要配合的实体，然后单击“标准配合”标签中的配合选择按钮，此时配合的类型出现在设计树中的“配合”文件夹中。

4. 确认配合

单击“配合”属性管理器中的“确定”按钮，配合添加完毕。

从“配合”属性管理器中可以看出，“标准配合”标签主要包括重合、平行、垂直、相切、同轴心、距离与角度等配合方式。下面分别介绍上述几种类型的配合方式。

1）重合

重合配合关系比较常用，是将所选择的两个零件对应的平面、边线、顶点，或者平面与边线、点与平面重合在一起。

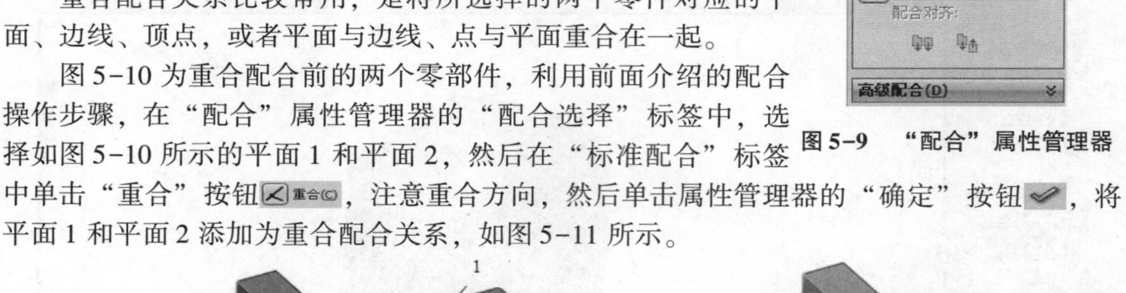

图5-9　“配合”属性管理器

图5-10为重合配合前的两个零部件，利用前面介绍的配合操作步骤，在“配合”属性管理器的“配合选择”标签中，选择如图5-10所示的平面1和平面2，然后在“标准配合”标签中单击“重合”按钮，注意重合方向，然后单击属性管理器的“确定”按钮，将平面1和平面2添加为重合配合关系，如图5-11所示。

图5-10　重合配合前的图形

图5-11　重合配合后的图形

2）平行

平行也是常用的配合关系，用来定位所选零件的平面或者基准面，使之保持相同的方向，彼此间保持一定的距离。

图5-12为平行配合前的两个零部件，标注的1和2并高亮显示的两个平面为选择的配合实体。利用前面介绍的配合操作步骤，在“配合”属性管理器的“配合选择”标签中，选择平面1和平面2，然后单击“标准配合”标签中的“平行”按钮，单击属性管理器中的“确定”按钮，将平面1和面2添加为平行配合关系，如图5-13所示。

图5-12 平行配合前的图形

图5-13 平行配合后的图形

3）垂直

相互垂直的配合方式用于两零件的基准面与基准面、基准面与轴线、平面与平面、平面与轴线、轴线与轴线之间的配合。其中，面与面之间的垂直配合，是指空间法向量的垂直配合，并不是指平面的垂直配合。

图5-14为垂直配合前的两个零部件。利用前面介绍的配合操作步骤，在“配合”属性管理器的“配合选择”标签中，选择平面1和临时轴2，然后单击“标准配合”标签中的“垂直”按钮，单击属性管理器中的“确定”按钮，将平面1和临时轴2添加为“垂直”配合关系，如图5-15所示。

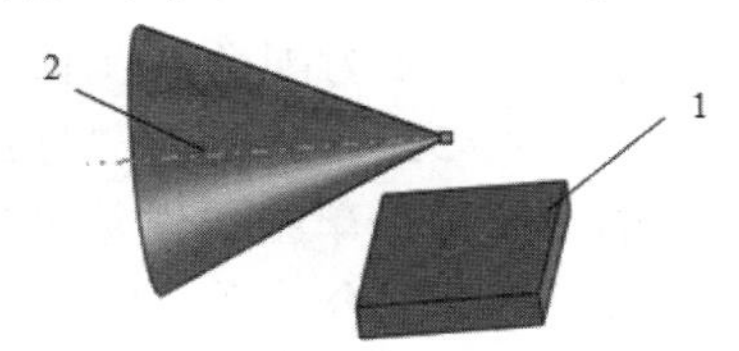

图5-14 垂直配合前的图形

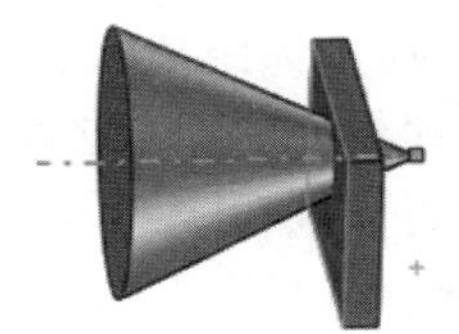
图5-15 垂直配合后的图形

4）相切

相切配合方式用于两零件的圆弧面与圆弧面、圆弧面与平面、圆弧面与圆柱面、圆柱面与圆柱面、圆柱面与平面之间的配合。

图5-16为相切配合前的两个零部件，圆弧面1和圆柱面2为配合的实体面。在“配合”属性管理器的“配合选择”标签中，选择圆弧面1和圆柱面2，然后单击“标准配合”标签中的“相切”按钮，单击属性管理器中的“确定”按钮，将圆弧面1和圆柱面2添加为相切配合关系，如图5-17所示。

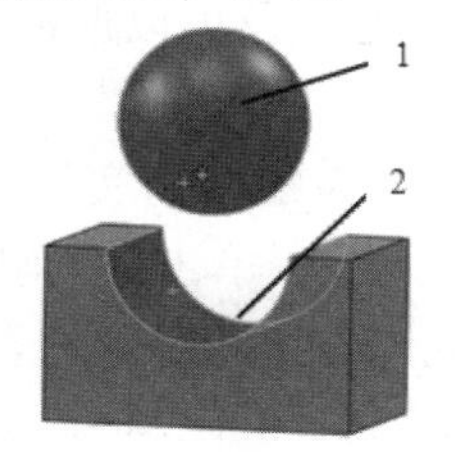

图5-16 相切配合前的图形

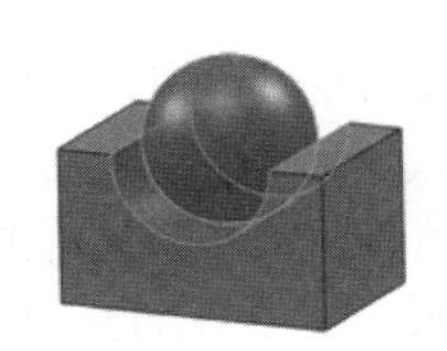
图5-17 相切配合后的图形

5）同轴心

同轴心配合方式用于两零件的圆柱面与圆柱面、圆孔面与圆孔面、圆锥面与圆锥面之间的配合。

图5-18所示为同轴心配合前的两个零部件，圆柱面1和圆柱面2为配合的实体面。在“配合”属性管理器的“配合选择”标签中，选择圆柱面1和圆柱面2，然后单击“标准配合”标签中的“同轴心”按钮，单击属性管理器中的“确定”按钮，将圆柱面1和圆柱面2添加为同轴心配合关系，如图5-19所示。

需要注意的是，同轴心配合对齐的方式有两种：一种是反向对齐，在“配合”属性管理器中的按钮是；另一种是同向对齐，在“配合”属性管理器中的按钮是。在该配合中，系统默认的配合是反向对齐，如图5-19所示。单击“配合”属性管理器中的“同向对齐”按钮，则生成如图5-20所示的配合图形。

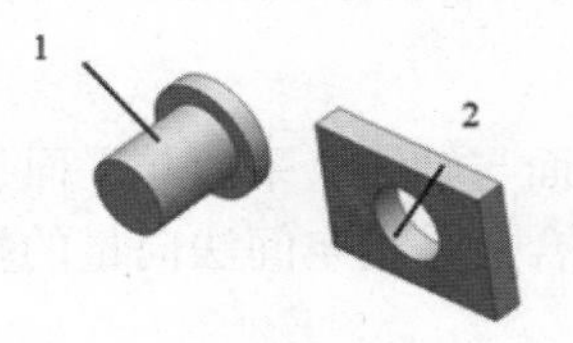

**图5-18　同轴心配合前**

**图5-19　反向对齐配合后**

**图5-20　同向对齐配合后**

6）距离

距离配合方式用于两零件的平面与平面、基准面与基准面、圆柱面与圆柱面、圆锥面与圆锥面之间的配合，可以形成平行距离的配合关系。

图5-21所示为距离配合前的两个零部件，平面1和平面2为配合的实体面。在“配合”属性管理器的“配合选择”标签中，选择平面1和平面2，然后单击“标准配合”标签中的“距离”按钮，在其中输入设定的距离值，单击属性管理器中的“确定”按钮，将平面1和平面2添加为“距离”为100 mm的配合关系，如图5-22所示。

距离配合对齐方式也有反向对齐和同向对齐两种，用户可根据实际需要进行设置。

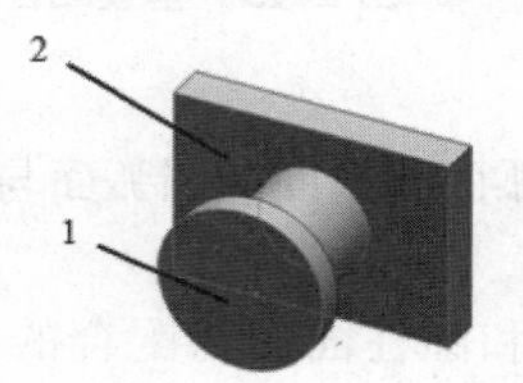

**图5-21　距离配合前图形**

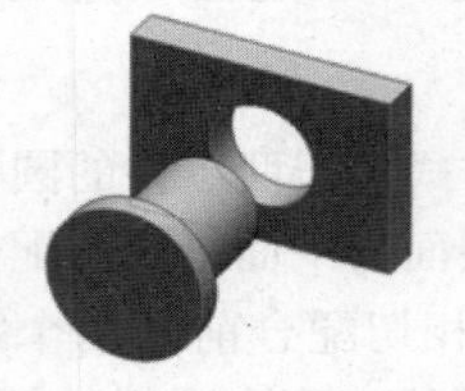
**图5-22　距离配合后图形**

7）角度

角度配合方式用于两零件的平面与平面、基准面与基准面及可以形成角度值的两实体之间的配合关系。

图5-23为角度配合前的两个零部件，平面1和平面2为配合的实体面，在“配合”属性管理器中“配合选择”标签中，选择平面1和平面2，然后单击“标准配合”标签中的“角度”按钮，在其中输入设定的角度值，单击属性管理器中的“确定”按钮，将平面1和平面2添加为角度为135°的配合关系，如图5-24所示。

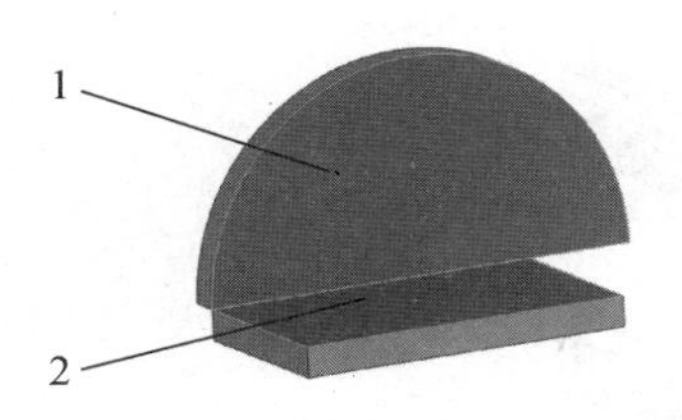

图 5-23　角度配合前的图形

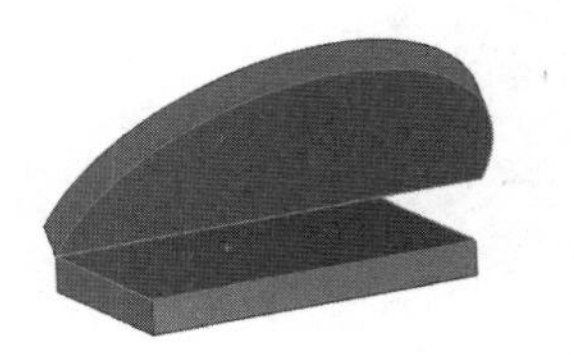
图 5-24　角度配合后的图形

要满足装配体文件中零部件的装配，通常需要几个配合关系结合运用，所以要灵活运用装配关系，使其满足装配的需要。

“高级配合”标签应用较少，主要包括对称配合、宽度配合、路径配合和线性/线性耦合配合等。下面分别简单介绍上述几种类型的配合方式，应用时可按照引导进行设置。

1）对称配合

对称配合强制两个零件的某平面相对于特定平面呈对称关系，如图 5-25 所示。

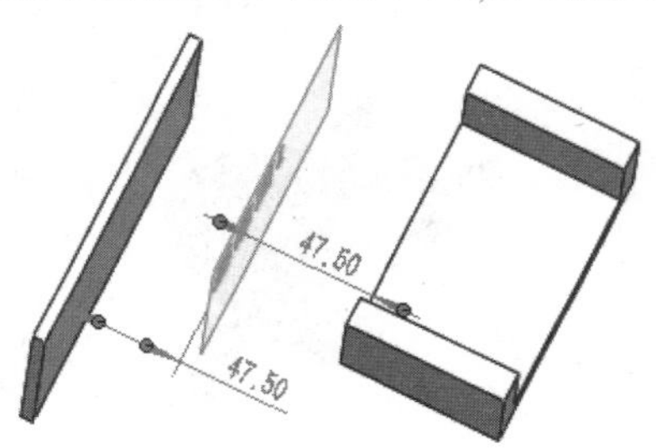

图 5-25　对称配合

2）宽度配合

宽度配合使零部件位于凹槽宽度内的中心位置，如图 5-26 所示。

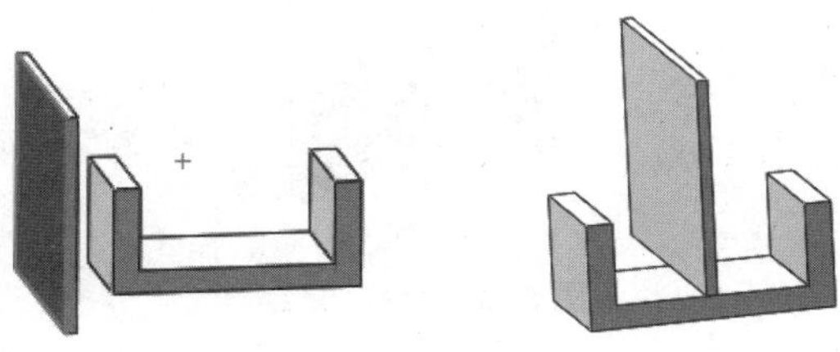
图 5-26　宽度配合

3）路径配合

路径配合将零部件上所选的点约束到路径上，如图 5-27 所示。

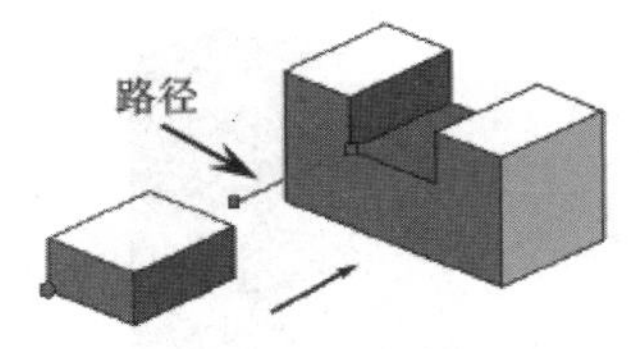

图 5-27　路径配合

4）线性/线性耦合配合

线性/线性耦合配合是在一个零部件的平移和另一个零部件的平移之间建立几何关系，如图 5-28 所示。

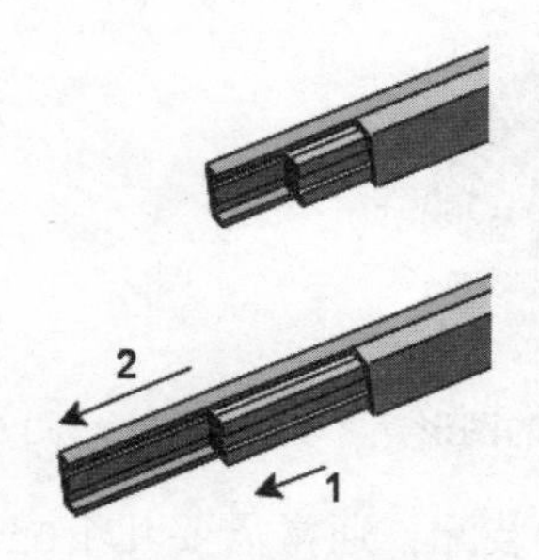

图 5-28　线性耦合配合

“机械配合”标签主要包括凸轮配合、铰链配合、齿轮配合、齿条小齿轮配合、螺旋配合、万向节配合等。下面分别简单介绍上述几种类型的配合方式。

1）凸轮配合

凸轮配合为相切或重合配合类型。它允许将圆柱、基准面或点与一系列相切的拉伸曲面相配合，如图 5-29 所示。

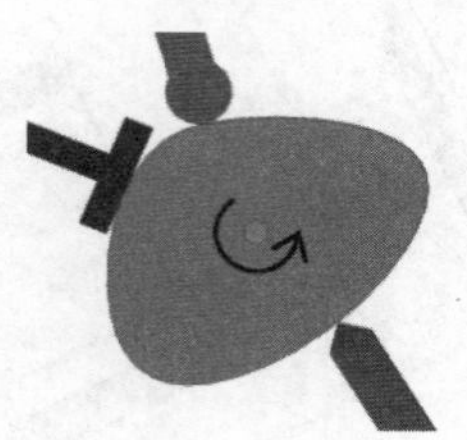
图 5-29　凸轮配合

2）铰链配合

铰链配合将所选实体的移动限制在一定的旋转范围内。如图 5-30 所示。

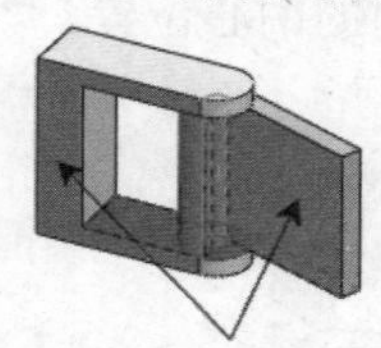
图 5-30　铰链配合

3）齿轮配合

齿轮配合强迫两个零部件绕所选轴相对旋转。齿轮配合的有效旋转轴包括圆柱面、圆锥面、轴和线性边线，如图 5-31 所示。

图 5-31　齿轮配合

4）齿条小齿轮配合

齿条小齿轮配合是齿条移动方向的边线与齿轮圆周面的滚动配合方式，如图 5-32 所示。

图 5-32　齿轮小齿条配合

5）螺旋配合

螺旋配合将两个零部件约束为同心，在一个零部件的旋转和另一个零部件的平移之间添加纵倾几何关系。一零部件沿轴方向的平移会根据纵倾几何关系引起另一个零部件的旋转；同样，一个零部件的旋转可引起另一个零部件的平移，如图 5-33 所示。

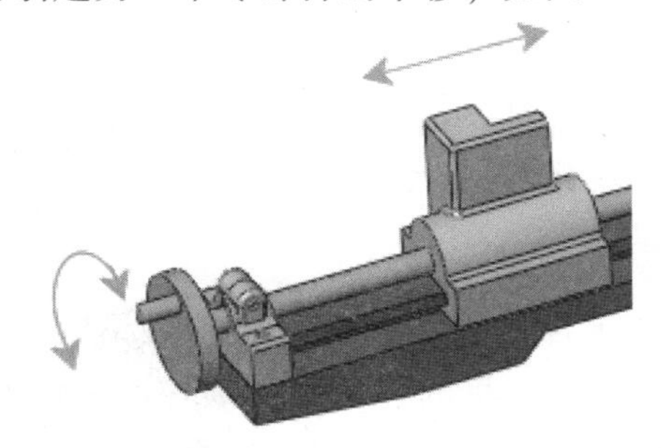

图 5-33　螺旋配合

6）万向节配合

万向节至少由两个成一定角度对接的连杆链接组成，它有两个自由度，即每个连杆绕着各自的旋转轴转动，从运动的可靠性角度看，两个旋转轴交角一般不能小于 135°；万向节本身不能独立运动，需要两个构件各自的旋转副配合使用，以实现其成一定角度的旋转运动。只有两个构件组成的万向节，一般只能作理论上简单的运动分析，并不能形成完整的运动机构。万向节配合如图 5-34 所示。

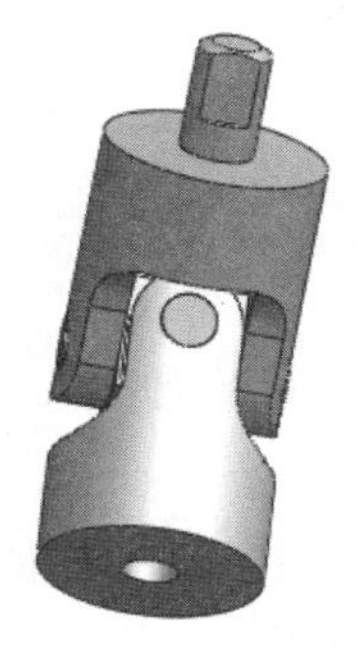

图 5-34　万向节配合

## 5.3 导入相同零件

在 SolidWorks 装配过程中，当出现相同的多个零部件装配时使用“阵列”或“镜向”可以避免多次插入零部件的重复操作；使用“移动”或“旋转”，可以平移或旋转零部件。

### 5.3.1 线性阵列零件

线性阵列可以同时阵列一个或者多个零部件，并且阵列出来的零件不需要添加配合关系即可完成配合。线性阵列零件的操作步骤如下。

1. 创建装配体文件

选择菜单栏“文件”→“新建”命令，在系统弹出的“新建 SoildWorks 文件”对话框中，单击“装配体”按钮，创建一个装配体文件。

2. 插入文件

选择菜单栏“插入”→“零部件”命令，插入已绘制的名为“板”的文件，再插入已绘制的名为“销”的文件，结果如图 5-35 所示。

3. 添加配合关系

选择菜单栏“工具”→“配合”命令，或者单击“装配体”工具栏中的“配合”按钮。系统弹出“配合”属性管理器，将圆柱面 1 和圆柱面 3 添加为“同轴心”配合关系，将平面 2 和平面 4 添加为“重合”配合关系，注意配合的方向。

单击“配合”属性管理器中的“确定”按钮，配合添加完毕。单击“标准视图”工具栏中的“等轴测”按钮，将视图以等轴测方向显示。最后结果如图 5-36 所示。

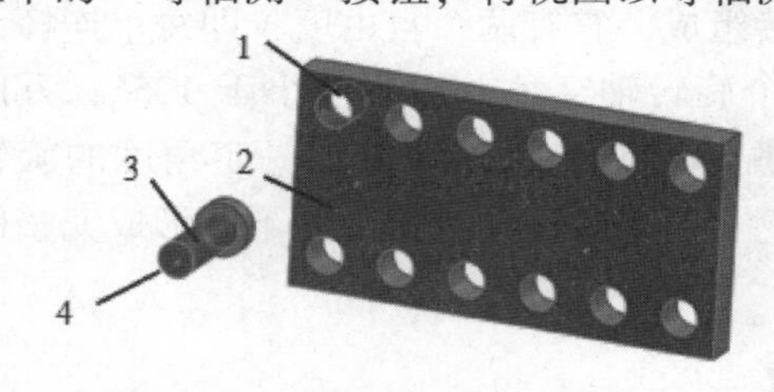


图 5-35 插入零件后的装配体

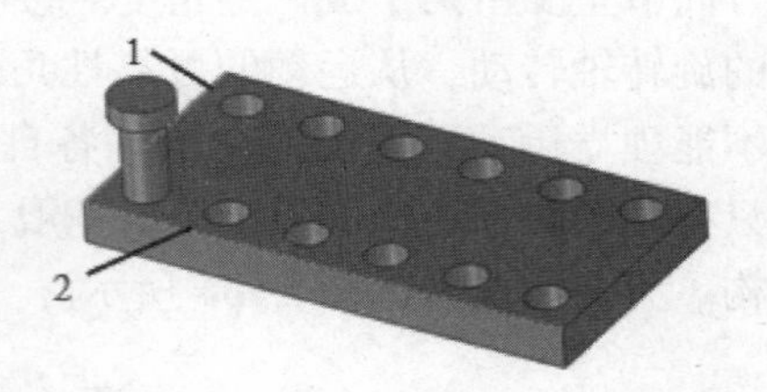


图 5-36 配合后的等轴测视图

4. 线性阵列圆柱零件

单击“线性零部件阵列”按钮，系统弹出如图 5-37 所示的“线性阵列”属性管理器。

在“方向 1”标签的“阵列方向”一栏中，选择如图 5-36 所示的边线 1，注意设置阵列的方向；在“方向 2”标签的“阵列方向”一栏中，选择如图 5-36 所示的边线 2，注意设置阵列的方向；在“要阵列的零部件”标签中，选择如图 5-36 所示的销零件，其他设置如图 5-37 所示。单击“线性阵列”属性管理器中的“确定”按钮，完成零件的线性阵

列，如图 5-38 所示。

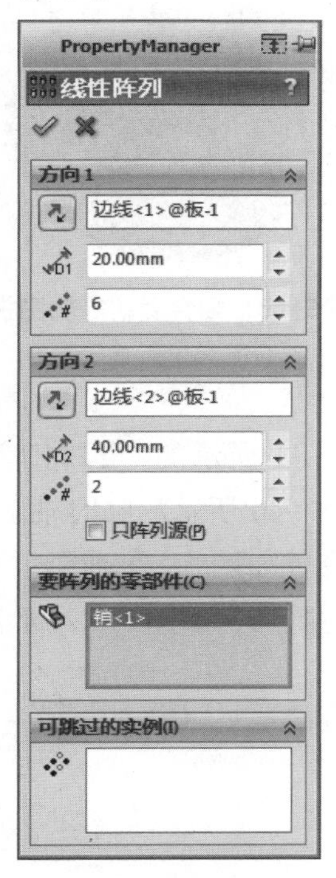


图 5-37　“线性阵列”属性管理器

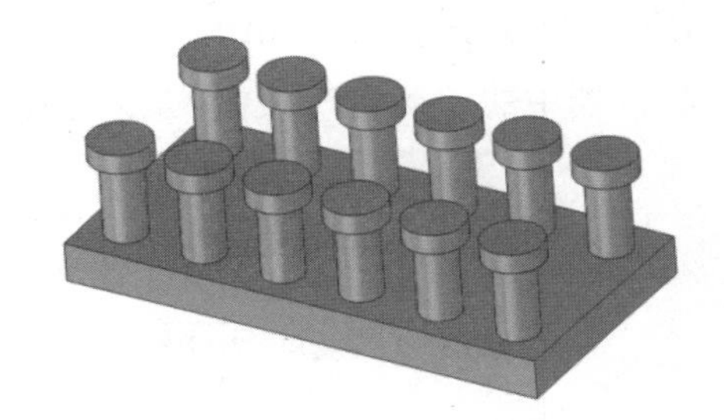

图 5-38　线性阵列后的图形

## 5.3.2　圆周阵列零件

零件的圆周阵列与线性阵列类似，只是需要一个进行圆周阵列的轴线。圆周阵列零件操作步骤如下。

### 1. 创建装配体文件

选择菜单栏“文件”→“新建”命令，在系统弹出的“新建 SoildWorks 文件”对话框中，单击“装配体”按钮，创建一个装配体文件。

### 2. 插入文件

选择菜单栏“插入”→“零部件”命令，插入已绘制的名为“圆盘”的文件，再插入已绘制的名为“销”的文件，结果如图 5-39 所示。

### 3. 添加配合关系

选择菜单栏“工具”→“配合”命令，或者单击“装配体”工具栏中的“配合”按钮。系统弹出“配合”属性管理器，将圆柱面 1 和圆柱面 2 添加为“同轴心”配合关系，将平面 3 和平面 4 添加为“重合”配合关系，注意配合的方向。单击“配合”属性管理器中的“确定”按钮，配合添加完毕。单击“标准视图”工具栏中的“等轴测”按钮，将视图以等轴测方向显示，如图 5-40 所示。

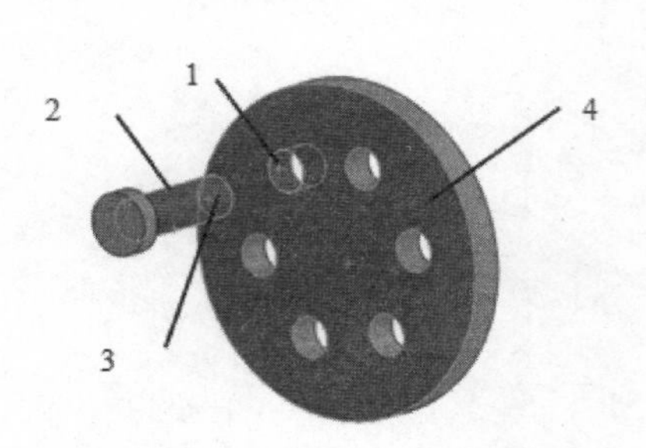


图 5-39　插入零件后的装配体

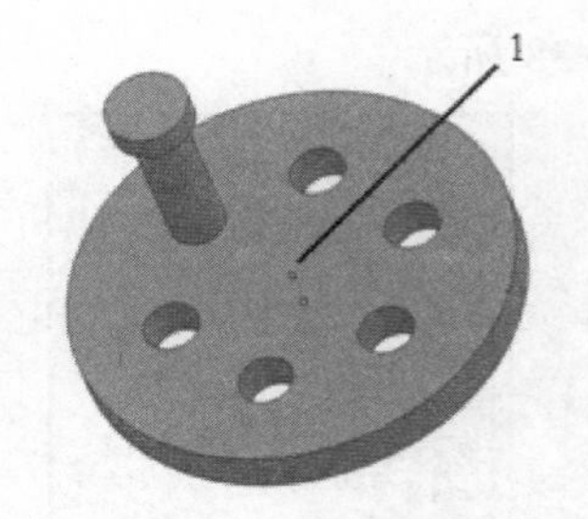


图 5-40　配合后的等轴测视图

4. 圆周阵列圆柱零件

单击“圆周零部件阵列”按钮，系统弹出如图 5-41 所示的“圆周阵列”属性管理器。在“参数”标签中的“阵列轴”一栏中，选择如图 5-40 所示的临时轴 1，在“要阵列的零件”标签中，选择如图 5-40 所示的“销”，其他设置如图 5-41 所示。单击“圆周阵列”属性管理器中的“确定”按钮，完成零件的圆周阵列，如图 5-42 所示。

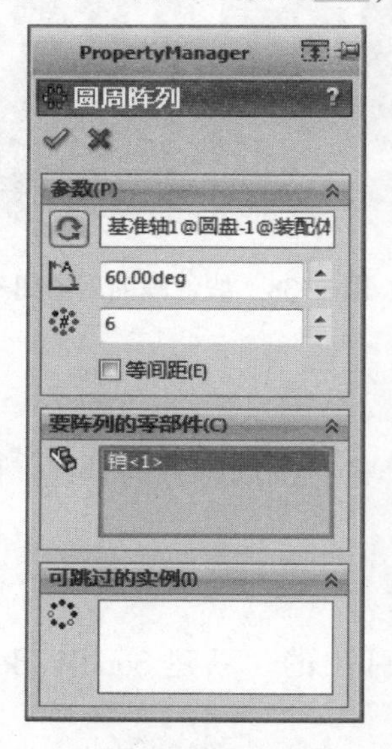


图 5-41　“圆周阵列”属性管理器

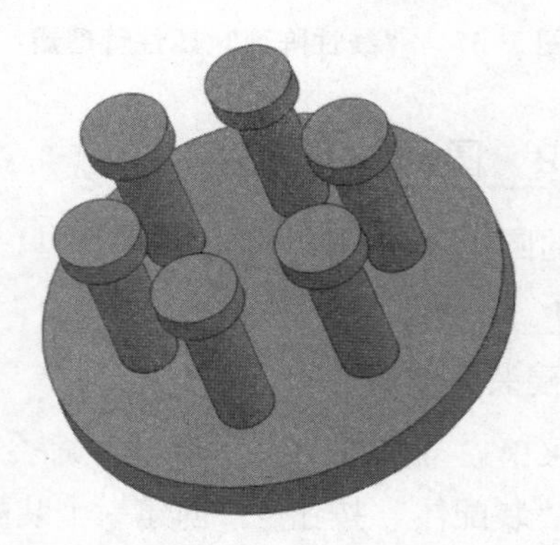

图 5-42　圆周阵列后图形

## 5.3.3　镜向零件

装配体环境下的镜向操作与零件设计环境下的镜向特征操作类似。在装配体环境下，有相同且对称的零部件时，可以使用镜向零部件操作来完成。镜向零件的操作步骤如下。

1. 创建装配体文件

选择菜单栏“文件”→“新建”命令，在系统弹出的“新建 SoildWorks 文件”对话框中，单击“装配体”按钮，创建一个装配体文件。

2. 插入文件

选择菜单栏“插入”→“零部件”命令，插入已绘制的名为“板”的文件，再插入已绘制的名为“销”的文件，调节视图中各零件的方向，如图 5-43 所示。

3. 添加配合关系

选择菜单栏“工具”→“配合”命令，或者单击“装配体”工具栏中的“配合”按钮。系统弹出“配合”属性管理器，将平面 1 和平面 4 添加为“重合”配合关系，将圆柱面 2 和圆柱面 3 添加为“同轴心”配合关系，注意配合的方向。单击“配合”属性管理器中的“确定”按钮，配合关系添加完毕。单击“标准视图”工具栏中的“等轴测”按钮，将视图以等轴测方向显示，如图 5-44 所示。

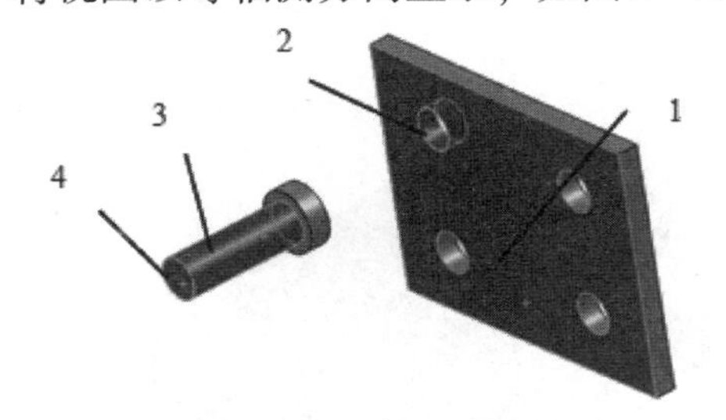


图 5-43　插入零件后的装配体

图 5-44　配合后的等轴测视图

4. 添加基准面

打开“基准面”属性管理器，在“参考实体”一栏中，选择面 1，在“距离”一栏中输入值“40 mm”，注意添加基准面的方向，其他设置如图 5-45 所示，添加如图 5-44 所示的基准面 1。重复此命令，添加如图 5-44 所示的基准面 2。添加基准面后的图形如图 5-46 所示。

图 5-45　“基准面”属性管理器

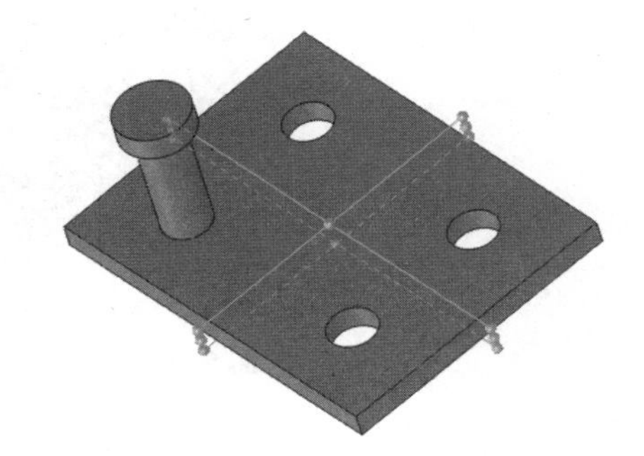

图 5-46　添加基准面后的图形

5. 第一次镜向零件

打开“镜向零部件”属性管理器，在“镜向基准面”中选择基准面 1，在“要镜向的零部件”中选择销零件。单击属性管理器中的“往下”按钮，此时属性管理器如图 5-47

所示。单击“确定”按钮✔，零件镜向完毕，如图5-48所示。

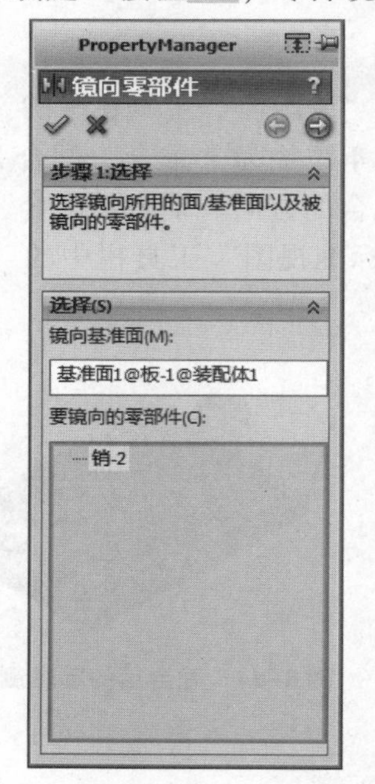


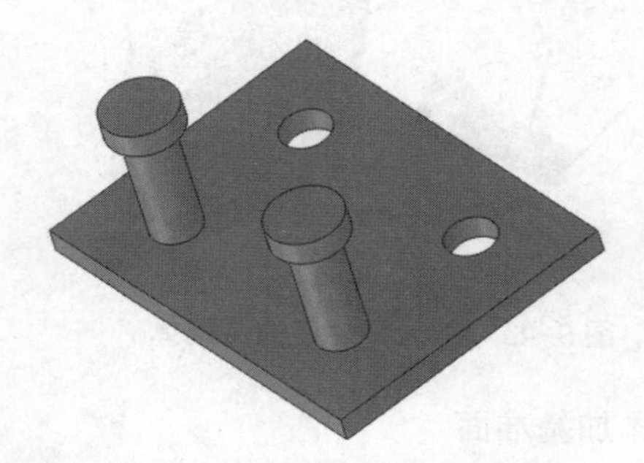

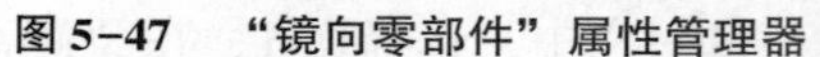

图5-47 “镜向零部件”属性管理器　　图5-48 镜向后的图形

6. 第二次镜向圆柱零件

打开“镜向零部件”属性管理器，在“镜向基准面”中选择基准面2，在“要镜向的零部件”中选择两个“销”。单击属性管理器中的“往下”按钮➔，再单击“销-2”，然后单击“重新定向零部件”按钮。最后单击属性管理器中的“确定”按钮✔，零件镜向完毕，如图5-49所示。

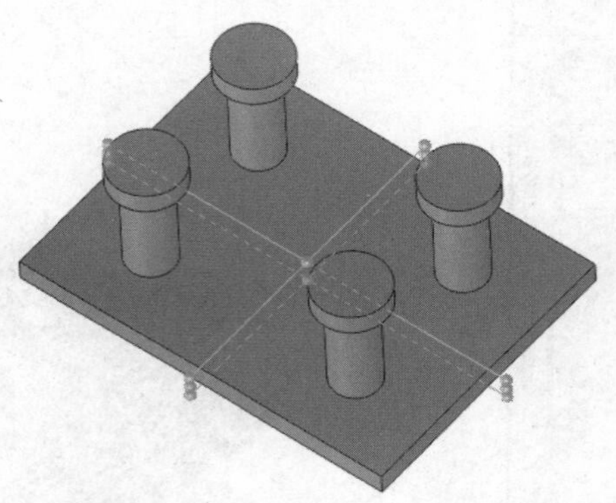

图5-49 镜向后的装配体图形

从上面的实例操作步骤可以看出，不但可以对称地镜向原零部件，而且还可以反方向镜向零部件，灵活应用该命令才可实现不同效果并且可以提高建模速度。

## 5.4　零件调整和编辑

在进行零件装配的时候，有时候由于零部件摆放位置的不合理，添加配合关系时，可能出现零部件与其他零部件重合等不便于操作的情况，此时利用移动零件和旋转零件功能，可以任意移动处于浮动状态的零件。如果该零件被部分约束，则在被约束的自由度方向上是无法运动的。利用此功能，在装配中还可以检查哪些零件是被完全约束的。

在设计树中，只要零部件名称前面有“（-）”符号，则表示该零部件自由度没有被完全约束，也就是说可以“移动”（这里的移动为广义的移动，包括平移和旋转）。

### 5.4.1　平移零件

平移零部件的操作步骤如下。

1. 执行移动命令

选择菜单栏“工具”→“零部件”→“移动”命令，或者单击“装配体”工具栏中的“移动零部件”按钮。

2. 设置移动类型

系统弹出如图 5-50 所示的“移动零部件”属性管理器。在属性管理器中，选择需要移动的类型，然后拖动到需要的位置。

3. 退出命令操作

单击“移动零部件”属性管理器中的“确定”按钮，或者按〈Esc〉键，取消命令操作。

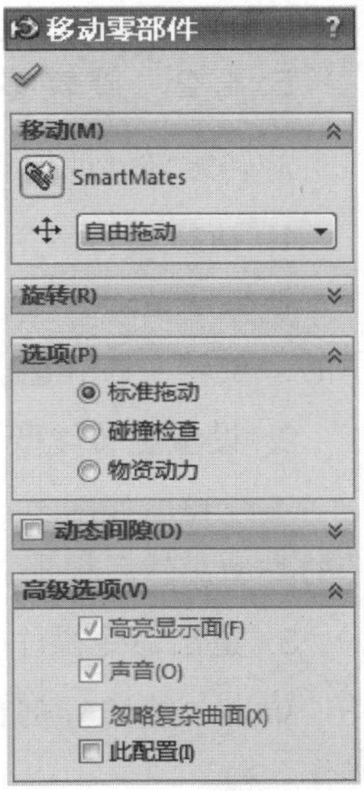

图 5-50　“移动零部件”属性管理器

在“移动零部件”属性管理器中，移动零部件的类型有 5 种，分别是自由拖动、沿装配体 XYZ、沿实体、由三角形 XYZ（或显示为“由 Delta XYZ”）和到 XYZ 位置，如图 5-51 所示。下面分别介绍。

自由拖动：系统默认的选项，可以在视图中把选中的文件拖动到任意位置。

沿装配体 XYZ：选择零部件并沿装配体的 X、Y 或 Z 方向拖动。视图中显示的装配体坐标系可以确定移动的方向。在移动前要在欲移动方向的轴附近单击。

沿实体：首先选择实体，然后选择零部件并沿该实体拖动。如果选择的实体是一条直线、边线或轴，则所移动的零部件具有一个自由度。如果选择的实体是一个基准面或平面，则所移动的零部件具有两个自由度。

由三角形 XYZ（或显示为“由 Delta XYZ”）：即由文件的 3 个坐标轴坐标的变化量控制文件在装配图中的移动。在“移动零部件”属性管理器中输入移动三角形 XYZ 的范围，如图 5-52 所示，然后单击“应用”按钮。零部件按照指定的数值移动。

到 XYZ 位置：即移动到空间内某指定点。选择零部件的一点，在“移动零部件”属性管理器中输入 X、Y 或 Z 坐标，如图 5-53 所示，然后单击“应用”按钮。所选零部件的点移动到指定的坐标位置。如果选择的项目不是顶点或点，则零部件的原点会移动到指定的坐标处。

图 5-51　移动零部件类型下拉菜单

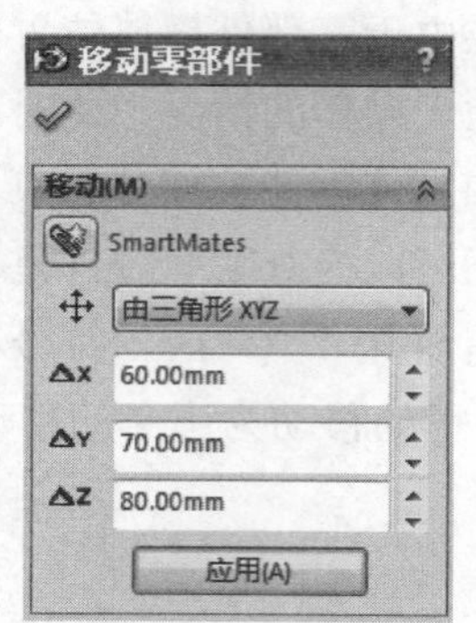


图 5-52　“由三角形 XYZ”设置

图 5-53　“到 XYZ 位置”设置

## 5.4.2　旋转零件

旋转零部件的操作步骤如下。

1. 执行旋转命令。

选择菜单栏“工具”→“零部件”→“旋转”菜单命令，或者单击“装配体”工具栏中的“旋转”按钮。

2. 设置旋转类型

系统弹出如图 5-54 所示的“旋转零部件”属性管理器。在属性管理器中，选择需要旋转的类型，然后根据需要确定零部件的旋转角度。

3. 退出命令操作

单击“旋转零部件”属性管理器的“确定”按钮，或者按〈Esc〉键，取消命令操作。

在“旋转零部件”属性管理器中，旋转零部件的类型有 3 种，分别是自由拖动、对于实体和由三角 XYZ（或显示为“由 Delta XYZ”），如图 5-55 所示，下面分别介绍。

自由拖动：选择零部件并沿任何方向旋转拖动。

对于实体：选择一条直线、边线或轴，然后围绕所选实体旋转零部件。

由三角形 XYZ（或显示为“由 Delta XYZ”）：在属性管理器中输入旋转三角形 XYZ 的范围，然后单击“应用”按钮。零部件按照指定的数值进行旋转。

固定或者完全定义的零部件是不能移动或者旋转的，只能在配合关系允许的自由度范围内移动和旋转该零部件。

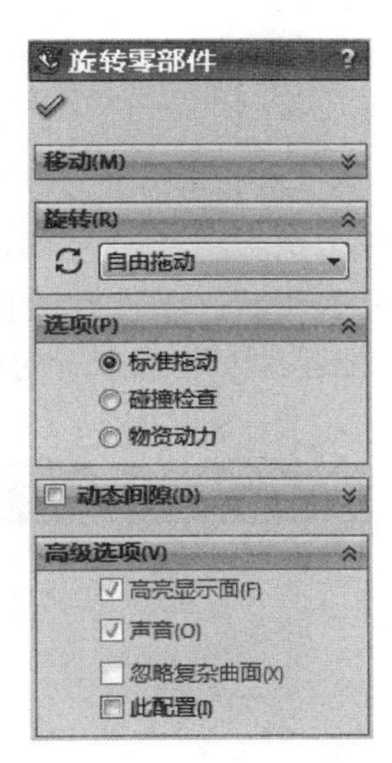


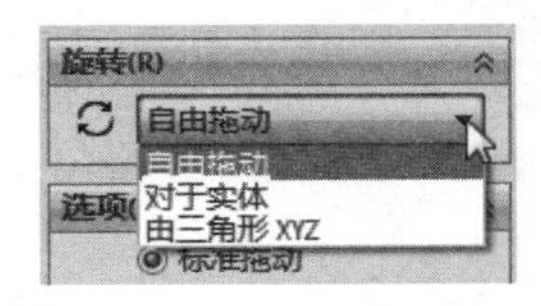


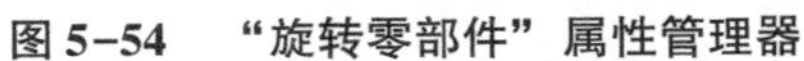
图 5-54　“旋转零部件”属性管理器　　　　图 5-55　旋转零部件类型下拉菜单

## 5.4.3　编辑零件

SolidWorks 提供的零件模型在零件环境、装配体环境和工程图环境的数据共享。在装配体中编辑零件步骤如下：

（1）在设计树中右击需要编辑的零件，在弹出的快捷菜单中选择“编辑”命令，如图 5-56 所示。此时，其他零部件将呈现透明状。

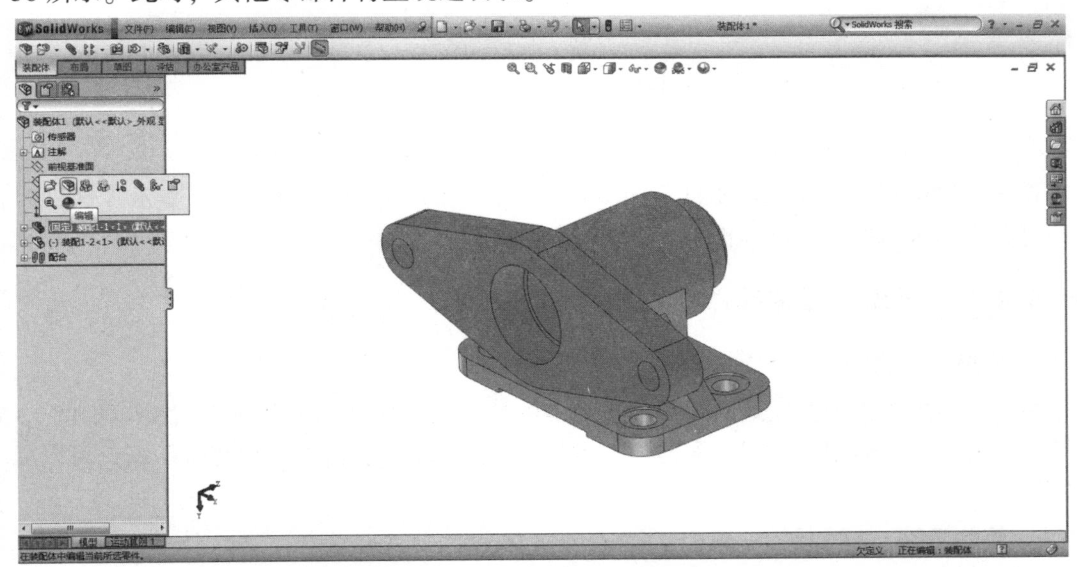

图 5-56　在装配体中编辑零件

（2）选择该零件需编辑的特征，根据需要编辑即可。

（3）完成编辑后，单击“装配体”工具栏上的“编辑零部件”按钮，结束“编辑零部件”命令。

## 5.4.4 显示隐藏零部件

1. 隐藏零部件

在设计树中右击需要隐藏的零件，在弹出的快捷菜单中选择“隐藏零部件”命令，如图5-57所示，则该被隐藏零件在设计树中的名称将呈现透明状，零件在绘图区域中将隐藏。该命令主要用于装配体中需隐藏部分零件，以便于其他零件安装或查看的情况，隐藏后仅在绘图区域中暂时不显示该零件。

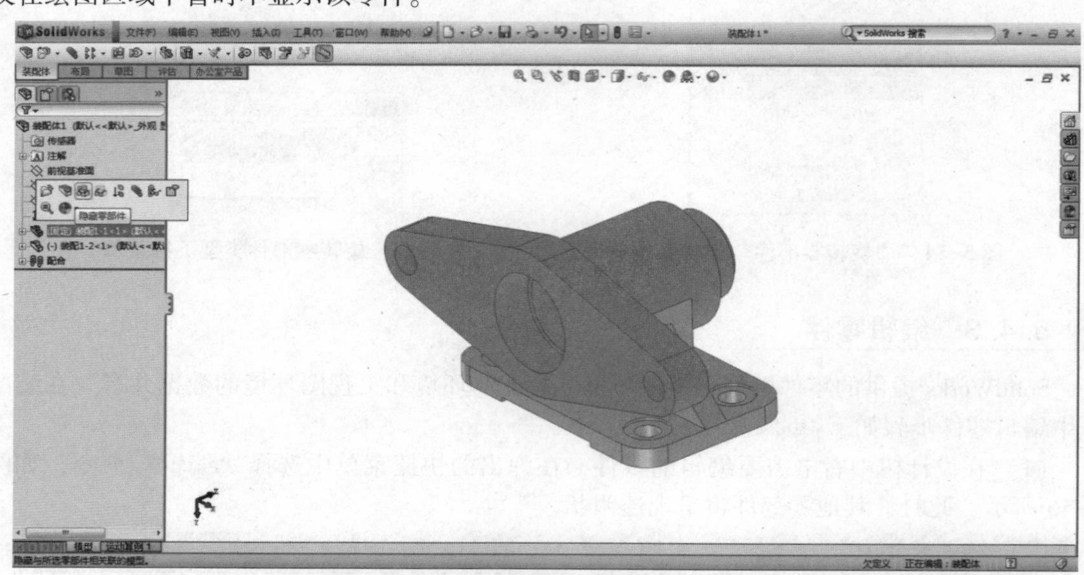


图5-57 在装配体中隐藏零件

2. 显示零部件

在设计树中右击已隐藏需要显示的零件，在弹出的快捷菜单中选择“显示零部件”命令即可在绘图区域中显示该零件。

## 5.4.5 压缩解压零部件

1. 压缩零部件

在设计树中右击需要压缩的零件，在弹出的快捷菜单中选择“压缩”命令，如图5-58所示。该命令主要运用于大型装配体中，当某零件被压缩时，其特征也将被压缩，可以减轻系统运行压力。

2. 解除压缩

在设计树中右击需要解除压缩的零件，在弹出的快捷菜单中选择“解除压缩”命令，完成解除压缩。

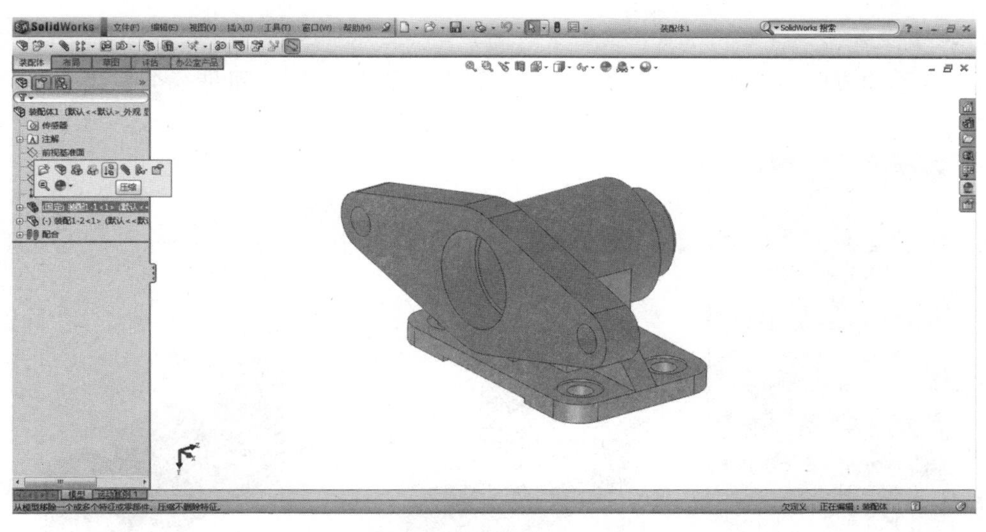

图 5-58　在装配体中压缩零件

## 5.5　装配的应用

### 5.5.1　干涉检查

1. 体积干涉检查

打开一个装配体文件，选择菜单栏“工具”→“干涉检查”命令，选中对象，默认为整个装配体。单击“计算”按钮，开始干涉检查，在“结果”标签中列出干涉信息。展开干涉中的项目，显示出发生干涉的相关零部件，在图形区高亮显示干涉范围，如图 5-59 所示。单击“确定”按钮，结束干涉检查。

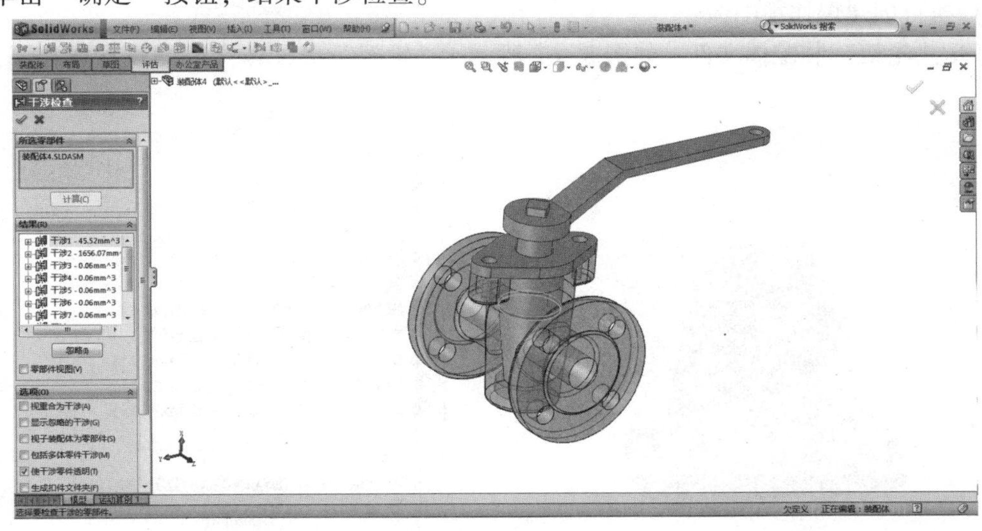

图 5-59　干涉检查

2. 碰撞检查

可以在移动或旋转零部件时，检查该零部件与其他零部件之间是否会发生碰撞，如图5-60所示。

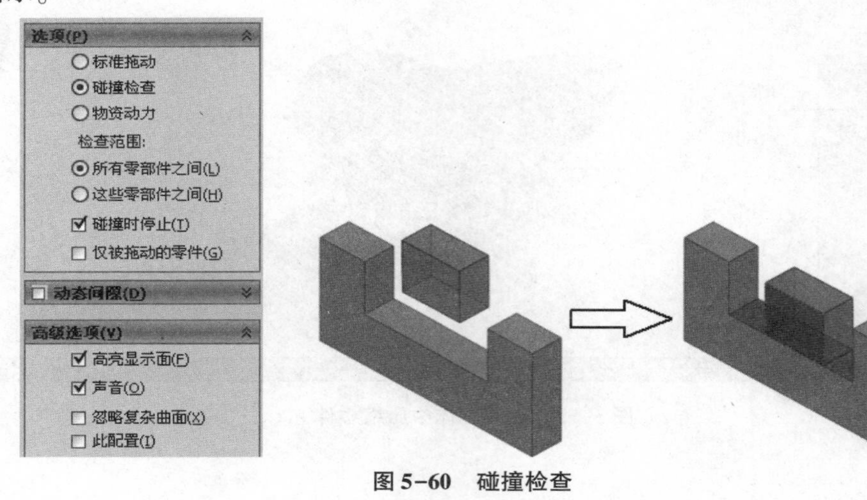


图5-60　碰撞检查

## 5.5.2　爆炸视图

在零部件装配体完成后，为了在制造、维修及销售中直观地分析各个零部件之间的相互配合关系，我们将装配图按照零部件的配合条件来产生爆炸视图。装配体爆炸以后，用户不可以对装配体添加新的配合关系。

1. 生成爆炸视图

爆炸视图可以形象地查看装配体中各个零部件的配合关系，常被称为系统立体图。爆炸视图通常用于介绍零件的组装流程、仪器的操作手册及产品使用说明书中。创建爆炸视图的操作步骤如下。

1）执行创建爆炸视图命令

打开“轮架”装配体文件，如图5-61所示。“轮架”装配体文件的设计树如图5-62所示。

图5-61　“轮架”装配体文件

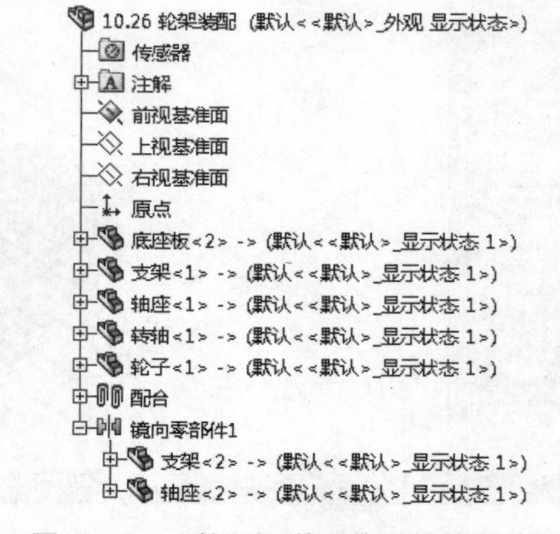


图5-62　“轮架”装配体文件的设计树

选择菜单栏“插入”→“爆炸视图”命令，系统弹出如图 5-63 所示的“爆炸”属性管理器，单击“操作步骤”“设定”及“选项”标签右侧的下拉箭头，将其展开。

2）设置“爆炸”属性管理器

在“设定”标签中的“爆炸步骤零部件”一栏中，单击“底座板”零件，此时装配体中被选中的零件以高亮显示，并且出现一个设置移动方向的坐标，如图 5-64 所示。

单击坐标的某一方向，确定要爆炸的方向，然后在“设定”面板中的“爆炸距离”一栏中输入爆炸的距离值，如图 5-65 所示。

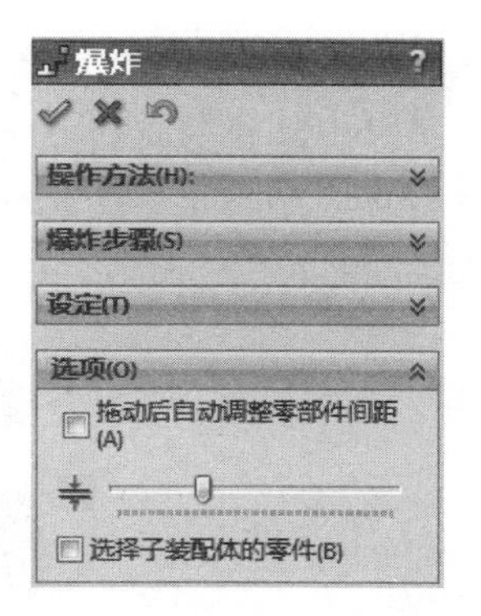


图 5-63 “爆炸”属性管理器

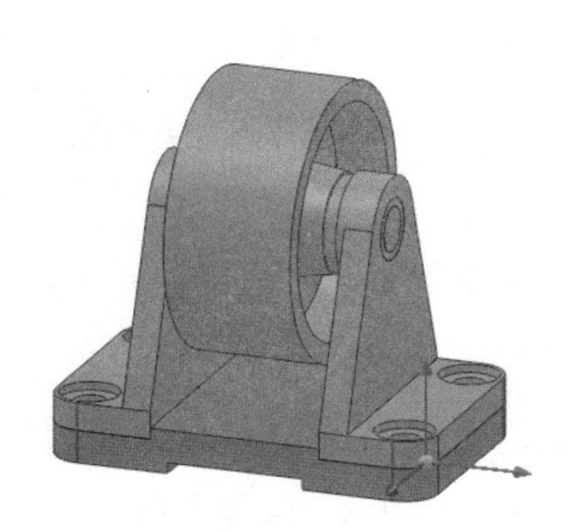

图 5-64 选择零件后的装配体

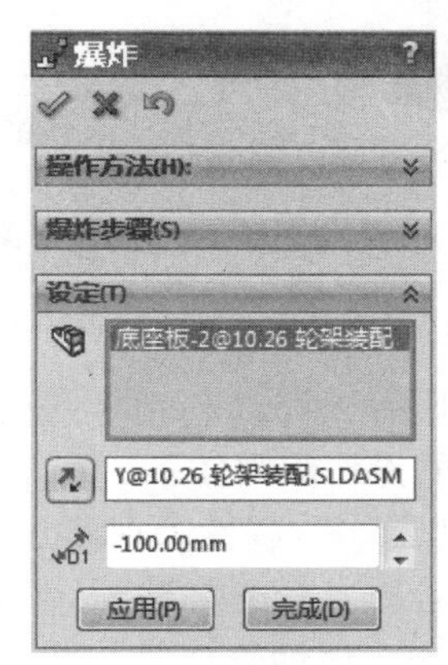


图 5-65 “设定”标签的设置

单击“设定”标签中的“应用”按钮，观测视图中预览的爆炸效果，单击“爆炸方向”前面的“反向”按钮，可以反方向调整爆炸视图零件。单击“完成”按钮，第一个零件爆炸完成，结果如图 5-66 所示，并且在“操作步骤”标签中生成“爆炸步骤 1”，如图 5-67 所示。

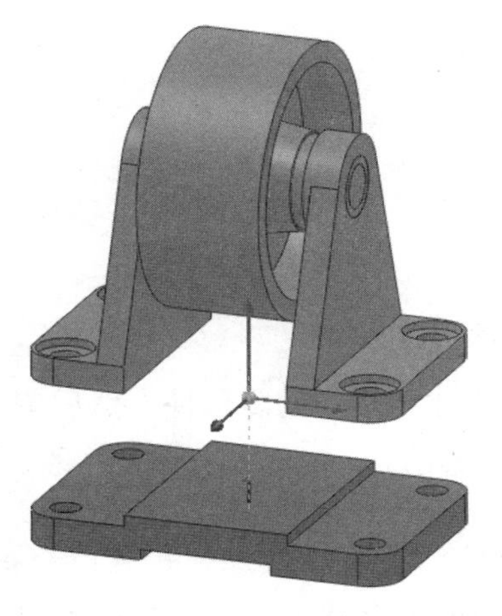

图 5-66 步骤 1 生成的爆炸视图

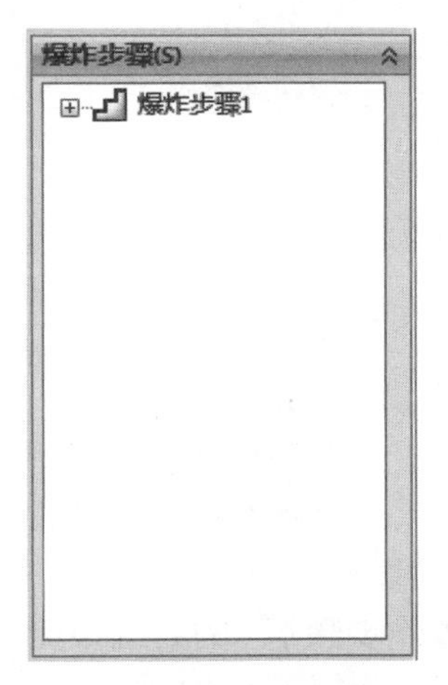


图 5-67 生成的爆炸步骤

3）生成其他爆炸步骤

重复上述步骤，将其他零部件爆炸，生成的爆炸视图如图 5-68 所示。图 5-69 所示为该爆炸视图最终生成的爆炸步骤。

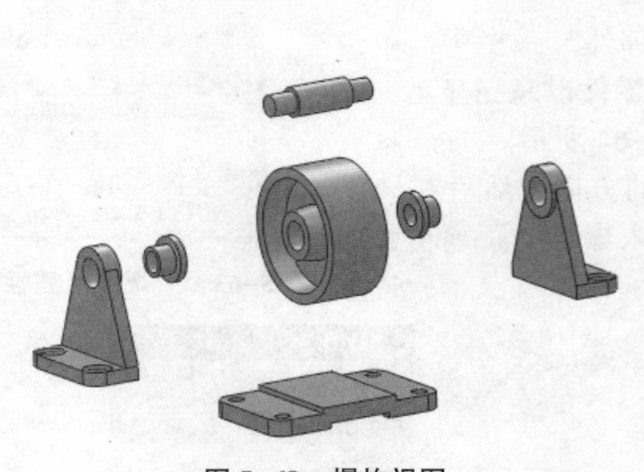

图 5-68　爆炸视图

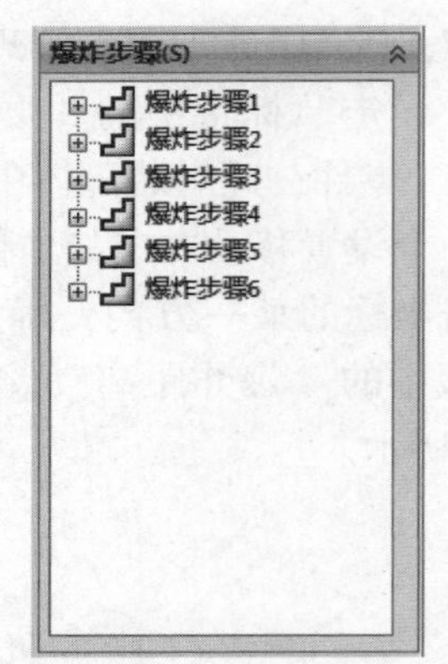


图 5-69　最终生成的爆炸步骤

2. 编辑爆炸视图

装配体爆炸后，可以利用“爆炸”属性管理器进行编辑，也可以添加新的爆炸步骤。编辑爆炸视图的操作步骤如下。

1）打开“爆炸”属性管理器并编辑

打开爆炸后的“轮架”装配体文件，如图 5-68 所示。

打开“爆炸”属性管理器。右击“操作步骤”标签中的“爆炸步骤 1”，在弹出的快捷菜单中选择“编辑步骤”选项，此时“爆炸步骤 1”的爆炸设置出现在如图 5-70 所示的“设定”标签中。

图 5-70　爆炸设置

2）确认爆炸修改

修改“设定”标签中的距离参数，或者拖动视图中要爆炸的零部件，然后单击“完成”按钮，即可完成对爆炸视图的修改。

3）删除爆炸步骤

在“爆炸步骤 1”的右键快捷菜单中单击“删除”选项，该爆炸步骤就会被删除，删除后的操作步骤如图 5-71 所示。零部件恢复爆炸前的配合状态，结果如图 5-72 所示。读者自行对比图 5-72 与图 5-68 的区别。

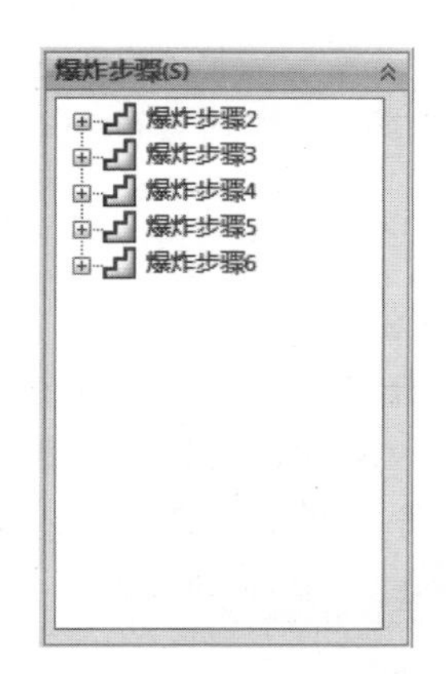


图 5-71　删除爆炸步骤后的操作步骤

图 5-72　删除爆炸步骤 1 后的视图

## 5.5.3　运动仿真

按照图 5-73 所示的引擎装配关系完成引擎的装配，并对其进行运动仿真。操作步骤如下。

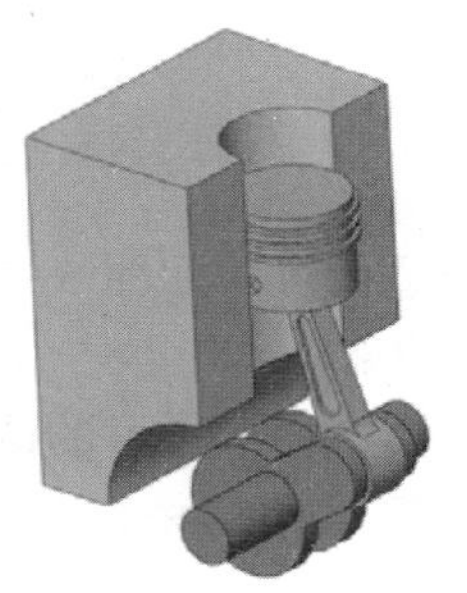

图 5-73　引擎

1. 新建装配体

1）插入“缸体”

启动 SolidWorks，单击菜单栏中的“新建”按钮，建立一个 SolidWorks 新文件。系统自动弹出“新建 SolidWorks 文件”对话框，选择“装配体”模板，单击“确定”按钮。第一步插入最主要的基体零件，单击“浏览”按钮，选择“缸体”文件，单击“打开”按钮，如图 5-74 所示，将光标放置在绘图区域的合适位置单击，放置零件。

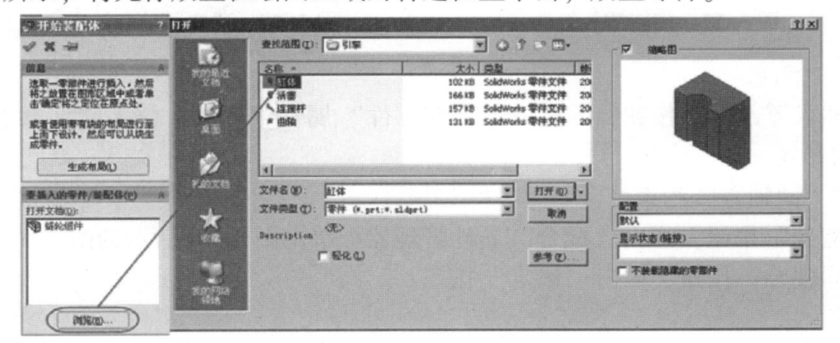


图 5-74　插入缸体

2）插入“曲轴”

在“插入零部件”属性管理器中，选择插入“曲轴”零件。旋转零件至合适位置，如图5-75所示。

3）建立“同轴心”和“宽度”约束

单击“配合”按钮，弹出“配合”属性管理器，单击图5-76所示的两个面，在“关联”菜单中单击“同轴心”按钮，单击“确定”按钮。单击“高级配合”按钮，单击“宽度”按钮，在“宽度选择”文本框中选择缸体两平面，在“薄片选择”文本框中选择曲轴两面，单击“确定”按钮，再单击“确定”按钮退出“配合”属性管理器。

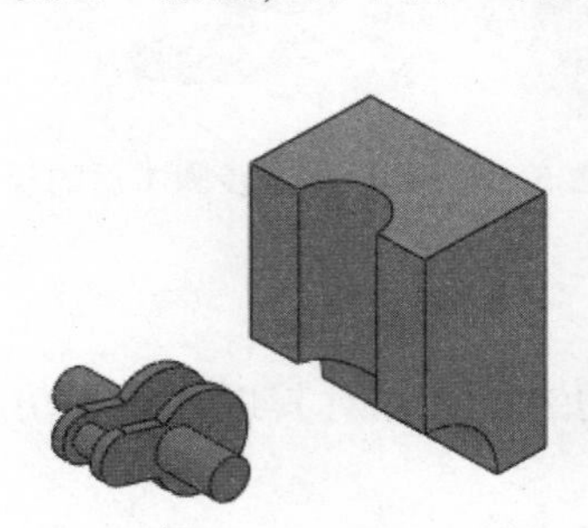

图5-75 插入“曲轴”

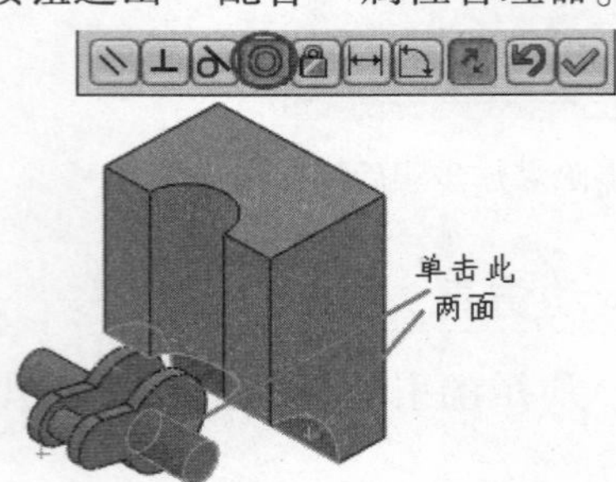


图5-76 建立同轴心约束

4）插入“连接杆”

插入“连接杆”零件，旋转至合适位置，如图5-77所示。

5）建立“同轴心”和“宽度”约束

在“配合”属性管理器中，单击图5-78所示的两个面，在“关联”菜单中单击“同轴心”按钮，单击“确定”按钮。继续进行约束，单击“高级配合”按钮，单击“宽度”按钮，将连杆置于曲轴的长度方向中心。

图5-77 旋转插入组件

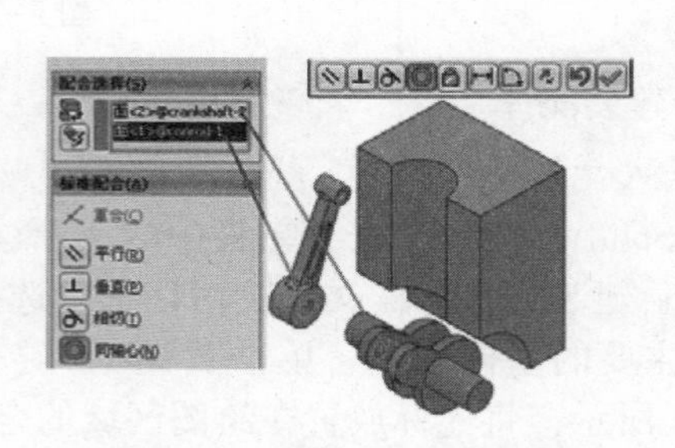

图5-78 建立同轴心约束

6）插入“活塞”

单击“插入零部件”按钮，弹出“插入零部件”属性管理器，插入“活塞”零件，如图5-79所示。

7）建立“同轴心”约束

单击“配合”按钮，弹出“配合”属性管理器，单击图5-80所示的两个面，在关联菜单中单击“同轴心”按钮，单击“确定”按钮。

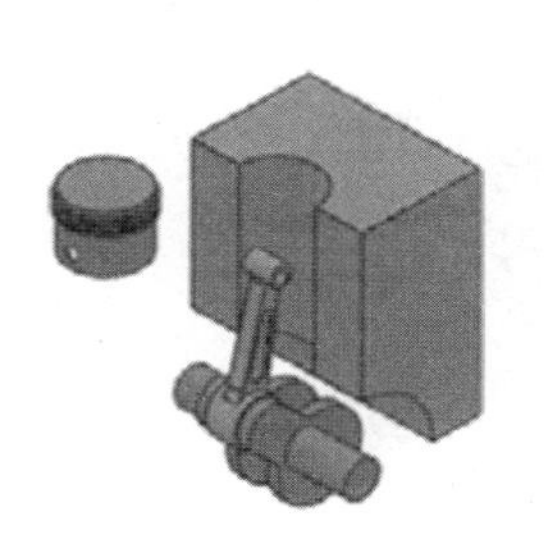

图 5-79　插入“活塞”

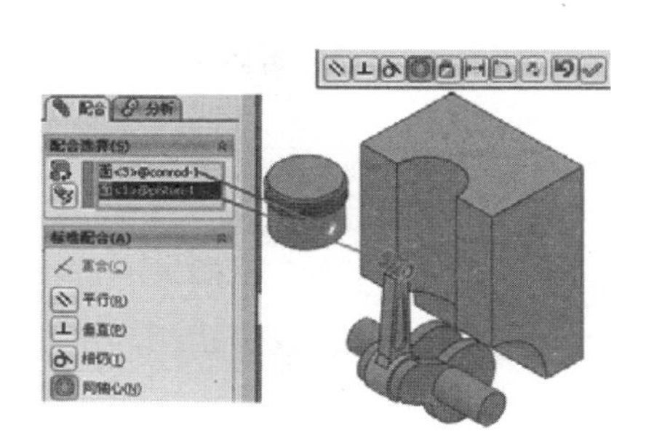

图 5-80　建立同轴心约束

继续进行约束，单击图 5-81 所示的两个面，在“关联”菜单中单击“同轴心”按钮，单击“确定”按钮，再单击“确定”按钮退出“配合”属性管理器。

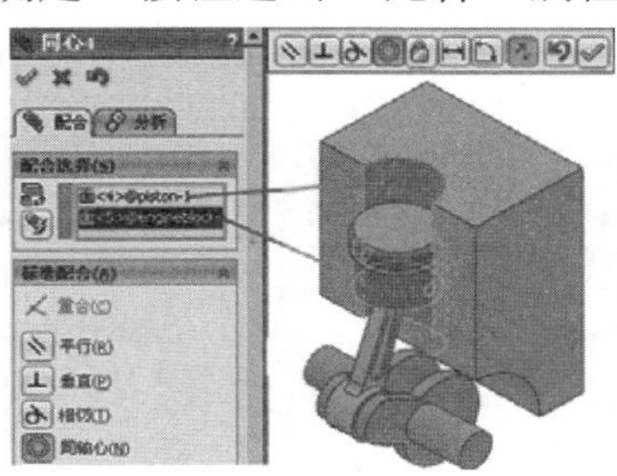

图 5-81　建立同轴心约束

2. 添加动画

1）激活动画算例

单击装配体设计树下部“运动算例 1”标签，如图 5-82 所示。

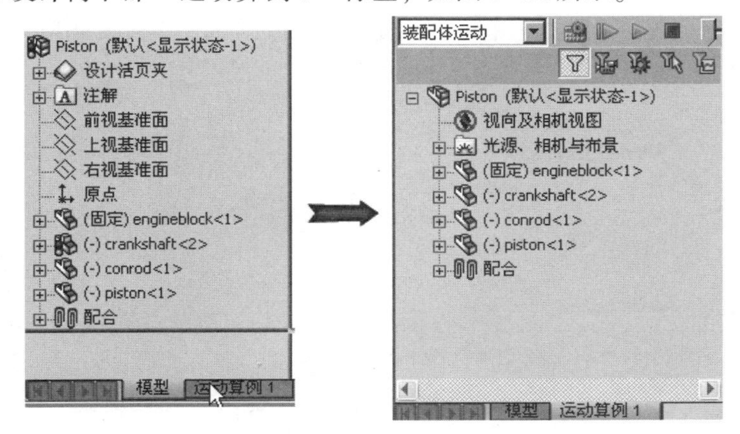


图 5-82　激活动画算例

2）设置马达参数

单击“马达”按钮，弹出“马达”属性管理器，在“马达类型”标签中激活“旋转马达”命令，在“马达方向”文本框中选择图 5-83 所示的模型表面，在“等速马达”文本框中输入“40 RPM”，完成“马达”的参数设置，单击“确定”按钮。

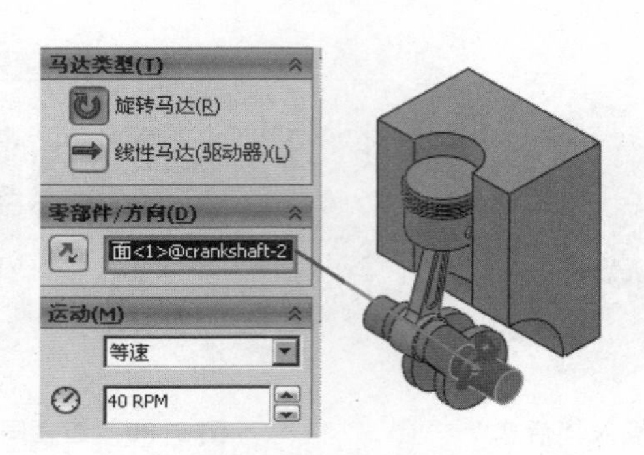


图 5-83　设置马达参数

3）播放

单击“播放”按钮▷，如图 5-84 所示，实现装配体“引擎”的运动原理。

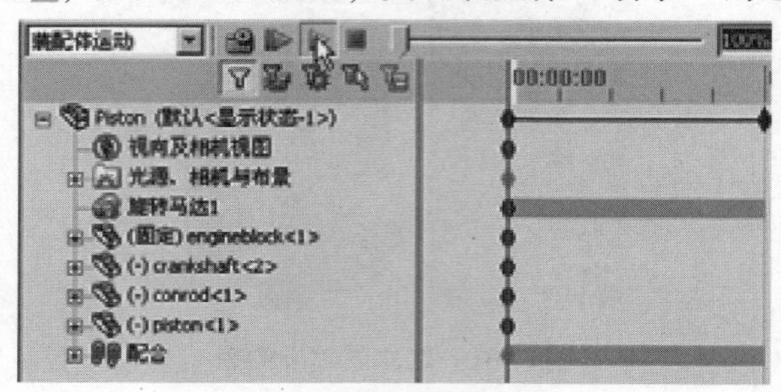


图 5-84　播放动画

4）保存动画

单击“保存”按钮，弹出“保存动画到文件”对话框，如图 5-85 所示，单击“保存”按钮，弹出“视频压缩”对话框，单击“确定”按钮。至此，完成“引擎”的装配及动画。

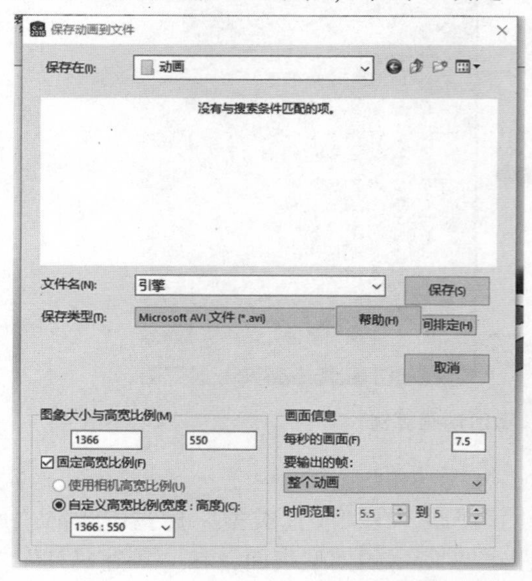


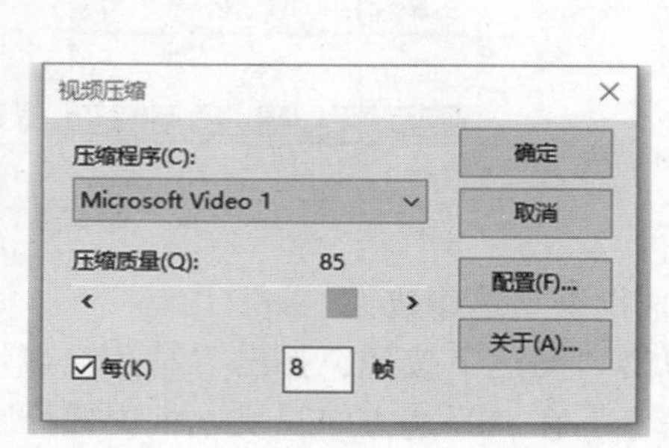


图 5-85　保存动画

# 5.6　课堂实训

## 5.6.1　实训 1

根据图 5-86 ~ 图 5-92 给定的零件图和装配关系图，建立三维零件图，并进行装配。

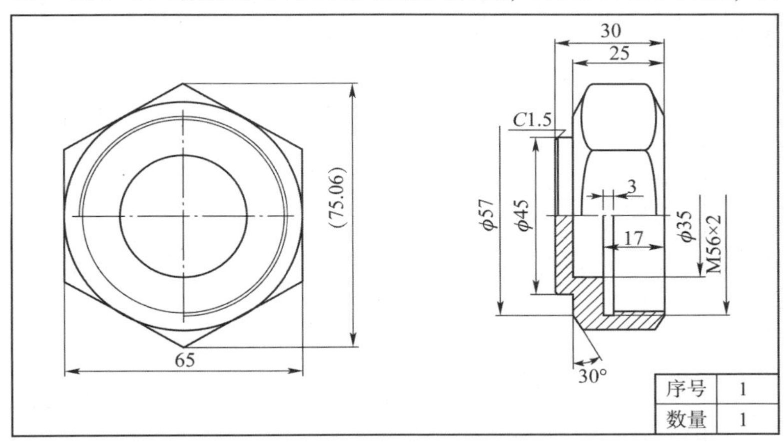


图 5-86　阀盖

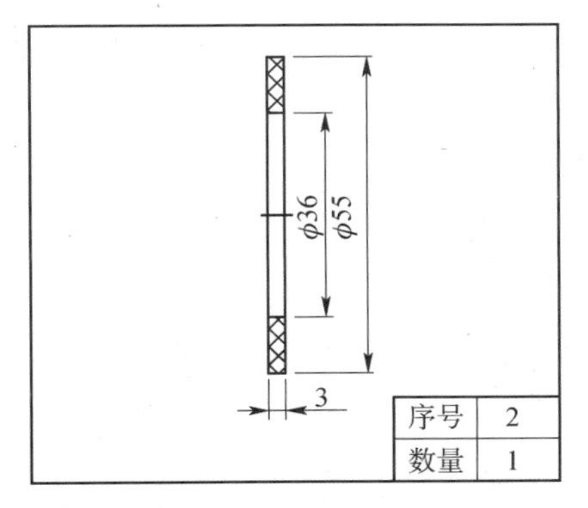


图 5-87　垫圈

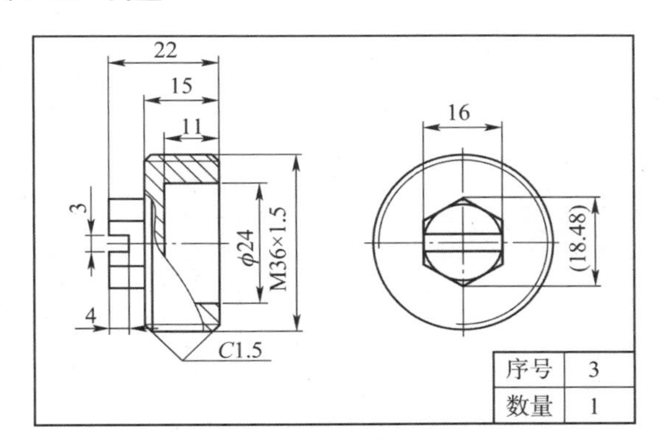


图 5-88　调节螺母

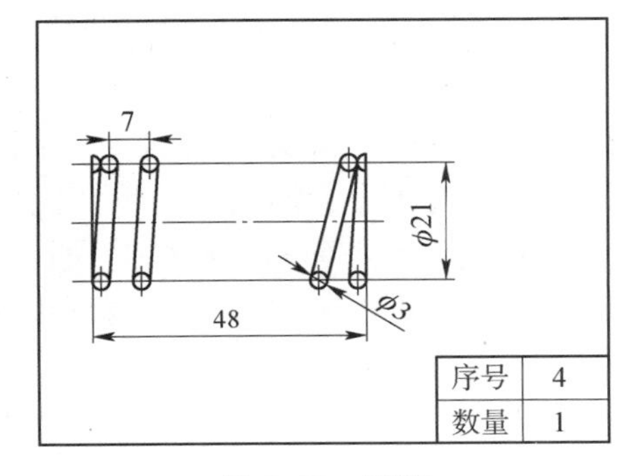


图 5-89　弹簧

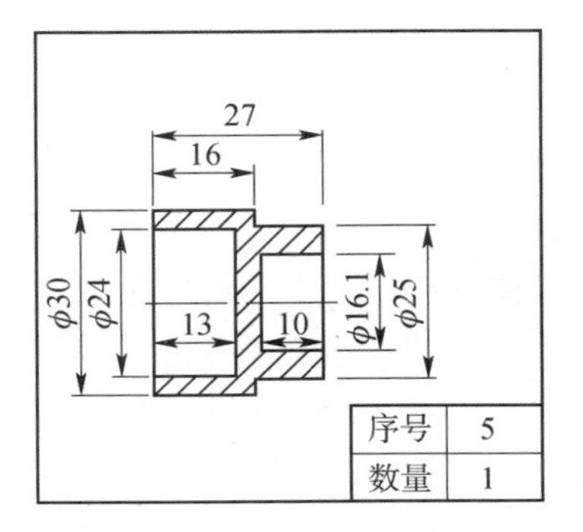


图 5-90　弹簧座

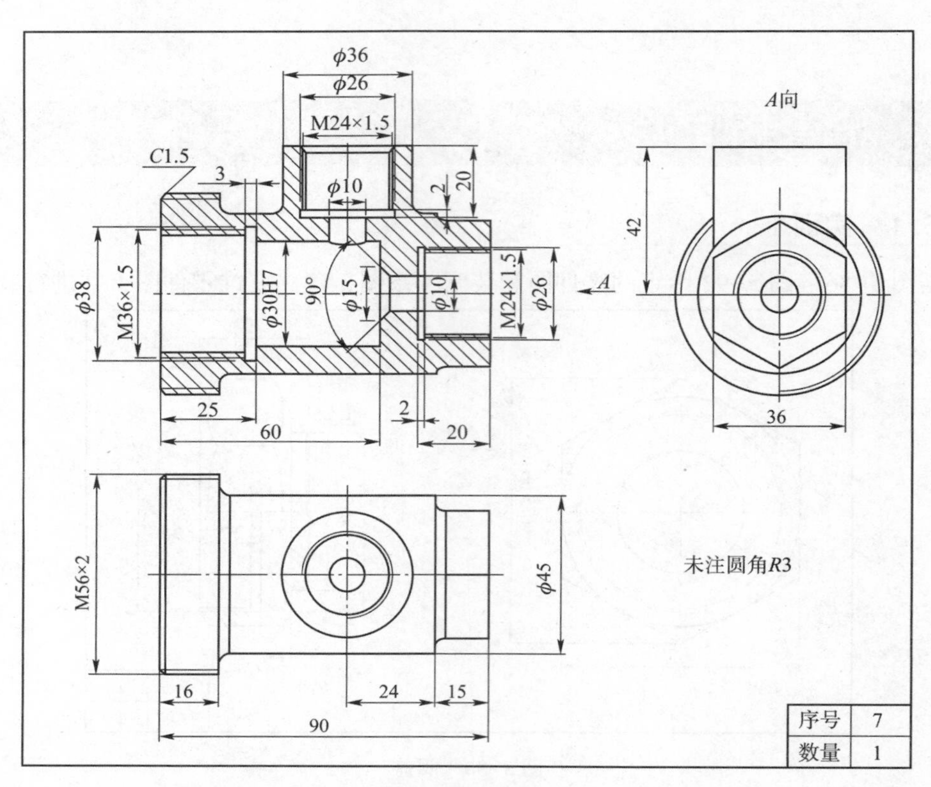


图 5-91　阀体

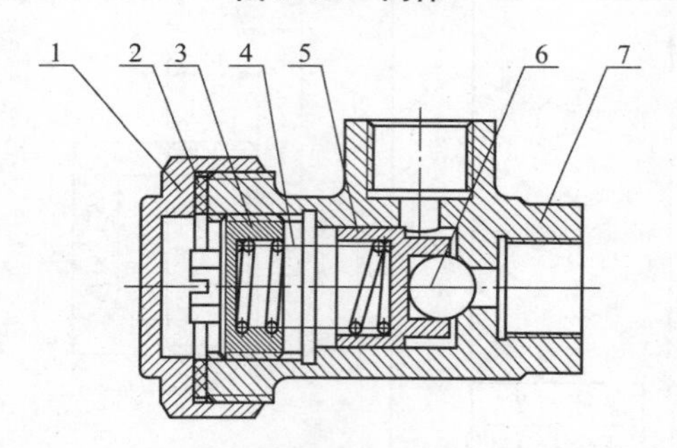


零件 6 钢球无图纸，直径为 16 mm。

图 5-92　阀装配关系图

首先建立一个以“阀”命名的文件夹，再按图 5-86 ~ 图 5-91 及钢球尺寸建立零件图，并保存在“阀”文件夹中。

（1）建立一个新的 SolidWorks 文件，选择装配体模板，将文件命名为“阀”。浏览“阀”所在的文件夹，选择“阀体”导入装配体中，将阀体设为浮动后，将“阀体”设计树展开，按住〈Ctrl〉键，同时按下装配体设计树下的前视参考面和“阀体”设计树下的前视参考面，单击“配合”按钮，使两个前视参考面重合，如图 5-93 所示。再利用此方法分别使“阀体”与装配体的右视和上视参考面重合。

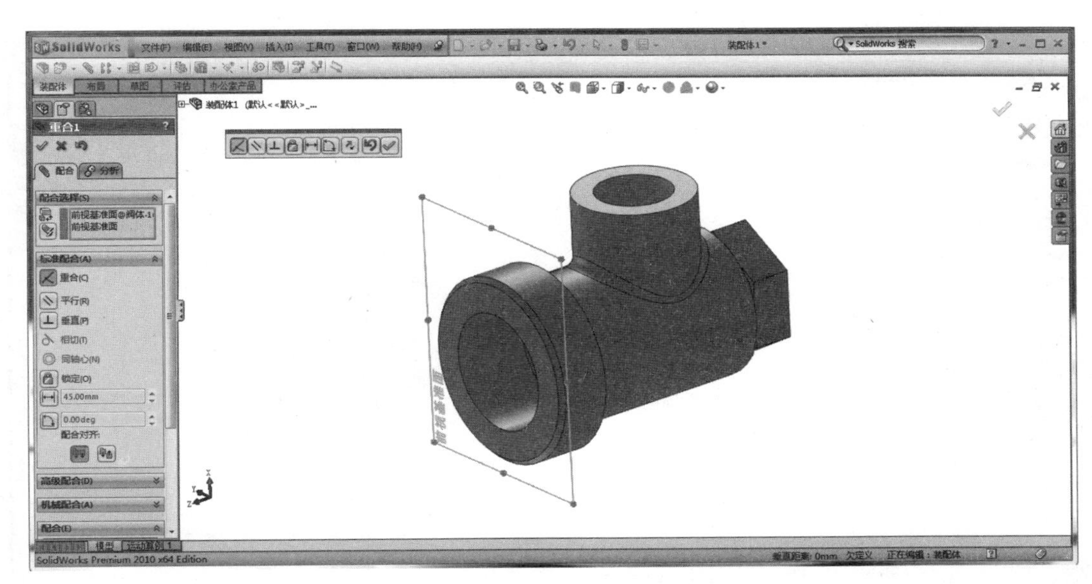


图 5-93　固定阀体

（2）因为“钢球”等零件需要与“阀体”内部的特征配合，为了方便选取这些特征，单击“剖面视图”，选择“上视基准面”作为“剖面”，得到“阀体”的半剖图，如图 5-94 所示。

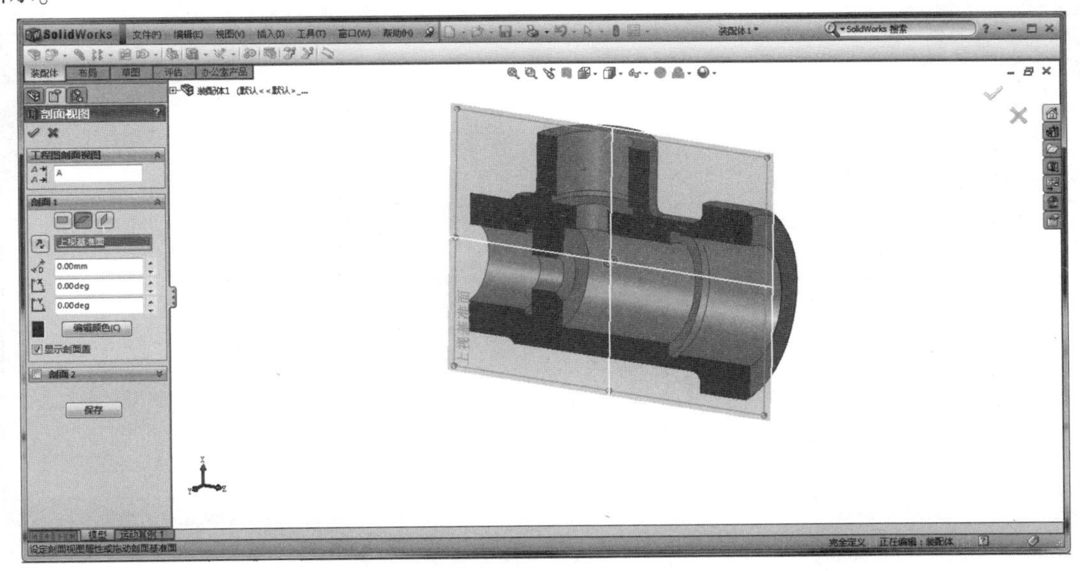


图 5-94　剖切阀体

（3）单击“插入零部件”，浏览“阀”文件夹，将“钢球”插入装配体中。单击“配合”按钮，选择钢球表面与“阀体”的内表面“同轴心”，如图 5-95 所示。再选择“钢球”表面与图 5-96 所示“阀体”表面进行“相切”配合，添加完“相切”约束后，如图 5-97 所示。

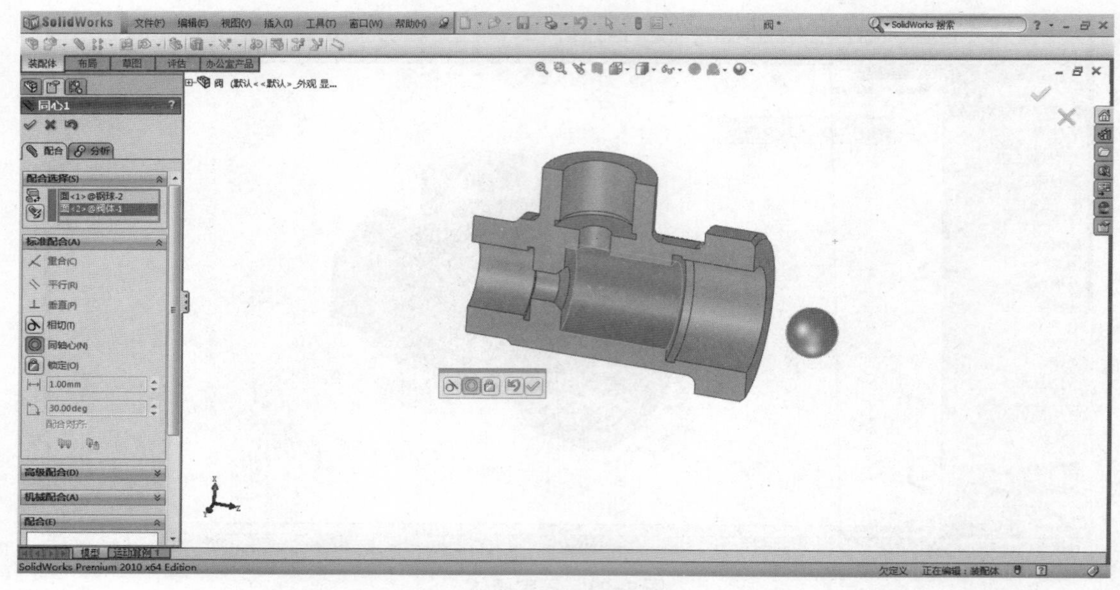

图 5-95　钢球与阀体同轴心约束

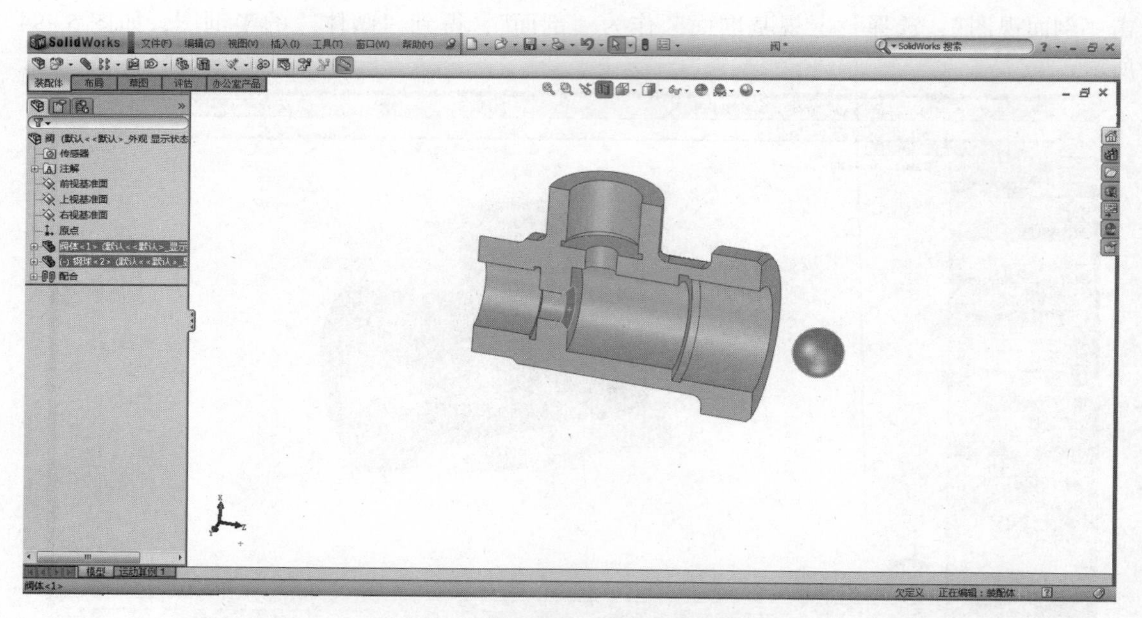

图 5-96　选择钢球与阀体的相切表面

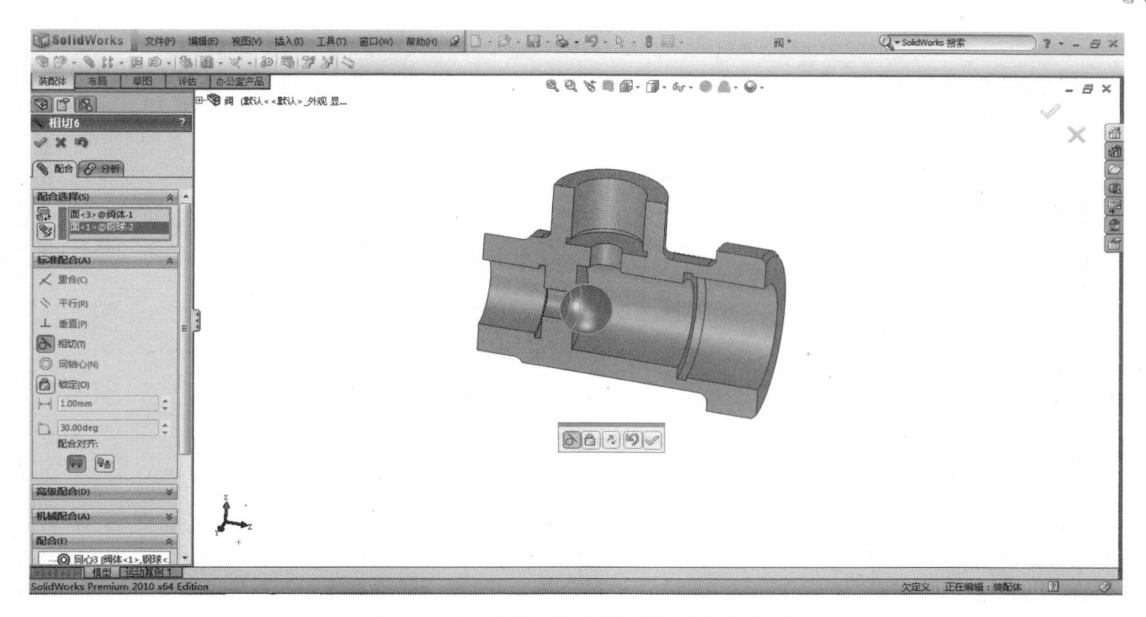

图 5-97　钢球表面与阀体斜切面相切约束

（4）单击“插入零部件”，浏览“阀”文件夹，将“弹簧座”插入装配体中。单击“配合”按钮，选择图 5-98 所示“阀体”表面与“弹簧座”表面添加“同轴心”约束。再选择“钢球”表面与图 5-99 所示“弹簧座”表面进行“相切”配合。装配后，为了方便观察，可以设置“弹簧座”为透明模式，如图 5-100 所示。

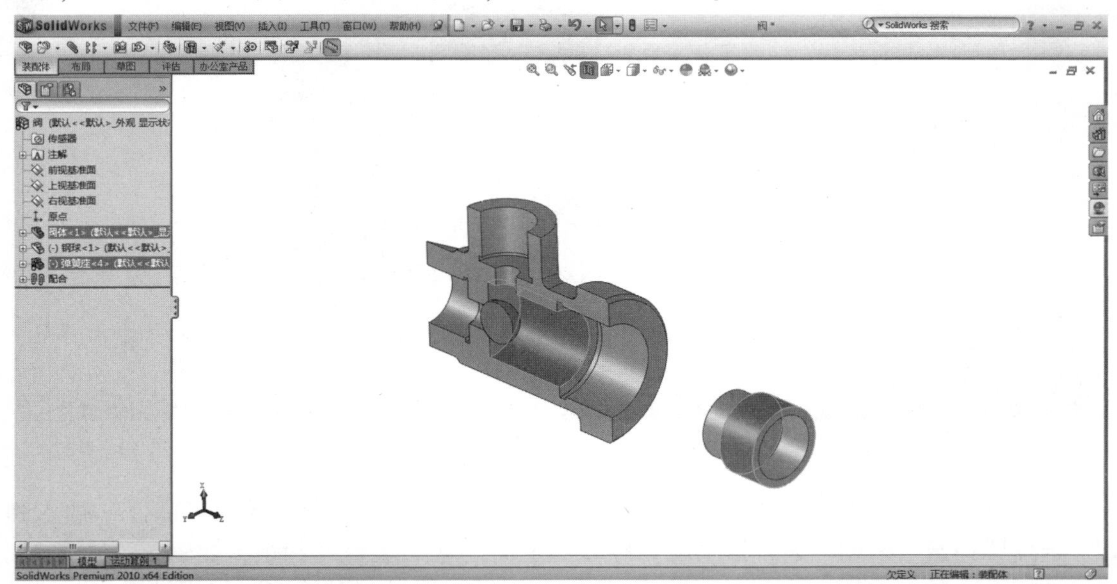

图 5-98　弹簧座与阀体同轴心约束

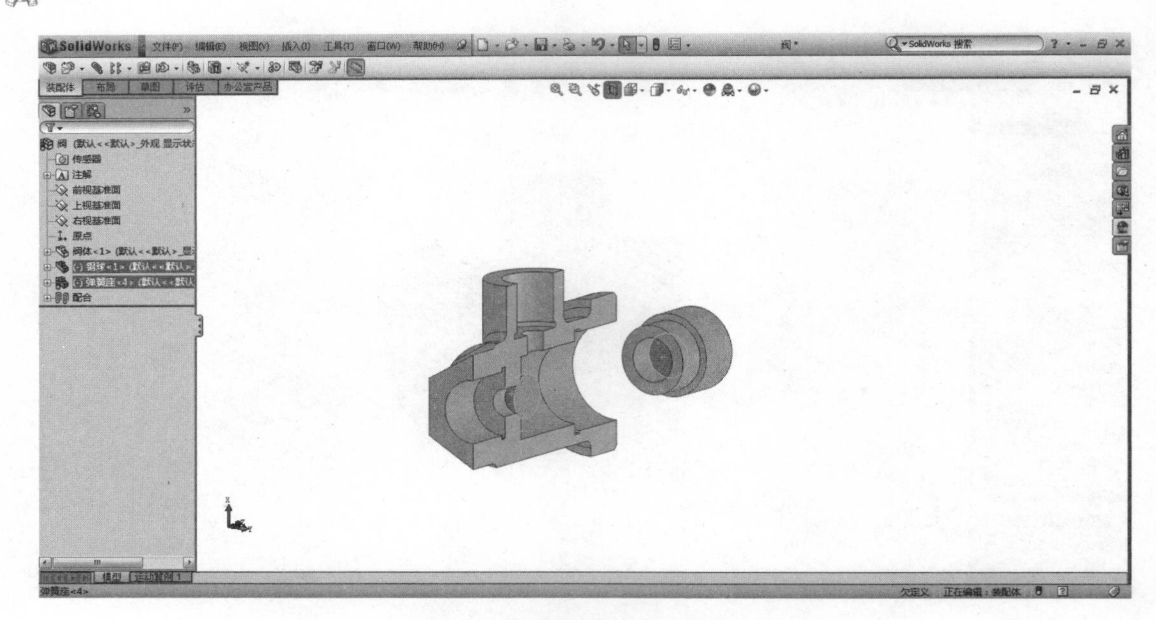


图 5-99　阀体与球面相切约束

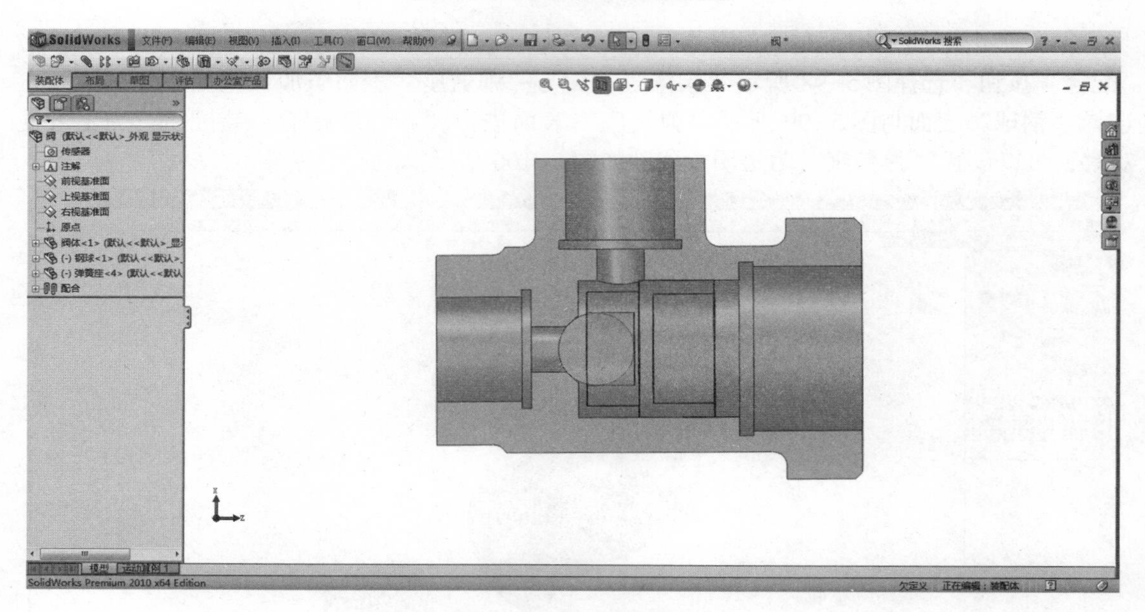


图 5-100　设置零件透明

（5）打开“弹簧”零件，在“弹簧”中心插入参考轴。单击“插入零部件”插入弹簧，选择“弹簧”末端一平面与“调节螺母”平面建立“重合”约束，如图 5-101 所示。在设计树下选择“弹簧”中心轴，按住〈Ctrl〉键同时选择“弹簧座”的回转平面，添加“同轴心”约束，如图 5-102 所示。弹簧安装完毕后，如图 5-103 所示。

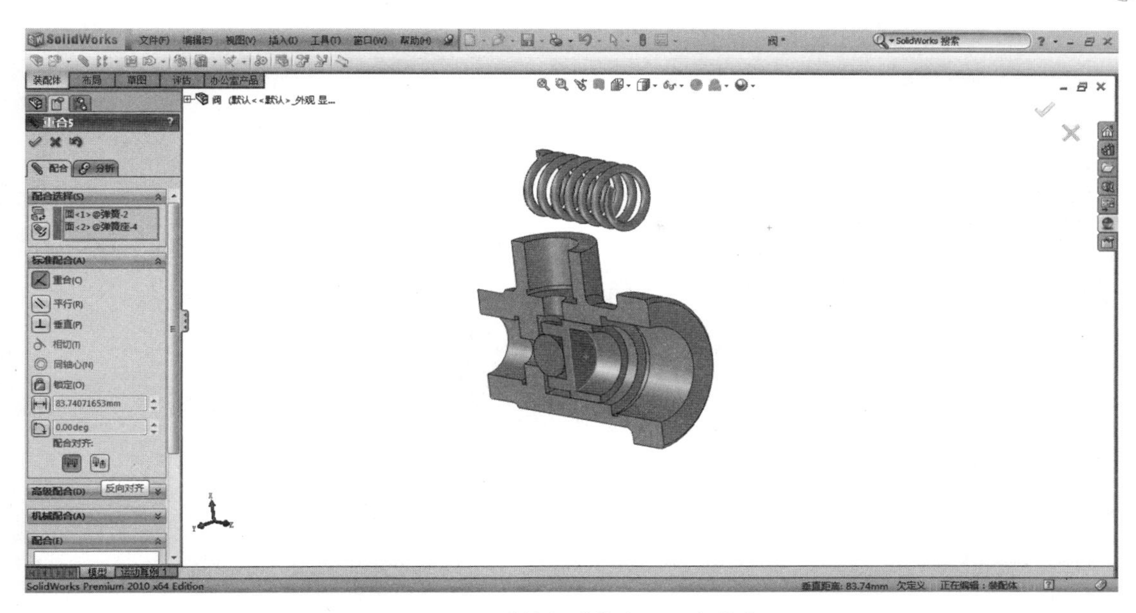

图 5-101　弹簧与弹簧座面重合约束

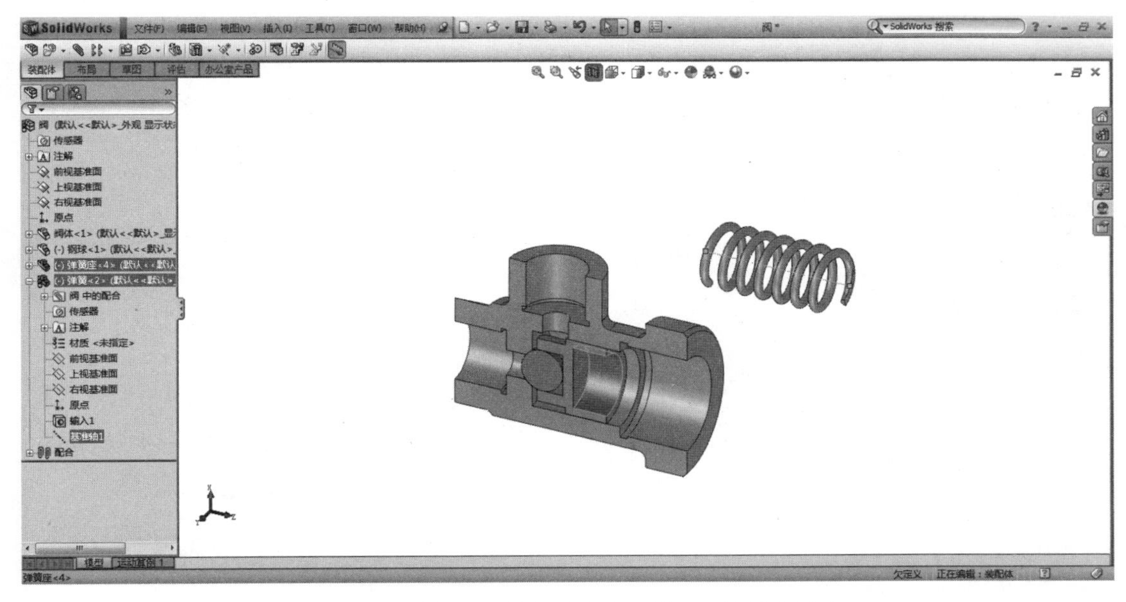

图 5-102　弹簧中心轴与弹簧座回转平面同轴心约束

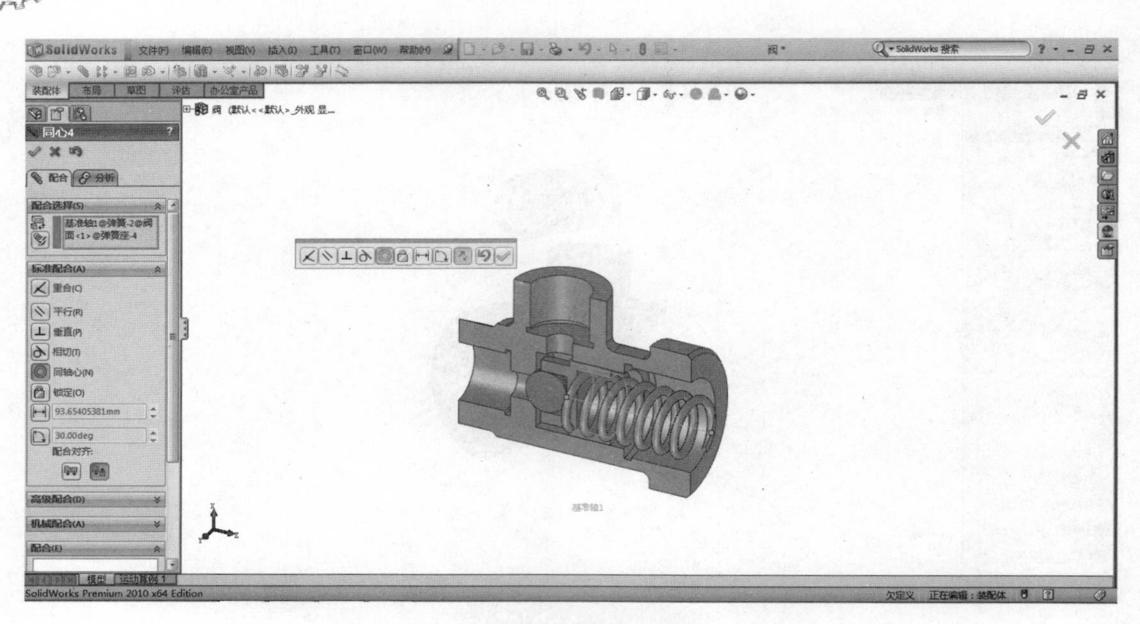

图 5-103　弹簧安装完毕

（6）单击“插入零部件”插入“调节螺母”，为“调节螺母”与“阀体”的平面添加“重合”约束，如图 5-104 所示。再将“调节螺母”与“阀体”的回转中心添加“同轴心”约束，如图 5-105 所示。

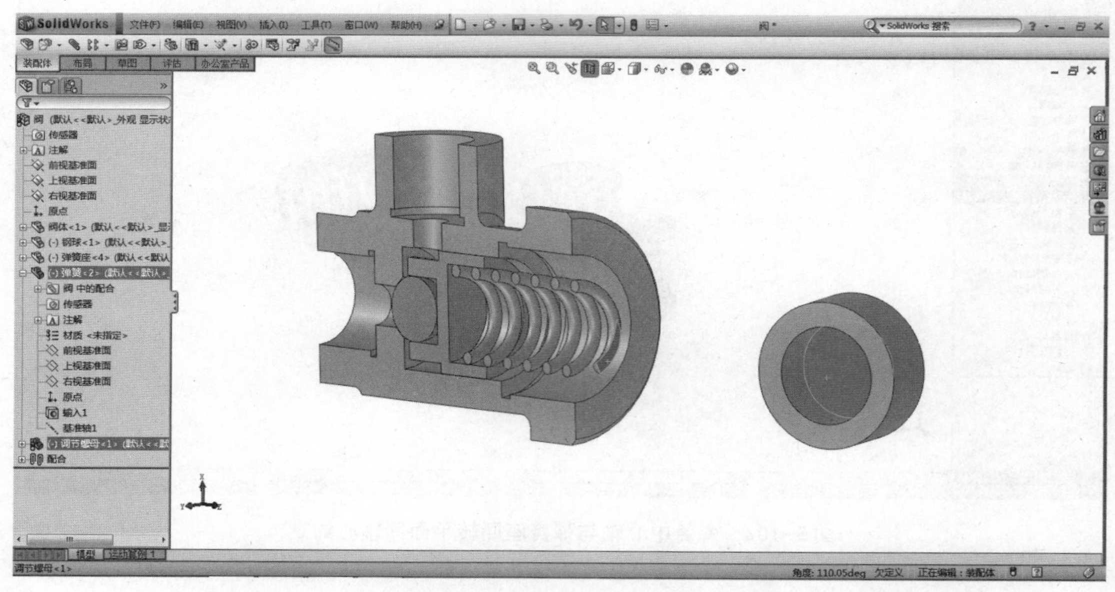

图 5-104　调节螺母与弹簧末端重合约束

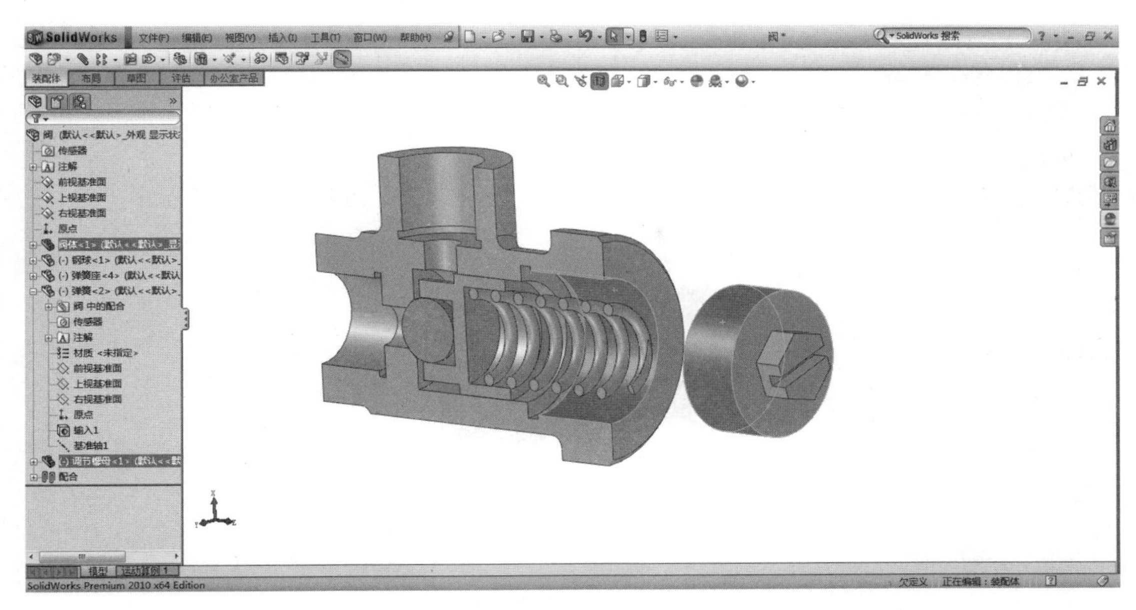


图 5-105　调节螺母与阀体同轴心约束

(7) 单击“插入零部件”插入“垫圈”，为“垫圈”与“阀体”顶端平面添加“重合”约束，如图 5-106 所示。再为“垫圈”与“阀体”的回转中心添加“同轴心”约束，如图 5-107 所示。

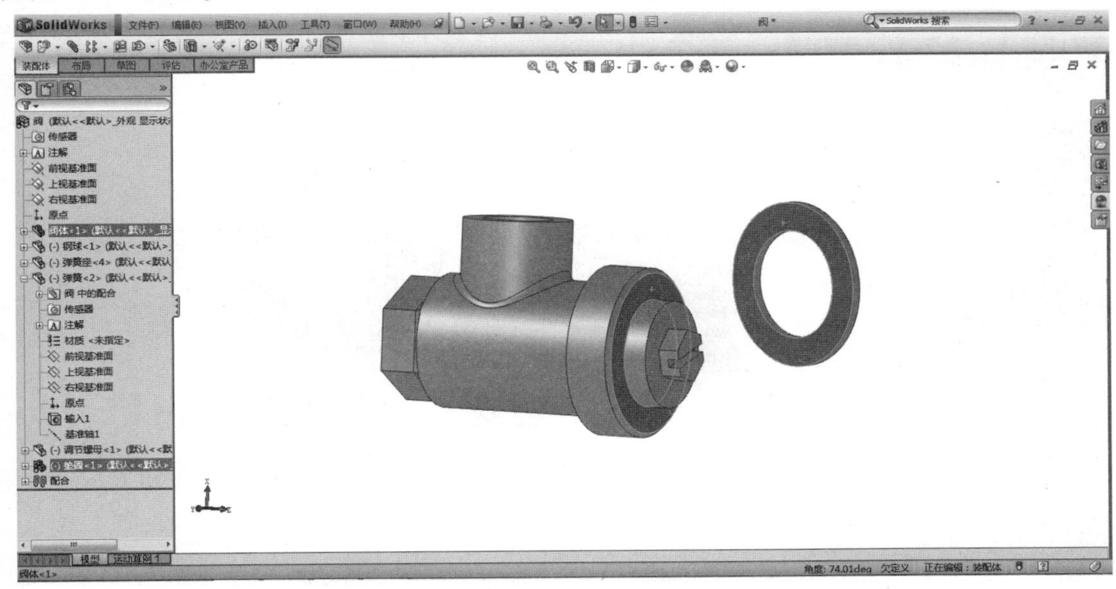


图 5-106　垫圈与阀体末端重合约束

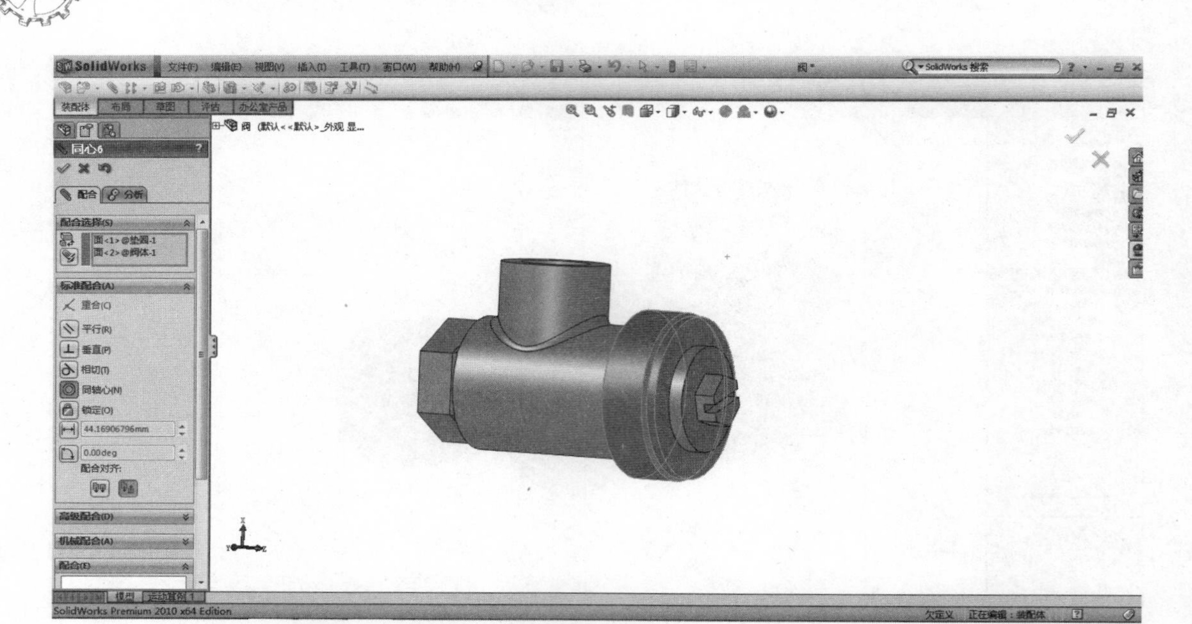

图 5-107　垫圈与阀体同轴心约束

（8）单击“插入零部件”插入“阀盖”，为“阀盖”的端面与“调节螺母”端面添加“重合”约束，如图 5-108 所示。在“阀盖”与“阀体”的回转中心添加“同轴心”约束，如图 5-109 所示，完成约束后的效果如图 5-110 所示。

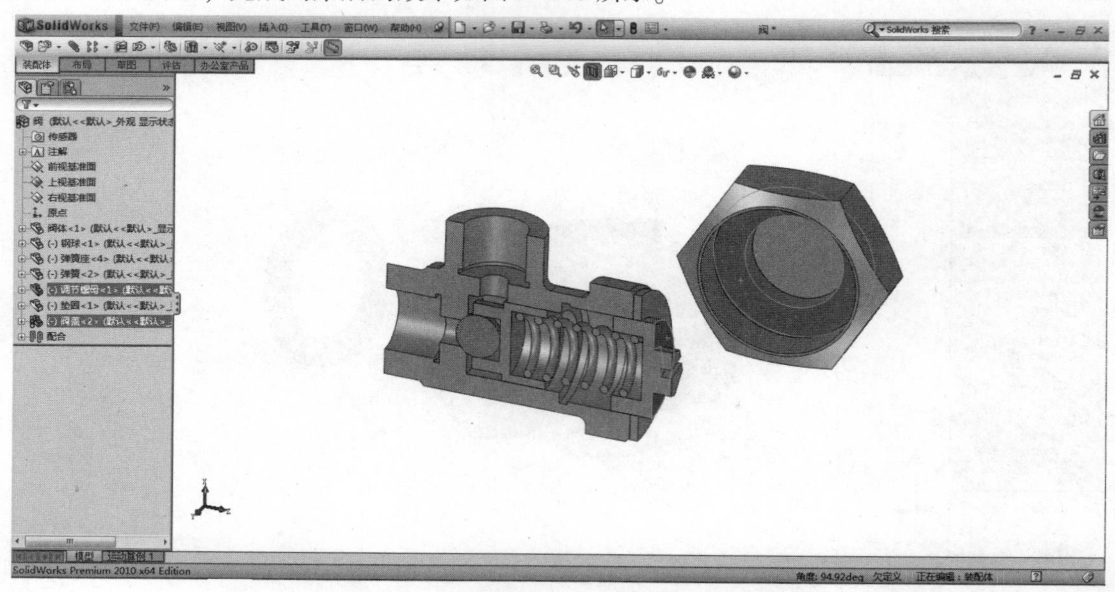

图 5-108　阀盖与调节螺母末端重合约束

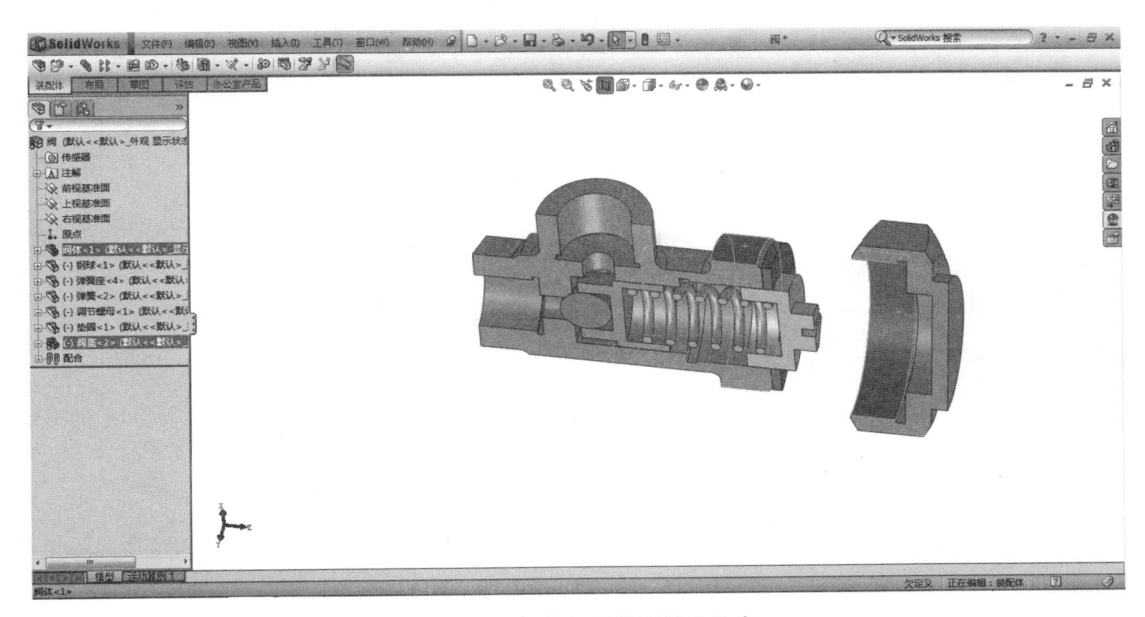


图 5-109　阀体与阀盖同轴心约束

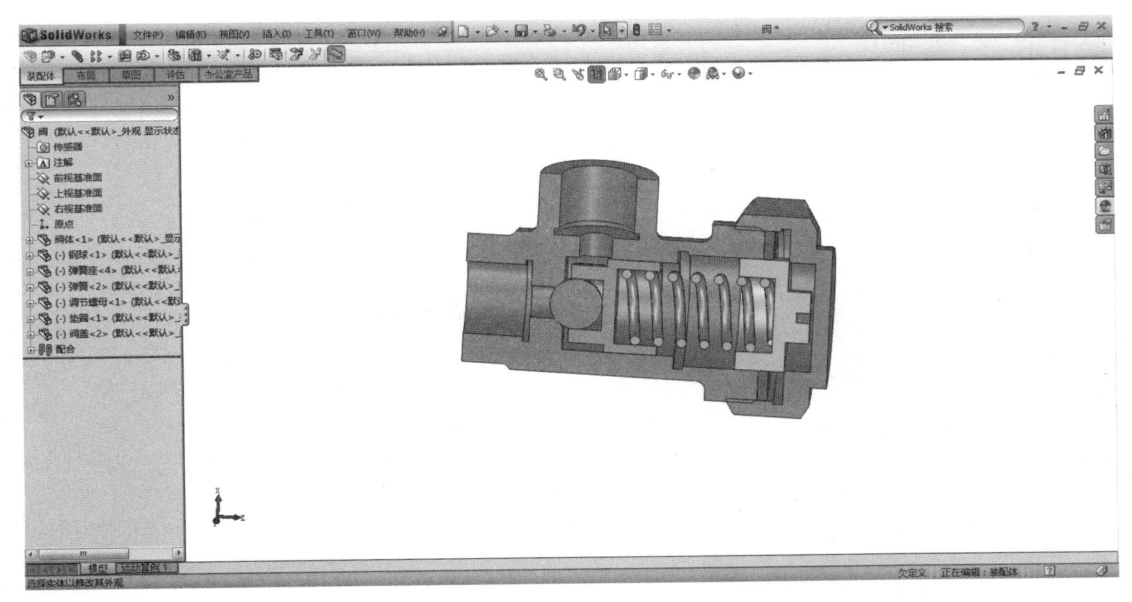


图 5-110　阀装配效果图

图 5-110 所示为弹簧自由高度时装配的结果，在工程实际中，弹簧装配通常需要将“弹簧”压缩。“弹簧”适当压缩后，“阀盖”将直接与“垫圈”接触，效果如图 5-111 所示。

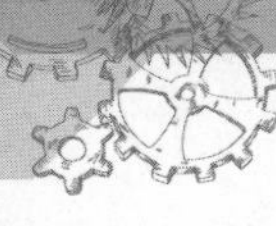

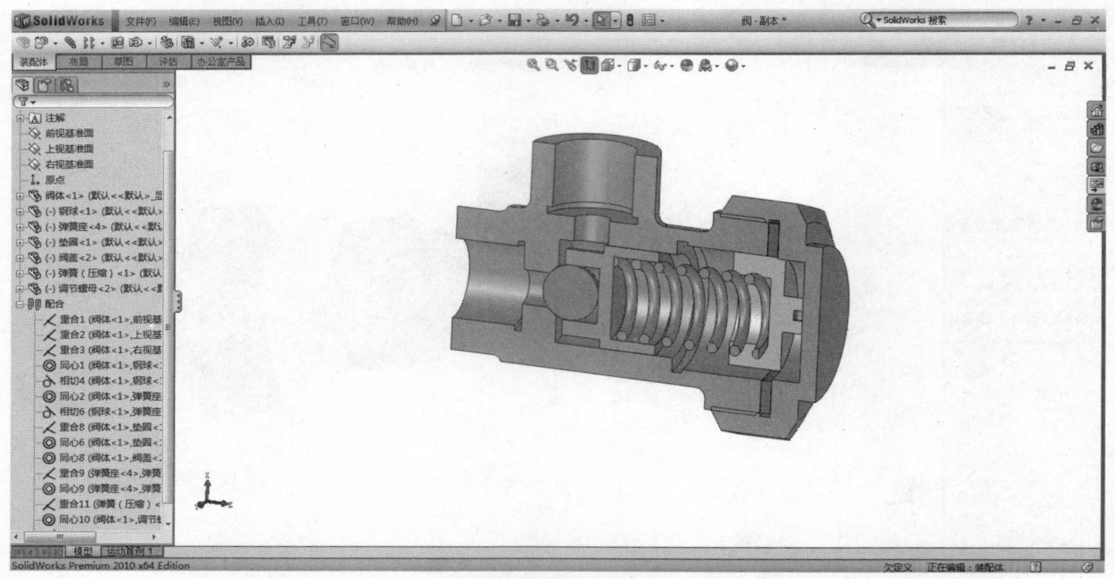

图 5-111　弹簧压缩后阀的装配效果图

## 5.6.2　实训 2

将图 5-112 所示的夹具零件图按照图 5-113 进行装配。

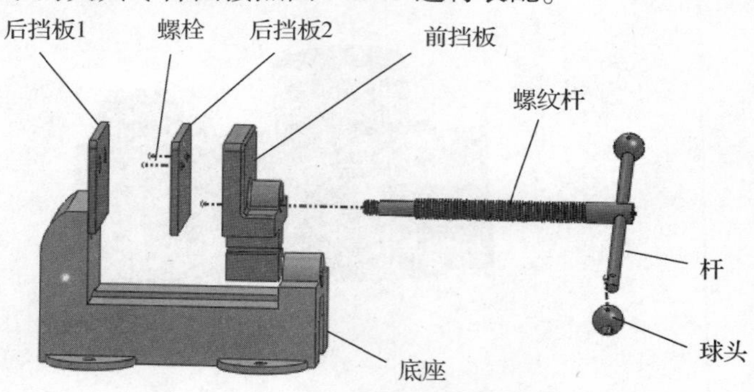


图 5-112　夹具装配体零件图

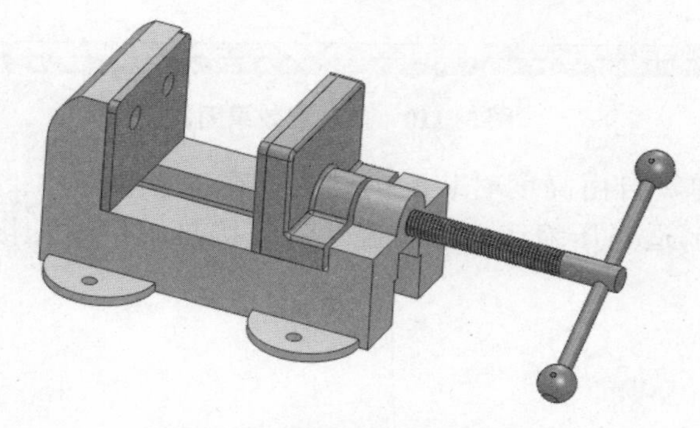

图 5-113　配合后的夹具装配体

## 5.7　课后练习

（1）万向节装配。

参考图 5–114，将完成的万向节零件进行装配。

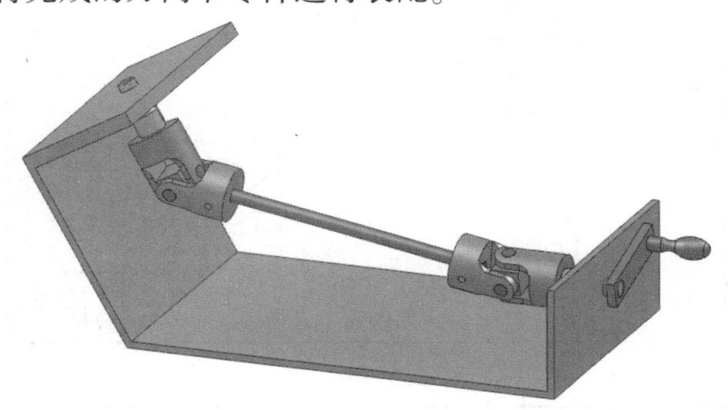

图 5–114　配合后的万向节装配体

（2）阀门建模及装配。

根据图 5–115 给定的零件图和装配关系图，建立三维零件图，并进行装配。

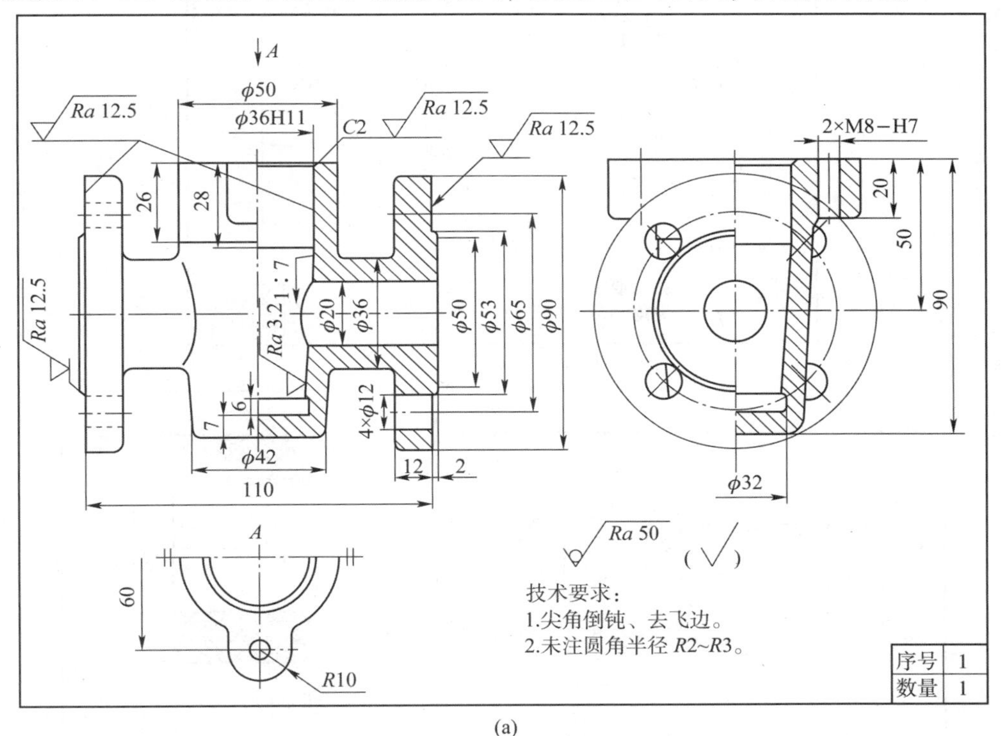


图 5–115　阀门零件图和装配图

（a）阀体

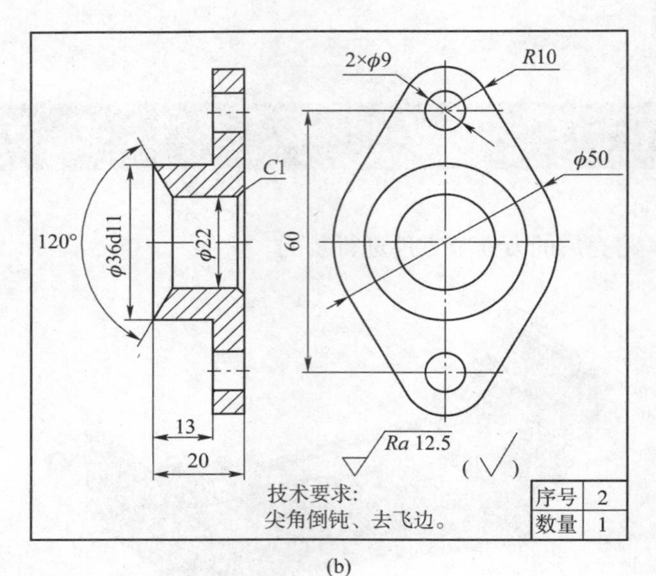


(b)

12×12
$\phi$16
1∶7
$\phi$20
Ra 0.8
Ra 3.2
$\phi$20
$\phi 36_{-0.1}^{0}$
C1
15
22
48
112
Ra 6.3
（√）

技术要求：
尖角倒钝、去飞边。

| 序号 | 3 |
| --- | --- |
| 数量 | 1 |

(c)

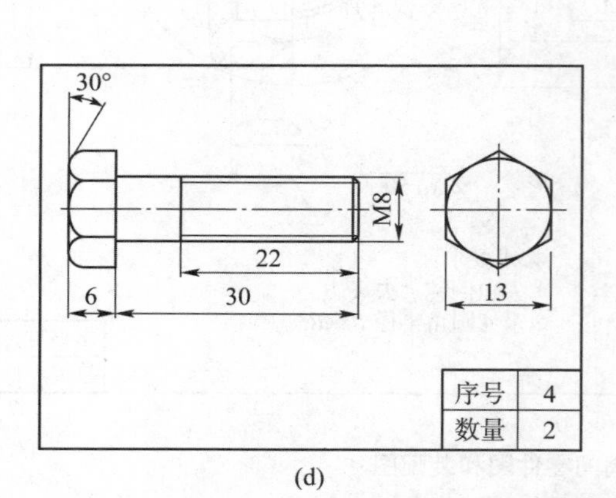


(d)

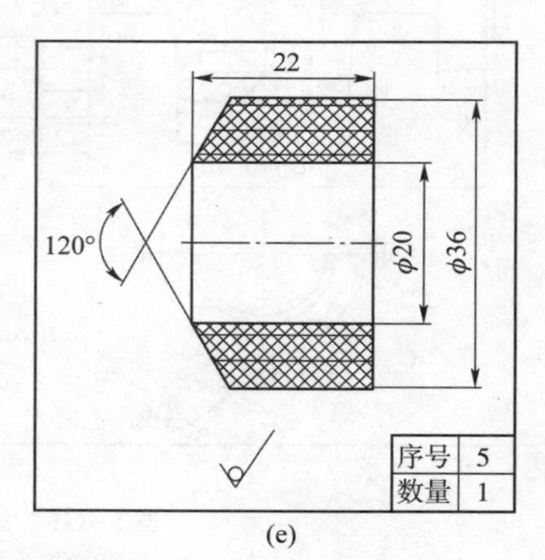


(e)

**图 5-115　阀门零件图和装配图（续）**

（b）压盖；（c）旋塞；（d）螺栓；（e）填料

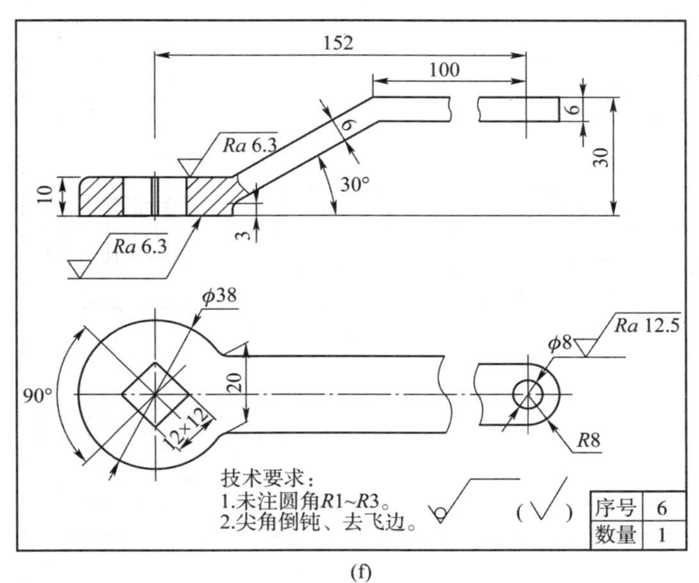


(f)

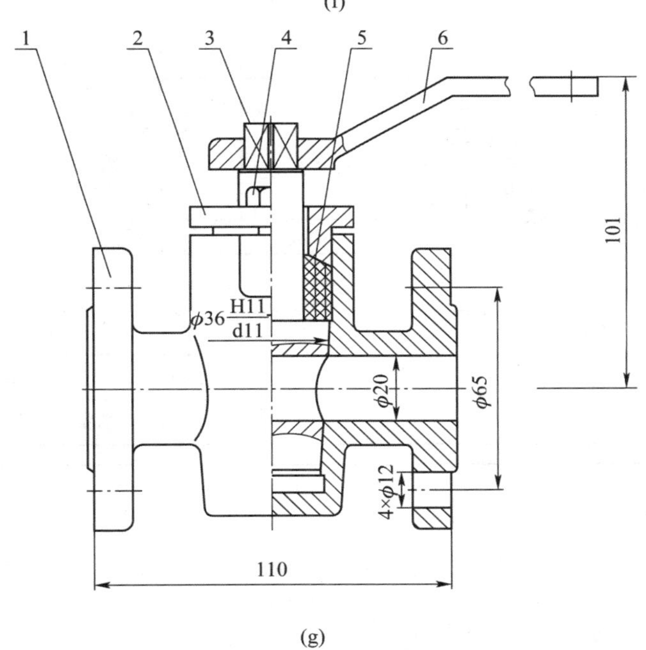


(g)

**图 5-115　阀门零件图和装配图（续）**

（f）扳手；（g）装配关系图

（3）定位器建模及装配。

根据图 5-116 给定的零件图和装配关系图，建立三维零件图，并进行装配。

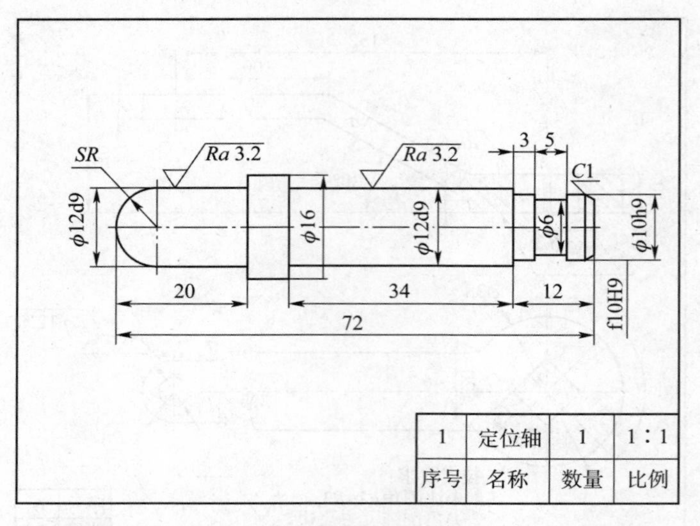


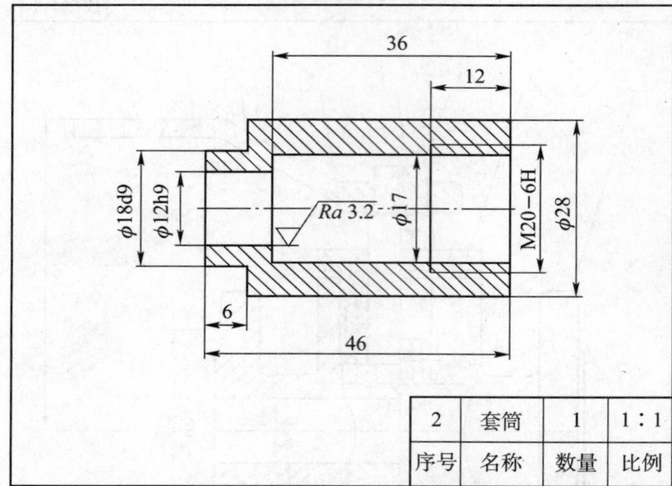


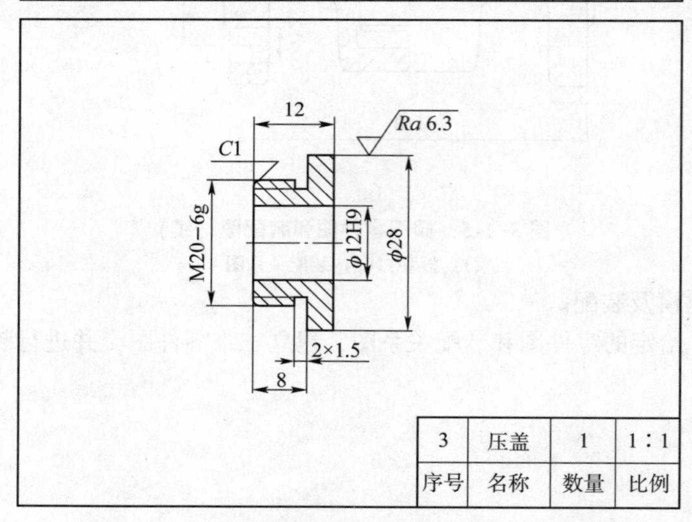


**图 5-116　定位器部件的各零件图和装配示意图**

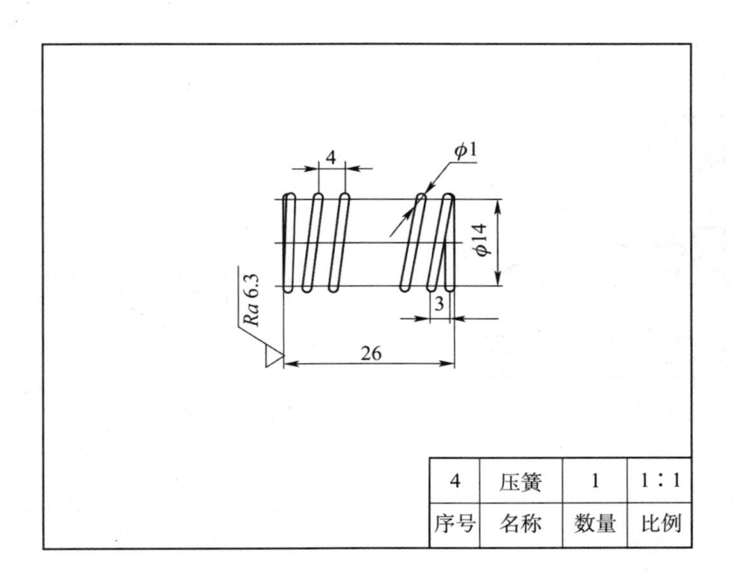


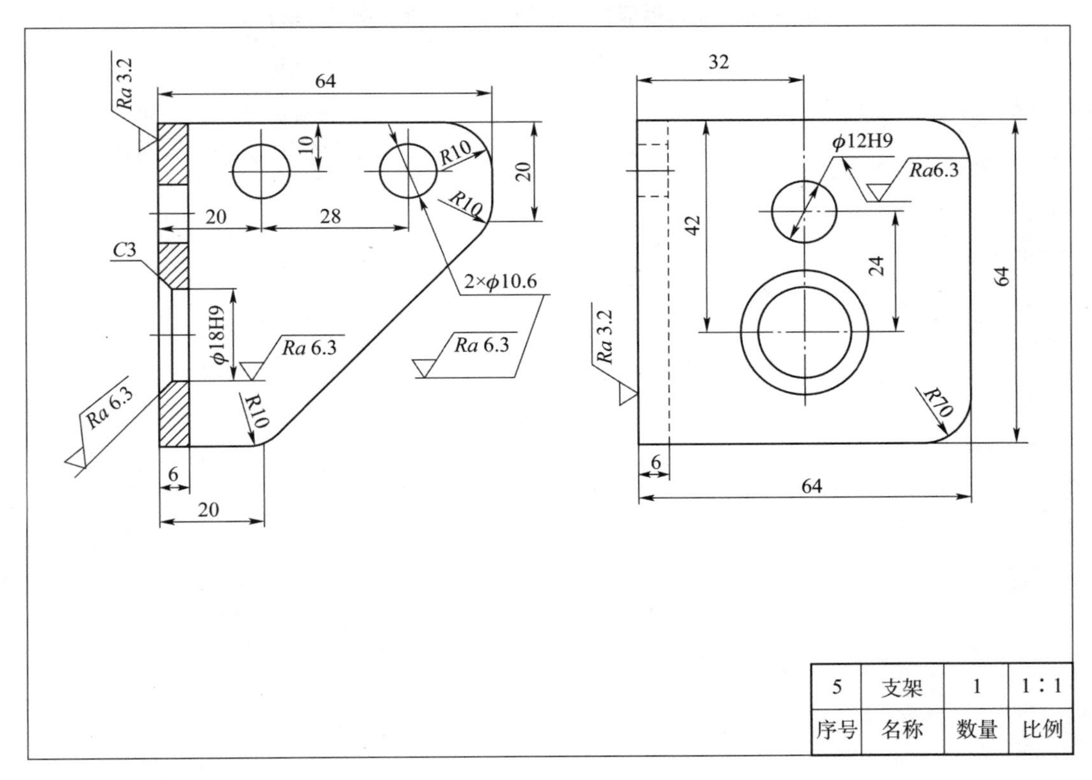


**图5-116　定位器部件的各零件图和装配示意图（续）**

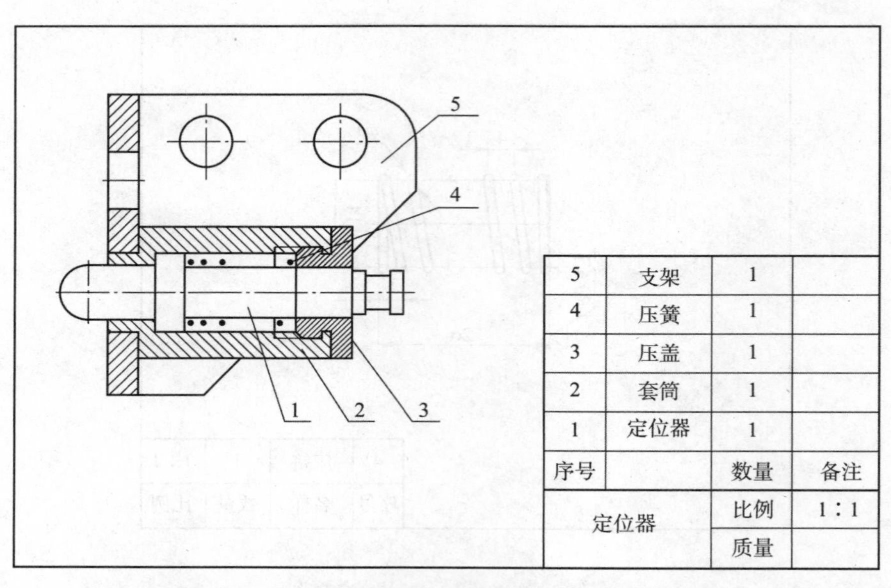


| 5 | 支架 | 1 | |
|---|---|---|---|
| 4 | 压簧 | 1 | |
| 3 | 压盖 | 1 | |
| 2 | 套筒 | 1 | |
| 1 | 定位器 | 1 | |
| 序号 | | 数量 | 备注 |
| 定位器 | | 比例 | 1∶1 |
| | | 质量 | |

**图 5-116　定位器部件的各零件图和装配示意图（续）**

# 第 6 章 工程图

工程图设计是 SolidWorks 软件三大功能之一，它用来表达三维模型的二维图样。进行工程图设计时，可以利用 SolidWorks 设计的零件和装配体直接生成所需视图，也可以基于已有的视图建立新的视图。工程图是设计者设计思想的表达载体，是加工零部件的依据，是进行技术交流的重要文本资料。

本章介绍创建工程图的基本操作，使读者能够快速地绘制出符合国家标准、用于加工制造或装配的工程图样。

## 6.1 SolidWorks 工程图概述

工程图基于 3D 零件和装配体创建 2D 的三视图、投影图、剖视图、辅助视图、局部放大视图等视图。2D 视图创建后便可对其进行尺寸标注，并注出表面粗糙度等级、公差配合及形位公差等技术指标。

SolidWorks 软件会自动为新建的工程图添加一个名称，该名称为插入的第一个模型的名称，该名称会自动出现在标题栏中。在保存时，工程图文件的扩展名为“. slddrw”。

### 6.1.1 工程图的组成

一般来说，工程图由一组视图、完整的尺寸（零件图）或必要的尺寸（装配图）、技术要求、标题栏和明细栏四部分组成。

在 SolidWorks 工程图文件中，包含两个独立的部分：图纸格式和工程图视图。图纸格式包含工程图图幅的大小、标题栏设置、零件明细表及其定位等，在工程图文件中相对比较稳定，一般应先设置或创建。

工程图视图可通过以下方法获取。

（1）可由 SolidWorks 设计的零件和装配体直接生成，也可以在已有的工程图视图中添加新的视图生成。例如，剖面视图可以在已有工程图视图上用剖切线切割视图的方法生成。

（2）工程图视图的尺寸既可以在生成工程图视图时直接插入，也可以通过尺寸标注工具标注生成。

（3）尺寸标注包括尺寸公差、形位公差、表面粗糙度和文本等内容，它们在 SolidWorks 的工程图中属于注释内容。

在工程图文件中，可以建立模型参数的链接，如链接已经定义的零件名称、零件序号、零件的材料等内容。一旦将这些内容链接到格式文件中，在建立工程图时模型中相应的模型参数会自动在工程图中更新，这样能大大提高创建工程图的效率。当使用者需要修改工程图中的的结构时，只需修改该工程图对应的3D零件模型或装配体模型，工程图会自动进行更新。

### 6.1.2 工程图环境中的工具栏

工程图的工作界面与零件和装配体的工作界面有很大的区别，新增加了“工程图”工具栏、“线型”工具栏和“注解”工具栏。

（1）“工程图”工具栏如图6-1所示，简要说明如下。

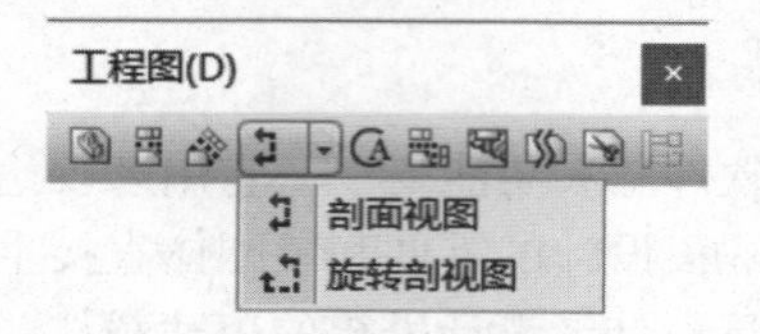


图6-1 “工程图”工具栏

“模型视图”按钮：单击该按钮会出现“模型视图”属性管理器。当创建新工程图或将一模型视图插入工程图文件中时，会自动出现“模型视图”属性管理器，通过该属性管理器可以在模型文件中为视图选择一方向。

“投影视图”按钮：根据已有视图利用正交投影生成新的视图。

“标准三视图”按钮：可以直接生成3个默认的正交视图，其中主视图方向为零件或装配体的前视方向，其他两个视图为俯视图和左视图，投影类型则按照图纸格式设置的第一角或第三角投影法。该按钮一般用于快速生成三视图。

“辅助视图”按钮：辅助视图类似于投影视图，它的投影方向垂直于所选视图的参考边线，但参考边线一般不能为水平或垂直，否则生成的就是投影视图。该按钮一般用于生成斜视图。

“剖面视图”按钮：剖面视图通过用一条剖切线来分割父视图而生成，属于派生视图，可以显示模型内部的形状和尺寸。剖面视图可以是剖切面或者是用阶梯剖切线定义的等距剖面视图，并可以生成半剖视图。该按钮一般用于生成半剖或全剖视图。

“旋转剖视图”按钮：可以在工程图中生成贯穿模型或局部模型并与所选剖切线线段对齐的旋转剖视图。旋转剖视图与剖面视图相似，但旋转剖面的剖切线由有夹角的两条或多条线组成。

“局部视图”按钮：可以在工程图中生成一个局部视图来表达一个视图的某个部分（通常是以放大比例显示）。局部视图可以是正交视图、3D视图、剖面视图、剪裁视图、爆炸装配体视图或另一个局部视图。

“断开的剖视图”按钮：断开的剖视图为已有工程视图的一部分，并不是单独的视图。闭合的轮廓通常是样条曲线，用来定义断开的剖视图。该按钮经常用于生成局部剖视图。

“折断线”按钮：可以在工程图中使用断裂视图（或中断视图）。断裂视图就可以将工程图视图用较大比例放置在较小的工程图纸上。

“剪裁视图”按钮：除了局部视图、已用于生成局部视图的视图或爆炸视图，可以用剪裁视图剪裁任何工程视图。由于没有建立新的视图，因此剪裁视图可以节省步骤。

“交替位置视图”按钮：可以将一个工程视图精确叠加于另一个工程视图之上。交替位置视图以双点画线显示，它常用于显示可动零件的运动范围。交替位置视图拥有以下4个特征：

①可以在基本视图和交替位置视图之间标注尺寸；

②交替位置视图可以添加到特征管理器中；

③在工程图中可以生成多个交替位置视图；

④交替位置视图在断开、剖面、局部、或剪裁视图中不可用。

（2）“线型”工具栏如图6-2所示，简要说明如下。

**图6-2　“线型”工具栏**

“图层属性”按钮：生成、编辑或删除图层，并更改图层的属性和显示状态。

“线色”按钮：单击此按钮，出现“设定下一直线颜色”对话框。可从该对话框中的调色板中选择一种颜色。

“线粗”按钮：单击此按钮，出现“线粗”菜单，当光标移到菜单中某线条时，该线条粗细的名称会在状态栏中显示，即可选择合适的线粗。

“线型”按钮：单击此按钮，会出现“线型”菜单，当光标移到菜单中某线条时，该线型名称会在状态栏中显示，根据需要从菜单中选择一种线型。

“隐藏/显示边线”按钮：切换边线的显示状态。

“颜色显示模式”按钮：单击此按钮，线色会在所设定的颜色中切换。

（3）“注解”工具栏如图6-3所示，简要说明如下。

**图6-3　“注解”工具栏**

“智能尺寸”按钮：为一个或多个所选实体生成尺寸。

“模型项目”按钮：从参考的模型输入尺寸、注解、参考几何体到所选视图中。

“拼写检查”按钮：检查拼写。

“格式涂刷”按钮：复制粘贴格式。

“注释”按钮：插入注释。

“零件序号”按钮：附加零件序号。

“自动零件序号”按钮：为所选视图中的所有零件添加零件序号。

“表面粗糙度符号”按钮：添加表面粗糙度符号。

“焊接序号”按钮：在所选实体（面、边线等）上添加焊接符号。

“形位公差”按钮：添加形位公差符号。

“基准特征”按钮：添加基准特征符号。

“基准目标”按钮：添加基准目标（点或区域）和符号。

“孔标注”按钮：添加孔/槽口标注。

“修订符号”按钮：插入最新修订符号。

“区域剖面线/填充”按钮：添加剖面线阵列或实体填充到一模型面或闭合的草图轮廓中。

“块命令”按钮：块命令。

“中心符号线”按钮：在圆形边线、槽口边线或草图实体上添加中心符号线。

“中心线”按钮：添加中心线到视图或所选实体。

“表格”按钮：表格命令。

## 6.2 标准模型视图的绘制

常用的标准模型视图包括：标准视图、投影视图和辅助视图。下面以实例介绍标准模型视图的使用方法。

### 6.2.1 标准视图

标准视图能为零件或装配体同时生成3个相关的默认正交视图，默认的标准三视图为前视、俯视及左视3个视图。常用创建标准三视图的方法有两种：直接选取法和文件插入法。

1. 直接选取法

1）打开零件图

选择菜单栏“文件”→“打开”命令，打开“转子”零件。

2）新建工程图文件并设置文件显示方式

选择菜单栏“文件”→“新建”命令，新建一个工程图文件。为了在生成工程图时方便观察零件，可以使用窗口平铺功能在绘图区域同时显示工程图与三维模型。选择菜单栏“窗口”→“横向平铺”命令，将两个文件以横向平铺方式显示，结果如图6-4所示。

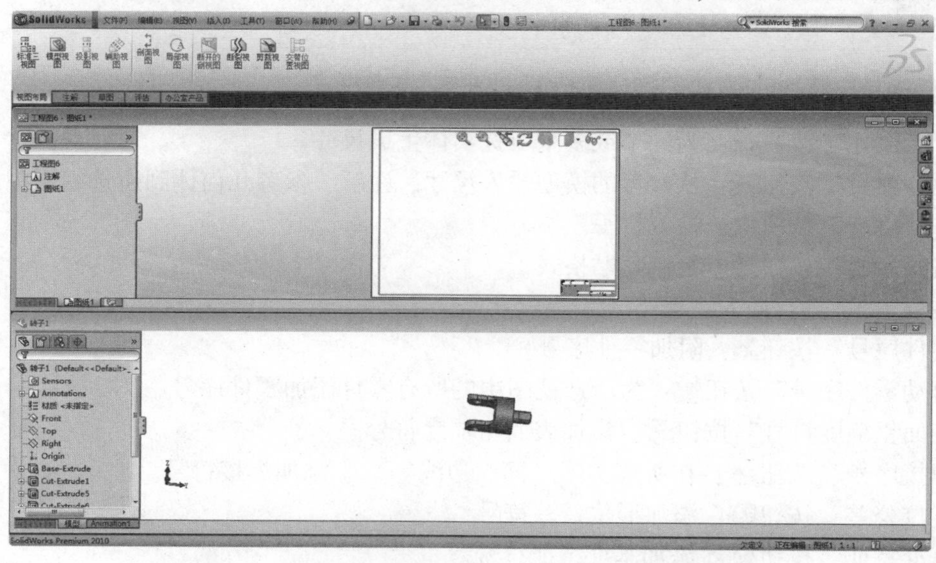

图6-4 横向平铺方式显示文件

3）执行命令

切换到工程图文件下，选择菜单栏“插入”→“工程视图”→“标准三视图”命令，或者单击“工程图”工具栏中的“标准三视图”按钮，此时系统弹出如图 6-5 所示的“标准三视图”属性管理器。

4）设置属性管理器

在“标准三视图”属性管理器的“打开文档”列表框中显示“转子”，表示已选取该文件，如图 6-5 所示，“注解视图”列表框中显示为该工程图中显示的视图。

5）确认创建的三视图

单击“确定”按钮，标准三视图创建完毕，如图 6-6 所示。

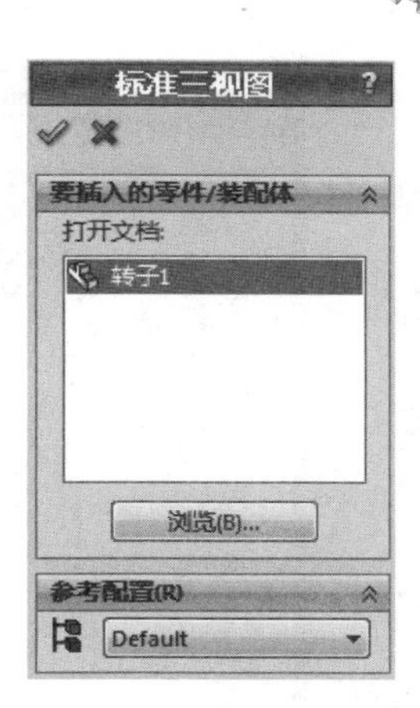


图 6-5　“标准三视图”属性管理器

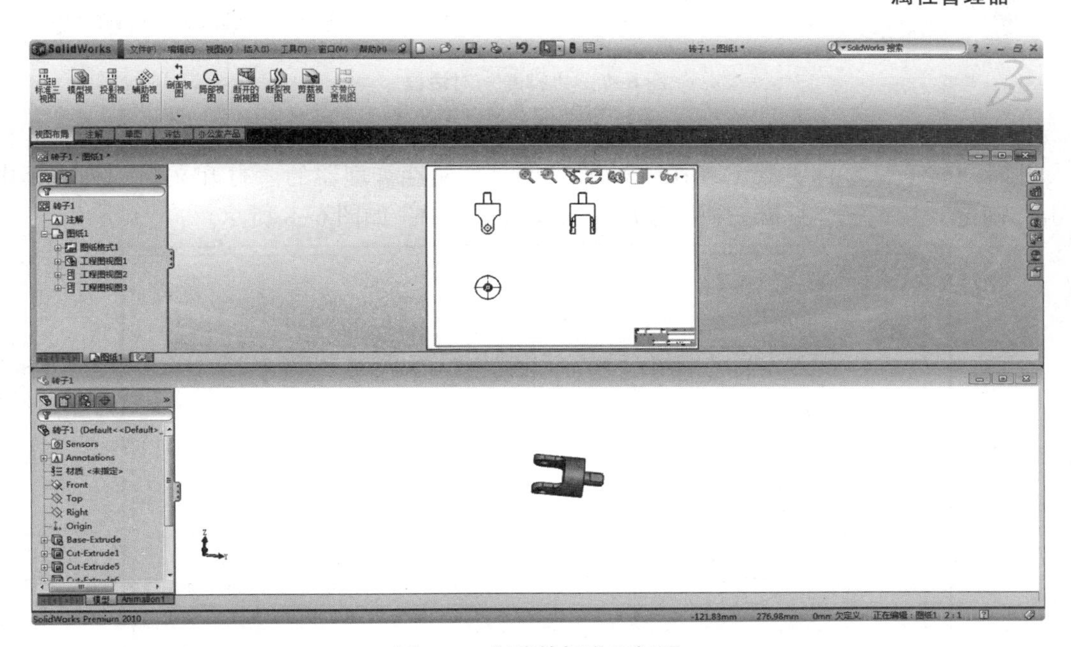


图 6-6　创建的标准三视图

2. 文件插入法

文件插入法不预先打开零件文件，而是直接从文件中插入。操作步骤如下。

1）新建工程图文件

选择菜单栏“文件”→“新建”命令，新建一个工程图文件。

2）执行命令

选择菜单栏“插入”→“工程视图”→“标准三视图”命令，或者单击“工程图”工具栏中的“标准三视图”按钮，此时系统弹出“标准三视图”属性管理器。

3）选择插入的零件

单击“浏览”按钮，此时系统弹出如图 6-7 所示的“打开”对话框，在其中选择“转子”零件文件，然后单击对话框中的“打开”按钮。

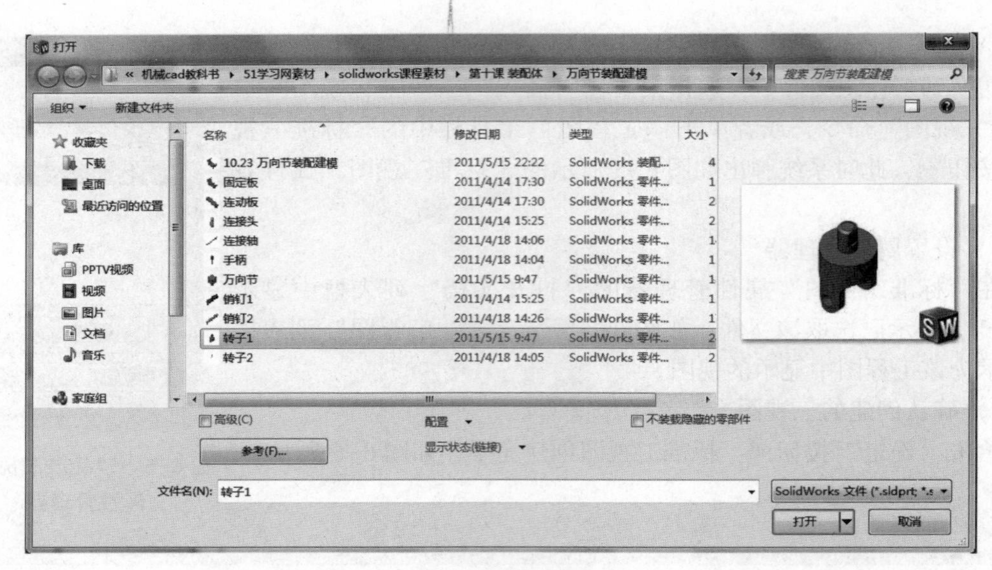


图 6-7　“打开”对话框

4）确认插入的零件

此时“转子”零件文件出现在“标准三视图”属性管理器的“打开文档”列表框中，单击“确定”按钮✔，标准三视图添加到工程图视图中，如图 6-8 所示。

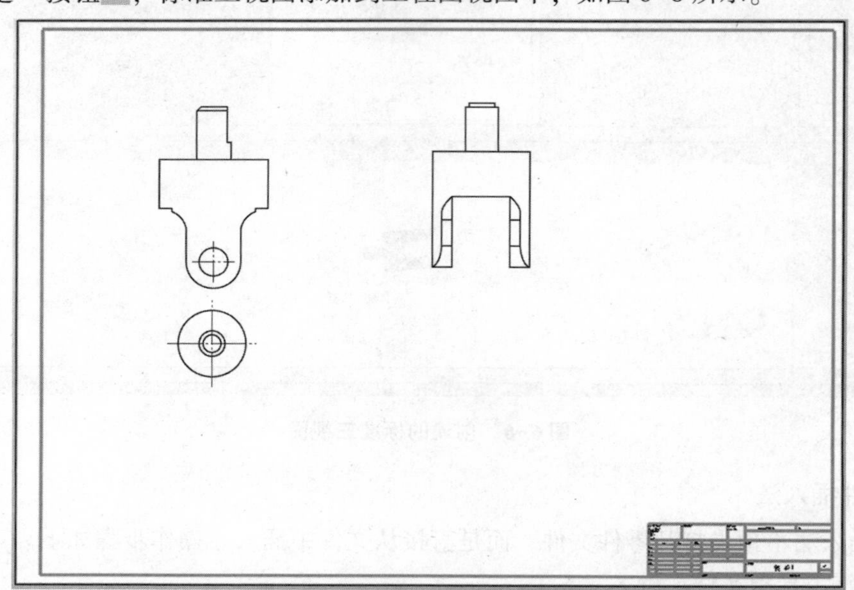

图 6-8　工程图的标准三视图

## 6.2.2　投影视图

投影视图是指基于工程图中已经存在的视图，建立以该视图为前视图的上、下、左、右 4 个正投影视图中的某一个视图。在绘制复杂零件时，为了清楚表达零件的其他方向视图，经常使用投影视图。操作步骤如下。

1）新建工程图文件

选择菜单栏“文件”→“新建”命令，新建一个工程图文件。添加一个“转子”零件的前视图，如图 6-9 所示。

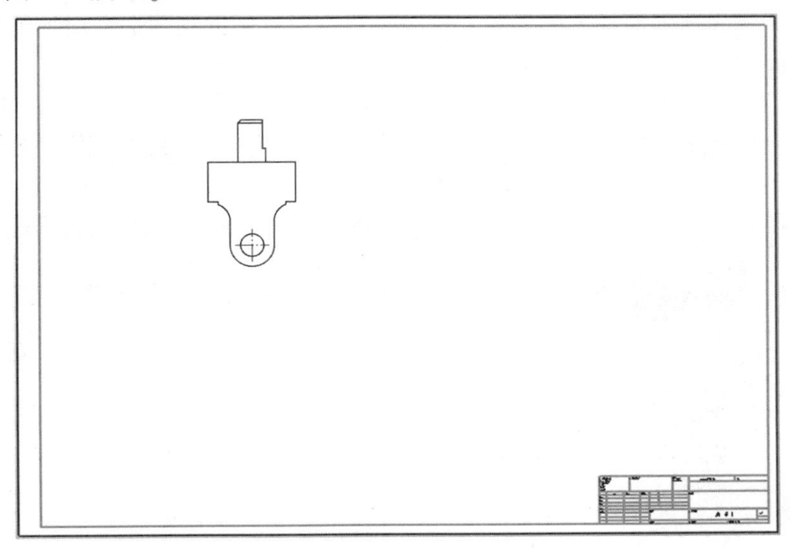

**图 6-9　添加前视图的工程图**

选择菜单栏“插入”→“工程视图”→“投影视图”命令，或者单击“工程图”工具栏中的“投影视图”按钮，此时系统弹出“投影视图”属性管理器。

2）创建工程图视图

单击绘图区域中合适的位置放置投影视图。注意：每次只能生成一个方向的投影视图，依次生成前视图的上、下、左、右 4 个正投影视图，并且还可以生成不同方向的投影视图，如图 6-10 所示。

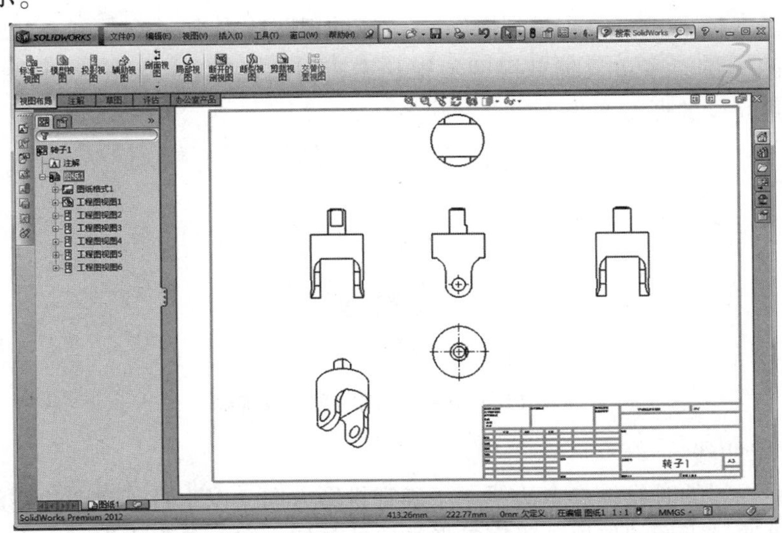

**图 6-10　投影视图**

单击“确定”按钮，生成需要的投影视图。

## 6.2.3 辅助视图

辅助视图类似于投影视图，但是如果零件中包含斜面特征，仅从一般正投影视图的角度观测，则可能无法表达斜面的实际形状。这时，只有通过辅助视图命令增加辅助视图，才能清楚地表达斜面的特征。操作步骤如下。

1）创建工程视图

根据前面介绍的工程图文件的创建方法，创建“底座”零件的工程图文件，并建立一个主视图，如图6-11所示。

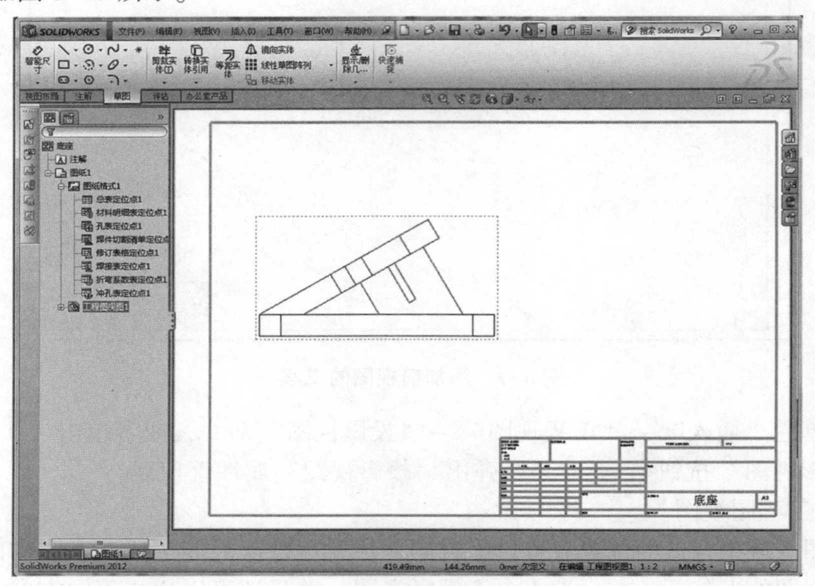

图6-11 底座零件主视图

选择菜单栏“插入”→“工程视图”→“辅助视图”命令，或者单击“工程图”工具栏的“辅助视图”按钮进入辅助视图编辑状态，弹出如图6-12所示的“辅助视图”属性管理器。并且光标的形态变为边线选择状态。

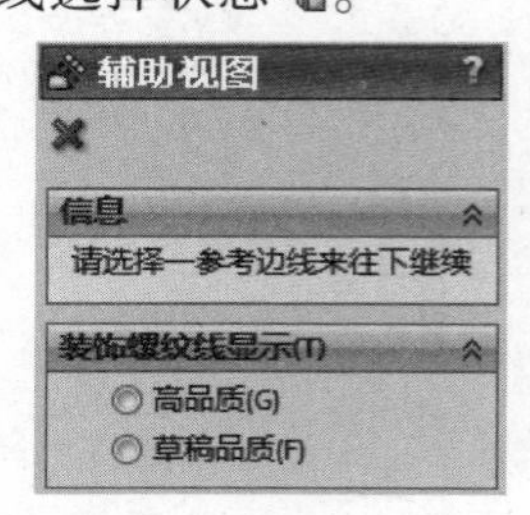


图6-12 “辅助视图”属性管理器

2）选择参考边线

在编辑辅助视图的时候，参考边线用于确定投影方向，以垂直于参考边线的方向作为投影大致方向，再通过光标的位置来确定参考方向的具体方向。单击主视图中右上角的斜线作为辅助视图的辅助边线，移动光标，将光标放置在模型的左下角，通过预览图形发现该效果是我们想要的，并单击确认，系统自动把该视图命名为“视图*A*”，如图6-13所示。从图中可以看到，得到了一个斜视图，该视图可以准确表达底座模型右上角斜面的形状。

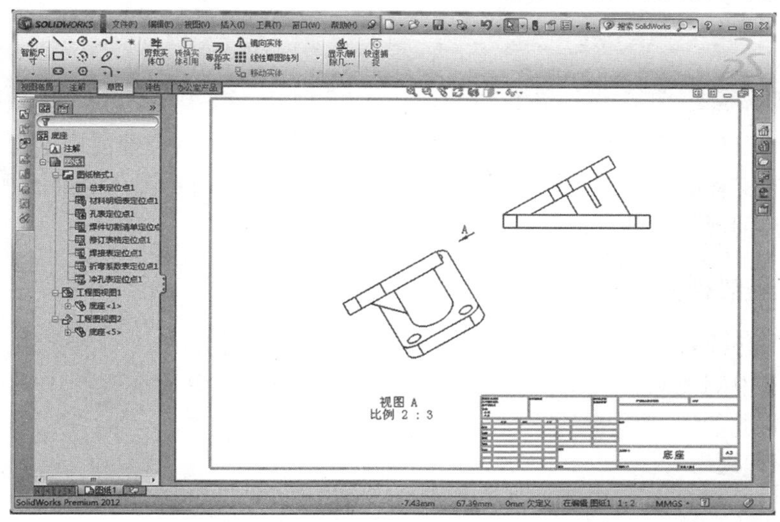


图 6-13　辅助视图的放置位置

可见，视图放置在投影方向上给人一种杂乱的感觉，我们可以把该视图放置在其他位置。但是当我们把光标放置在视图 *A* 上单击并拖拽鼠标移动视图的时候会发现，视图 *A* 只能在投影方向移动，因为 SolidWorks 软件自动为我们新生成的视图添加了对齐关系。此时，可以单击视图 *A* 后右击，在弹出的快捷菜单中选择"视图对齐"选项中的"解除对齐关系"，把斜视图放置在合适的位置。再利用前面讲述的投影视图生成一个俯视图，最终形成的视图效果如图 6-14 所示。

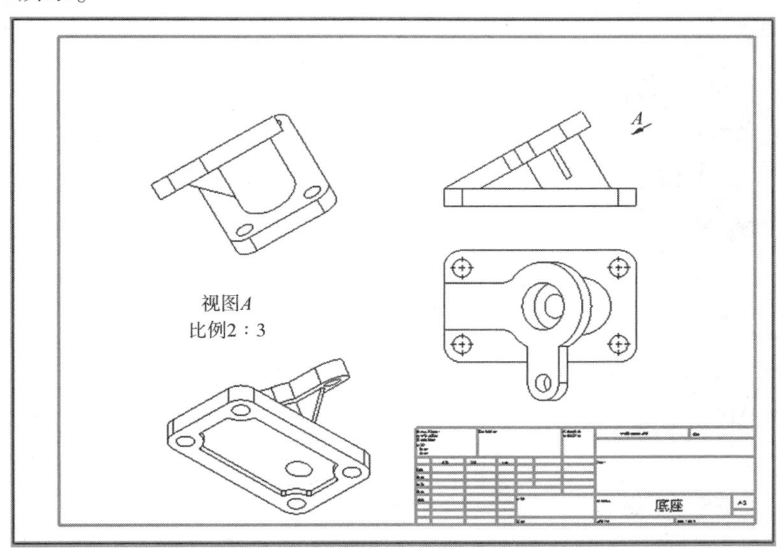


图 6-14　底座工程图视图效果

提示：在本例中，辅助视图也可以实现上述效果。在上述步骤中生成俯视图的时候，读者也可以尝试使用辅助视图来生成。使用辅助视图生成视图的时候，软件会自动为生成的视图添加名称，而投影视图则一般不会。

## 6.3 剖面视图

剖面视图可以显示设计零件内部特征、厚度、斜度等结构。合理使用剖面视图，可以使零件或装配体的工程图中的虚线更少，便于读图。在 SolidWorks 软件中剖面视图一般分为：全剖视图、旋转剖视图、断开的剖视图。

### 6.3.1 全剖视图

建立剖视图必须有一条剖切线。利用“直线”或者“中心线”命令，既可以在执行剖视命令前在视图中剖视位置画剖切线，也可以在执行剖视命令后在视图中剖视位置画剖切线。操作步骤如下。

1）创建工程视图

创建“转子”零件的工程图文件，并创建一个主视图，如图 6-15 所示。

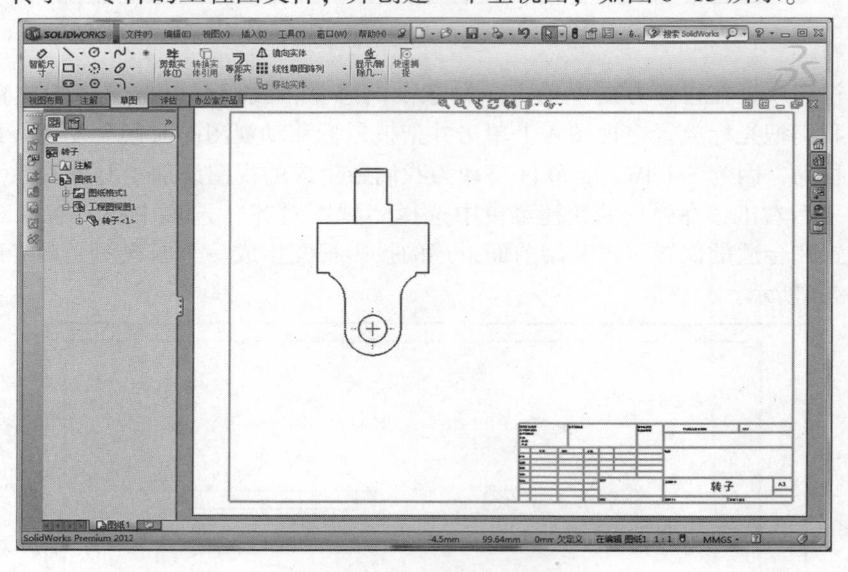

图 6-15　转子零件的主视图

2）执行命令

选择菜单栏“插入”→“工程视图”→“剖面视图”命令，或者单击“工程图”工具栏中的“剖面视图”按钮，系统弹出如图 6-16 所示的“剖面视图”属性管理器。

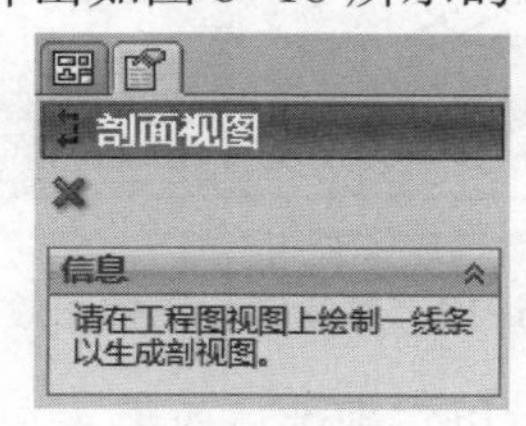


图 6-16　“剖面视图”属性管理器

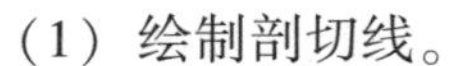

（1）绘制剖切线。

按照“剖面视图”属性管理器的提示，执行“直线”或者“中心线”命令，绘制一条贯穿主视图的竖直直线。

（2）确定剖视图位置。

剖切线绘制完毕，视图界面如图 6-17 所示，向右移动鼠标通过预览确定剖视图位置，并单击确认。如果剖视图方向错误，则单击属性管理器中的“反转方向”复选框。

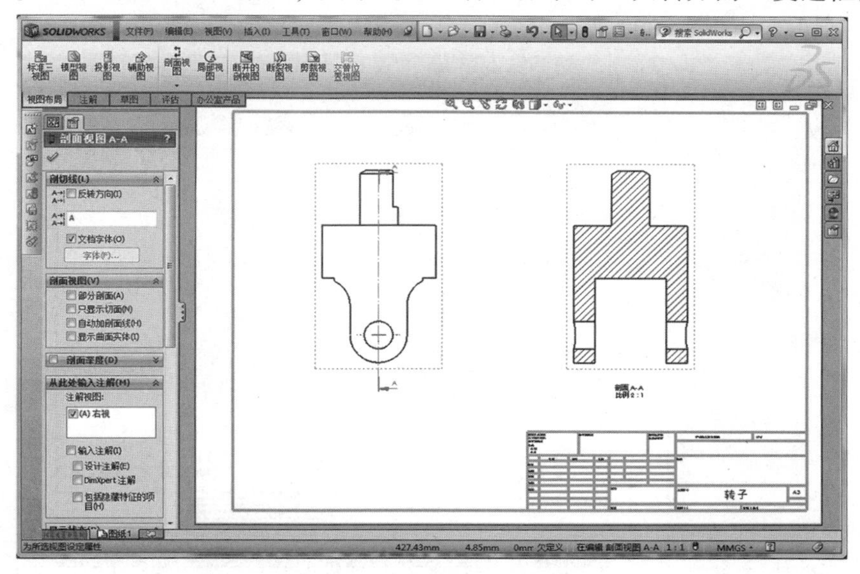


**图 6-17　剖视图位置确定**

当剖视图设置完成后，单击“确定”按钮 ✔，生成需要的剖面视图，图样名称会在剖视图中自动注明，如图 6-18 所示。

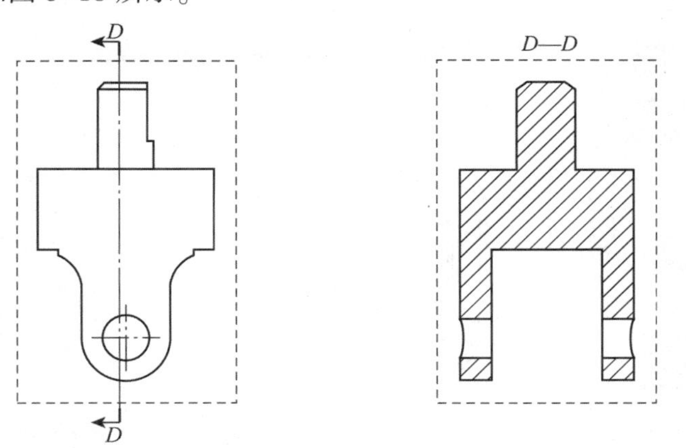


**图 6-18　剖面视图图样**

## 6.3.2　旋转剖视图

对于旋转剖视图，需要在视图上绘制旋转剖的剖切线，既可以在执行剖视命令前也可以在执行剖视命令后画剖切线。操作步骤如下。

1）创建工程视图

新建工程图，并创建图6-19所示的“泵盖”零件的左视图工程图文件。

2）绘制剖切线

选择菜单栏“插入”→“工程视图”→“旋转剖面视图”命令，或者单击“工程图”工具栏中的“旋转剖面视图”按钮，弹出“剖面视图”属性管理器。按照“剖面视图”属性管理器中的提示，选择“草图”工具栏中的“直线”或者“中心线”命令绘制两条直线作为旋转剖切线，如图6-20所示。

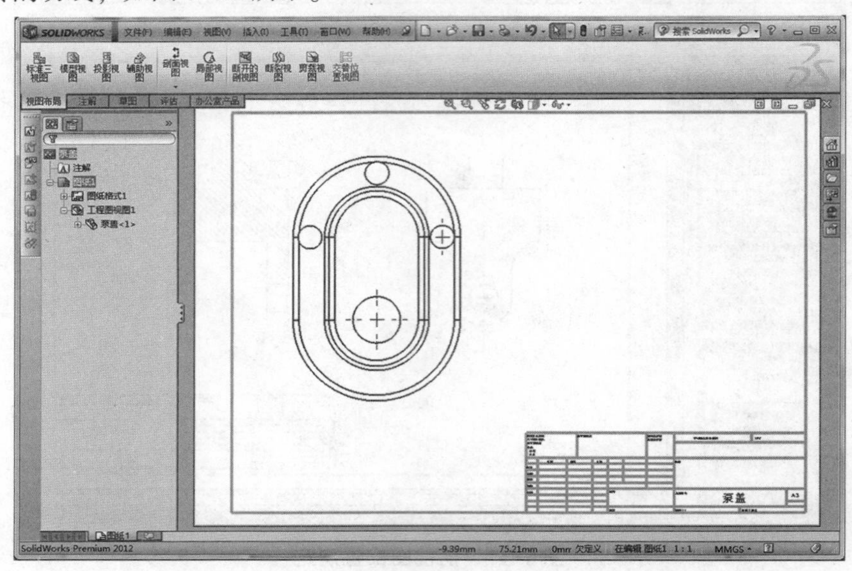

图6-19　泵盖左视图

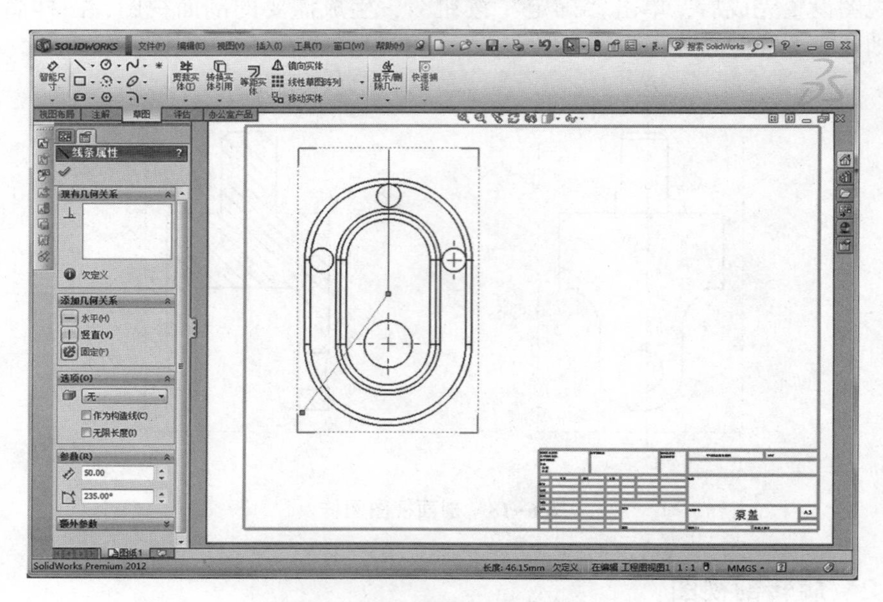

图6-20　旋转剖切线的绘制

3）确定剖视图位置

剖切线绘制完毕，向左移动鼠标确定剖视图的位置，在适当的位置单击确认。如果剖视图方向错误，单击“反转方向”复选框。单击“确定”按钮✔，生成需要的剖面视图，图样名称会在剖面视图中自动注明，如图 6-21 所示。

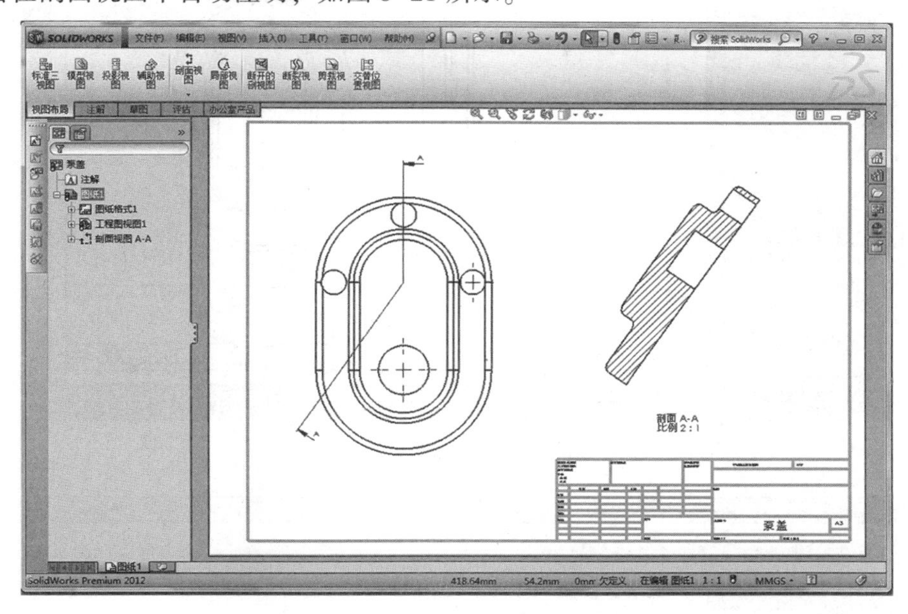


图 6-21　生成的旋转剖面视图

## 6.3.3　断开的剖视图

断开的剖视图即为国家标准中的“局部剖视图”，也是现有工程视图的一部分，它不是单独的视图。通常用闭合的轮廓线断开剖视图，闭合的轮廓是样条曲线。通过设定一个数或在相关视图中选择一边线来指定深度，剖切到指定深度以展现内部的结构细节。操作步骤如下。

1）创建工程视图

创建图 6-22 所示“泵盖”零件的工程图文件。

2）绘制剖切线

选择菜单栏“插入”→“工程视图”→“断开的剖视图”命令，或者单击“工程图”工具栏中的“断开的剖视图”按钮，弹出“断开的剖视图”属性管理器。按照“断开的剖视图”属性管理器中的提示，使用“草图”工具栏中的“样条曲线”命令在主视图绘制封闭轮廓，如图 6-23 所示。

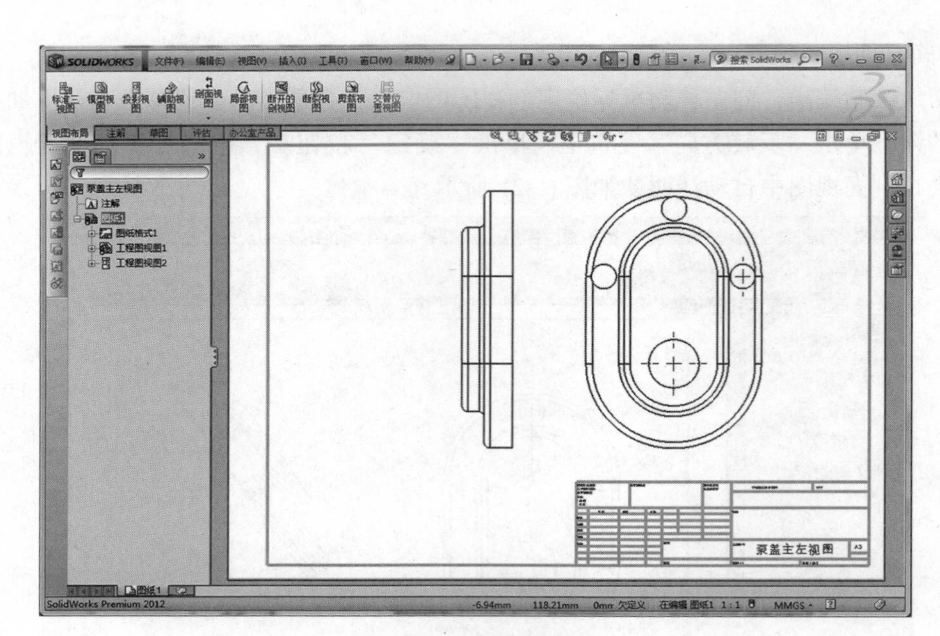

图 6-22　泵盖主左视图

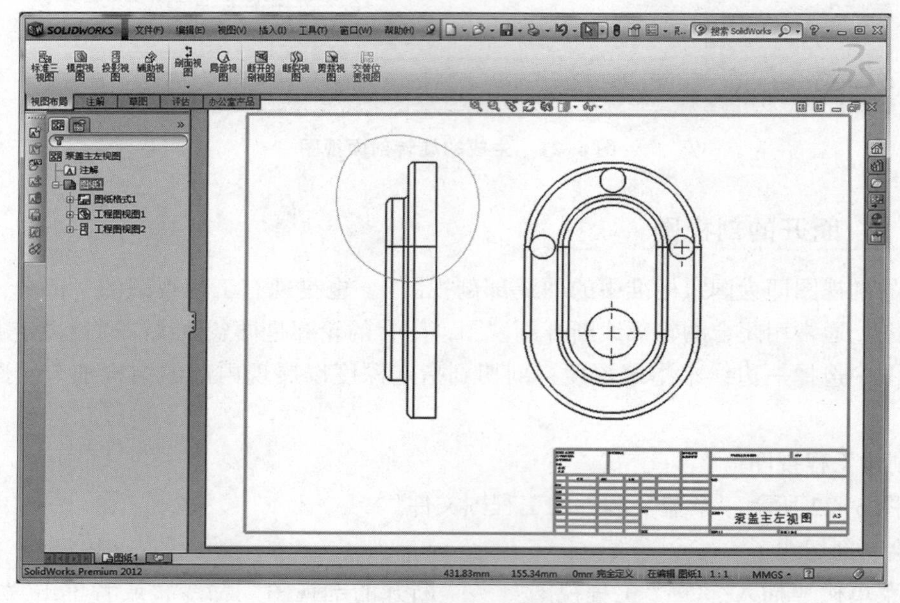

图 6-23　绘制封闭轮廓线的视图

3）确定剖视图位置

封闭的轮廓线绘制完毕，可以输入剖切深度数值也可以选择一条剖切面经过的直线用以确定剖切深度，输入深度值或者选择剖切面经过的直线后，在左视图上会有黄色显示的直线用以展示所设置剖切面的剖切位置。勾选“断开的剖视图”属性管理器中的“预览”复选框，查看预览效果以及剖切位置是否正确，如果正确则单击“确定”按钮✔，完成一个断开的剖视图的生成，如图 6-24 所示。

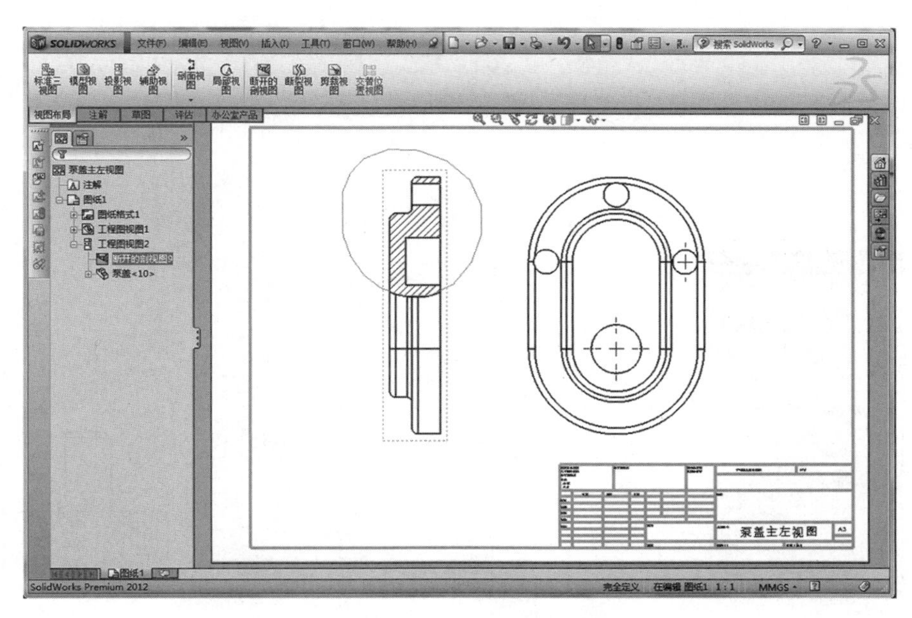

图 6-24　生成的断开的剖视图

剖视图绘制完成以后，如图剖面线样式不符合用户的需求，则可以修改剖面线的标注样式。操作步骤如下。

（1）选择待修改剖面线。

单击剖视图中需要修改的剖面线，在图上选中需要修改的剖视图区域，如图 6-25 所示。

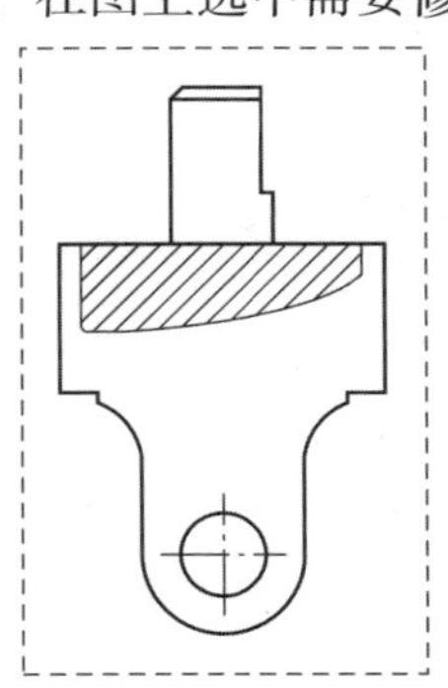

图 6-25　选择剖视图区域

（2）设置标注样式。

系统弹出图 6-26 所示的“断开的剖视图”属性管理器，单击“材质剖面线”复选框，取消选择。

（3）设置属性管理器。

在“剖面线样式”下拉菜单中选择需要的标注样式，如“Stars”，如图 6-27 所示。在属性管理器中还可以设置剖面线图样角度和剖面线图样比例。

单击“确定”按钮，完成剖面线标注样式的修改，结果如图 6-28 所示。

图 6-26　“断开的剖视图”属性管理器

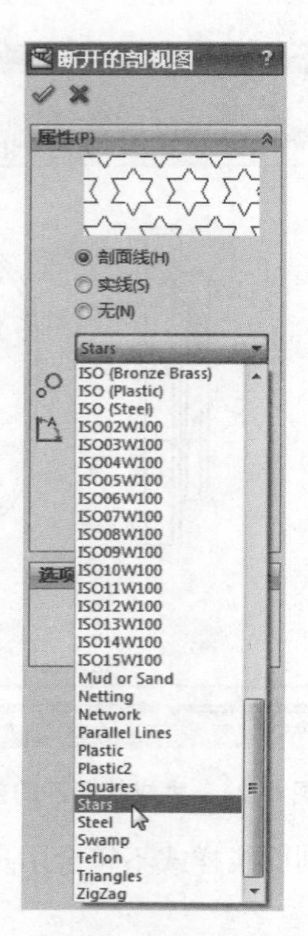


图 6-27　选择标注样式

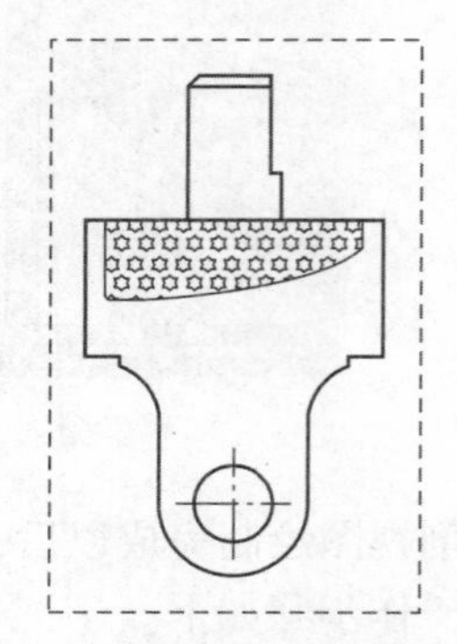

图 6-28　修改后的剖视图

# 6.4　其他视图

## 6.4.1　局部视图

局部视图用来放大显示模型上较为复杂或者微小部分的结构。局部视图可以是正交视图、空间视图、剖面视图、剪裁视图、爆炸装配体视图或者另一个局部视图。操作步骤如下。

1）创建工程视图

创建图 6-15 所示“转子”零件的工程图文件。

2）执行命令

选择菜单栏“插入”→“工程视图”→“局部视图”命令，或者单击“工程图”工具栏中的“局部视图”按钮，系统弹出图 6-29 所示的“局部视图”属性管理器。

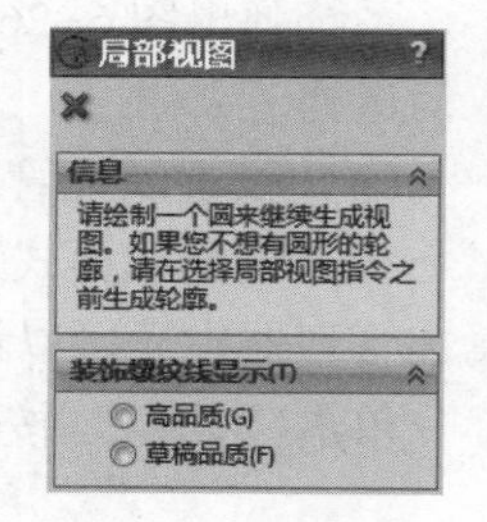


图 6-29　“局部视图”属性管理器

3）选择放大部位

按照“局部视图”属性管理器中的提示，在工程视图中需要放大的位置绘制一个圆 $C$，作为局部视图放大的轮廓，如图 6-30 所示。绘制参考圆后，“局部视图 C”属性管理器如图 6-31 所示，根据需要进行设置。向右移动光标确定局部视图位置，并单击确认，如图

6-32 所示。

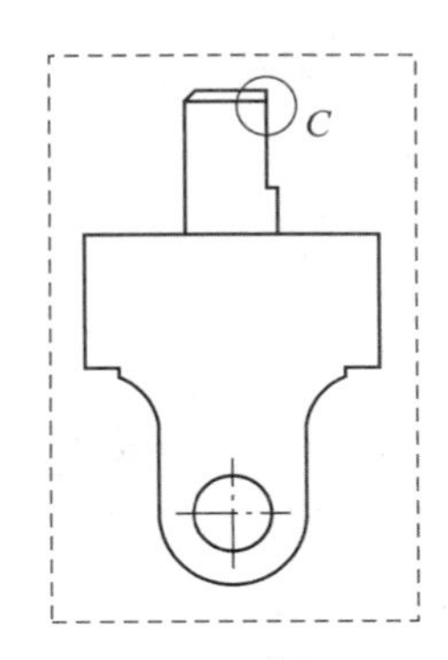


图 6-30 绘制的参考圆

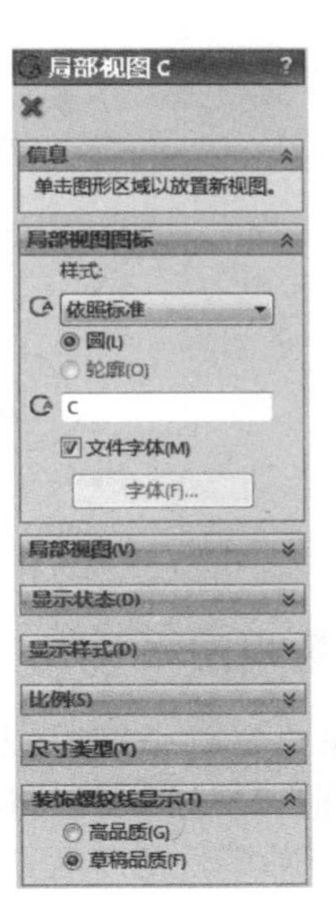


图 6-31 “局部视图 C”属性管理器

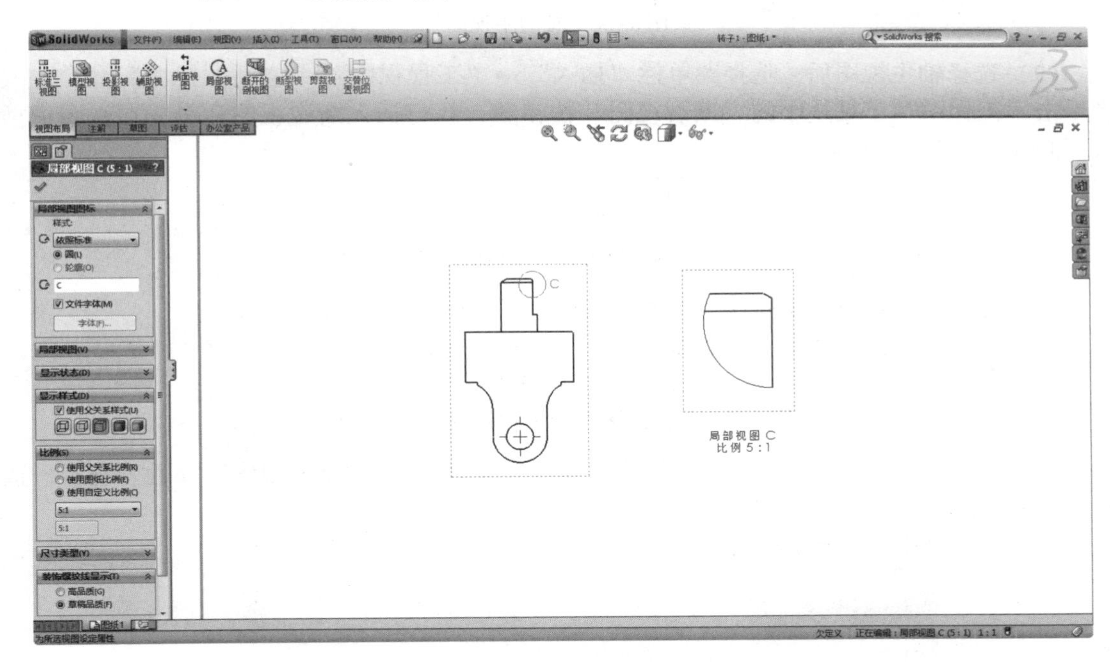


图 6-32 局部视图的绘制

确认视图位置后，系统弹出“局部视图”属性管理器，单击“确定”按钮✔，生成需要的局部视图，如图 6-33 所示。

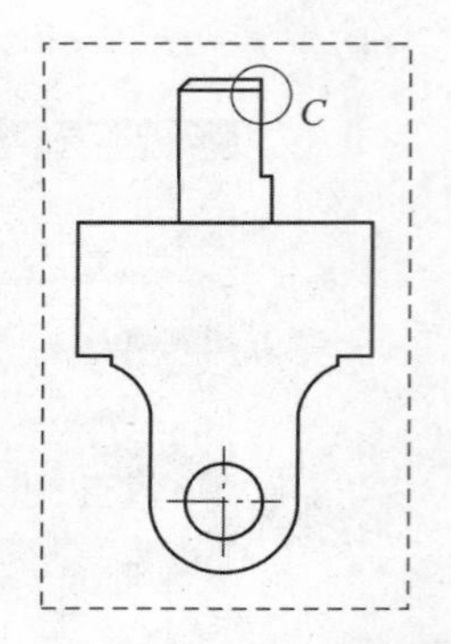


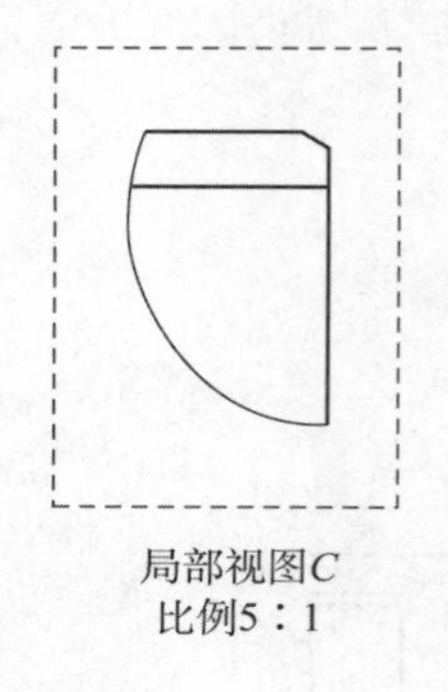

局部视图C
比例5：1

图 6-33　生成的局部视图

## 6.4.2　断裂视图

如果视图中某个零件长度很长，在视图中完整地表达该零件，它在视图中的比例会不协调，不利于观测图形，这时可以将该零件视图做断裂处理。操作步骤如下。

（1）打开一个轴零件的工程图，创建主视图，如图 6-34 所示。

图 6-34　轴的主视图

（2）选择轴主视图后，选择菜单栏“插入”→“工程视图”→“断裂视图”命令，或者单击“工程图”工具栏中的“断裂视图”按钮，执行插入断裂视图命令，在视图中插入折断线，如图 6-35 所示。

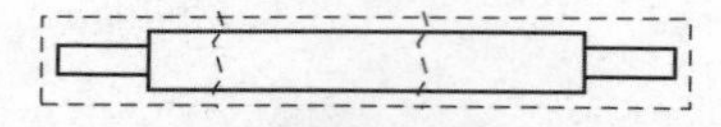

图 6-35　插入折断线后的主视图

（3）按鼠标左键拖动折断线，调整折断线的位置和距离，如图 6-36 所示。

图 6-36　调整折断线位置和距离后的主视图

（4）右击视图上的任意一点，系统弹出如图 6-37 所示的“断裂视图”属性管理器，选择“折断视图”选项，结果如图 6-38 所示。

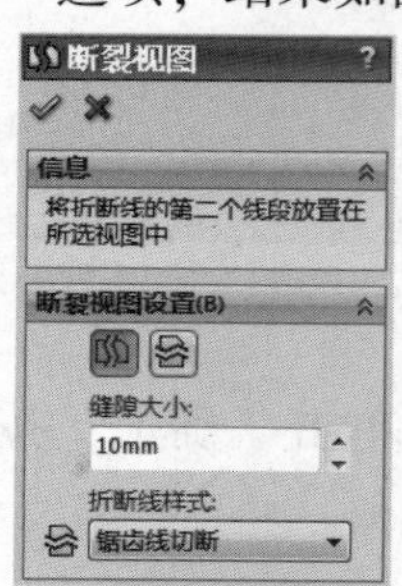


图 6-37　“断裂视图”属性管理器

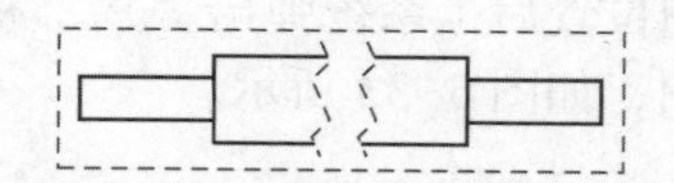

图 6-38　断裂后的主视图

断裂后的视图如果要恢复原来的形状，则右击断裂后的视图，在系统弹出的快捷菜单中选择“撤销断裂视图”命令即可。

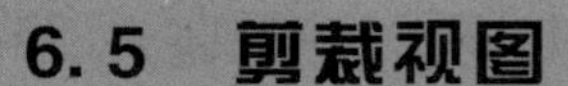

## 6.5 剪裁视图

如果一个视图太复杂或者太大，可以利用“剪裁视图”命令将其剪裁，保留需要的部分。操作步骤如下。

1）绘制零件的主视图

创建“基座”零件的工程图文件，只绘制一个主视图，如图 6-39 所示。

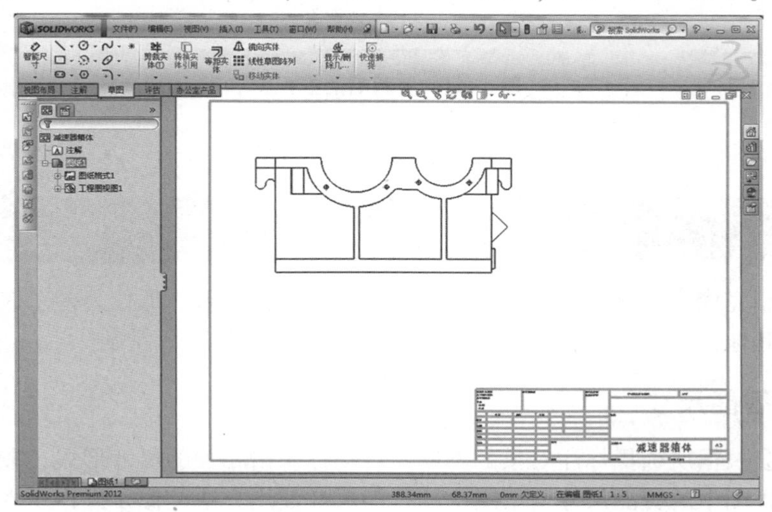


图 6-39 “减速器箱体”的主视图

2）绘制剪裁区域

单击“草图”工具栏中的“圆”按钮，在主视图中绘制一个圆，作为剪裁区域，如图 6-40 所示。

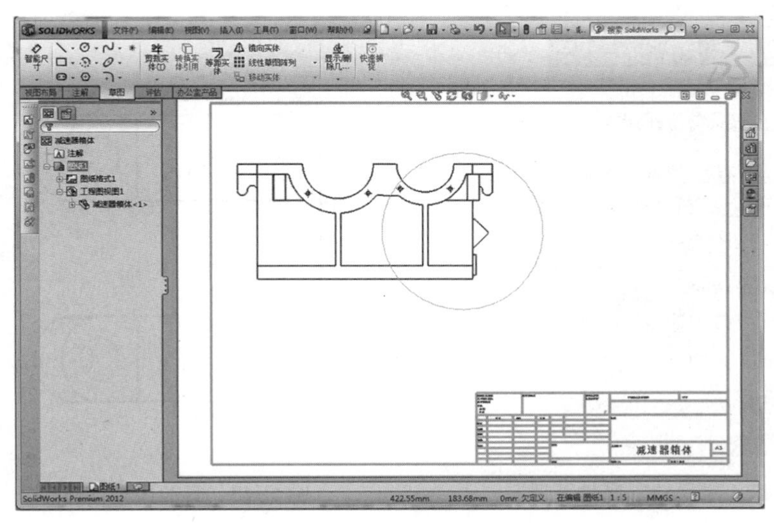


图 6-40 绘制“圆”后的主视图

3）执行剪裁命令

选择绘制的圆后，选择菜单栏“插入”→“工程视图”→“剪裁视图”命令，或者单击“工程图”工具栏中的“剪裁视图”按钮，执行“剪裁视图”命令，如图6-41所示。

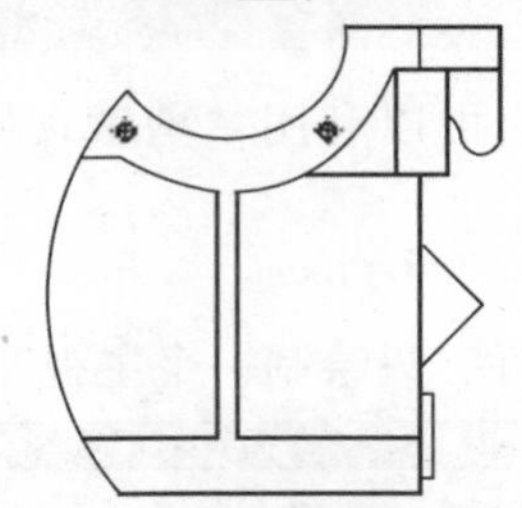

图6-41　剪裁后的主视图

## 6.6　尺寸标注

工程图绘制完成后，必须在工程图中标注尺寸、几何公差、形位公差、表面粗糙度等级及技术要求等其他注释，至此才能完成一张完整的工程视图。

### 6.6.1　智能尺寸

智能尺寸会根据所选择标注对象的不同，自动标识出相关的尺寸形式，较其他标识形式更为方便。工程图中的智能尺寸与草图中的智能尺寸使用方法类似。操作步骤如下。

（1）单击“注解”工具栏中的“智能尺寸”按钮，弹出“尺寸”属性管理器，如图6-42所示。

（2）设置相关参数，指定尺寸的图层。

（3）选择要标注的工程图中的实体，如图6-43所示，单击“确定”按钮，完成智能尺寸的标注操作。

图6-42　“尺寸”属性管理器

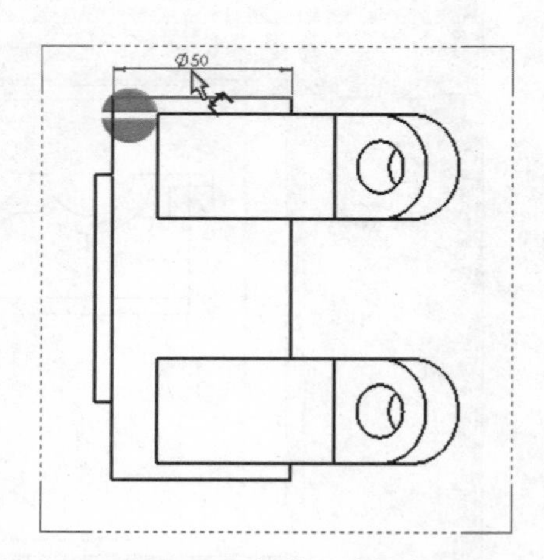


图6-43　智能尺寸标注

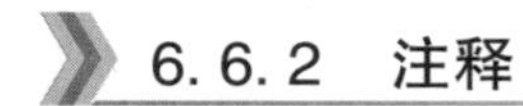

## 6.6.2　注释

在 SolidWorks 工程图文件中，配合使用注释，其表达的意义与标注尺寸相似。下面以添加技术要求为例说明添加注释的操作步骤。

（1）选择菜单栏“插入”→“注解”→“注释”命令，或者单击“注解”工具栏中的“注释”按钮A，执行注释命令。

（2）在“注释”属性管理器中，单击“引线”标签中的“无引线”按钮，然后在视图中合适位置单击以添加注释的位置，如图 6-44 所示。

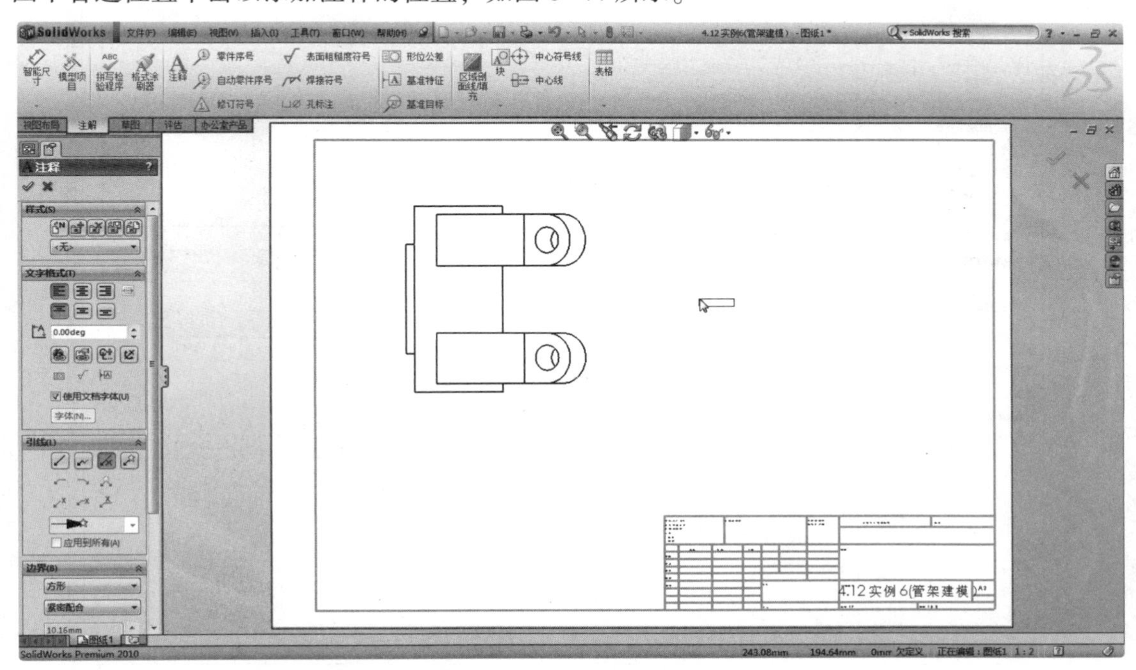

图 6-44　在视图中添加注解

（3）系统弹出图 6-45 所示的“格式化”对话框，设置需要的字体和字号后，输入需要的注释文字。

图 6-45　“格式化”对话框

（4）单击“确定”按钮，注释文字添加完毕。

## 6.6.3　零件序号

装配体工程图文件中可以插入零件序号。零件序号用于标记装配体中的零件，并将零件与材料明细表中的序号相关联。插入零件序号前，要设置插入零件的序号字体大小、字体高度。操作步骤如下。

1）设置字体高度

在“文档属性-零件序号”对话框中，选择“文件属性”选项卡中的“注解”选项，然后单击其中的“零件序号”选项，如图6-46所示。单击“文本”选项组中的“字体”按钮，系统弹出图6-47所示的“选择字体”对话框，在“单位”文本框中输入值“5.00 mm”，然后单击“确定”按钮，字体设置完毕。

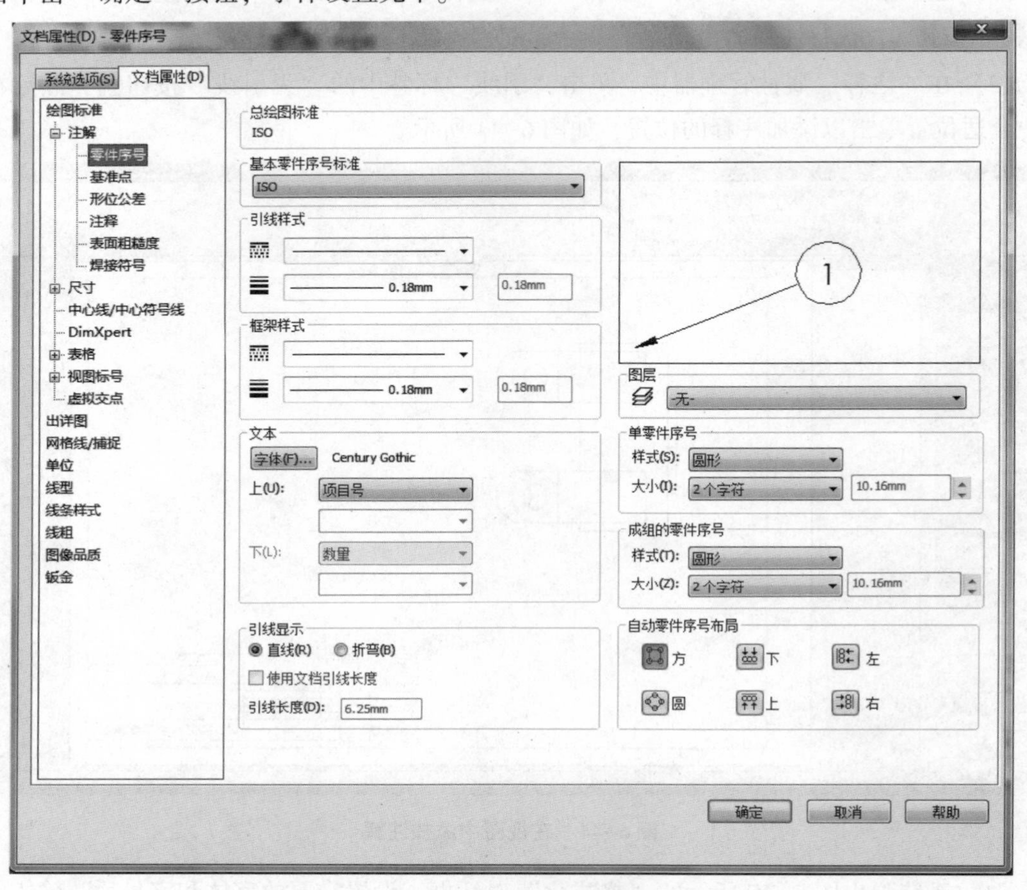

图6-46 “文件属性”选项卡

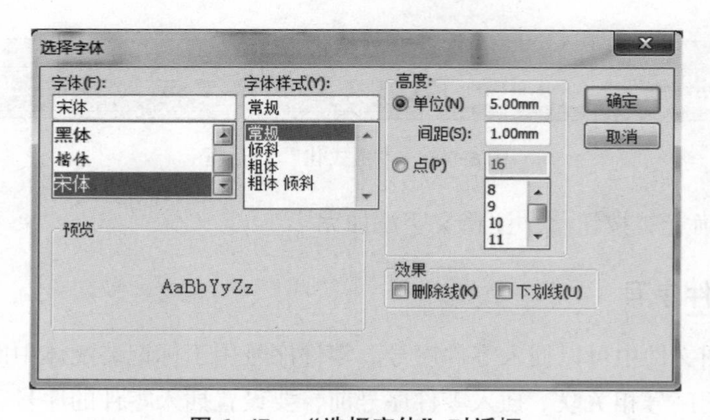

图6-47 “选择字体”对话框

2）插入零件序号

（1）选择菜单栏“插入”→“注解”→“零件序号”命令，或者单击“注解”工具栏中的“零件序号”按钮，系统弹出图 6-48 所示的“零件序号”属性管理器，在其中设置标注零件序号的样式等。

（2）选择需要标注的零件，单击“确定”按钮，零件序号标注完毕。

（3）标注完零件序号后，零件序号有时会比较混乱，单击需要修改的序号，如图 6-49 所示。利用控制点，可以调整序号的位置。调整零件序号位置后的工程图如图 6-50 所示。

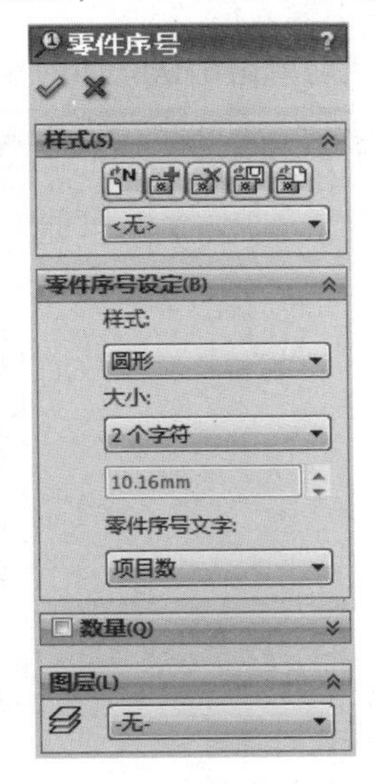


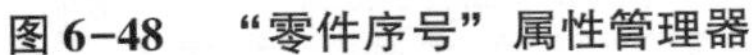
图 6-48　“零件序号”属性管理器

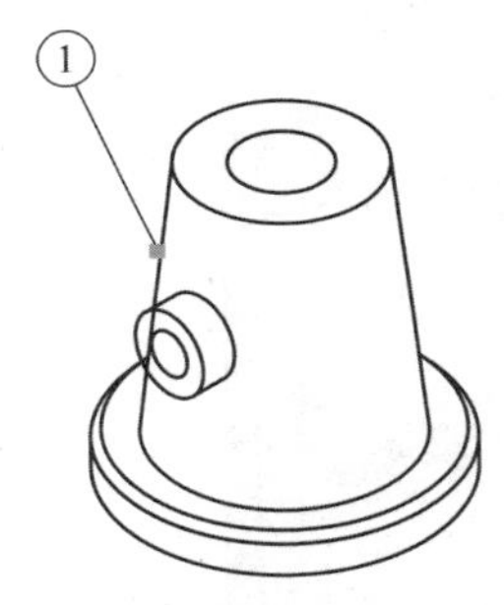


图 6-49　零件序号控制点

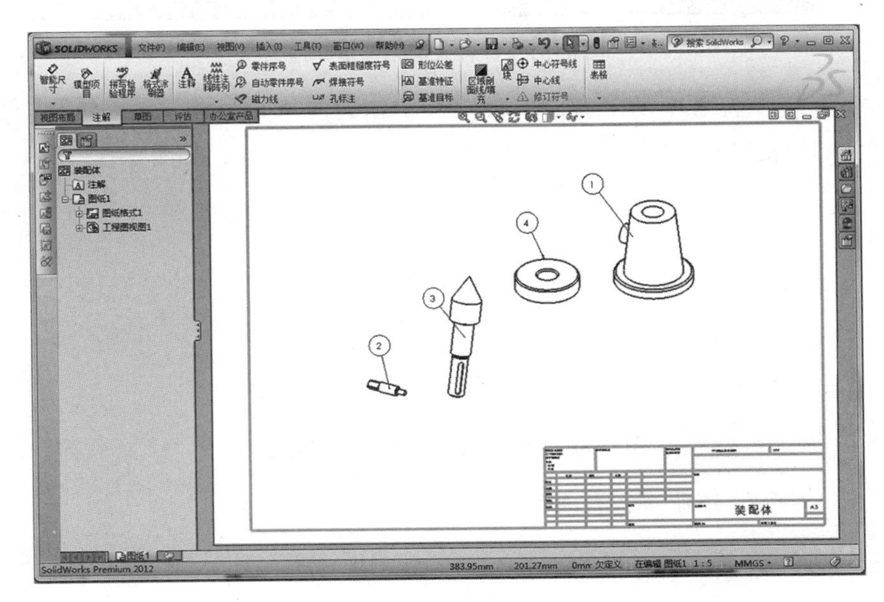


图 6-50　调整零件序号后的工程图

## 6.6.4 表面粗糙度

表面粗糙度表示零件表面加工的平整程度，因此必须选择工程图中实体边线才能标注表面粗糙度符号。标注表面粗糙度符号的步骤如下。

（1）选择菜单栏“插入”→“注解”→“表面粗糙度符号”命令，或者单击“注解”工具栏中的“表面粗糙度符号”按钮✓，执行“标注表面粗糙度符号”命令。

（2）系统弹出“表面粗糙度”属性管理器，单击“符号”标签中的“要求切削加工”按钮☑，在“符号布局”标签中的“最大粗糙度”一栏中输入值“3.2”。

（3）选取要标注表面粗糙度符号的实体边缘位置，然后单击确认，如图6-51所示。

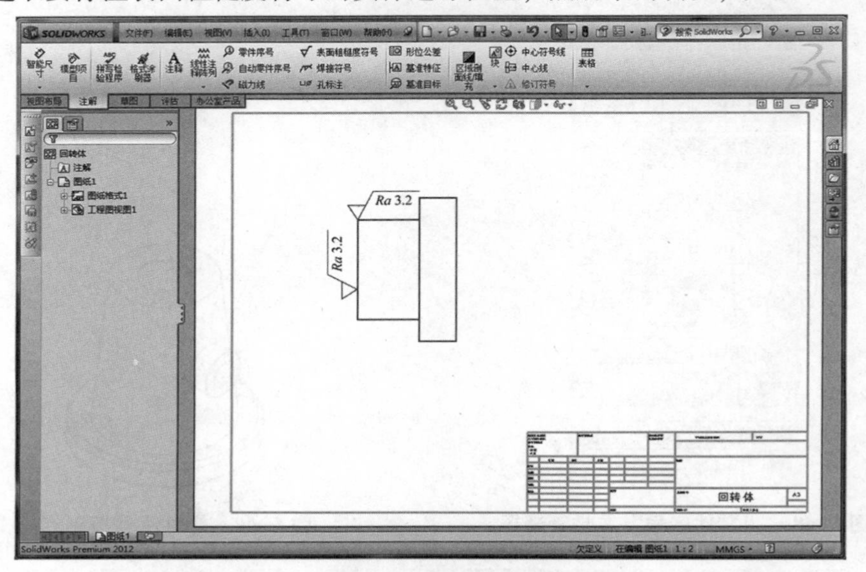

图6-51　零件表面粗糙度标注

（4）在“角度”标签中的“角度”一栏中输入值“90.00”，或者单击“旋转90°”按钮，标注的粗糙度符号旋转90°，然后单击确认标注的位置，如图6-52所示。

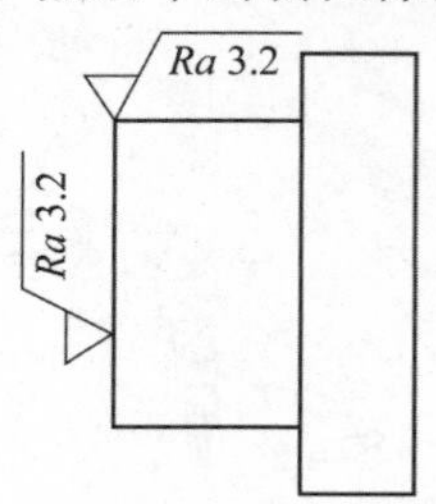


图6-52　标注表面粗糙度后的工程图

（5）单击“确定”按钮✔，表面粗糙度符号标注完毕。

## 6.6.5 形位公差

为了满足设计和加工需要，需要在工程视图中添加形位公差。形位公差包括代号、公差值及原则等内容。Solidworks 软件支持 ANSI Y14.5 Geometric and True Position Tolerancing

（ANSI Y14.5 几何和实际位置公差）准则。操作步骤如下。

（1）选择菜单栏“插入”→“注解”→“形位公差”命令，或者单击“注解”工具栏中的“形位公差”按钮，执行“标注形位公差”命令。系统弹出图6-53所示的“形位公差”属性管理器和图6-54所示的“属性”对话框。

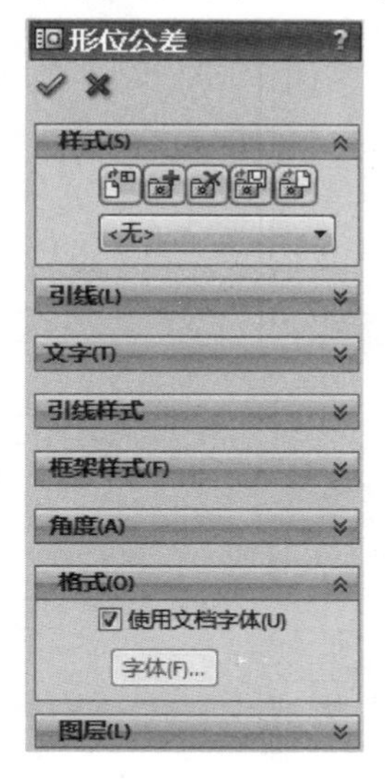


图6-53　“形位公差”属性管理器

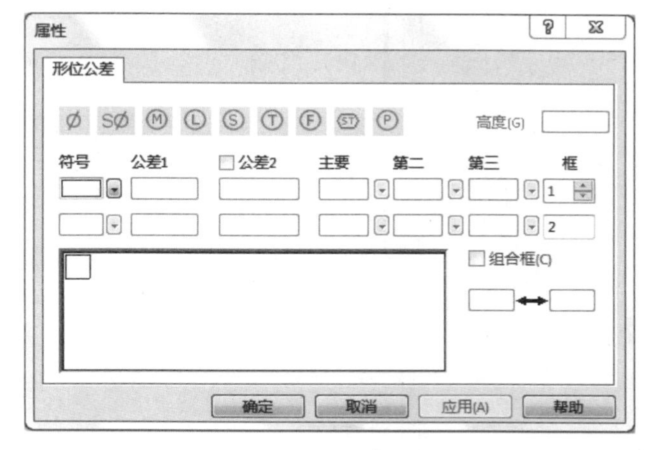


图6-54　“属性”对话框

（2）在“形位公差”属性管理器的“引线”标签中选择标准的引线样式。在“属性”对话框中单击“符号”一栏后面的下拉菜单，如图6-55所示，在其中选择需要的形位公差符号。在“公差1”一栏中输入公差值；单击“主要”下拉列表选择需要的符合或者输入参考面，如图6-56所示，在其后的“第二”“第三”下拉列表中可以继续添加其他基准符号。设置完毕的“属性”对话框如图6-57所示。

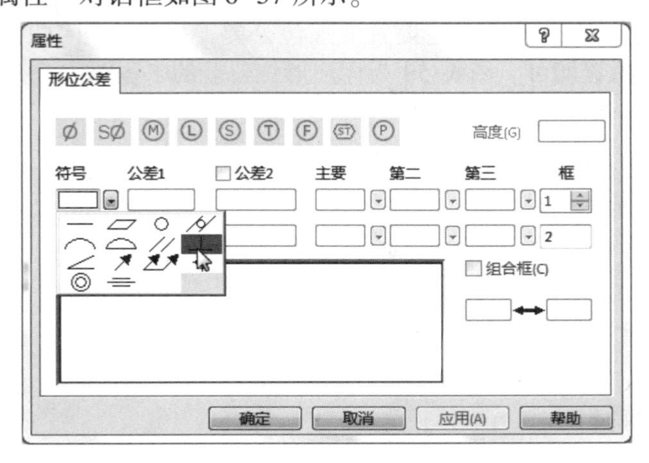


图6-55　“符号”下拉菜单

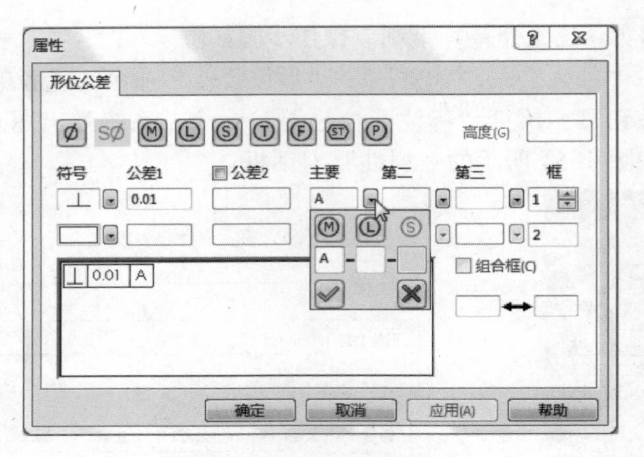


图 6-56　“主要”下拉列表

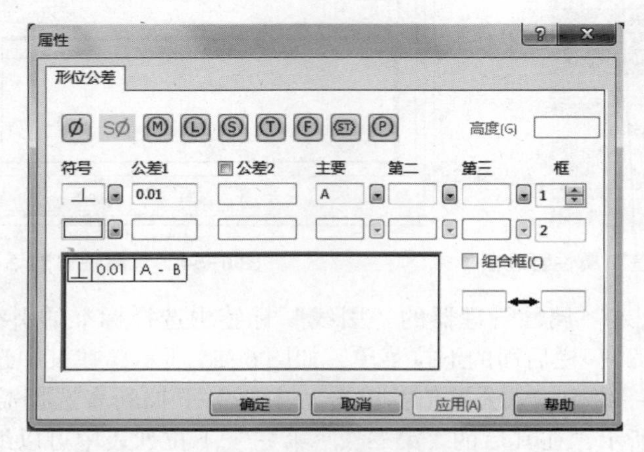


图 6-57　设置完成的形位公差“属性”对话框

（3）单击“确定”按钮，确定设置的形位公差，然后视图中出现设置的形位公差，单击调整在视图中的位置即可。图 6-58 为标注形位公差的工程图。

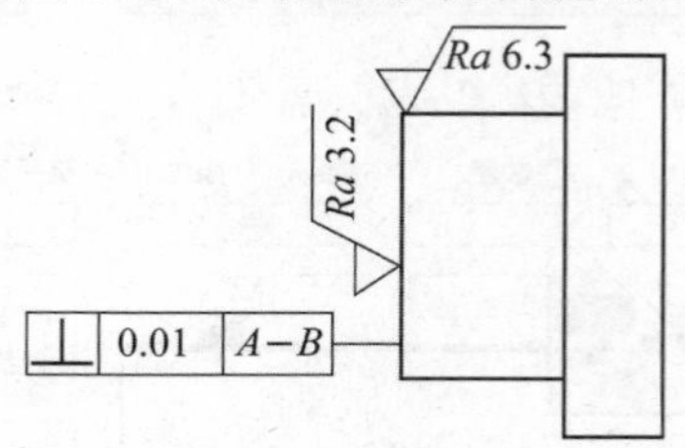


图 6-58　标注形位公差的工程图

## 6.6.6　基准特征

有些形位公差需要有参考基准特征，需要指定形位公差基准。操作步骤如下。

（1）选择菜单栏“插入”→“注解”→“基准特征符号”命令，或者单击“注解”工具栏中的“基准特征符号”按钮，执行“标注基准特征符号”命令。

（2）系统弹出“基准特征”属性管理器，并且在视图中出现标注基准特征符号的预览效果，如图 6-59 所示。在“基准特征”属性管理器中修改标注的基准特征。

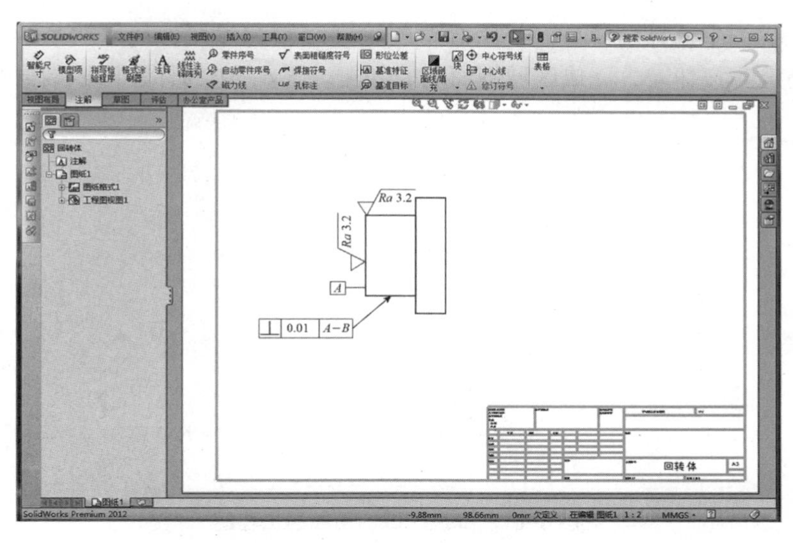

图 6-59 基准特征符号的预览效果

(3) 在视图中需要标注的位置放置基准特征符号，然后单击“确定”按钮✓，标注完毕。

如果要编辑基准面符号，则双击基准面符号，在弹出的“基准特征”属性管理器中修改即可。

## 6.6.7 区域剖面线

使用区域剖面线可对模型或闭环草图轮廓等区域进行实体填充，以有效区分某些特征，从而准确表达特征形状。操作步骤如下。

(1) 选择菜单栏“插入”→“注解”→“区域剖面线/填充”命令，或者单击“注解”工具栏中的“区域剖面线/填充”按钮，执行“区域剖面线/填充”命令。

(2) 系统弹出“区域剖面线/填充”属性管理器，如图 6-60 所示，在属性管理器中定义相关参数，如剖面的样式、比例和大小等。

图 6-60 “区域剖面线/填充”属性管理器

（3）在工程图中选择一模型面或闭合草图轮廓线段为参照，选取后系统会自动进行填充。单击“确定”按钮✔，完成区域剖面线的创建。图 6-61 为标注区域剖面线的工程图。

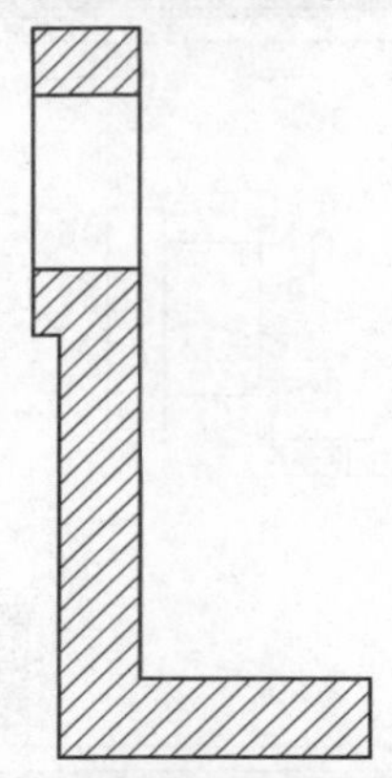

**图 6-61　标注区域剖面线的工程图**

## 6.6.8　表格

表格在工程图中经常使用，对于视图表达不清晰的内容，尤其是一些需要系统归纳的内容，通过表格可以清晰地表达出来。表格命令有：总表、孔表、材料明细表和修订表等。创建表格的操作步骤如下。

（1）选择菜单栏“插入”→“表格”→“总表”命令，或者单击“注解”工具栏中的“表格”按钮▦，选择“总表”，执行表格命令。

（2）系统弹出“表格”属性管理器，如图 6-62 所示，在属性管理器中定义相关参数，如表格的位置、大小和边界样式等。

（3）单击“确定”按钮✔，完成表格的创建，如图 6-63 所示。

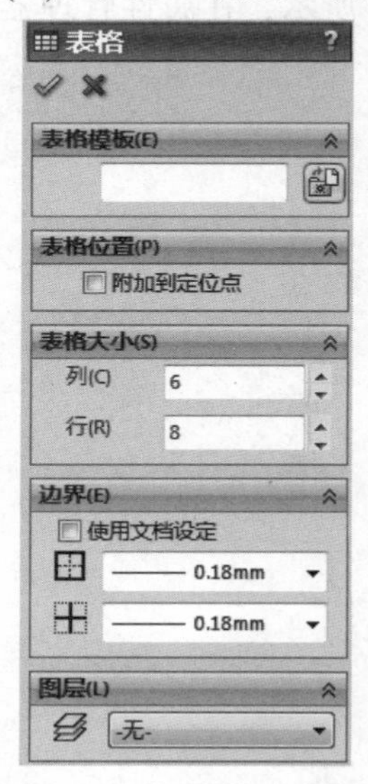


**图 6-62　“表格”属性管理器**

| | | | | | |
|---|---|---|---|---|---|
| | | | | | |
| | | | | | |
| | | | | | |
| | | | | | |
| | | | | | |
| | | | | | |
| | | | | | |

**图 6-63　表格创建完成**

## 6.6.9 工程图其他命令

装配体建立的工程图通常以爆炸图方式显示，这样可以准确地观察装配情况。装配体工程图中的常用命令有爆炸工程图、编辑图纸格式等。

1. 爆炸工程图

在创建爆炸工程图前，先在装配体文件中完成爆炸图，然后插入工程图中。创建爆炸工程图的步骤如下。

（1）选择菜单栏“文件”→“新建”命令，或者单击“标准”工具栏中的“新建”按钮，新建文件。

（2）在“新建 SolidWorks 文件”对话框中选择“工程图”按钮，然后单击“确定”按钮，弹出“图纸格式/大小”对话框。

（3）选择创建的图纸格式，然后单击对话框中的“确定”按钮，进入工程图的工作界面。

（4）单击“浏览”按钮，弹出“打开”对话框，选择“轮架装配体爆炸视图”后单击“打开”按钮。

（5）单击“方向”选项栏中的“等轴测”按钮，然后在工程图中合适的位置插入模型视图，结果如图6-64所示。

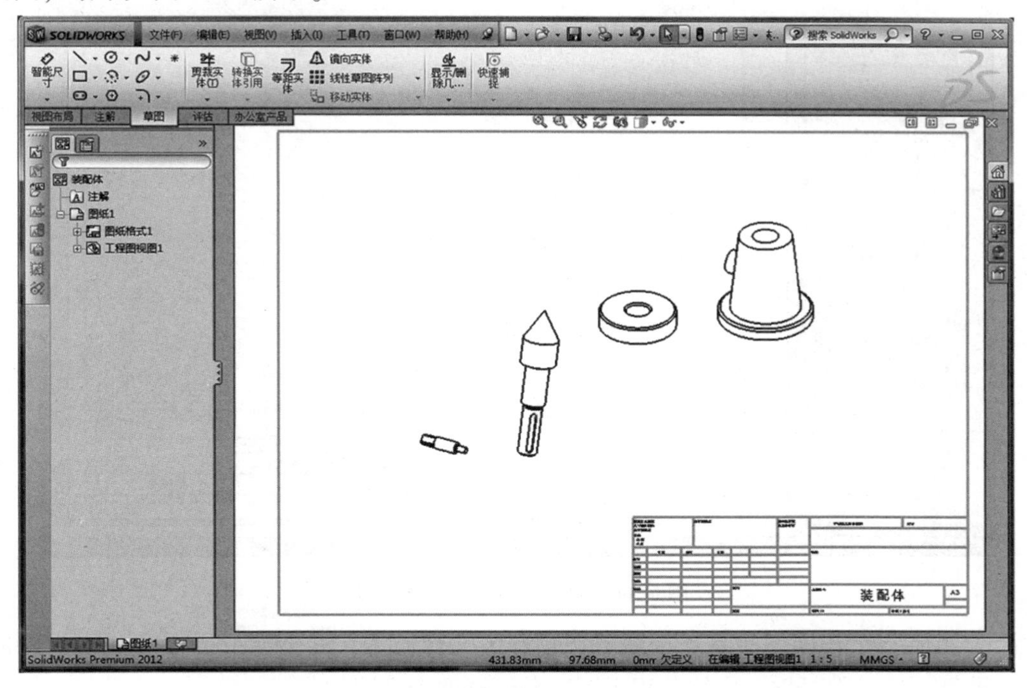


图6-64 插入模型视图后的工程视图

（6）在弹出的图6-65所示的“工程视图属性”对话框中，取消勾选“在爆炸状态中显示”复选框。单击“确定”按钮，此时的工程视图如图6-66所示。

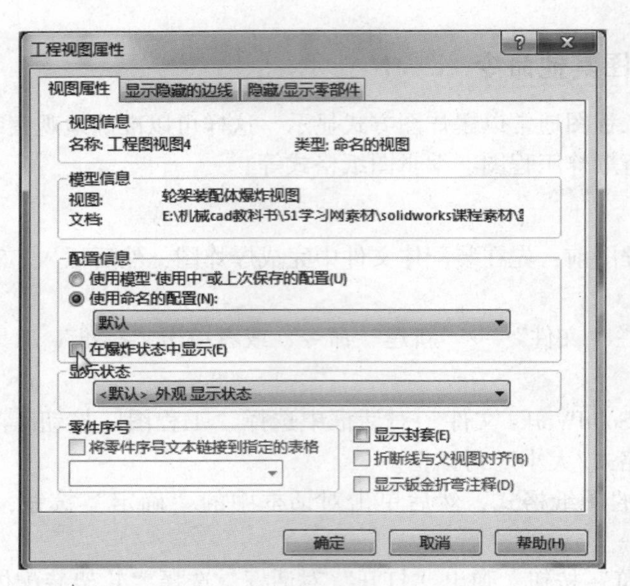


图 6-65　“工程视图属性”对话框

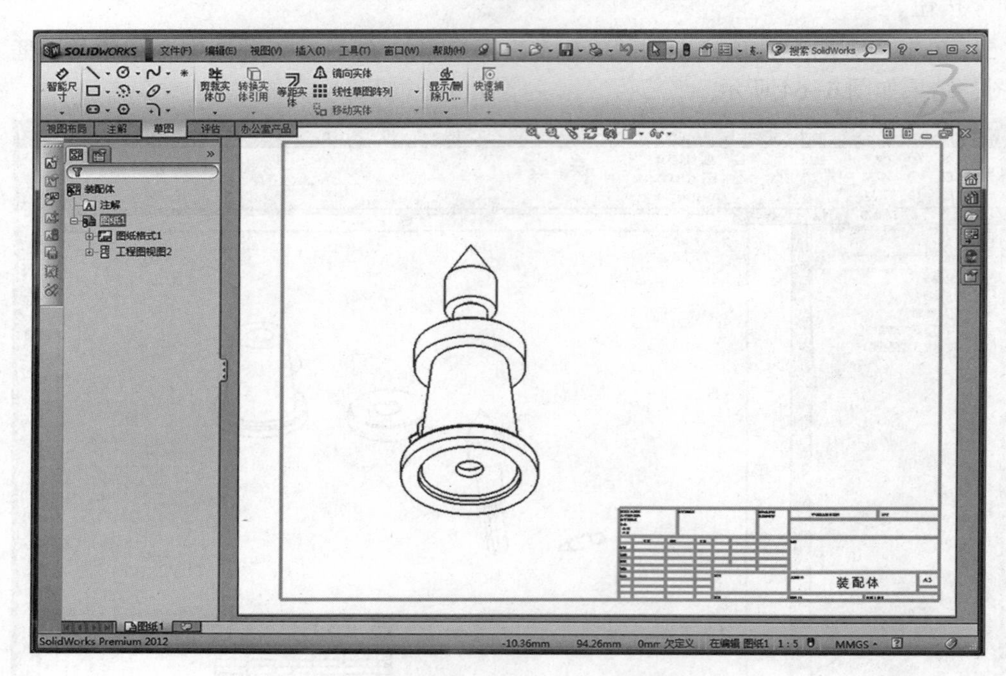

图 6-66　取消勾选后的工程视图

（7）单击“工程图”工具栏中的“模型视图”按钮，系统弹出“模型视图”属性管理器，重复上述步骤，插入爆炸工程视图，并调整两个视图的位置。

（8）单击“确定”按钮，完成爆炸工程视图的创建，如图 6-67 所示。

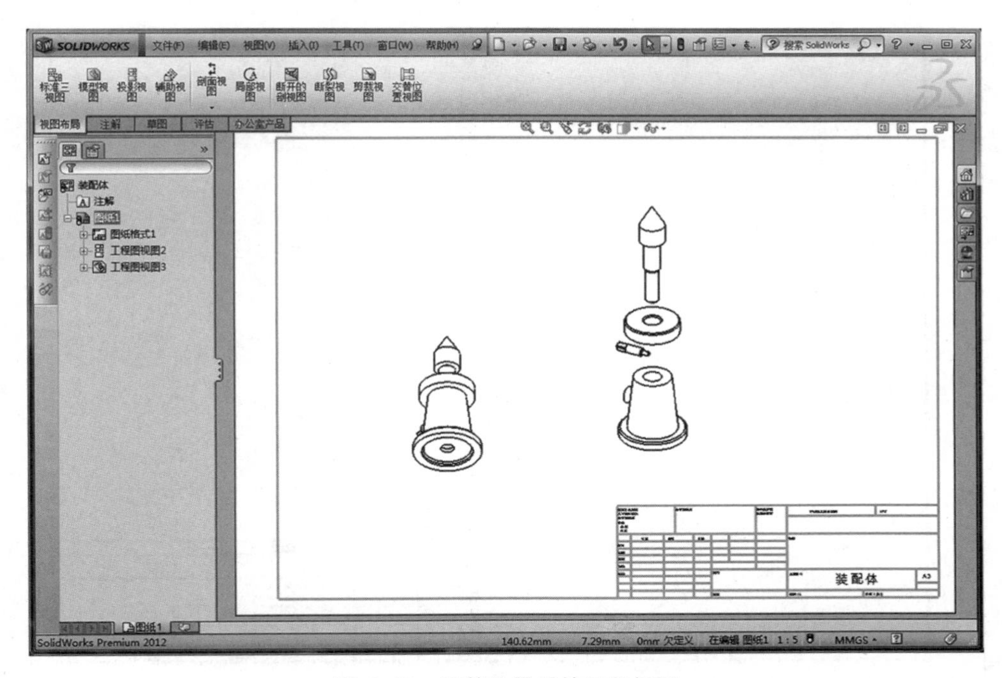

图6-67　调整位置后的工程视图

2. 编辑图纸格式

编辑图纸格式主要是修改标题栏中相应的内容，常见的就是填写标题栏。编辑图纸格式的操作步骤如下。

(1) 右击特征管理器中的“图纸格式”选项，在弹出的快捷菜单中选择“编辑图纸格式”命令，如图6-68所示，进入编辑图纸格式状态。此时，工程图如图6-69所示。

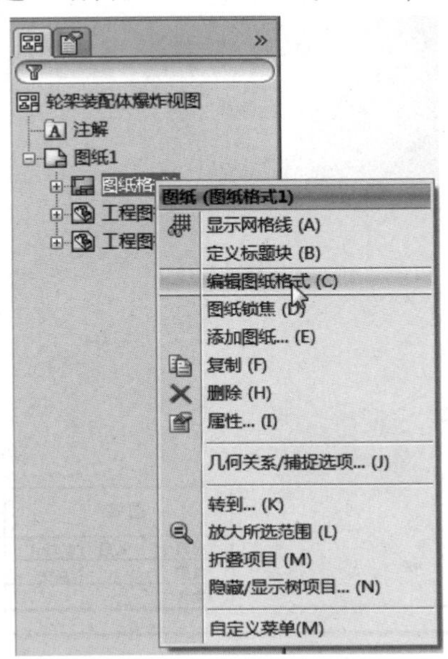


图6-68　选择“编辑图纸格式”

图 6-69　编辑图纸格式的工程图

（2）单击标题栏中的“图名”，弹出如图 6-70 所示的“格式化”对话框，在其中输入零件的名称，然后单击“确定”按钮✔。

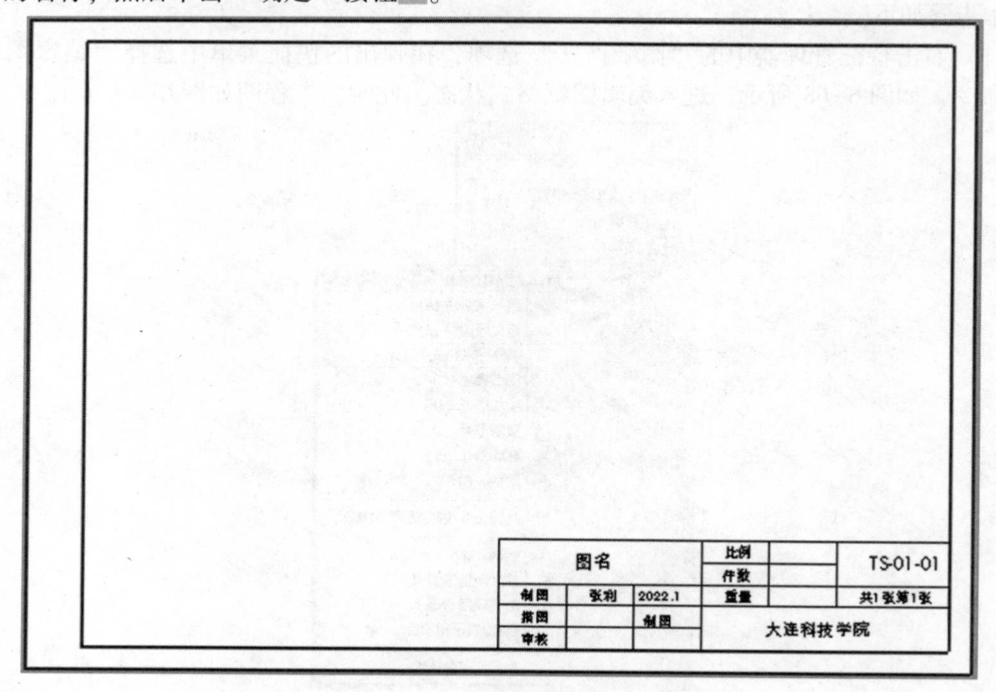


图 6-70　“格式化”对话框

重复以上步骤，修改标题栏中的其他注释，修改标题栏后的工程图如图 6-71 所示。

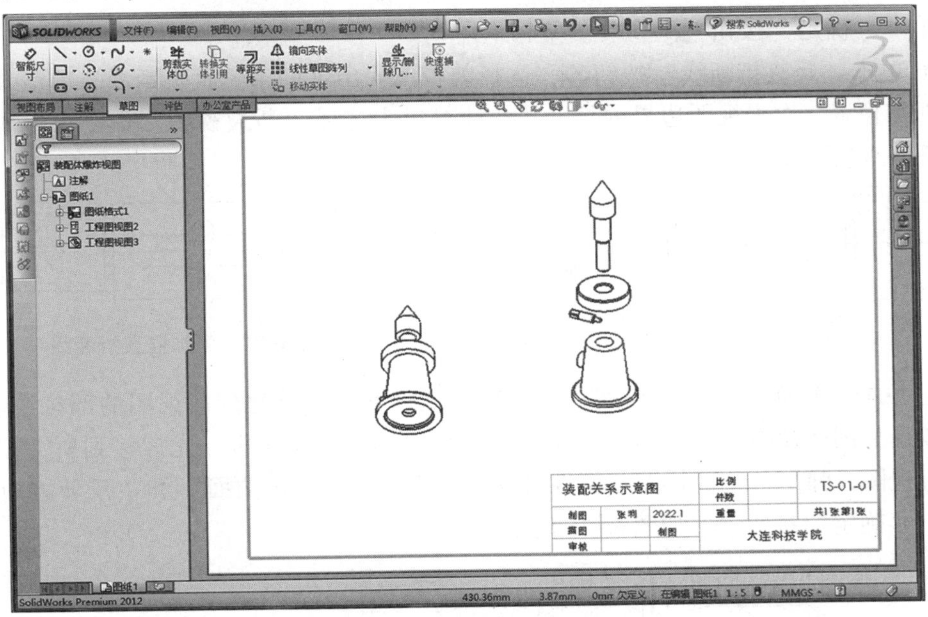

**图 6-71　修改标题栏后的工程图**

## 6.7　典型零件工程图范例

### 6.7.1　轴类零件工程图创建

轴类零件的三维模型如图 6-72 所示。

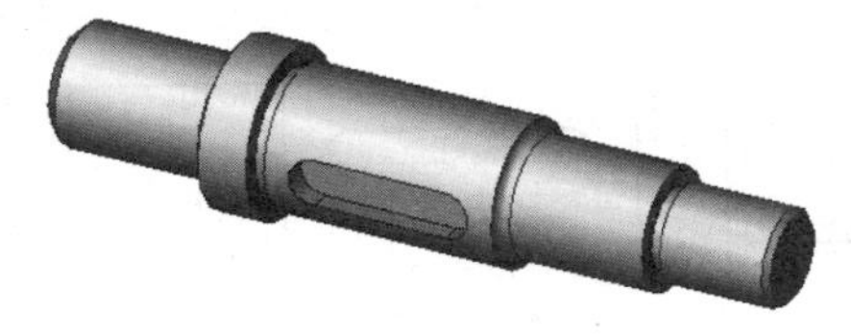

**图 6-72　轴类零件的三维模型**

（1）单击“新建”按钮，弹出“新建 SolidWorks 文件”对话框，选择“A3 横向”，单击“确定”按钮，新建一个工程图文件。

（2）单击“模型视图”按钮，弹出“模型视图”属性管理器，单击“浏览”按钮，出现“打开”对话框，选择“轴”，单击“打开”按钮，建立主视图，如图 6-73 所示。

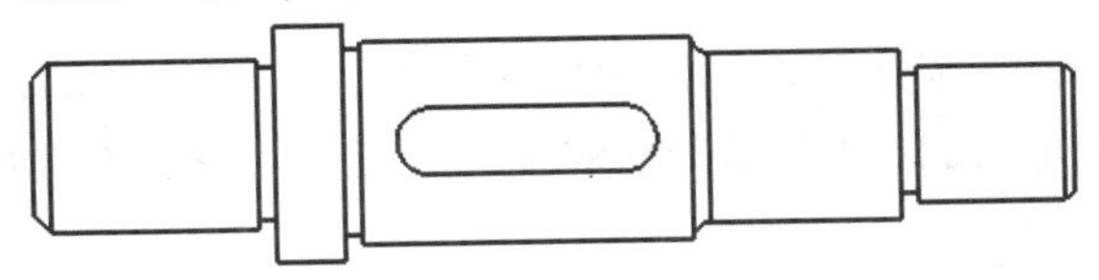

**图 6-73　轴的主视图**

（3）单击“中心线”按钮，弹出“中心线”属性管理器，选择需添加中心线的一对边线，单击“确定”按钮，如图 6-74 所示。

（4）单击“竖直折断线”按钮，选择前视图，出现两条竖直折断线，单击并拖动断裂线到所需位置，右击视图边界内部，从快捷菜单中选择“断裂视图”命令，生成断裂视图，如图 6-75 所示。

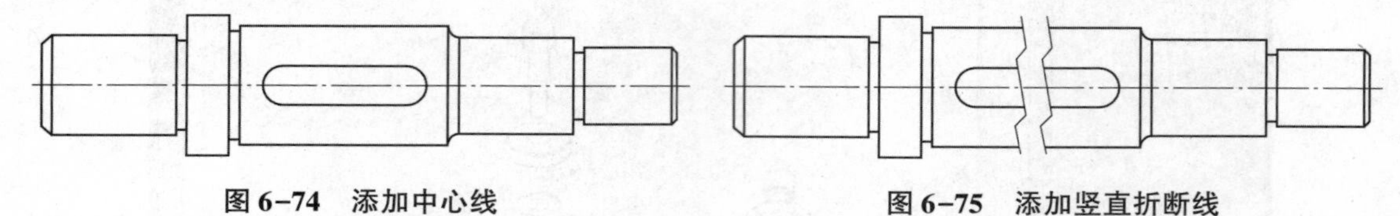

图 6-74　添加中心线　　　　图 6-75　添加竖直折断线

（5）单击“剖面视图”按钮，光标变成形状，在欲建剖面视图的部位绘制直线，出现生成局部剖面视图提示，单击“是”按钮，显示视图预览框，光标移到所需位置，单击并放置视图，弹出“剖面视图”属性管理器，选中“只显示曲面”和“反转方向”复选框，单击“确定”按钮，如图 6-76 所示。

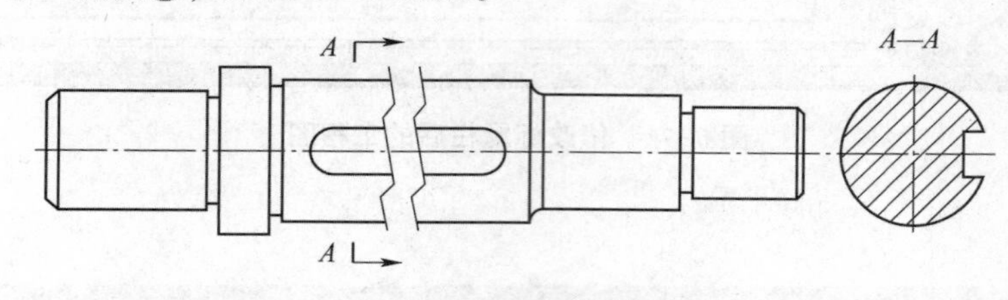


图 6-76　剖视图

（6）右击剖面视图，从快捷菜单中选择“视图对齐”→“解除对齐关系”命令，这样剖面视图就与主视图解除了对齐关系，将剖面视图移动到主视图下方。单击“中心符号线”按钮，选择外圆，标注圆中心线，如图 6-77 所示。

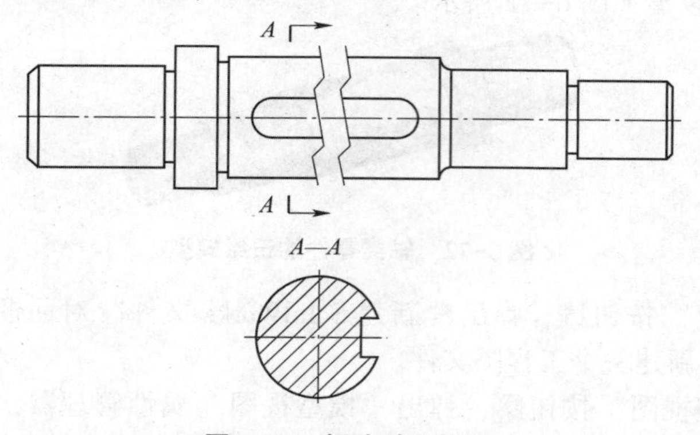


图 6-77　解除对齐关系

（7）单击“局部视图”按钮，光标变成形状，在欲建局部视图的部位绘制圆，显示视图预览框，光标移到所需位置，单击左键并放置视图，如图 6-78 所示。

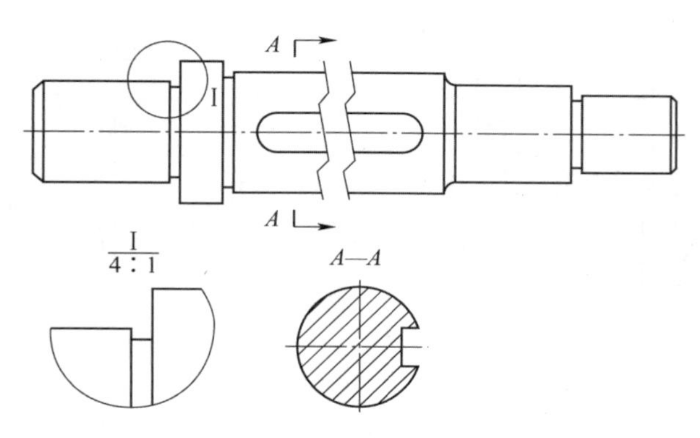


图 6-78　局部视图

（8）单击“装饰螺纹线”按钮，弹出“装饰螺纹线”属性管理器，选择边线，在“终止条件”下拉列表框内选择“成形到下一面”选项，单击“确定”按钮，如图 6-79 所示。

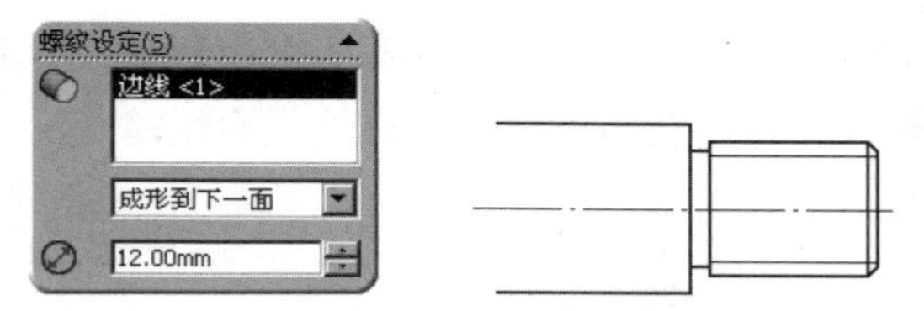


图 6-79　装饰螺纹线

（9）复选 3 个视图，单击“模型项目”按钮，弹出“模型项目”属性管理器，选择“整个模型”，在“尺寸区域”标签选中“选择所有”和“消除重合”复选框，在“输入到工程图视图”标签选中“将项目输入到所有视图”复选框，单击“确定”按钮，调整尺寸标注，如图 6-80 所示。

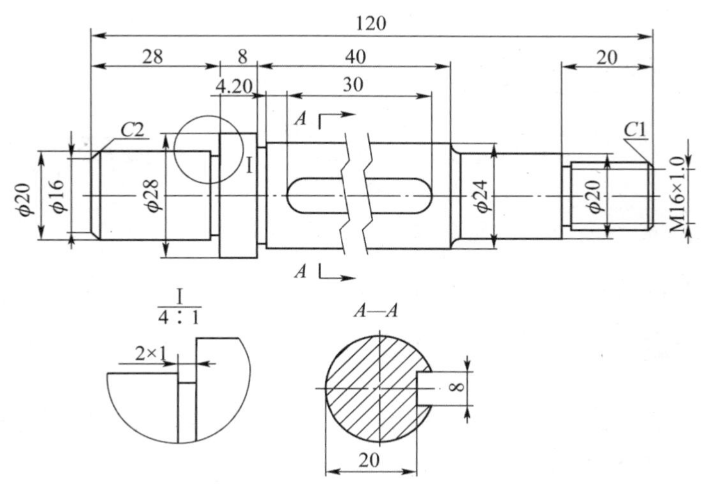


图 6-80　尺寸标注

（10）选择需标注公差的尺寸添加公差，如图 6-81 所示。

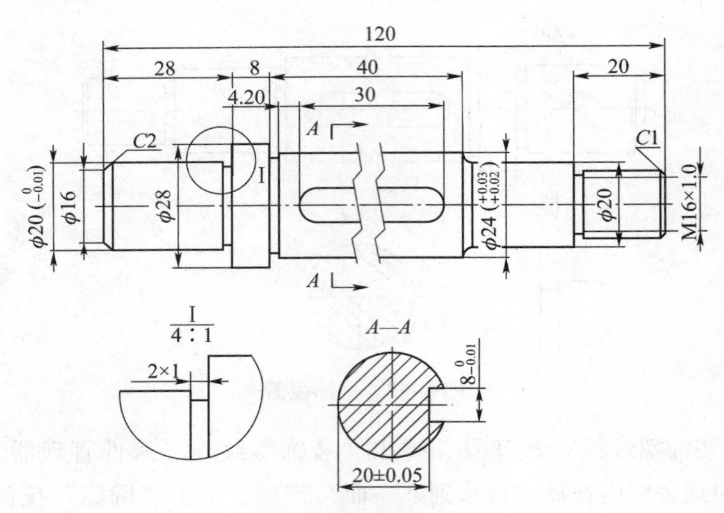


图 6-81　标注公差尺寸

（11）单击“表面粗糙度符号”按钮，弹出“表面粗糙度”属性管理器，选择“要求切削加工”按钮，输入“最小粗糙度”值，标注表面粗糙度，如图 6-82 所示。

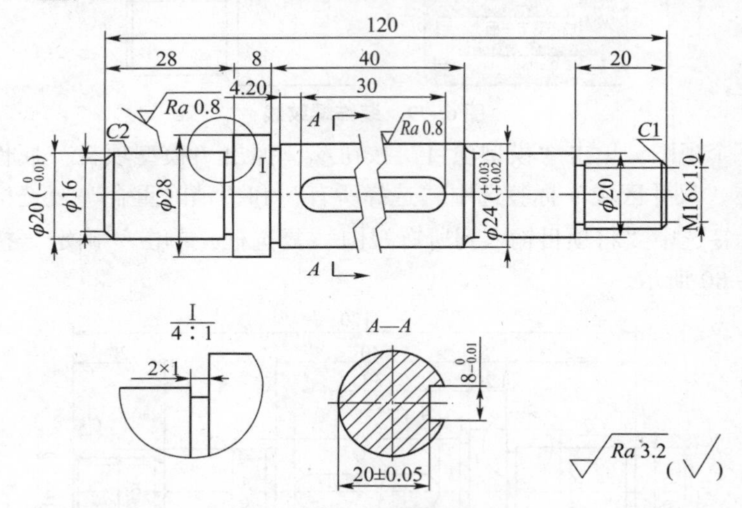


图 6-82　标注表面粗糙度

（12）单击“基准特征”按钮，弹出“基准特征”属性管理器，设置完毕。选择要标注的基准，单击以确认。拖动预览，单击“确定”按钮，完成基准特征，如图 6-83 所示。

（13）单击“形位公差”按钮，弹出“属性”对话框，设置形位公差内容，在图纸区域单击形位公差，单击“确定”按钮，如图 6-84 所示。

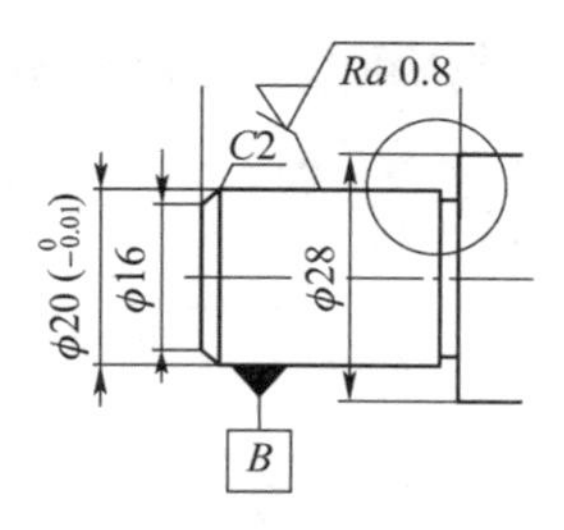


图 6-83　基准特征

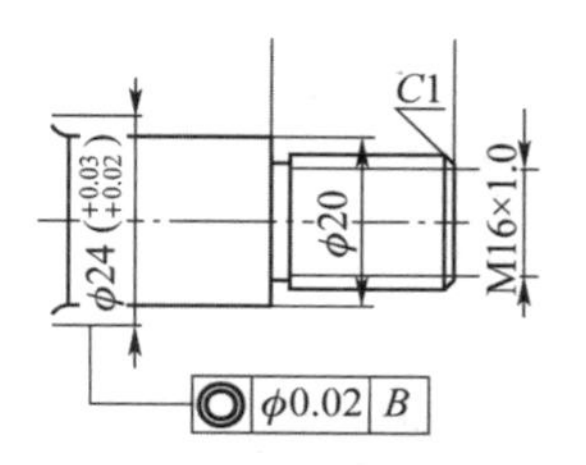


图 6-84　设置形位公差

（14）单击“注释”按钮，光标变为形状，单击图纸区域，输入注释内文字，按〈Enter〉键，在现有的注释下加入新的一行，单击“确定”按钮，完成技术要求，如图 6-85 所示。

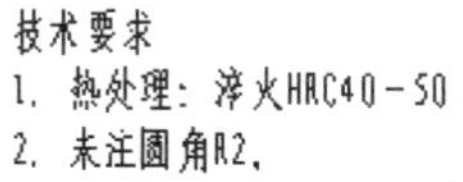

技术要求
1. 热处理：淬火HRC40-50
2. 未注圆角R2。

图 6-85　技术要求

（15）至此，完成工程图绘制，如图 6-86 所示。

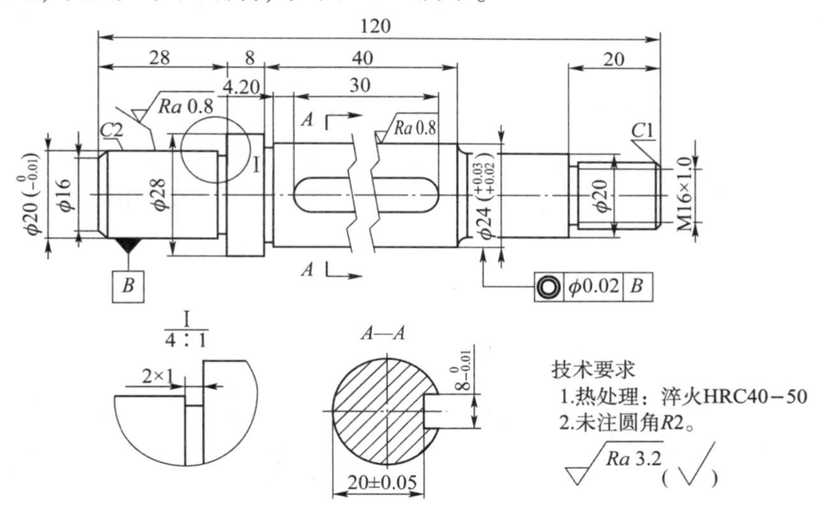


图 6-86　轴零件工程图

## 6.7.2　箱体类零件工程图创建

箱体零件的三维模型如图 6-87 所示。

（1）单击“新建”按钮，弹出“新建 SolidWorks 文件”对话框，单击对话框左下角的“高级”按钮，在对话框中选择“gb_ a3”选项，如图 6-88 所示，单击“确定”按钮，即可新建一个 A3 图幅的工程图文件。

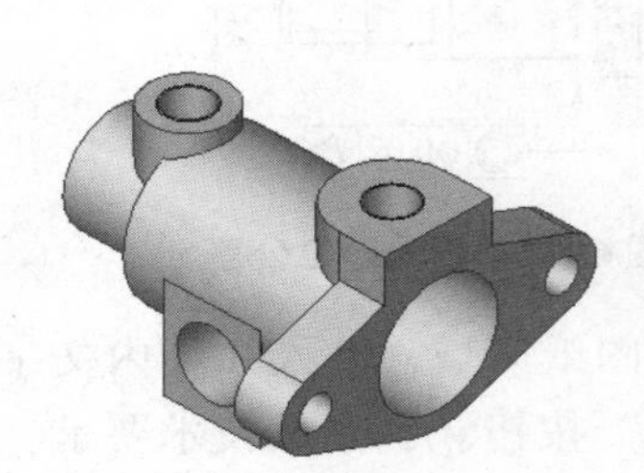

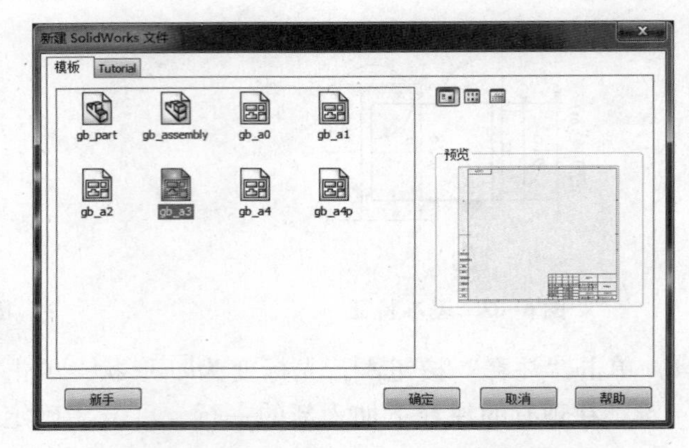


图 6-87　箱体零件的三维模型　　　　图 6-88　“新建 SolidWorks 文件”对话框

（2）选择菜单栏“工具”→“选项”命令，弹出“文件属性”对话框，选择“文件属性”选项卡，单击“出详图”，在“视图生成时自动插入”选项组中，选中“中心符号线”“中心线”和“为工程图标注的尺寸”复选框，单击“确定”按钮，如图 6-89 所示。

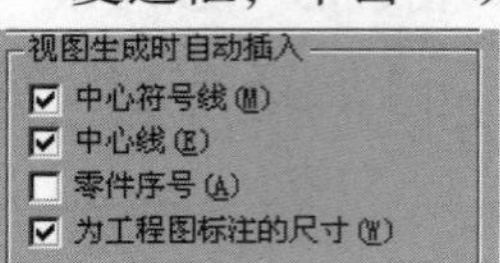


图 6-89　“视图生成时自动插入”选项组

（3）单击“模型视图”按钮，弹出“模型视图”属性管理器，单击“浏览”按钮，出现“打开”对话框，选择“箱体”，单击“打开”按钮，建立俯视图，如图 6-90 所示。

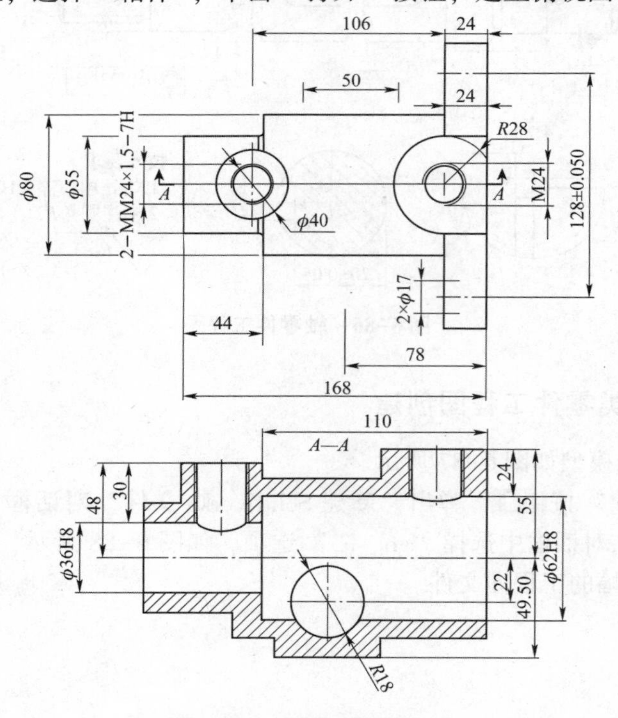


图 6-90　箱体主、俯视图

（4）单击“中心线”按钮，绘制中心线，选择所绘制的中心线草图，单击“剖面视图”按钮，弹出视图预览框和“剖面视图”属性管理器，在适当位置单击并放置视图，单击“确定”按钮，生成 *A—A* 剖面视图，如图 6-91 所示。

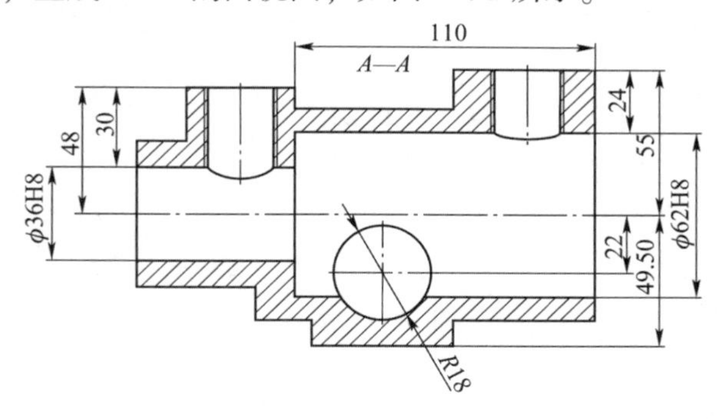


**图 6-91　绘制中心线**

（5）单击“中心线”按钮，绘制中心线，复选所绘制的中心线草图，单击“剖面视图”按钮，弹出视图预览框和“剖面视图”属性管理器，在所需位置单击并放置视图，单击“确定”按钮，生成 *B—B* 剖面视图，如图 6-92 所示。

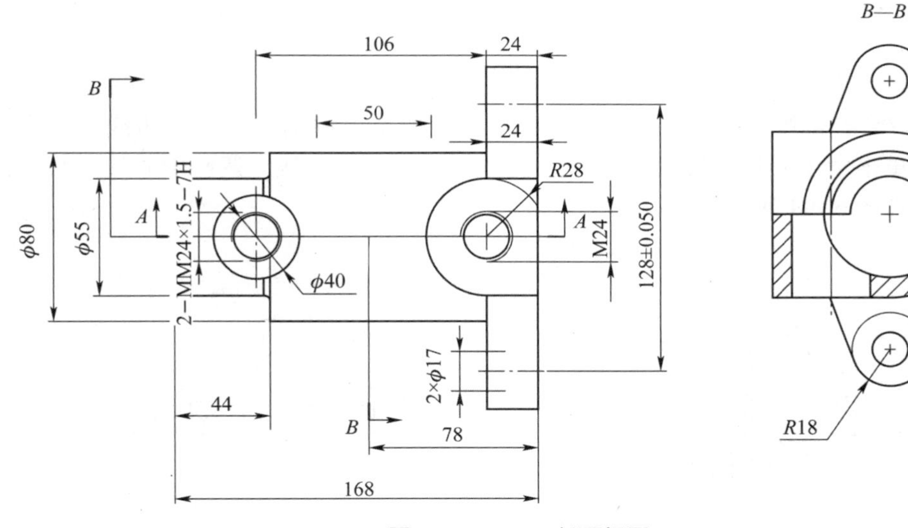


**图 6-92　*B—B* 剖面视图**

（6）右击 *B—B* 剖视图边界空白区，从快捷菜单中选择“视图对齐”→“解除对齐关系”命令，这样 *B—B* 剖视图就与俯视图解除了对齐关系。选择 *B—B* 剖视图，单击视图工具栏上的“旋转视图”按钮，出现“旋转工程视图”对话框，输入“90”，单击“应用”按钮，关闭对话框，选择 *B—B* 剖视图，将其移动到与主视图基本对齐位置，如图 6-93 所示。

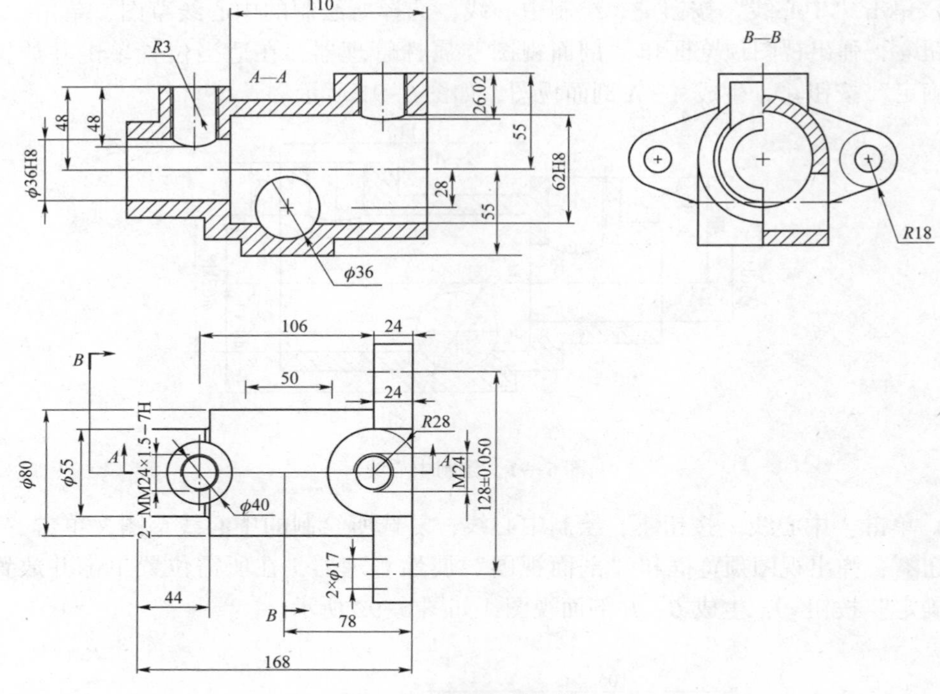


**图 6-93　解除对齐关系**

（7）右击 *B—B* 剖视图的中间边线，从弹出的快捷菜单中选择“隐藏边线”命令，隐藏中间边线，单击“中心符号线”按钮⊕，选择圆，生成中心线，调整中心线的长度，调整尺寸标注，如图 6-94 所示。

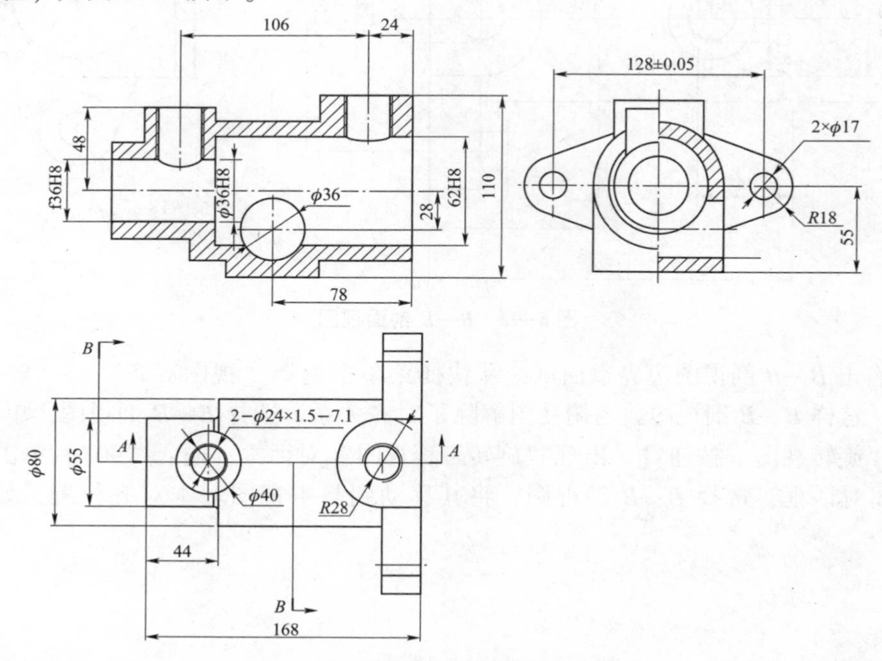


**图 6-94　隐藏边线，添加中心线**

（8）单击“表面粗糙度符号”按钮，弹出“表面粗糙度”属性管理器，单击“要求切削加工”按钮，输入“最小粗糙度”值，标注表面粗糙度，如图6-95所示。

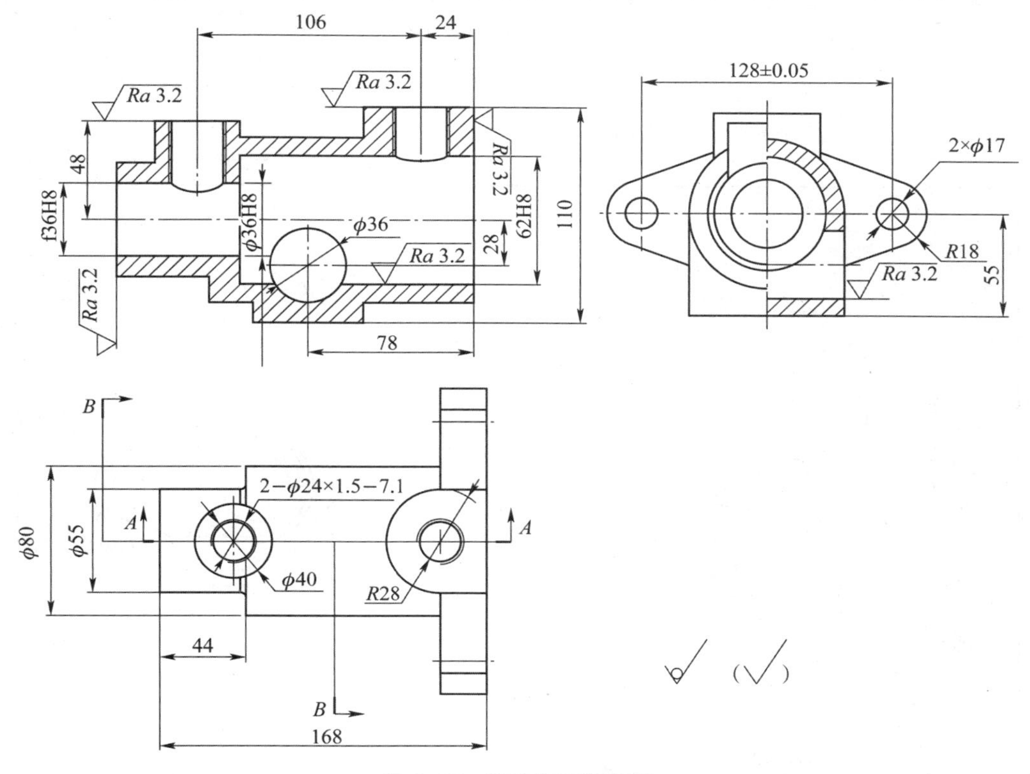


**图6-95　标注表面粗糙度**

（9）单击“基准特征”按钮，弹出“基准特征”属性管理器，设置完毕，选择要标注的基准，单击鼠标，拖动预览，在合适的位置单击放置，单击“确定”按钮，完成基准特征，如图6-96所示。

（10）单击“形位公差”按钮，弹出“属性”对话框，设置形位公差，在图纸区域单击形位公差，单击“确定”按钮，如图6-97所示。

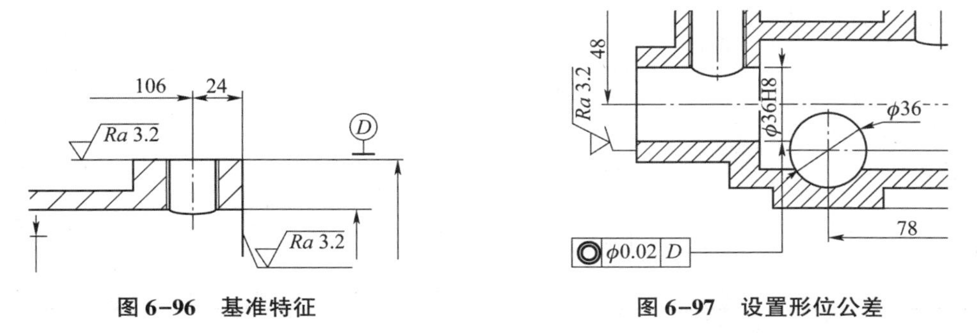


**图6-96　基准特征**　　**图6-97　设置形位公差**

（11）单击“注释”按钮，光标变为形状，单击图纸区域，输入注释内文字，按〈Enter〉键，在现有的注释下加入新的一行，单击“确定”按钮，完成技术要求的编辑，如图6-98所示。

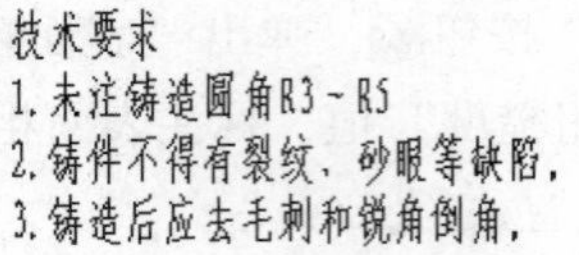

技术要求
1. 未注铸造圆角R3～R5
2. 铸件不得有裂纹，砂眼等缺陷，
3. 铸造后应去毛刺和锐角倒角，

图 6-98　技术要求

（12）至此完成工程图绘制，如图 6-99 所示。

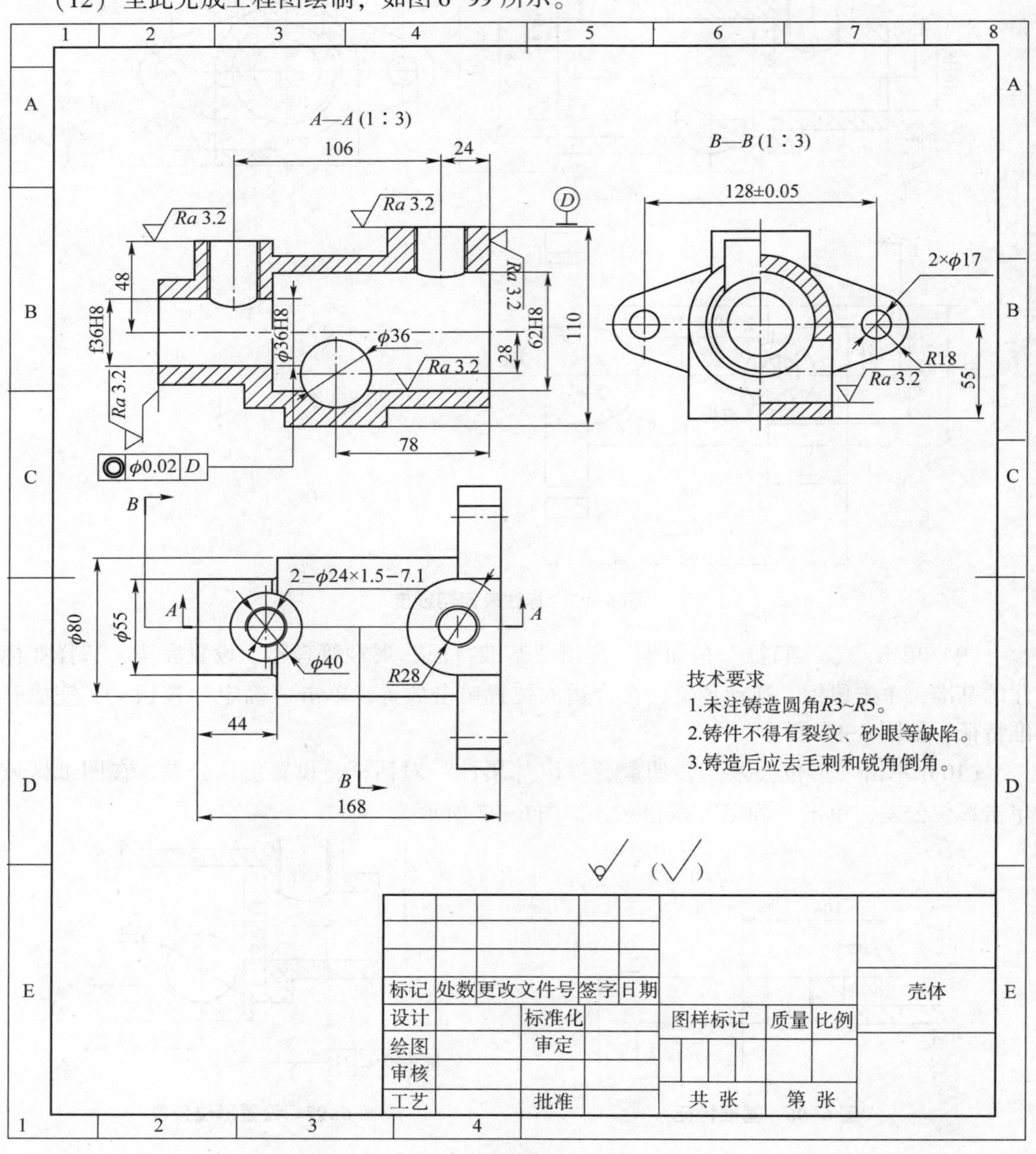


图 6-99　箱体零件工程图

## 6.8 课堂实训

（1）根据图 6-100 所示的座架零件图，创建图 6-101 所示的座架工程图。

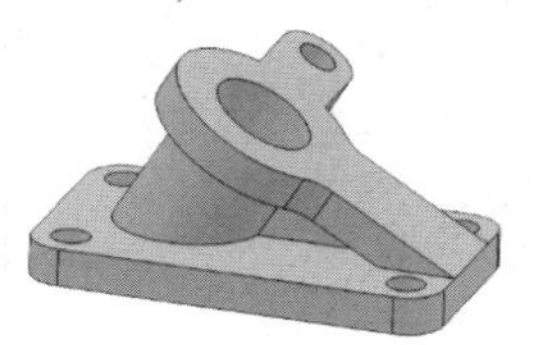

图 6-100　座架零件图

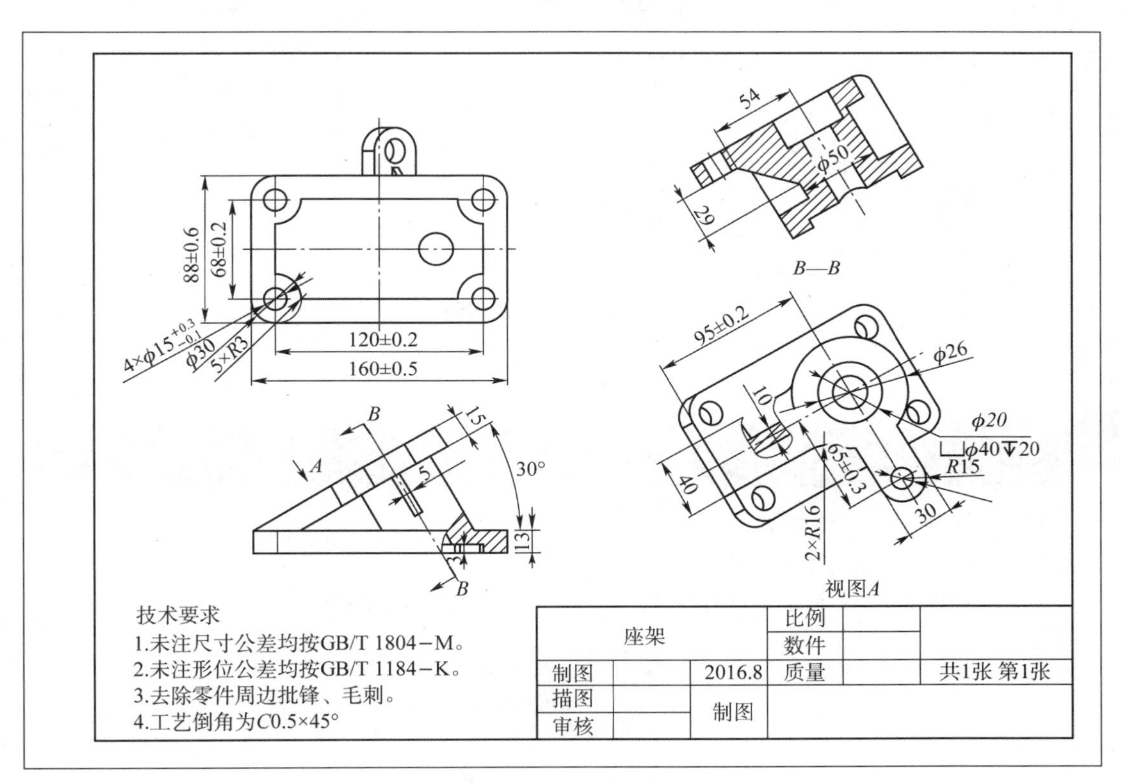


图 6-101　座架工程图

（2）根据图 6-102 所示的泵体零件图，创建图 6-103 所示的泵体工程图。

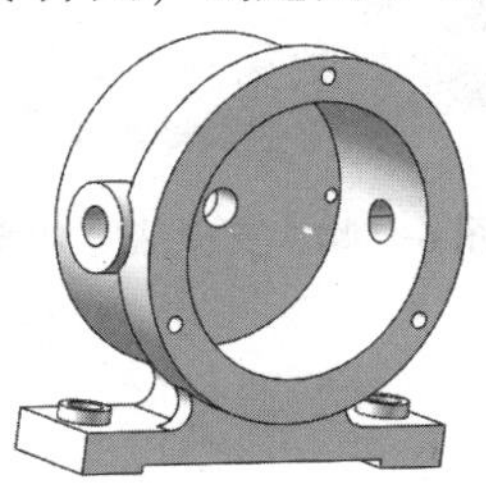

图 6-102　泵体零件图

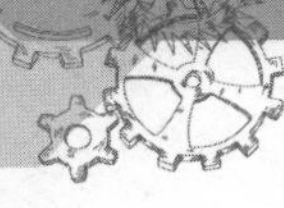

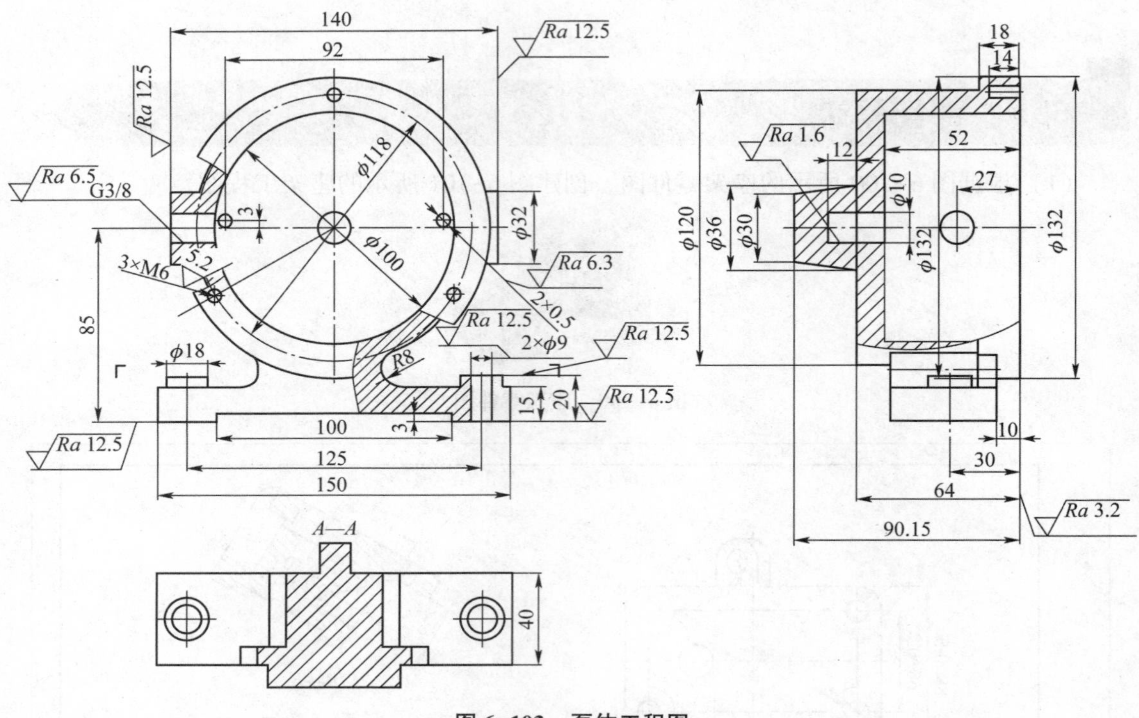


图 6-103　泵体工程图

## 6.9　课后练习

（1）怎样自定义图纸格式？

（2）怎样建立工程图文件模板？

（3）根据图 6-104 所示支架座零件图，创建图 6-105 所示的工程图。

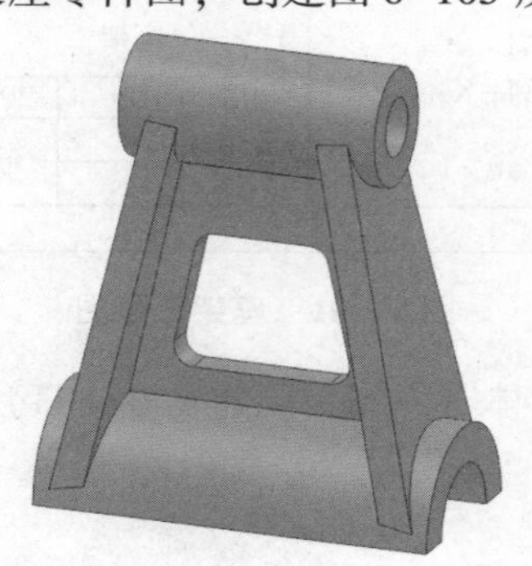

图 6-104　支架座零件图

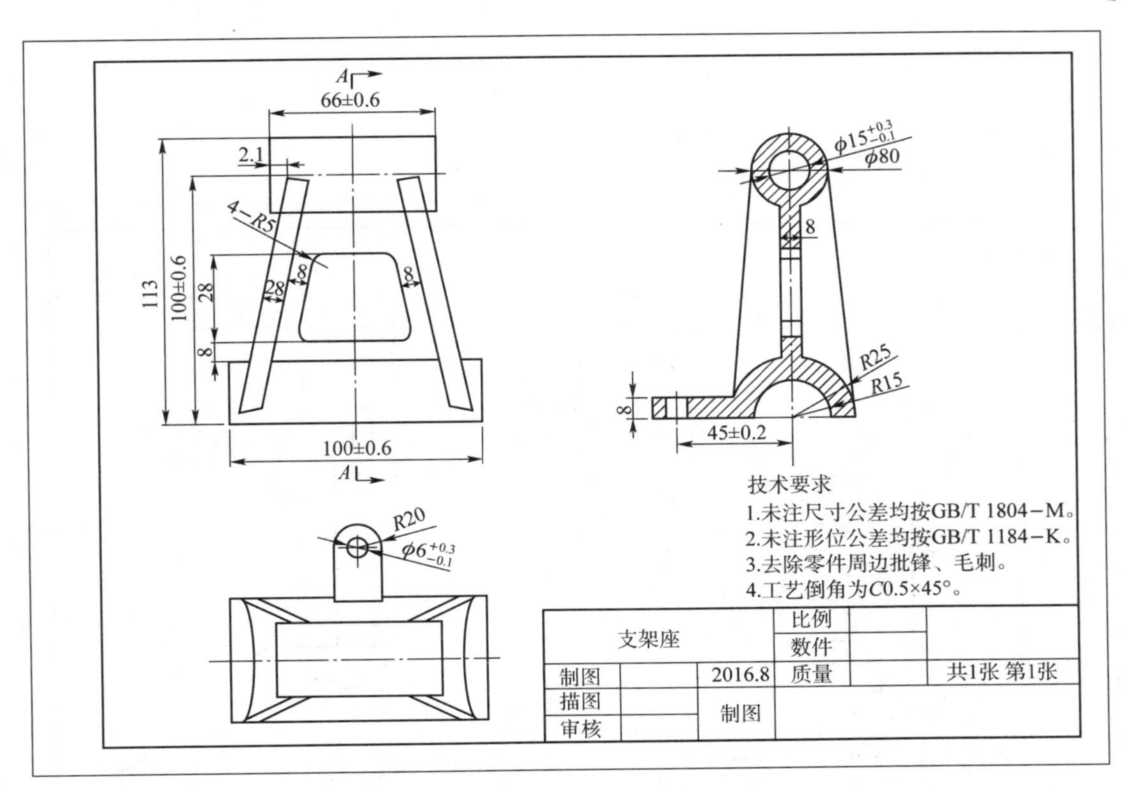


图 6−105　支架座工程图

（4）根据图 6−106 所示支撑板零件图，创建图 6−107 所示的工程图。

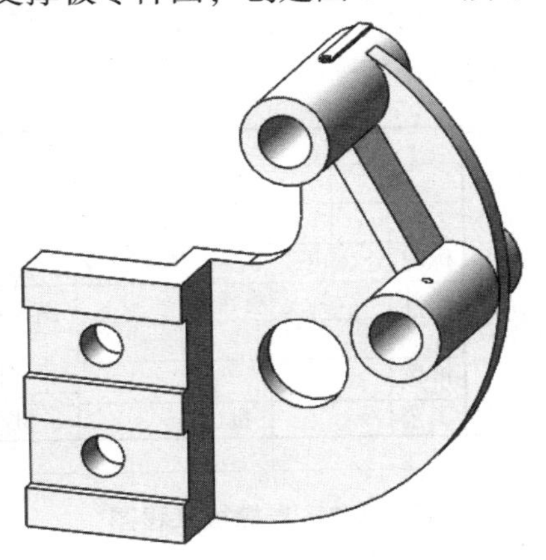

图 6−106　支撑板零件图

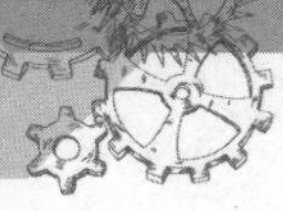

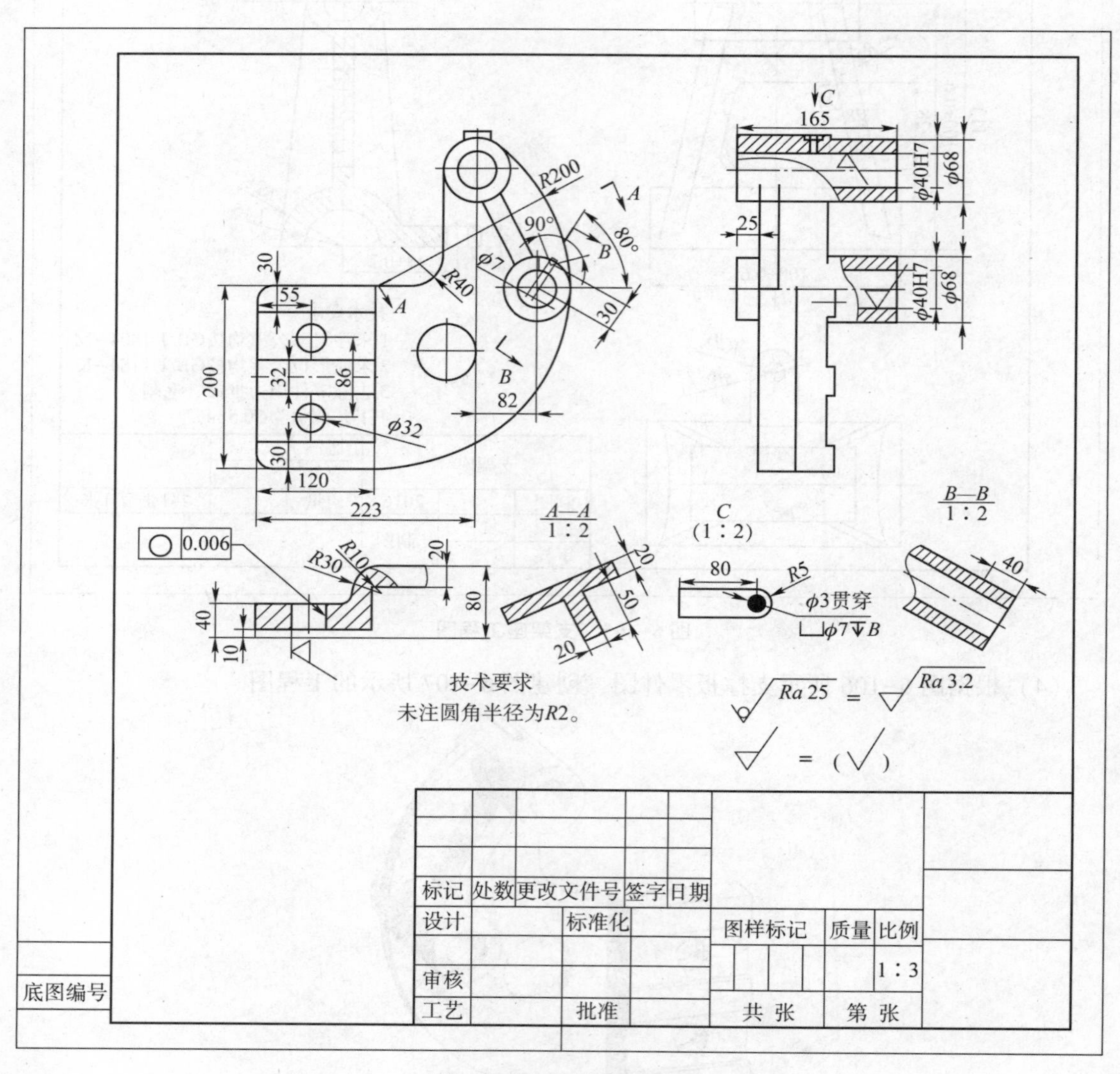


图 6-107　支撑板工程图

（5）根据图 6-108 所示连接件零件图，创建图 6-109 所示的工程图。

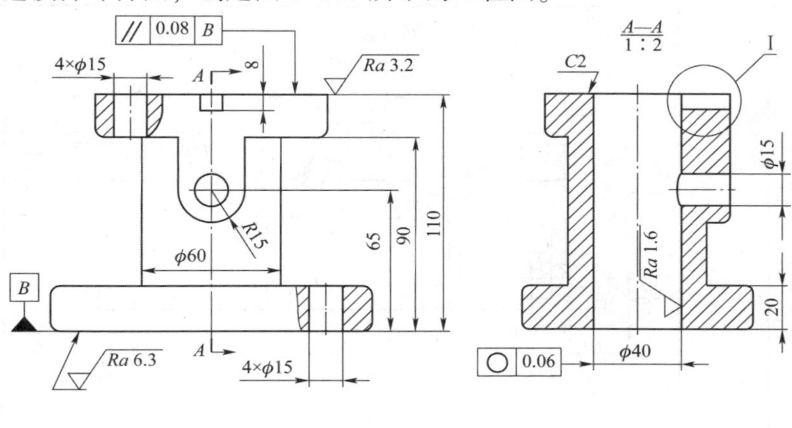


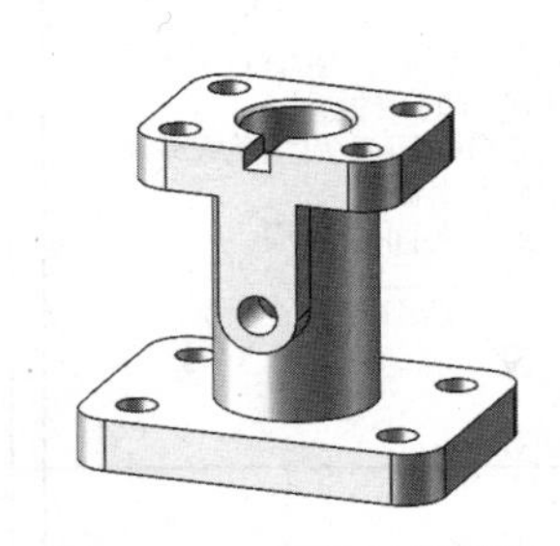

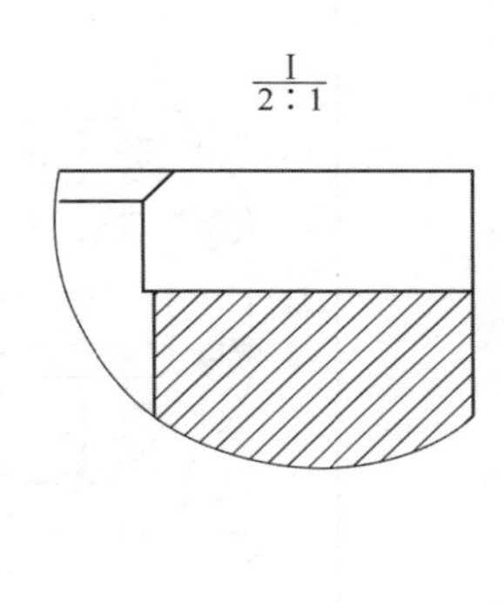


图 6-108　连接件零件图　　　　图 6-109　连接件工程图

（6）根据图 6-110 所示减速器箱体零件图，创建图 6-111 所示的工程图。

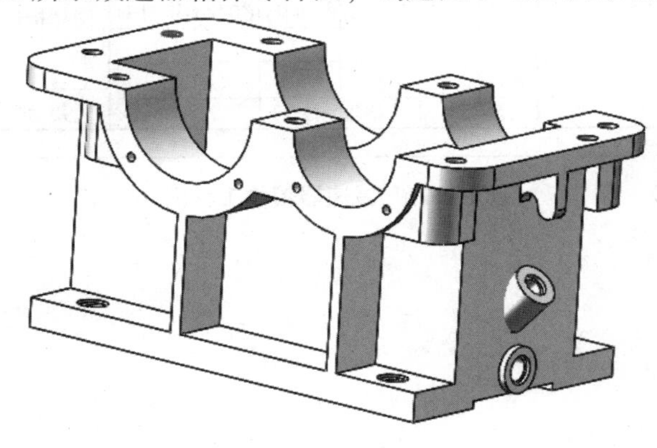

图 6-110　减速器箱体零件图

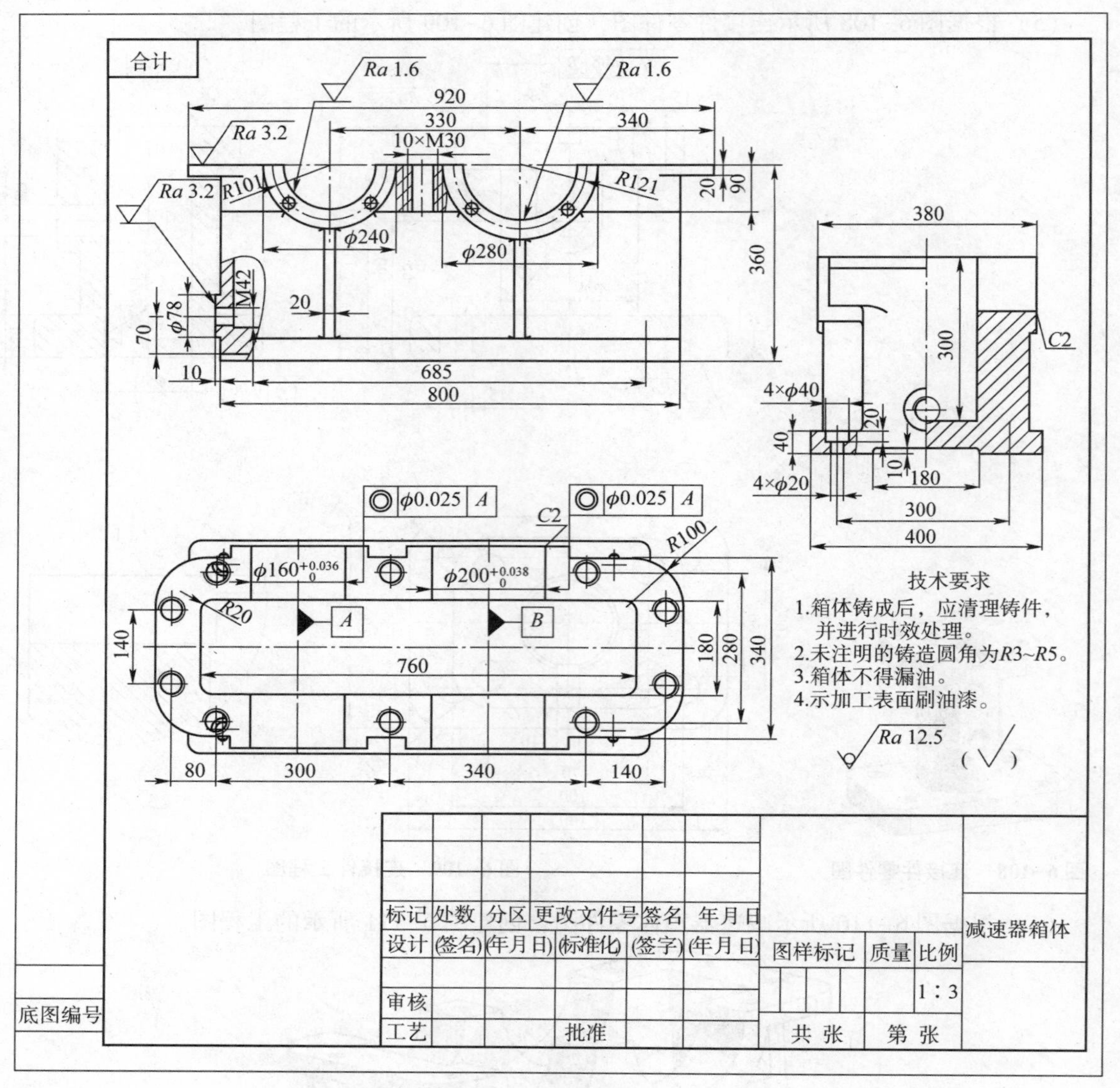


**图 6-111　减速器箱体工程图**

# 第 7 章 运动与仿真

SolidWorks 软件的运动算例功能可以快速、简洁地实现机构的仿真运动及动画设计。运动算例可以模拟图形的运动及装配体中部件的直观属性，并可以生成基于 Windows 的 avi 格式视频文件。本章介绍 SolidWorks 软件 COSMOSMotion 仿真设计的原理和用途，并具体介绍仿真工具的用法。

## 7.1 仿真设计工具及其应用

通过运动仿真可以动态观察零件之间的相对运动状态，并检测可能存在的运动干涉。

### 7.1.1 运动仿真基础知识

#### 1. 仿真环境设置

在运动仿真设计中，用户可以通过添加马达来控制装配体的运动，或者决定装配体在不同时间的外观。通过设定键码点，可以确定装配体运动从一个位置跳到另一个位置所需的顺序。COSMOSMotion 用于模拟和分析，并输出模拟单元（力、弹簧、阻尼和摩擦等）在装配体上的效应，它是更高一级的模拟，包含一些在物理模拟中可用的工具。

单击 SolidWorks 软件操作界面左下角“模型”右边的“运动算例 1”按钮，打开 COSMOSMotion 的仿真设计环境，如图 7-1 所示。

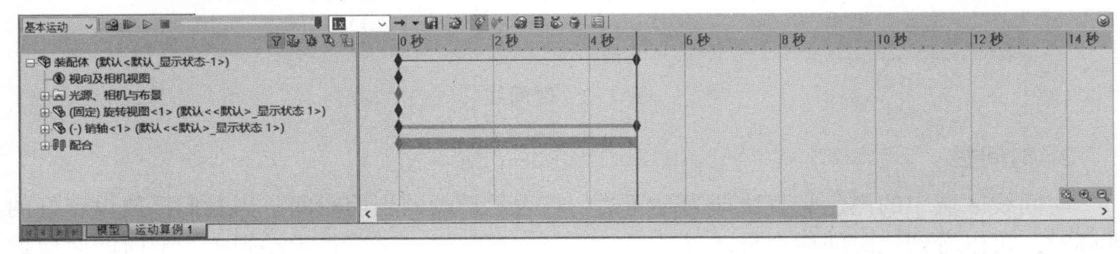


图 7-1 仿真设计环境

下面对“运动算例 1”界面工具栏进行简单介绍。

“运动类型”下拉列表：通过此下拉列表选择运动类型，运动类型包括“动画”“基本运动”和“COSMOSMotion” 3 个选项，显示选项的个数与软件安装的完整程度有关。

“计算”按钮：计算运动算例。

“前播放”按钮：从头播放已设置完成的仿真运动。

“播放”按钮：播放已设置完成的仿真运动。

“停止”按钮：停止播放已设置完成的仿真运动。

“播放速度”下拉选项：通过此下拉列表选择播放速度，有7种播放速度可选。

“播放模式选择”下拉选项：通过此下拉列表选择播放模式，包括“播放模式：正常”“播放模式：循环”“播放模式：往复”3种模式。

“保存动画”按钮：保存设置完成的动画。动画主要是avi格式，也可以保存动画的一部分。

“动画向导”按钮：通过动画向导可以完成各种简单的动画。

“自动键码”按钮：通过自动键码可以为拖动的零部件在当前时间栏生成键码。

“添加/更新键码”按钮：在当前所选的时间栏上添加键码或更新当前的键码。

“添加马达”按钮：利用添加马达来控制零部件的运动，这里的马达包括旋转马达和线性移动马达。

“添加弹簧约束”按钮：在两零部件之间添加弹簧约束。

“添加接触约束”按钮：定义选定零部件的接触类型。

“添加引力约束”按钮：给选定零部件添加引力，使零部件绕装配体移动。

“运动算例属性”按钮：可以设置包括装配体运动、物理模拟和一般选项的多种属性。

2. 时间线

时间线是用来设定和编辑动画时间的标准界面，可以显示出运动算例中时间的类型。将图7-1所示的时间线区域放大，如图7-2所示，从图中可以观察到时间线区被竖直的网格线均匀分开，并且竖直的网格线和时间标识相对应。时间标识从00：00：00开始，竖直网格线之间的距离可以通过单击“运动算例”界面下的或按钮控制。

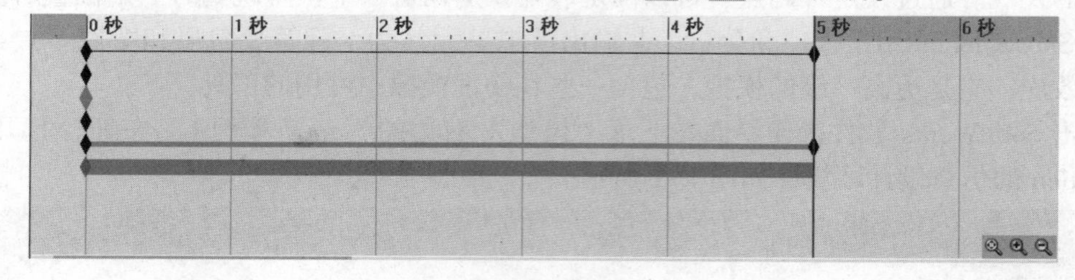


图7-2　时间线

3. 时间栏

时间线区域中的黑色竖直线即为时间栏，它表示动画的当前时间。当我们播放设定好的动画时，可以看到该时间栏会自动运动。通过定位时间栏，可以显示动画中当前时间对应模型的更改。定位时间栏的方法如下。

（1）单击时间线上的时间栏，模型会显示当前时间的更改。

（2）拖动选中的时间栏到时间线上的任意位置。

（3）选中时间栏，按〈Space〉键，时间栏会沿时间线往后移动一个时间增量。

#### 4. 更改栏

在时间线上连续键码点之间的水平栏即为更改栏，它表示在键码点之间的一段时间内所发生的更改。更改内容包括动画时间长度、零部件运动模拟单元属性更改、视图定向（如缩放、旋转）以及视图属性（如颜色外观或视图的显示状态）。

根据实体的不同，更改栏使用不同的颜色来区分零部件之间的不同更改，系统默认的更改栏颜色如下。

（1）驱动运动：蓝色。

（2）从动运动：黄色。

（3）爆炸运动：橙色。

（4）外观：粉红色。

#### 5. 关键点与键码点

时间线上的菱形图标◆称为键码，键码所在的位置称为键码点，关键位置上的键码点称为关键点。在键码操作时需注意以下事项。

（1）拖动装配体的键码（顶层）只更改运动算例的持续时间。

（2）所有的关键点都可以复制、粘贴。

（3）除了0 s时间标记处的关键点以外，其他的关键点都可以剪切和删除。

（4）按住〈Ctrl〉键可以同时选中多个关键点。

#### 6. 动画向导

动画向导可以帮助初学者快速生成运动算例，通过动画向导可以生成的运动算例包括以下几项。

（1）旋转零件或装配体模型。

（2）爆炸或解除爆炸（只有在生成爆炸视图后，才能使用）。

（3）物理模拟（只有在运动算例中计算模拟之后才能使用）。

（4）COSMOSMotion（只有安装了插件并在运动算例中计算结果后才可以使用）。

#### 7. 旋转零件

下面以图7-3所示的模型为例介绍旋转零件的方法。

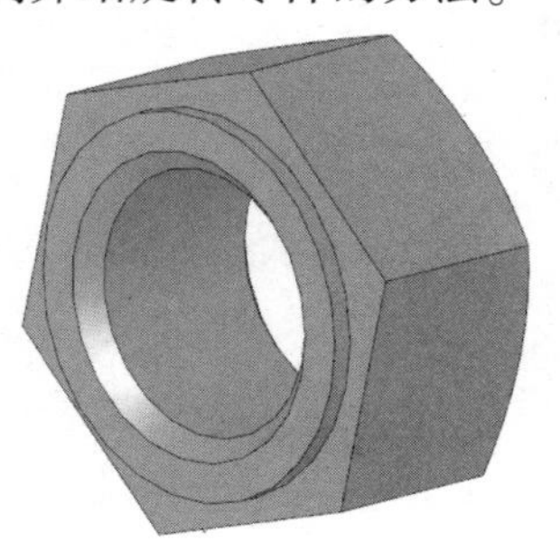

**图7-3　实体模型**

（1）打开素材文件"第7章\素材\旋转零件\螺母.sldprt"。

（2）打开运动算例界面。将模型调整到合适的角度，然后在用户界面左下角单击"运动算例1"按钮，展开"运动算例"界面，如图7-4所示。

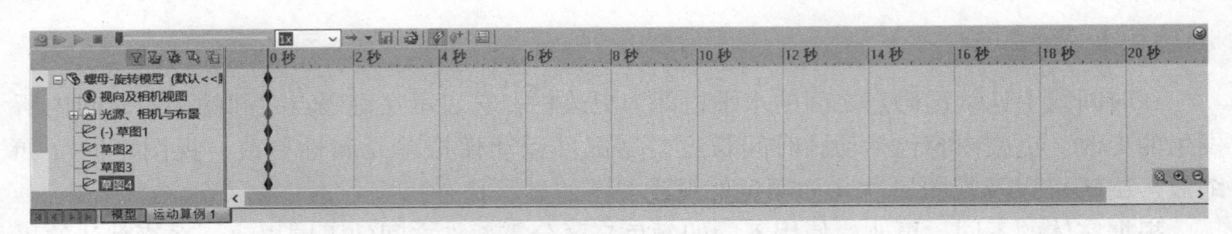

图 7-4　“运动算例”界面

（3）在“运动算例”界面的工具栏中单击“动画向导”按钮，弹出“选择动画类型”对话框，如图 7-5 所示，选中“旋转模型”单选项。

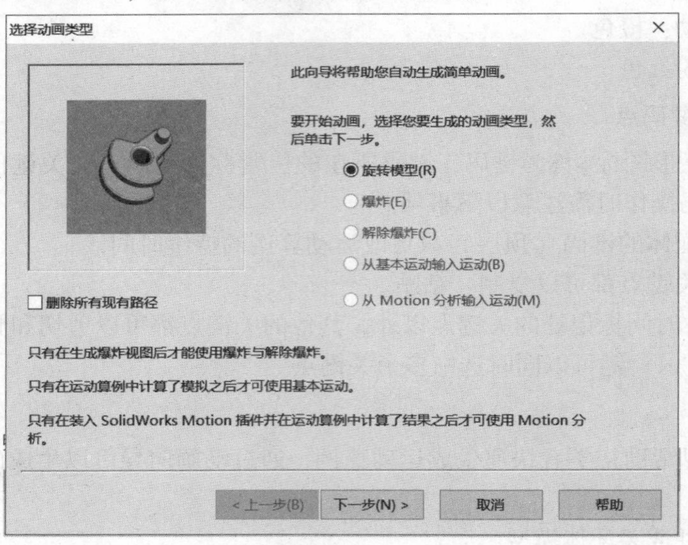


图 7-5　“选择动画类型”对话框

（4）单击“下一步”按钮，切换到“选择一旋转轴”对话框，其中的设置如图 7-6 所示。

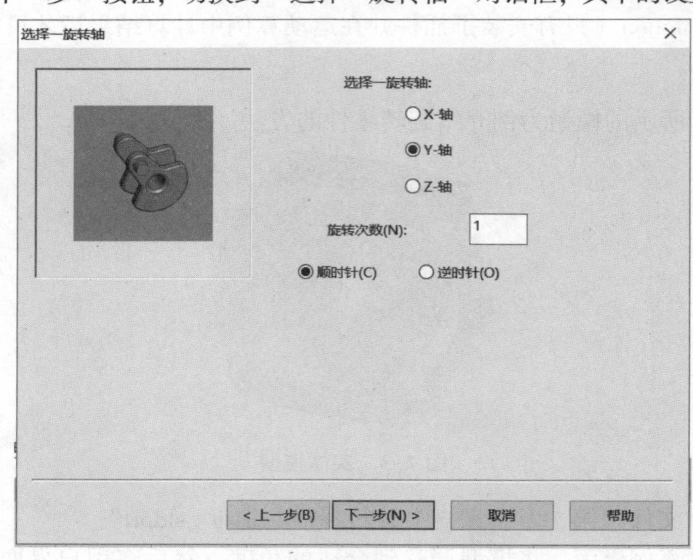


图 7-6　“选择一旋转轴”对话框

（5）单击“下一步”按钮，切换到“动画控制选项”对话框。在“时间长度”文本框中输入“10”，即动画长度为10 s。在“开始时间”文本框中输入“5”，即动画从5 s开始。然后，单击“完成”按钮，完成运动算例的创建，此时的运动算例界面如图7-7所示。

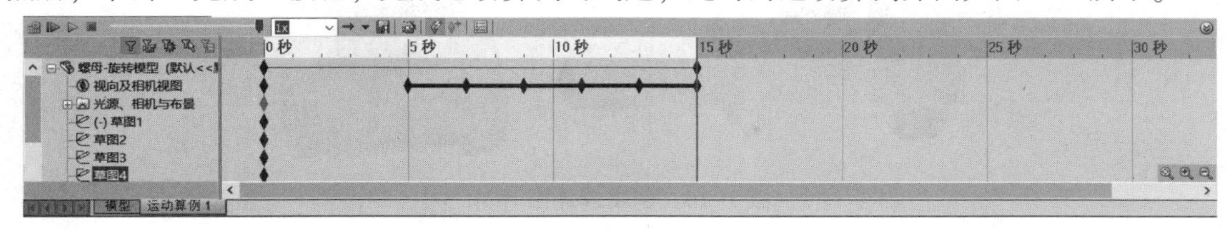


图7-7　完成运动算例的创建

（6）在“运动算例”界面的工具栏中单击“播放”按钮▷，可以观察零部件在视图区中做旋转运动。

8. 装配体爆炸动画

通过运动算例中的动画向导功能可以模拟装配体的爆炸效果，7.1.2小节将进行详细讲解。

### 7.1.2　典型实例——创建爆炸动画

下面以图7-8为例介绍装配体爆炸动画的创建过程。

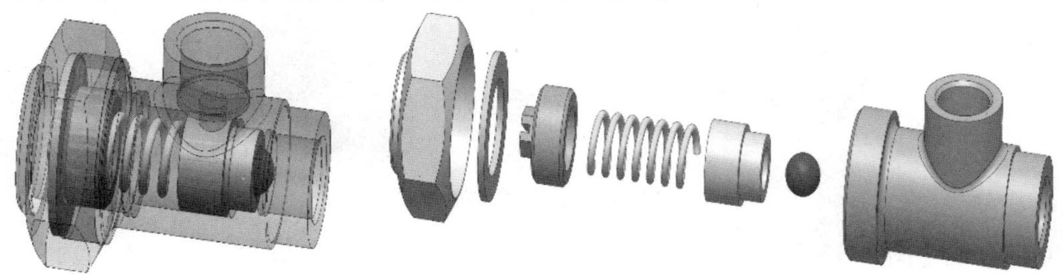

图7-8　三维模型

（1）打开素材文件“第7章\素材\爆炸视图\球阀.sldasm”。

（2）创建爆炸图。

①选择菜单栏“插入”→“爆炸视图”命令，打开“爆炸”属性管理器。

②选取图7-9（a）所示的阀体，如需要选择多个部件时可按住〈Ctrl〉键选取。选择Z轴为移动方向，在“爆炸”属性管理器的“设定”标签中设置“爆炸距离”为“100”，然后单击“应用”按钮，再单击“完成”按钮，完成第一个零件的爆炸运动，结果如图7-9（b）所示。

(a)　　　　　(b)

图7-9　创建爆炸图（1）

③使用类似的方法创建图 7-10 所示的爆炸图，爆炸方向为 Z 轴方向，“爆炸距离”为“100”。

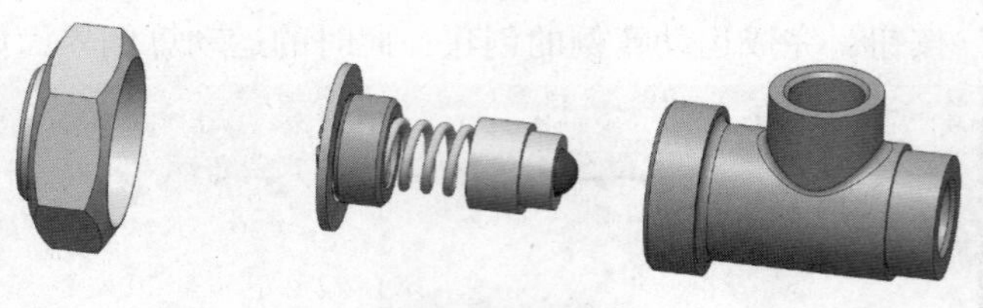

图 7-10　创建爆炸图（2）

④继续创建图 7-11 所示的爆炸图，爆炸方向为 Z 轴方向，“爆炸距离”为“60”。

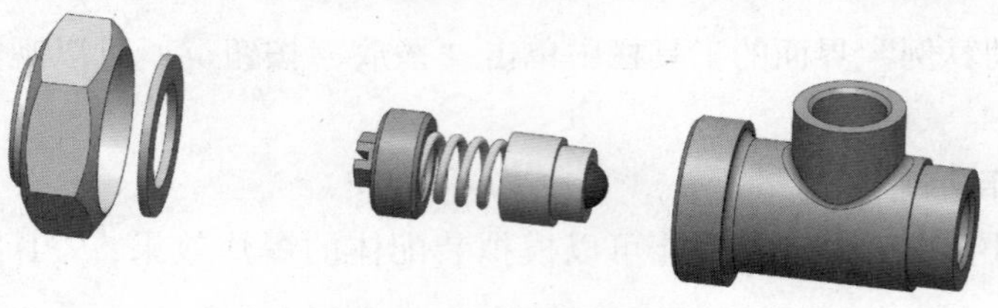

图 7-11　创建爆炸图（3）

⑤继续创建图 7-12 所示的爆炸图，爆炸方向为 Z 轴方向，“爆炸距离”为“40”。

图 7-12　创建爆炸图（4）

⑥继续创建图 7-13 所示的爆炸图，爆炸方向为 Z 轴方向，“爆炸距离”为“20”。

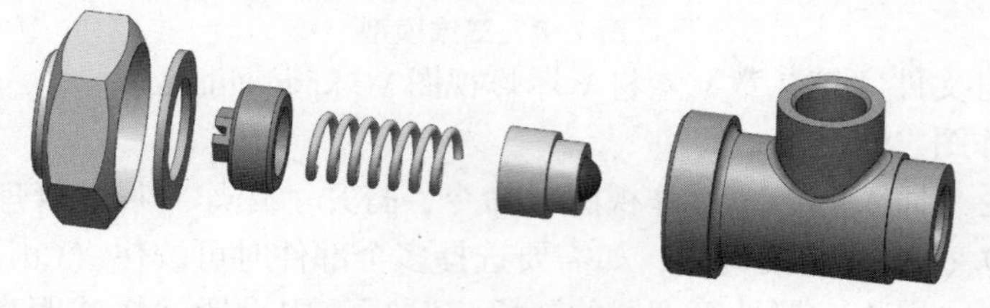

图 7-13　创建爆炸图（5）

⑦继续创建图 7-14 所示的爆炸图。爆炸方向为 Z 轴方向，“爆炸距离”为“20”，最后单击“爆炸”属性管理器中的“确定”按钮✔，完成装配体的爆炸操作。

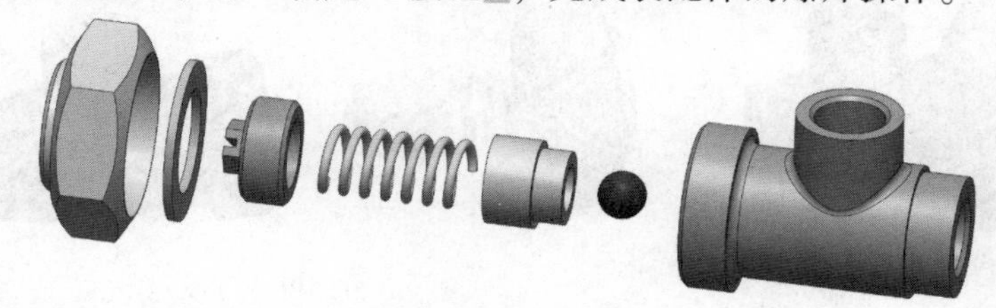

图 7-14　创建爆炸图（6）

（3）创建爆炸动画。

①展开“运动算例”界面。单击“运动算例 1”按钮，展开“运动算例”界面。

②在“运动算例”界面中单击“动画向导”按钮，弹出“选择动画类型”对话框，选中“爆炸”单选项，如图 7-15 所示。

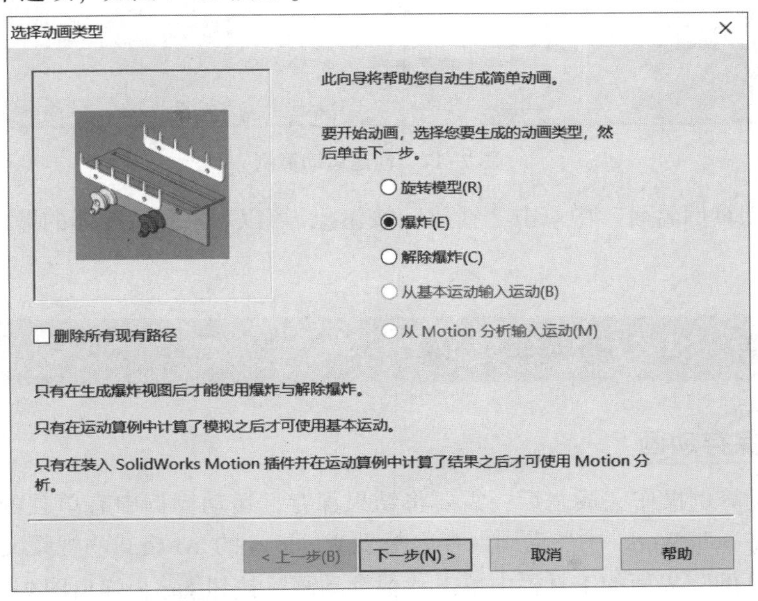


**图 7-15　“选择动画类型”对话框**

③单击“下一步”按钮，切换到“动画控制选项”对话框，在“时间长度”文本框中输入数值“10”，在“开始时间”文本框中输入数值“0”，如图 7-16 所示，然后单击“完成”按钮，完成运动算例的创建，如图 7-17 所示。

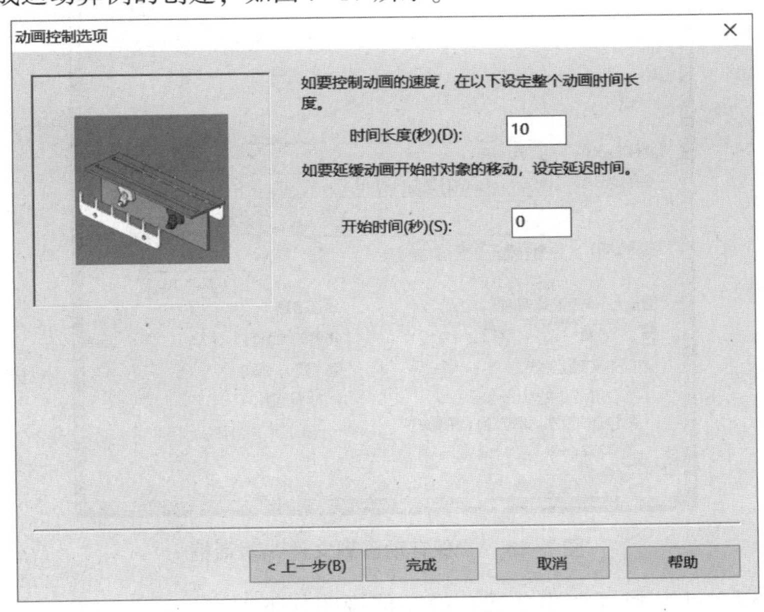


**图 7-16　“动画控制选项”对话框**

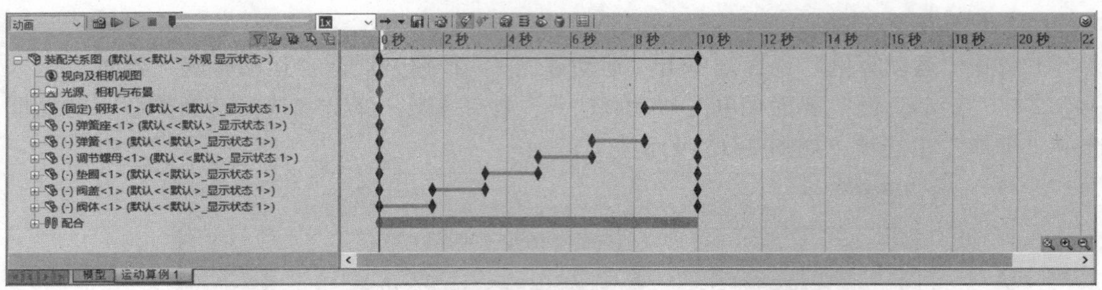


图 7-17　创建运动算例

④在“运动算例界面”中单击“播放”按钮▷，可以观察到装配体的爆炸运动。

## 7.2　仿真设计的典型环境

### 7.2.1　保存动画

当一个运动算例操作完成之后，需要将结果保存，运动算例中有单独的保存动画的功能，用户可以将 SolidWorks 中的动画保存为基于 Windows 的 avi 格式的视频文件。

在“运动算例”界面的工具栏中单击“保存动画”按钮，弹出图 7-18 所示的“保存动画到文件”对话框。

图 7-18　“保存动画到文件”对话框

“保存动画到文件”对话框中各选项的功能说明如下。

“保存类型”下拉列表：运动算例中生成的动画可以保存为 3 种格式文件，即 avi 文件格式、bmp 文件格式和 tga 文件格式（一般将动画保存为 avi 文件格式）。

“时间排定”按钮：单击此按钮，系统会弹出“视频压缩”对话框，如图 7-19 所示。通过“视频压缩”对话框可以设定视频文件的压缩程序和质量，压缩比例越小，生成的文件也越小，同时图像的质量也越差。在“视频压缩”对话框中单击“确定”按钮，系统弹出“预定动画”对话框，如图 7-20 所示。在“预定动画”对话框中可以设置任务标题、文件名称、保存文件的路径和开始/结束时间等。

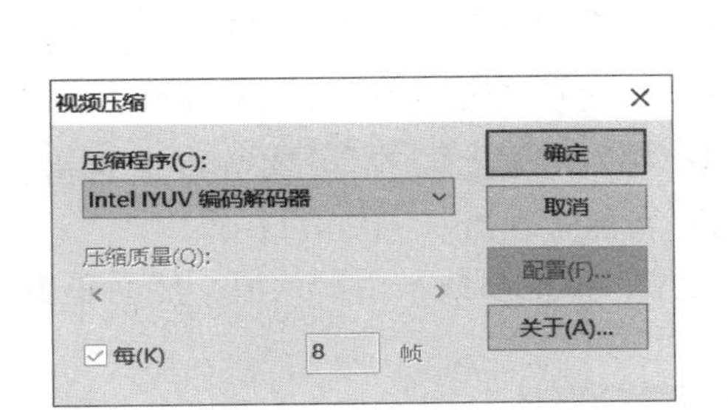


图 7-19 “视频压缩”对话框

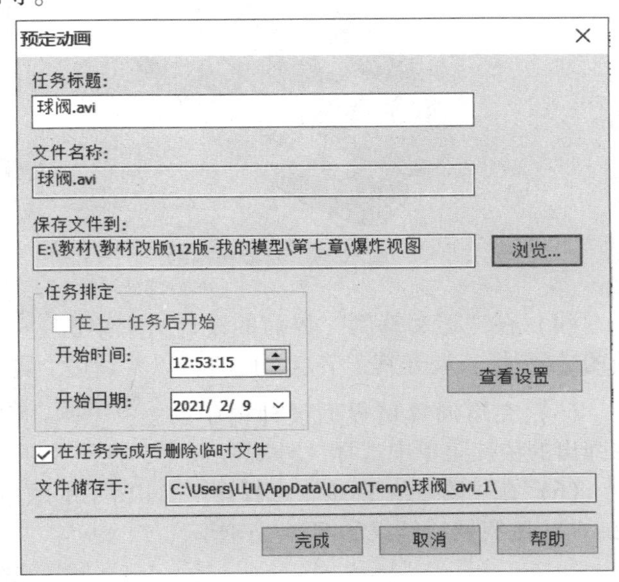


图 7-20 “预定动画”对话框

“渲染器”下拉列表：包括“SolidWorks 屏幕”和“Photo View”两个选项，只有在安装了 Photo View 之后才能看到“PhotoView”选项。

“图像大小与高宽比例”选项组：用于设置图像的大小和高宽比例。

“画面信息”选项组：用于设置动画的画面信息。

①“每秒的画面”文本框：在此文本框中输入每秒的画面数，用于设置画面的播放速度。

②“整个动画”单选按钮：用于保存整个动画。

③“时间范围”单选按钮：用于保存一段时间内的动画。

设置完成后，在“保存动画到文件”对话框中单击“保存”按钮，然后在弹出的“视频压缩”对话框中单击“确定”按钮即可保存动画。

## 7.2.2 视图属性

在运动算例中可以设定动画零部件和装配体的属性。这些属性包括零件和装配体的隐藏/显示以及外观设置等。下面以图 7-21 所示的装配体模型为例，说明视图属性在运动算例中的应用。

（1）打开素材文件“第 7 章 \ 素材 \ 视图属性 \ 轴承 . sldasm”。

（2）进入“运动算例”界面。

（3）在“运动算例”界面设计树中的(固定) 上圈<1> (默认<<默认>_显示状态 1>)节点对应的“2 秒”时间栏上右击，在弹出的快捷菜单中选择“放置键码”命令，此时的时间栏显示如图 7-22 所示。

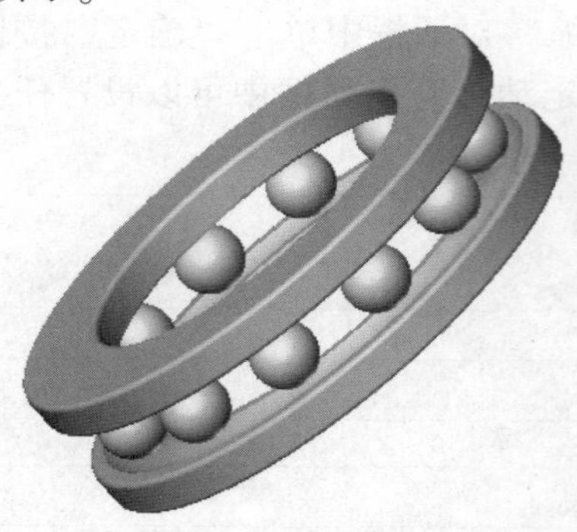

图 7-21　装配体模型

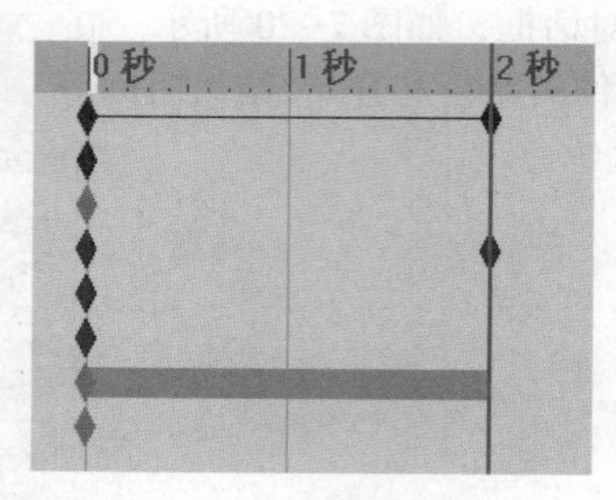


图 7-22　时间栏

（4）在“运动算例”界面的设计树中单击(固定) 上圈<1> (默认<<默认>_显示状态 1>)节点前的图标，展开其子节点，此时可以看到每个属性都对应有键码，如图 7-23 所示。

（5）在运动算例界面设计树中的(固定) 上圈<1> (默认<<默认>_显示状态 1>)节点上右击，在弹出的快捷菜单中选择“外观”命令，打开“颜色”属性管理器。

（6）在“颜色”标签中选择图 7-24 所示的颜色类型，其他参数采用默认值，然后单击“确定”按钮，结果如图 7-25 所示。

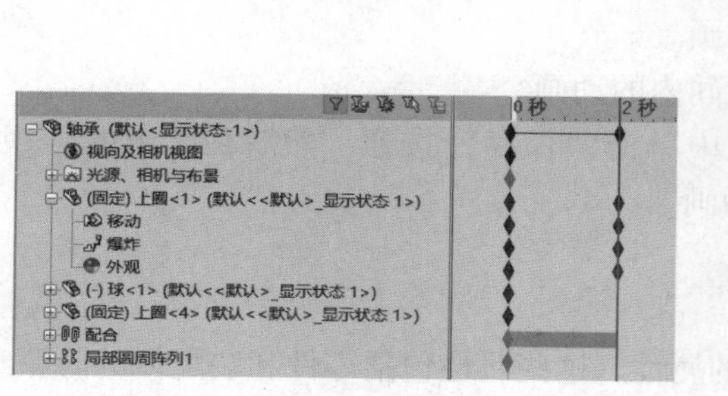


图 7-23　查看键码

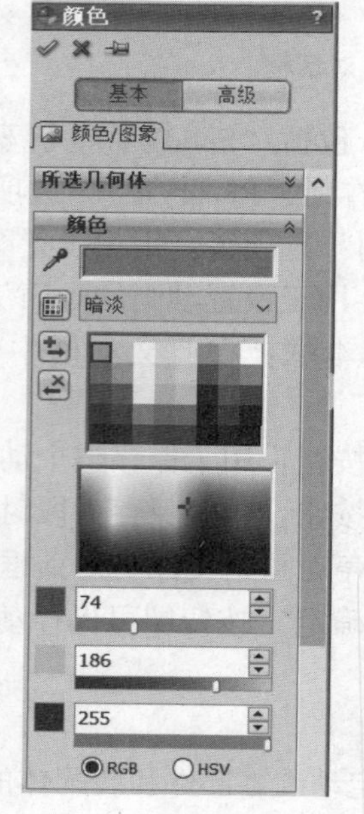


图 7-24　选择颜色类型

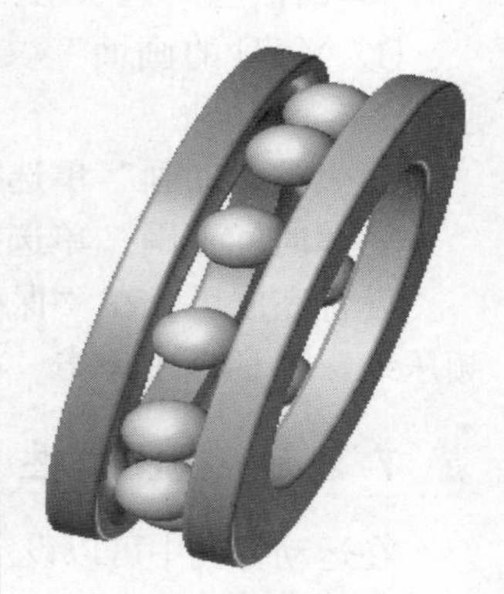

图 7-25　设计效果

（7）在(固定) 上圈<1> (默认<<默认>_显示状态 1>)节点对应的“0 秒”时间栏的键码上右击，从弹出的快捷菜单中选择“复制”命令，在(固定) 上圈<1> (默认<<默认>_显示状态 1>)对应的“5 秒”时间栏上右击，从弹出的快捷菜单中选择“粘贴”命令，此时在“5 秒”时间栏上出现新的键码。

（8）在 (固定) 上圈<1> (默认<<默认>_显示状态 1>) 节点的“10 秒”时间栏上右击，从弹出的快捷菜单中选择“粘贴”命令，此时在“10 秒”时间栏上出现新的键码。

（9）右击 (固定) 上圈<1> (默认<<默认>_显示状态 1>) 节点，在弹出的快捷菜单中选择“隐藏”命令，隐藏“上圈”零件。

（10）在“运动算例”界面的工具栏中单击“播放”按钮，可以观察装配件视图属性的变化，然后在工具栏中单击“保存动画”按钮，即可保存动画。

## 7.2.3　视图定向

在运动算例中可以设定动画零件和装配体的视图方位，或者是否使用一个或多个相机。在做其他运动算例时，通过控制“视图方位”“动画生成”和“播放”选项，可以使制作仿真动画时不捕捉这些运动、旋转、平移及缩放的模型。

下面以图 7-26 所示的传动轴模型为例，介绍视图定向的操作过程。

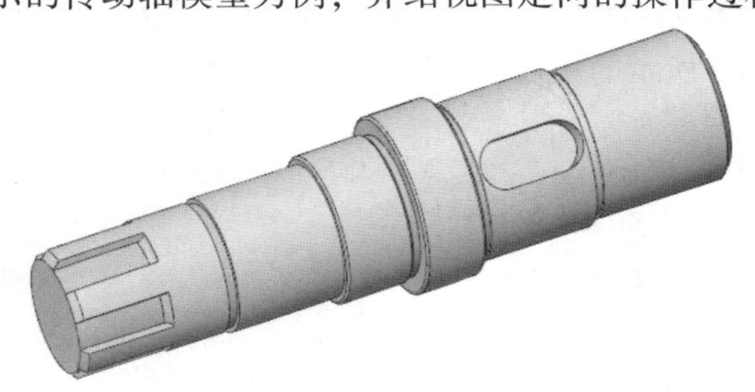

**图 7-26　传动轴模型**

（1）打开素材文件“第 7 章 \ 素材 \ 视图定向 \ 传动轴 . sldprt”。

（2）单击“运动算例 1”按钮，打开“运动算例”界面。

（3）在“运动算例”界面中右击 视向及相机视图 节点，在弹出的快捷菜单中选择“禁用观阅键码播放”命令。

（4）在 视向及相机视图 节点对应的“0 秒”时间栏上右击，在弹出的快捷菜单中选择“视图定向”→“前视”命令，将视图调整到前视图。

（5）在 视向及相机视图 节点对应的“5 秒”时间栏上右击，然后在弹出的快捷菜单中选择“放置键码”命令，在时间栏上添加键码。

（6）在新添加的键码上右击，在弹出的快捷菜单中选择“视图定向”→“等轴测”命令，将视图调整为前视图。

（7）在“运动算例”界面的工具栏中单击“播放”按钮，可以观察装配件视图的旋转，在工具栏中单击“保存动画”按钮，即可保存动画。

## 7.2.4　插值动画模式

在运动算例中可以控制键码点之间更改的加速或减速运动。运动速度的更改是通过插值动画模式来控制的。但是，插值动画模式只有在键码之间存在结束关键点时，进行变更的连续值的事件中才可以应用。例如，零件运动、视图属性更改的动画等。

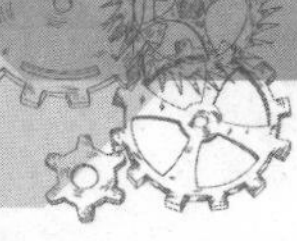

下面以图 7-27 所示的实体模型为例，介绍插值动画模式的创建过程。

（1）打开素材文件“第 7 章 \ 素材 \ 插值动画 \ 导轨滑块 . sldasm”。

（2）单击“运动算例 1”按钮，展开“运动算例”界面。

（3）在 滑块<1> (默认<<默认>_显示状态 1>) 节点对应的“5 秒”时间栏上右击，然后将“滑块”零件拖动到图 7-28 所示的位置处。

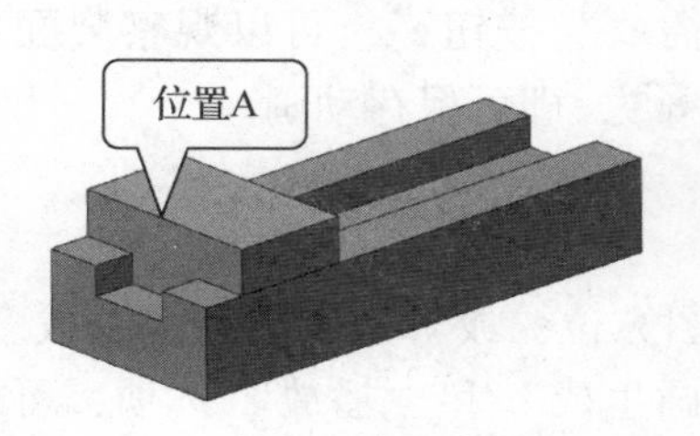


图 7-27　实体模型

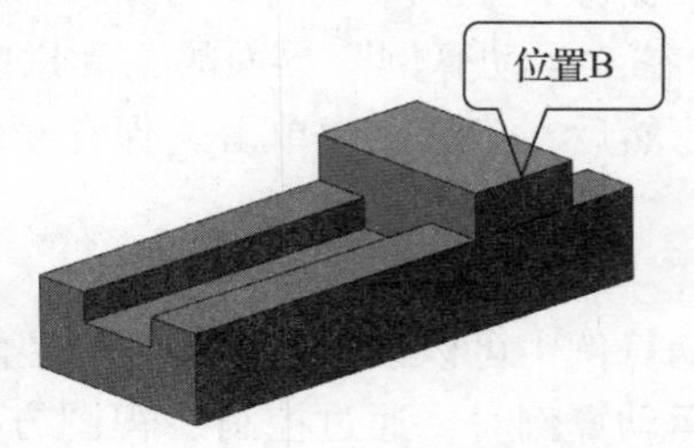


图 7-28　移动对象位置

（4）编辑键码。在 滑块<1> (默认<<默认>_显示状态 1>) 节点对应的“5 秒”时间处的键码点上右击，系统弹出图 7-29 所示的快捷菜单，选择“插值模式”→“渐入”命令，更改滑块的移动速度。

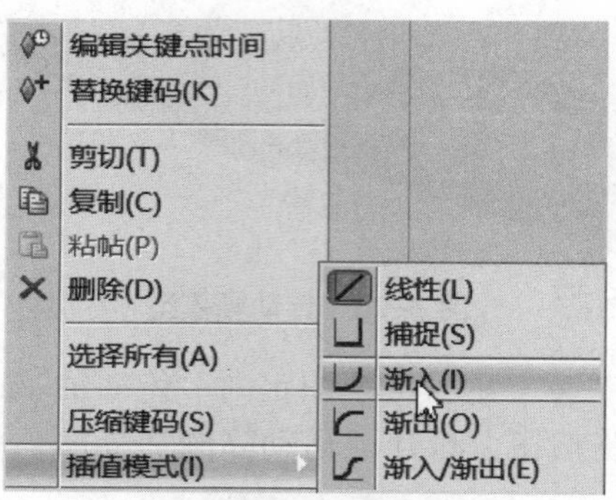


图 7-29　快捷菜单

图 7-29 所示快捷菜单中“插值模式”下的选项说明如下。

①“线性”：指零部件以匀速从位置 *A* 移动到位置 *B*。

②“捕捉”：零件将停留在位置 *A*，直到时间到达第二个关键点，然后捕捉到位置 *B*。

③“渐入”：零件开始慢速移动，但随后会朝着位置 *B* 加速移动。

④“渐出”：零件开始加速移动，但随后会朝着位置 *B* 慢速移动。

⑤“渐入/渐出”：零件在接近位置 *A* 和位置 *B* 的中间位置过程中加速移动，然后在接近 *B* 过程中减速移动。

（5）保存动画。在“运动算例”界面的工具栏中单击“播放”按钮，可观察滑块移动的速度改变，在工具栏中单击“保存动画”按钮，将其命名为“导轨滑块”保存。

（6）至此，运动算例创建完毕。选择菜单栏“文件”→“另存为”命令，将其命名为“导轨滑块”，即可保存模型。

## 7.2.5　创建马达

“马达”是指通过模拟各种马达类型的效果来模拟零部件的旋转运动。它不是力，强度

不会根据零件的大小或质量变化。

下面以图7-30所示的风扇模型为例，讲解创建马达的动画操作过程。

(1) 打开素材文件“第7章\素材\创建马达\cpu-fan.sldasm”。

(2) 单击“运动算例1”按钮，展开“运动算例”界面。

(3) 添加马达。在“运动算例”界面的工具栏中单击“添加马达”按钮，弹出图7-31所示的“马达”属性管理器。

(4) 编辑马达。在“马达”属性管理器“零部件/方向”标签中激活马达方向，然后选取图7-32所示的模型表面，再在“运动”标签的下拉列表中选择“等速”选项，调整转速为“60RPM”，其他参数采取系统默认值，最后单击“确定”按钮，完成马达的添加。

图7-30 风扇模型

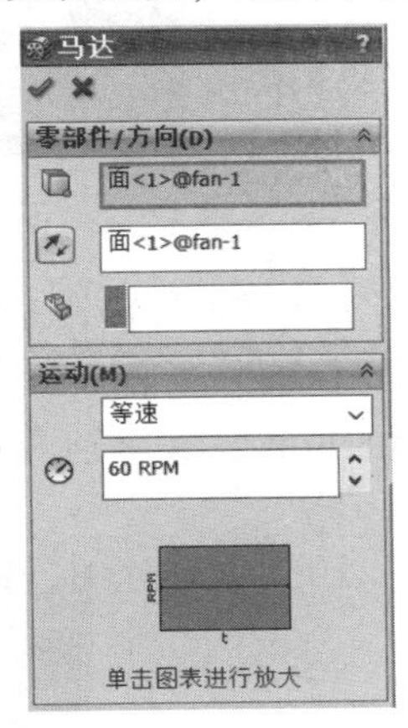


图7-31 “马达”属性管理器

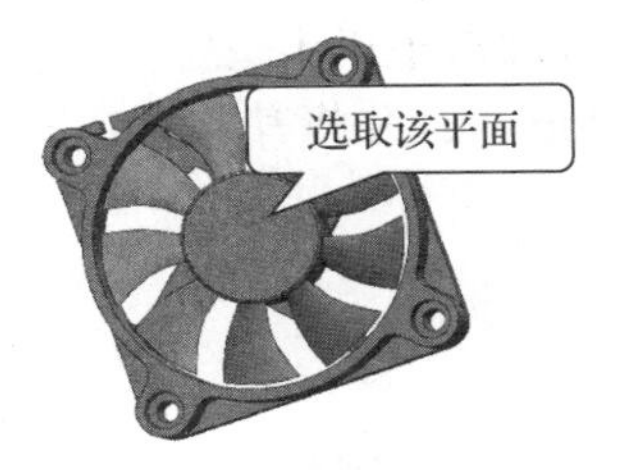


图7-32 选取参照

“马达”属性管理器中“运动”标签中的运动类型说明如下。

①“等速”：选择此类型，马达的转速值为恒定。

②“距离”：选择此类型，马达只为设定的距离进行操作。

③“振荡”：选择此类型后，利用振幅频率来控制马达。

④“线段”：插值可选项有“位移”“速度”和“加速度”3种类型，选定插值项后，为插值时间设定值。

⑤“数据点”：插值可选项有“位移”“速度”和“加速度”3种类型，选定插值项后，为插值时间和测量设定值，然后选取插值类型。插值类型包括“立方样条曲线”“线性”和“Akima”3个选项。

⑥“表达式”：包括“位移”“速度”和“加速度”3种类型。在选择表达式类型之后，可以输入不同的表达式。

(5) 保存动画。在“运动算例”界面的工具栏中单击“播放”按钮，可以观察动画，在工具栏中单击“保存动画”按钮，将其命名为“cpu-fan”后保存动画。

(6) 至此，运动算例创建完毕。选择菜单栏“文件”→“另存为”命令，将其命名为“cpu-fan”后保存模型。

## 7.2.6 配合在动画中的应用

通过改变装配体的参数可以生成直观形象的动画。下面介绍在图7-33所示的装配体

中，通过改变距离配合的参数来模拟小球在轨道内滚动的操作方法。

（1）新建一个装配体文件，进入装配体环境，系统弹出“开始装配体”属性管理器。

（2）引入轨道。在“要插入的零件/装配体”属性管理器中单击 浏览(B)... 按钮，打开素材文件“第7章\素材\配合在动画中的应用\轨道.sldprt”，然后单击“确定”按钮✔，并将零件固定在原点位置，如图7-34所示。

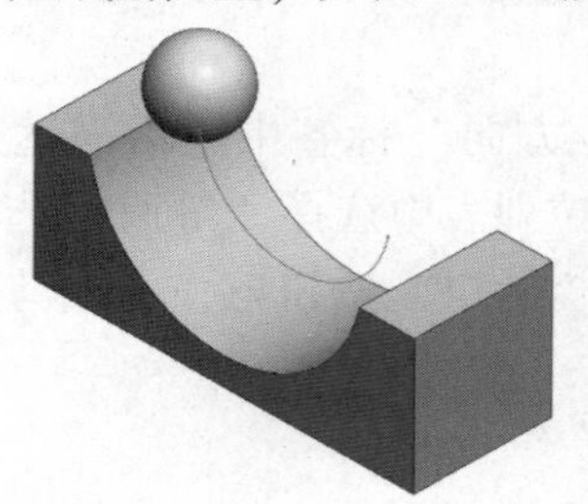

图7-33　装配体

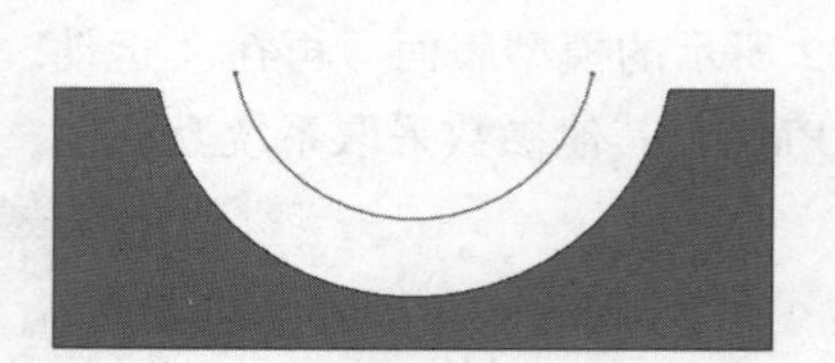

图7-34　固定零件

（3）引入球体。选择菜单栏“插入”→“零部件”命令，在“要插入的零件/装配体”属性管理器中单击 浏览(B)... 按钮，打开素材文件“第7章\素材\配合在动画中的应用\球.sldprt”，并将其放置在图7-35所示的位置，其等轴测效果如图7-36所示。

图7-35　放置对象

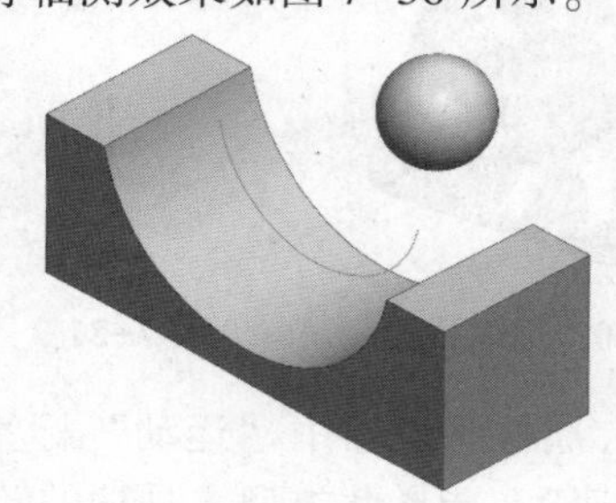

图7-36　等轴测效果

（4）添加配合，使零件部分定位。选择菜单栏“插入”→“配合”命令，打开“配合”属性管理器，在“标准配合”标签中单击“重合”按钮，在设计树中选取“球”零件的原点和图7-37所示的曲线1重合，然后单击快捷工具栏中的“确定”按钮✔；单击“标准配合”标签中的“距离”按钮，在设计树中选取“球”零件的原点和图7-38所示的曲线端点1，输入距离值“1.0”，然后单击快捷工具栏中的“确定”按钮✔，最后单击“配合”属性管理器中的“确定”按钮✔。

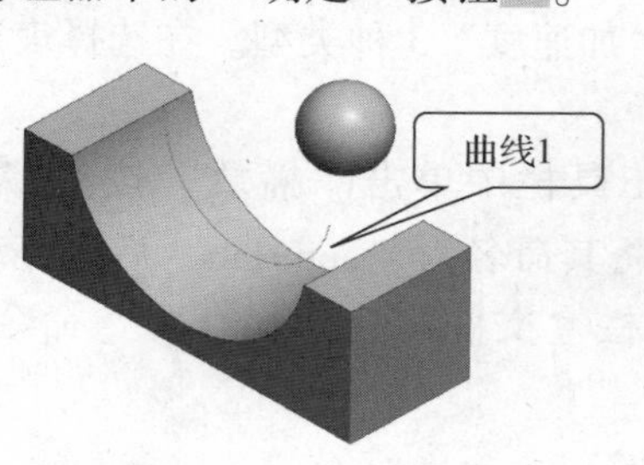


图7-37　设置原点（1）

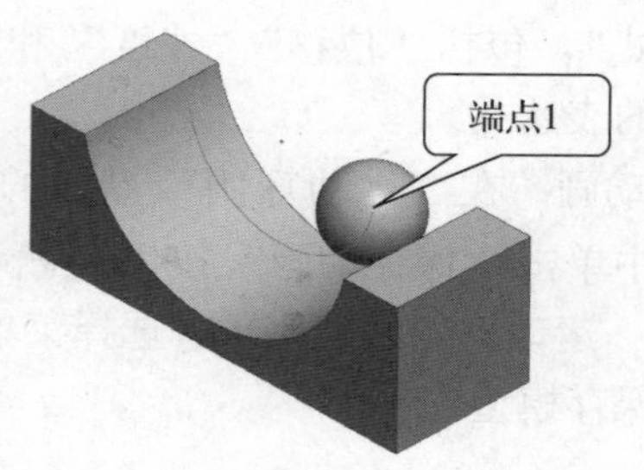


图7-38　设置原点（2）

（5）单击“运动算例1”按钮，展开“运动算例”界面。

(6) 添加键码。单击⊞配合前面的⊞展开配合，在⊟距离3 (球<2>,轨道<1>)的“5 秒”处右击，在弹出的快捷菜单中单击放置键码(K)按钮，完成键码的添加。

(7) 修改距离。双击新添加的键码，系统弹出“修改”对话框，如图 7-39 所示，在“距离”文本框中输入尺寸值“70 mm”，然后单击“确定”按钮✔，结果如图 7-40 所示。

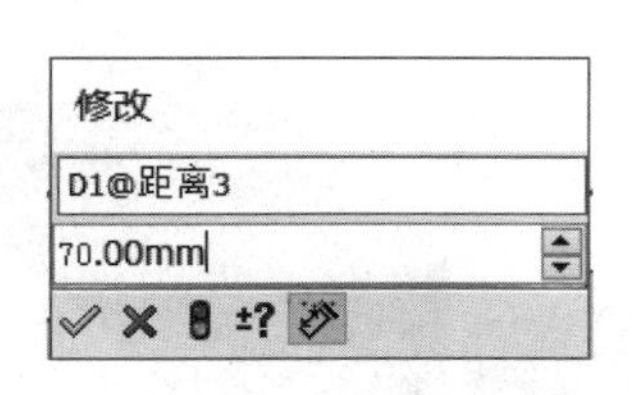


图 7-39　“修改”对话框

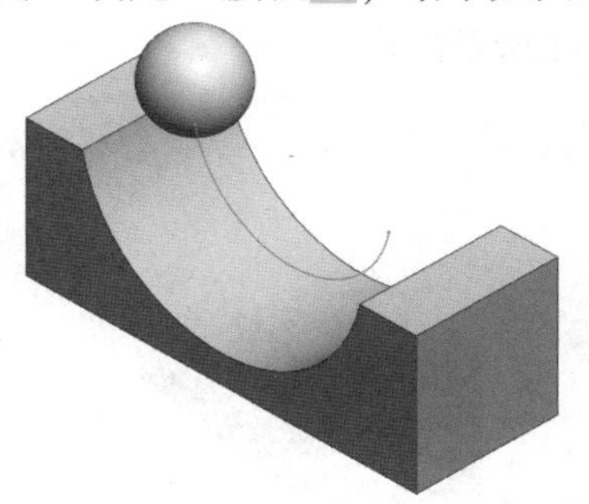

图 7-40　完成后的装配体

(8) 保存动画。在“运动算例”界面的工具栏中单击“计算”按钮，可以观察球随曲线移动，在工具栏中单击“保存动画”按钮，将其命名为“球体运动”，保存动画。

(9) 至此，运动算例创建完成。选择菜单栏“文件”→“另存为”命令，将其命名为“球体运动”保存。

## 7.2.7　创建相机动画

基于相机的动画与以“装配体运动”生成的所有动画相同，故可以通过在时间线上放置时间栏，定义相机属性更改发生的时间点以及定义对相机属性所做的更改。可以更改的相机属性包括位置、视野、滚轮、目标点位置和景深，其中只有在渲染动画中才能设置景深属性。

在运动算例中有以下两种生成基于相机动画的方法。

(1) 通过添加键码点，并在键码点处更改相机的位置、景深、光源等属性来生成动画。

(2) 通过相机橇，将相机附加到橇上，然后就可以像动画零部件一样使相机运动。

下面以图 7-41 所示的装配体模型为例，介绍相机动画的创建过程。

(1) 新建一个装配体模型文件，进入装配体环境，系统弹出“开始装配体”属性管理器。

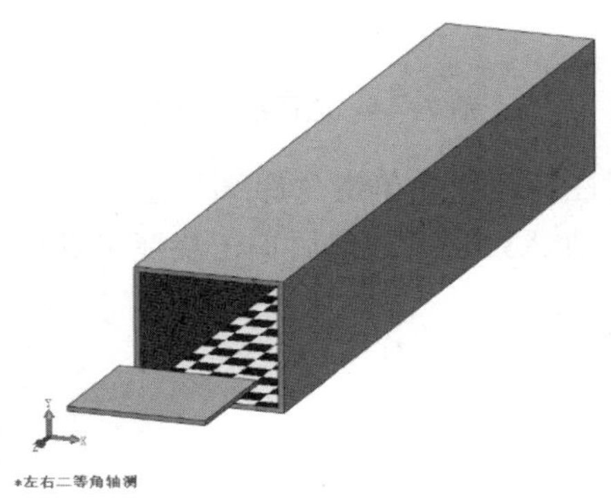


图 7-41　装配体模型

（2）引入管道。在“要插入的零件/装配体”栏中单击 浏览(B)... 按钮，打开素材文件“第7章\素材\相机动画\tube. sldprt”，并将其固定在原点，如图7-42所示。

（3）引入相机橇。选择菜单栏“插入”→“零部件”→“现有零件/装配体”命令，打开“插入零部件”属性管理器，单击 浏览(B)... 按钮，打开素材文件“tray. sldprt”，并将其放置到图7-43所示的位置。

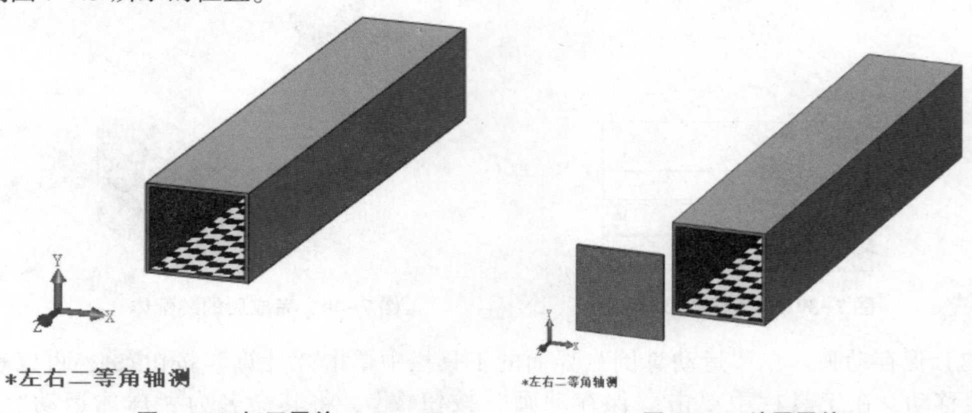


图7-42　打开零件　　　　图7-43　放置零件

（4）添加配合，使零件完全定位。选择菜单栏“插入”→“配合”命令，打开“配合”属性管理器，在“标准配合”标签中单击“距离”按钮，选取图7-44（a）所示的面1和面2，并输入距离值“20.0”，然后单击快捷工具栏中的“确定”按钮，如图7-44（b）所示。

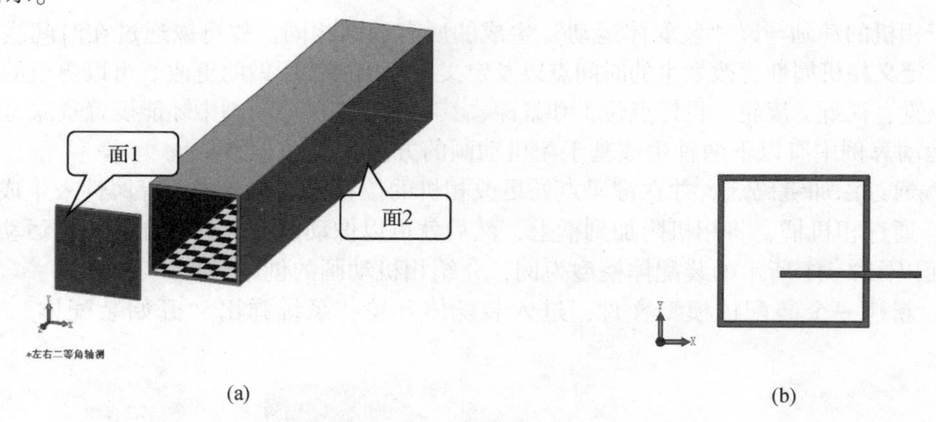


(a)　　　　(b)

图7-44　选取参照（1）

（5）在“标准配合”属性管理器中单击“距离”按钮，选取图7-45（a）所示的面1和管道端面2，并输入距离值“320.0”，然后单击快捷工具栏中的“确定”按钮，结果如图7-45（b）所示。

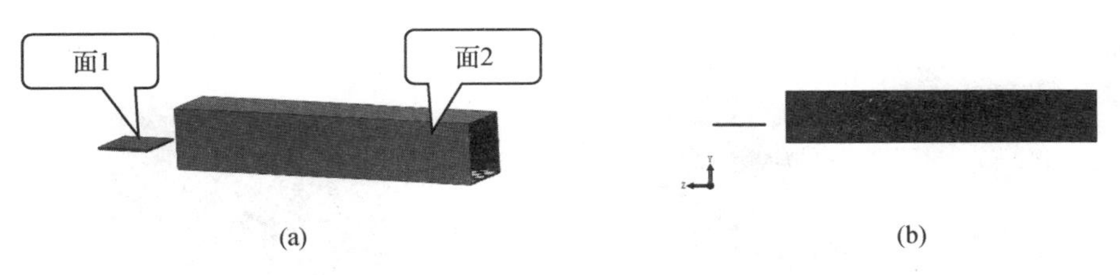


(a)　　　　(b)

**图 7-45　选取参照（2）**

（6）在“标准配合”属性管理器中单击“重合”按钮，选取图 7-46（a）所示的面 1 和面 2，然后单击快捷工具栏中的“确定”按钮，如图 7-46（b）所示，最后单击“配合”属性管理器中的“确定”按钮。

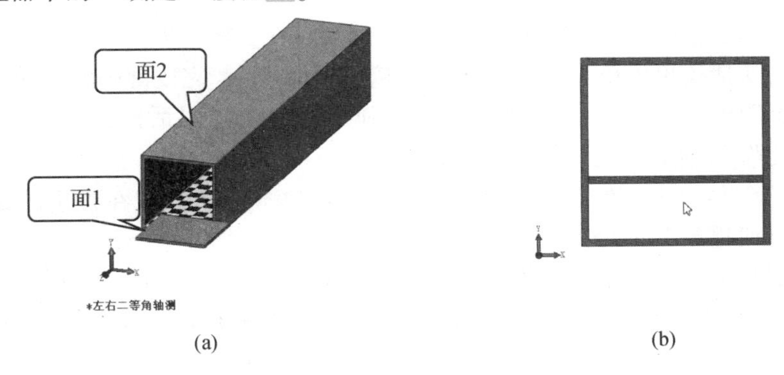


(a)　　　　(b)

**图 7-46　选取参照（3）**

（7）添加相机。选择菜单栏“视图”→“光源与相机”→“添加相机”命令，打开“相机 1”属性管理器，同时在图形窗口打开一个垂直双视图视窗，左侧为相机，右侧为相机视图。

（8）激活“目标点”栏中的列表框，选取图 7-47 所示的边线 1 作为目标点。激活“相机位置”栏中的列表框，选取边线 2 作为相机的位置。

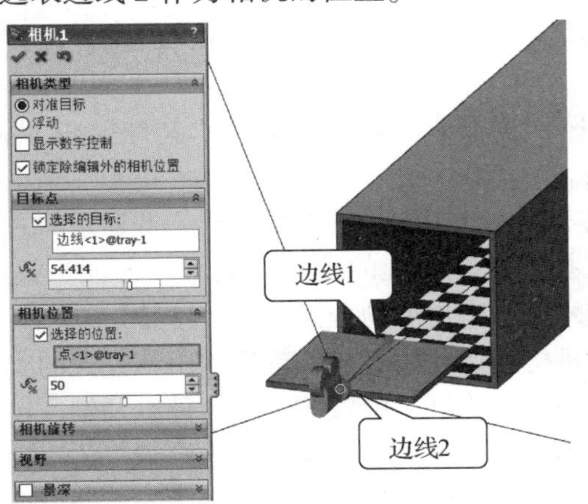


**图 7-47　选取目标点**

（9）激活“相机旋转”栏中的列表框，如图 7-48 所示，选取面 1 来定义角度，其他参数设置如图所示，设定完成后的相机视图如图 7-49 所示，最后单击“确定”按钮，完成

相机的设置。

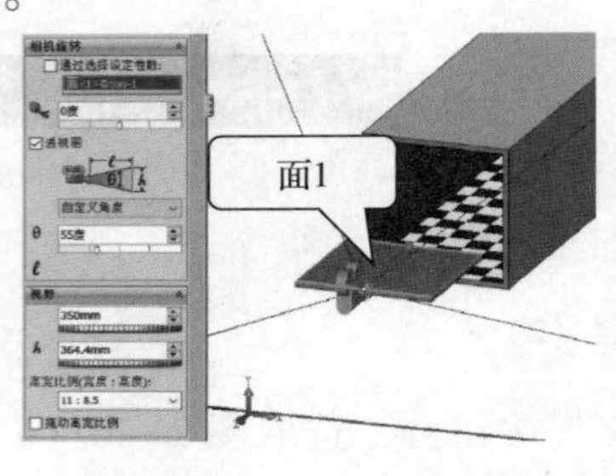


图 7-48 “视野”栏

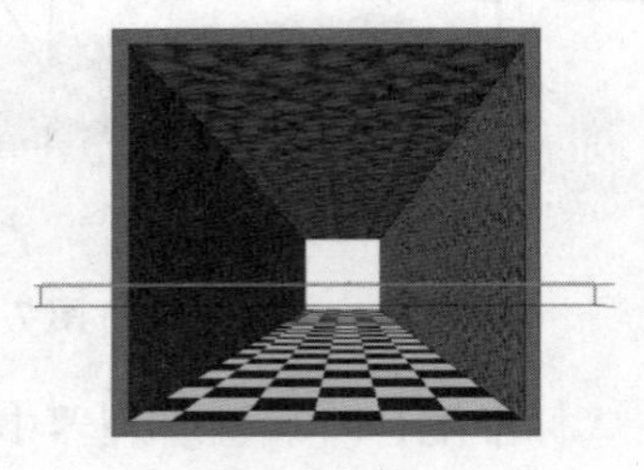

图 7-49 创建相机视图

(10) 单击“运动算例 1”按钮，展开“运动算例”界面。

(11) 添加键码。单击配合前面的⊞展开配合，在距离2 (tray<1>,tube<1>)的“5 秒”处右击，在弹出的快捷菜单中单击“放置键码”按钮放置键码(K)，完成键码的添加。

(12) 编辑键码。双击新建的键码，系统会弹出“修改”对话框，修改尺寸值为“0”，然后单击“确定”按钮✔，完成尺寸的修改。

(13) 在“运动算例”界面的设计树中右击视向及相机视图节点，在弹出的快捷菜单中选择“禁用观阅键码播放”命令。

(14) 添加键码。右击光源、相机与布景节点下的相机1子节点，在弹出的快捷菜单中选择“替换键码”命令，在对应的“5 秒”时间栏上右击，在弹出的快捷菜单中选择“添加键码”命令。

(15) 编辑键码。双击新添加的键码，系统弹出“相机 1”属性管理器，在“视野”栏的“θ”文本框中输入值“20”，其他采取系统默认值，然后单击“确定”按钮✔，完成相机的设置。

(16) 调整到相机视图。右击视向及相机视图节点对应的键码，在弹出的快捷菜单中选择“相机视图”命令。

(17) 保存动画。在“运动算例”界面的工具栏中单击“播放”按钮▷，可以观察相机穿越管道的运动，在工具栏中单击“保存动画”按钮，将其命名为“camera”后保存动画。

(18) 至此，运动算例创建完毕。选择菜单栏“文件”→“另存为”命令，将其命名为“camera”后保存模型。

仿真是利用模型复现实际系统中发生的本质过程，并通过对系统模型的实验来研究真实的物理系统。利用计算机技术实现系统的仿真研究不仅方便、灵活，而且经济、便捷。目前，计算机仿真在仿真技术中占有重要地位。

使用 SolidWorks 实现机构的运动仿真前，首先利用其强大的实体造型功能构造出运动构件的三维模型，如齿轮、凸轮、连杆、弹簧等运动构件以及轴、销等辅助构件，完成三维零件库的建立。此时，单独的三维实体模型是不能进行模拟机构运动的，需要对零件模型进行装配。与组件装配不同，对运动零件进行装配时，需要在零件之间添加一定的运动自由度，然后向系统添加马达和外力等动力因素，统计软件的求解，最终获得输出计算结果。

# 参考文献


[1] 刘鸿莉，吕海霆．SolidWorks 机械设计简明实用基础教程［M］．北京：北京理工大学出版社，2017．

[2] 吕志鹏，马秀花，刘旭辉．SolidWorks 三维设计教程（第2版）［M］．北京：北京邮电大学出版社，2021．

[3] 赵罘，杨晓晋，赵楠．SolidWorks 2017 中文版机械设计从入门到精通［M］．北京：人民邮电出版社，2017．

[4] 北京兆迪科技有限公司．SolidWorks 产品设计实例精解［M］．北京：机械工业出版社，2016．

[5] 詹迪维．SolidWorks 2015 实例宝典［M］．北京：机械工业出版社，2015．

[6] 赵罘．SolidWorks 2013 中文版机械设计从入门到精通［M］．北京：人民邮电出版社，2013．

[7] 杨正．SolidWorks 实用教程［M］．北京：清华大学出版社，2012．